48小时精通Photoshop CS6

数码创意 编著
飞思数字创意出版中心 监制

電子工業出版社
Publishing House of Electronics Industry
北京·BEIJING

内容简介

Adobe Photoshop CS6为用户提供了比之前版本更为强大的矢量图形制作功能，其应用领域也更为广泛。本书共分为24章，详细地对Photoshop CS6进行了全面介绍，包括基础操作、常用工具的使用、图像色彩和色调的调整、图层混合模式的使用、通道和蒙版的应用、“计算”命令的应用，以及模拟3D效果和滤镜效果的应用等内容。本书通过基本知识与实例结合的方式，为读者在学习基本知识的同时提供了详细的操作技巧和示范步骤。通过对本书内容的学习，读者可以熟练掌握各种工具和功能的使用技巧，从而制作出画面效果丰富的设计作品。此外，配书光盘为读者提供了基础知识部分所用到的素材及实例应用中的素材和具体的案例制作步骤，方便读者进行模拟练习。

本书从专业角度讲解了Photoshop CS6的基本知识和应用，从而帮助读者进一步掌握必需的概念和技巧。本书适用于多层面读者，包括初学者与专业设计人员。

图书在版编目（CIP）数据

48小时精通Photoshop CS6 / 数码创意编著. 北京 ：电子工业出版社，2013.11
ISBN 978-7-121-19453-5

Ⅰ. ①4… Ⅱ. ①数… Ⅲ. ①图像处理软件 Ⅳ. ①TP391.41

中国版本图书馆CIP数据核字(2013)第013734号

责任编辑：田　蕾
文字编辑：朱婷婷
印　　刷：北京市大天乐投资管理有限公司
装　　订：北京市大天乐投资管理有限公司
出版发行：电子工业出版社
北京市海淀区万寿路173信箱
邮　　编：100036
开　　本：787×1092 1/16
印　　张：16　　字 数：409.6千字
印　　次：2013年11月第1次印刷
定　　价：69.80元（含光盘1张）

凡所购买电子工业出版社图书有缺损问题，请向购买书店调换。若书店售缺，请与本社发行部联系，联系及邮购电话：（010）88254888。
质量投诉请发邮件至zlts@phei.com.cn，盗版侵权举报请发邮件至dbqq@phei.com.cn。
服务热线：（010）88258888。

前言

PREFACE

Adobe Photoshop是一款功能强大的图像处理和后期合成软件。在平面设计、影视设计、图像处理等领域中，受到各行业设计工作者的喜爱，同时也是设计者常用的工具软件之一。随着软件版本的不断升级，软件各种功能和兼容性也更加完善。新版本的Adobe Photoshop CS6为用户提供了更多人性化的功能，能更好地满足不同应用领域和层次的设计要求。

本书特色：本书通过对最新推出的Adobe Photoshop CS6软件的基础知识和实用技巧相结合的方法进行全面讲解，为读者更好地提供了学习平台，使读者能够在最短的48小时内，全面掌握和提高软件的各项应用能力。同时，本书根据实际学习需求，精心设计了讲解内容以及各项知识的学习时间规划，使读者更好地吸收知识点。

在基础知识讲解部分，作者还在介绍各种工具、命令使用方法的同时，配合穿插了大量常用的操作技巧提示和示范操作步骤，方便读者更好学习。在实例讲解部分，作者力求做到由浅入深、层层深入，方便读者在模仿实例的过程中，不断加深前面技能的巩固和新知识点的学习。

本书内容：本书以循序渐进的模式全面阐述Adobe Photoshop CS6的各项功能。全书分24章，48小时课时学习。其中：第1～2章主要讲解了Photoshop CS6操作基础；第3～10章主要讲解了工具箱中常用工具的使用方法；第11～12章主要讲解了图像色彩和色调调整；第13～15章主要讲解了图层混合模式的使用；第16～19主要讲解了通道和蒙版，以及“计算”命令的应用；第20章主要讲解了模拟3D效果的应用；第21～24章主要讲解了滤镜效果及其应用。此外，配书光盘中为读者提供了基础知识部分所用到的素材及实例应用中的素材和具体案例的制作步骤，方便读者进行模拟练习。

本书内容详略得当，图文并茂；实例应用，步骤清晰，知识点针对性强。本书不仅适合初学者在最短时间内掌握软件技巧，并且适用于设计人员参考巩固。由于本书作者水平有限，加上时间仓促，书中难免有不足和疏漏。敬请广大读者予以指正。

编著者

目录
CONTENTS

Part 1（1小时）

初识图形设计高手

【工作界面讲解：30分钟】

浏览Photoshop CS6的工作界面 10分钟
工作界面详述 20分钟

【视图辅助工具：30分钟】

标尺、参考线 15分钟
网格 15分钟

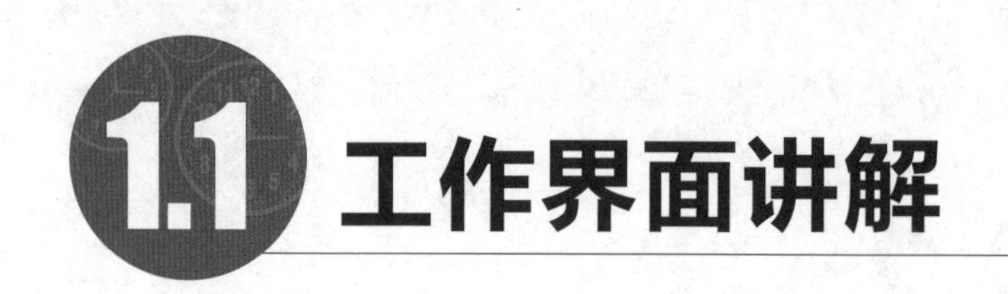

1.1 工作界面讲解

难度程度：★★★☆☆ 总课时：0.5小时
素材位置：01\工作界面讲解\示例图

Photoshop是当今世界上应用最广泛的图像处理软件，应用领域涵盖了从广告、出版印刷到网页设计等的各个方面。发展至今，Photoshop的强大图像处理功能愈加完善，并且已经成为平面设计领域最优秀的软件之一。

早在1987年，美国的沃洛克兄弟就有了制作图像处理软件的想法并将其付诸了行动。随后他们设计并制作了第1版的Photoshop软件，并与Adobe公司达成协议。而后经过兄弟俩的不断努力，推出的Photoshop 2.0和3.0逐渐成为了业界的标准软件。

现在，作为最强大的图像处理软件，Photoshop以其卓越的性能，与电子出版、印刷、广告、多媒体和网页等多个领域相融合，并对Internet的发展趋势采取了前瞻性的应对措施，使其牢牢地位于图像处理领域的顶端。

下面我们就来系统地了解Photoshop CS6版本软件的各种独特功能，领略其神奇的魅力。

1.1.1 浏览Photoshop CS6的工作界面

学习时间：10分钟

打开软件后，呈现的界面的各个部分都有什么作用呢？首先我们应学习 Photoshop CS6的操作界面，并了解工具箱和面板的基本组成。这里简单介绍一下界面中各个组成部分的功能和作用，其详细的使用方法会在后面的章节中介绍。工具箱中的选取工具是最常用的工具，通常用来从工作区中选取所要编辑的对象，再通过鼠标移动所选对象或其节点，即可达到一些基本的编辑目的。Photoshop CS6 的操作界面如图所示。

代理预览区域：预览图像，放大或者缩小图像视图，并可以控制视图区域的移动。在导视器中，图像会在0.22%～3200%的范围内缩小或者放大，同时图像窗口也随之缩小或者放大显示。

菜单栏：与其他Windows软件一样，菜单栏存放按不同功能和使用目的进行分类的菜单命令。在菜单栏上选择某一菜单项，就会弹出相应的下拉菜单，选择相关菜单项下的子菜单命令即可执行命令。

工具选项栏：也称属性栏，显示当前使用的工具的各项属性，能够调整各工具的具体参数值。

工具箱：Photoshop各种工具所在的面板，默认出现在界面的左方。

状态栏：即时显示当前图像的显示比例、文件大小和使用工具的方法等信息。

图像窗口：打开的图像文件所在的窗口，处于界面的中央位置，是编辑的对象。

“最小化”、“最大化/还原”和“关闭”按钮：在没有退出Photoshop的情况下，对打开的图像文件进行最小化、最大化、还原和关闭操作。

控制面板：Photoshop将各个编辑面板进行组合，以组的形式显示控制面板。单击相应的选项卡即可切换面板。

1.1.2 工作界面详述

代理预览区域

在Photoshop CS6中是导视器面板的视图区域，如图所示。

对打开的图像文件，缩小或者放大，图像会在0.22%～3200%的范围内缩小或者放大，同时图像窗口也随之缩小或者放大显示，如图所示。

在导视器面板的视图区域，拖动红色方框，图像窗口就会显示框选出的图像，方便于图片放大到很大的情况下，查找不容易看见的区域。

菜单栏

菜单栏是Photoshop 软件的重要组成部分，包含了软件能够使用的所有命令，按照不同的功能和使用目的分别放置。菜单栏包括“文件”、“编辑”、“图像”、“图层”、“文字”、“选择”、“滤镜”、“3D”、“视图”、“窗口”和“帮助”共11个菜单项，如图所示。 选择任何一个菜单项，即会弹出当前菜单项的下拉菜单，选择各项命令即可执行相应的操作命令或打开相应的对话框。

Ps 文件(F) 编辑(E) 图像(I) 图层(L) 文字(Y) 选择(S) 滤镜(T) 3D(D) 视图(V) 窗口(W) 帮助(H)

当弹出的下拉菜单中的命令右边有三角图标时，表示在该命令下还有子级菜单。将鼠标移动到此处即可弹出子级菜单，继续移动鼠标以选择需要的命令。在弹出的下拉菜单中的命令右边有字母组合，则表示该命令具有键盘快捷键，按下相应的快捷键可以快速执行该命令。

“文件”菜单：是文件管理的相关命令菜单，包括“新建”、“打开”和“置入”等常用文件命令，以及“脚本”、“打印”等操作设置的相关命令，如图所示。

“编辑”菜单：是针对文件操作步骤的相关命令菜单，包括“还原”、“剪切”、“拷贝”、“粘贴”和“清理”等常用命令。另外，还包括“填充”、“描边”和“自由变换”等命令。Photoshop的系统设置命令也在此菜单中，如图所示。

“图像”菜单：此菜单包括图像颜色模式的设置命令，包括“调整”、“图像大小”和“画布大小”等命令，如图所示。“调整”子菜单中包含图像色彩调整的所有相关命令。

“图层”菜单：包括所有图层相关操作的命令，如“新建”、“复制图层”、“删除”、“图层属性”、“图层样式”和“合并图层”等命令。此菜单包括了“图层”面板中的所有功能，如图所示。

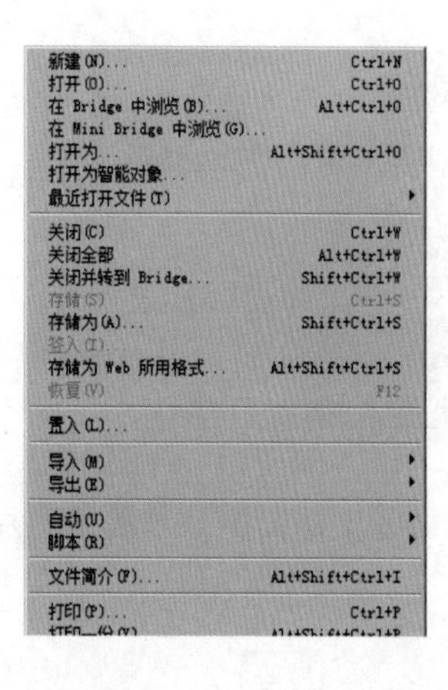

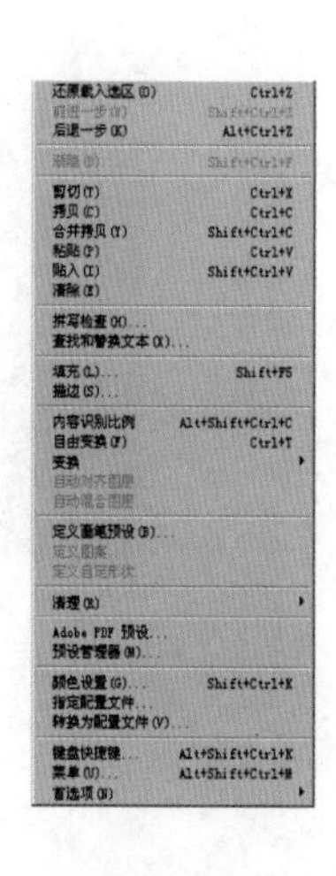

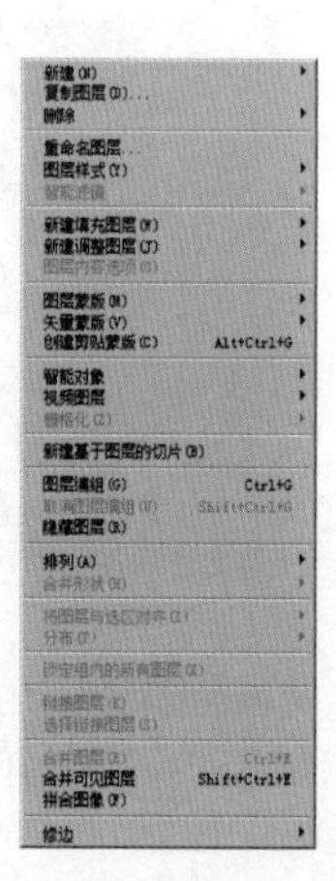

“文字”菜单：包括“面板”、“消除锯齿”、“取向”、“凸出为3D”、“转换为形状”和“栅格化文字图层”等命令，如图所示。

“选择”菜单：包括所有关于图像选择方面的命令，如“全部”、“取消选择”、“反向”、“所有图层”和“色彩范围”等命令，还可以变换选区，载入并存储选区，如图所示。

“滤镜”菜单：包括所有滤镜相关的命令，可以使用滤镜库操作滤镜，如图所示。

“3D”菜单：包括处理和合并现有的 3D 对象、创建新的 3D 对象、编辑和创建 3D 纹理及组合 3D 对象与 2D 图像的相关命令，如图所示。

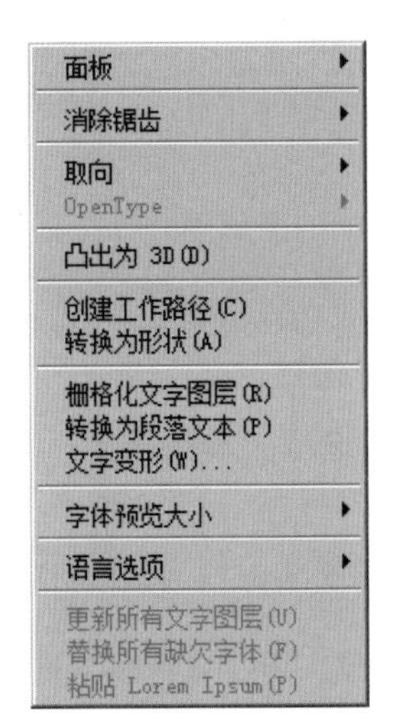

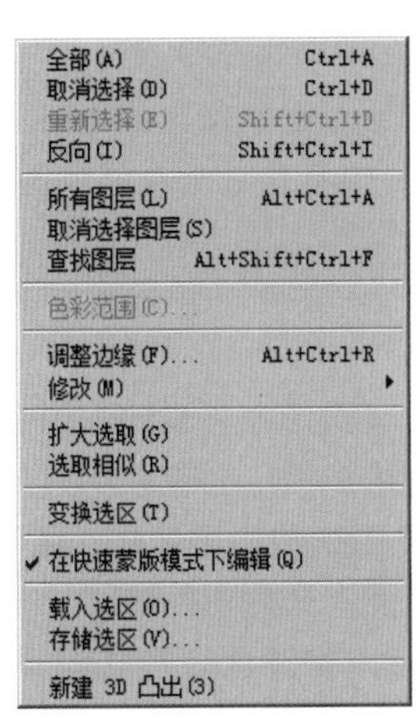

"视图"菜单：包括图像视图的相关命令，如"放大"、"缩小"和"实际像素"等命令，而"校样设置"、"校样颜色"等命令及"标尺"、"参考线"的相关命令也在此菜单中，如图所示。

"窗口"菜单：包括所有控制面板的命令。选择某一控制面板命令，即可打开该控制面板，菜单前面同时会出现对钩标记，再次选择则会隐藏该面板，如图所示。

"帮助"菜单：包含Photoshop软件的相关信息，如图所示。

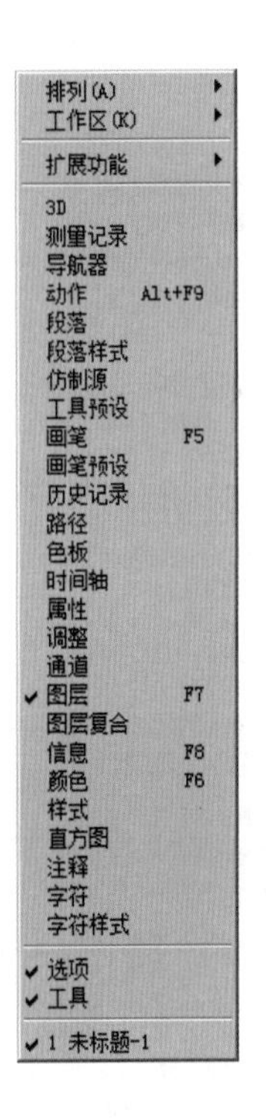

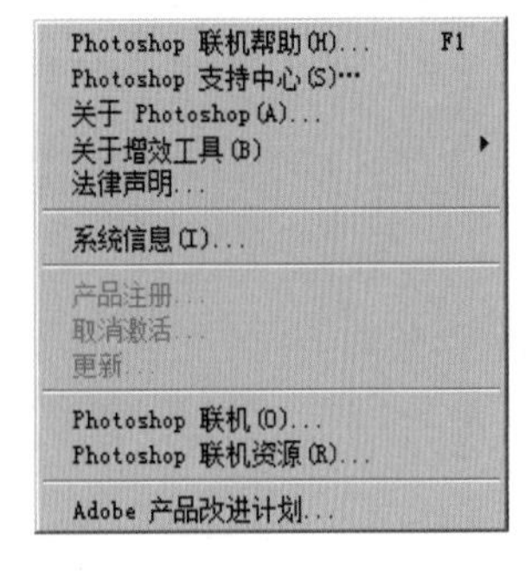

工具选项栏

位于菜单栏下方，用于设置工具箱中当前所选工具的选项参数。根据工具的不同，工具选项栏的内容也不同，它与各种工具是一一对应的。例如"移动工具"的选项栏和"矩形选框工具"的选项栏，如图所示。

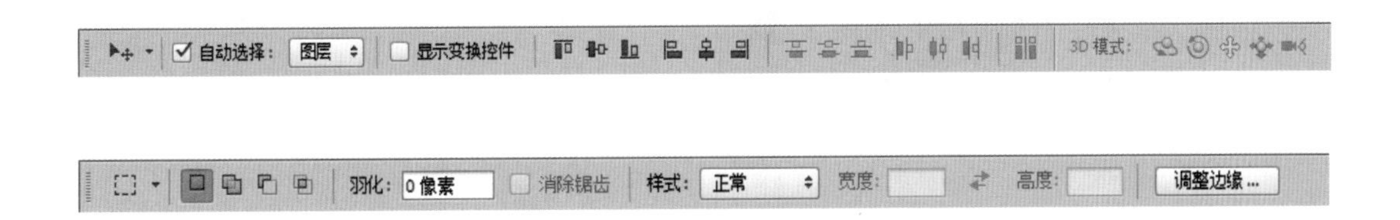

工具箱

在Photoshop CS6界面的左侧是工具箱，各工具按钮的组成如图所示。

工具箱中各工具组功能详解如下。

选取工具组：可以用来选取各类想要编辑的图像区域，如图所示。

修图工具组：可以用于修整图像中不满意的地方，包括裁剪大小、修复破损的图像等。在一般的图像处理工作中都可以用到修图工具，如图所示。

绘图工具组：这些工具可以用来绘制基本的形状。Photoshop还提供了常用的比较好看的形状供大家使用，如图所示。

填色工具组：填色包括渐变填充和实色填充两种，可以填充任意想要填充的区域，如图所示。

前景色和背景色：双击相应的颜色按钮即可打开“拾色器”对话框选取颜色。

3D工具组：一组工具用来控制三维对象，一组工具用来控制摄像机，如图所示。

视图工具：可以随意查看图像的任意地方和以任意大小来查看图像。

快速蒙版：单击“以快速蒙版模式编辑”按钮即可以快速蒙版模式编辑图像，再次单击即可恢复标准编辑模式。

其他工具：除了前面提到的工具外，Photoshop也包括了很多其他的工具，如辅助线工具、度量工具、移动工具和剪切工具等。

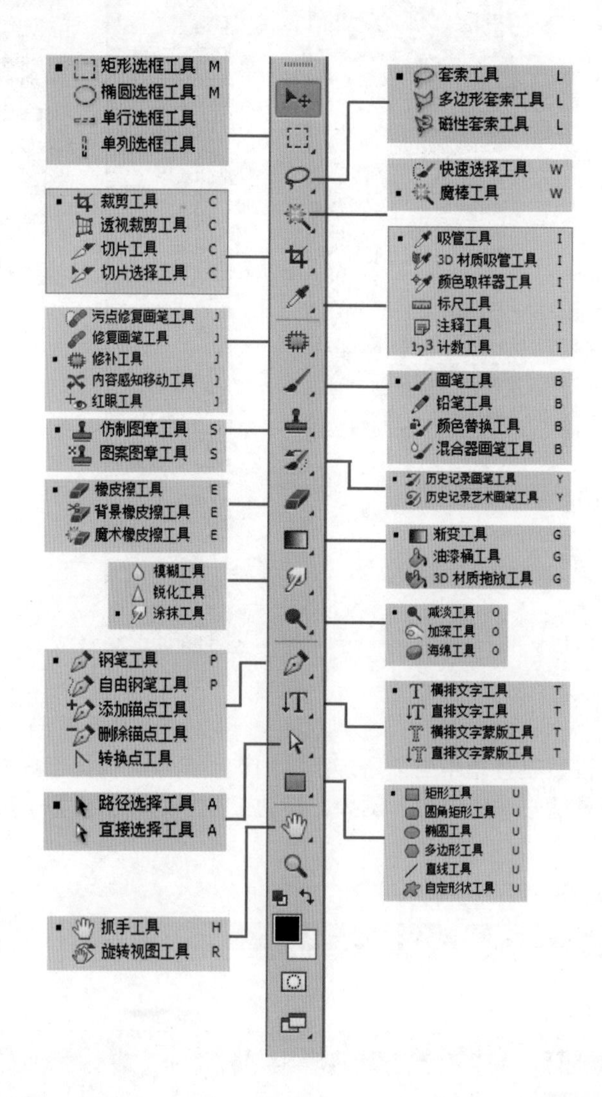

状态栏

状态栏位于图像窗口的下方，显示的是当前图像的各种信息。在显示文档大小的地方单击鼠标左键，可以得到此图在A4纸上打印的比例，单击三角按钮可弹出下拉菜单，从中可查看文件信息，如图所示。

100%　文档:165.9K/331.9K

状态栏中的部分选项的具体功能详解如下。

显示图像比例：图像当前的显示比例，输入数值，然后按【Enter】键即可设置，如图所示。

文档大小：显示文档大小，如图所示。

宽度:1264 像素(21.4 厘米)
高度:898 像素(15.21 厘米)
通道:3(RGB 颜色，8bpc)
分辨率:150 像素/英寸

打印比例：用鼠标单击文档大小处，弹出图像在A4纸上打印的显示比例，便于查看，如图所示。

显示按钮：单击状态栏中的▶按钮，在弹出的下拉菜单中可以选择状态栏显示的信息种类，如图所示。

- Adobe Drive
- ✔ 文档大小
- 文档配置文件
- 文档尺寸
- 测量比例
- 暂存盘大小
- 效率
- 计时
- 当前工具
- 32 位曝光
- 存储进度

滚动条：在图像大于当前窗口时，拖曳滚动条可以查看整体图像。

技巧提示

为了方便查看图像，可以按【Tab】键把打开的工具箱、面板和工具选项栏全部隐藏，只保留Photoshop界面，如图所示。再次按【Tab】键，恢复默认状态。按【Shift+Tab】快捷键可以保留工具箱，只隐藏面板，如图所示。

单击工具箱底部倒数第一个按钮，即可以“带有菜单栏的全屏模式”显示操作界面；单击第三个按钮，即可以“全屏模式”显示操作界面，也可以按【F】键来切换显示模式，如图所示。

图像窗口

图像窗口是打开的图像文件或新建文件显示的区域，也是用来编辑图像的区域。在Photoshop CS6版本中文件采用了新的选项卡显示方式。当打开多个文件时，默认情况下这些文件会以选项卡的方式显示，如图所示。

控制面板

在Photoshop CS6版本中控制面板分为浮动面板和面板按钮，用鼠标单击某个面板按钮就会弹出相应的浮动面板。控制面板中含有图形编辑操作中经常用到的选项和功能，所以控制面板是Photoshop软件非常重要的组成部分。Photoshop CS6提供了23个不同性能的控制面板，罗列在“窗口”菜单下。为操作方便，在“窗口”菜单栏中选择面板名称命令，就可打开该命令对应的组合浮动面板。单击组合面板中的选项卡可以调换到相应的面板并进行编辑。使用鼠标拖曳选项卡可以分离或者合并面板。

下面讲解一下经常使用的控制面板，具体使用方法会在后面的章节中讲到。

“导航器”面板（直方图/信息）

预览图像，放大或者缩小图像视图，并可以控制视图区域的移动，如图所示。

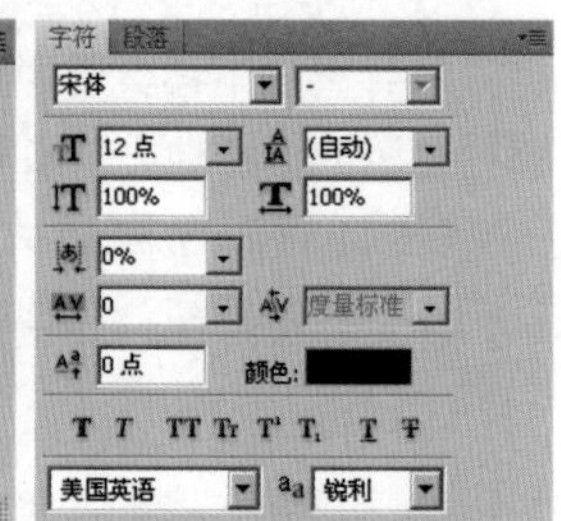

“颜色”面板（色板/样式）

设定颜色各项参数的数值，加以混合，从而调整颜色并选择颜色，如图所示。

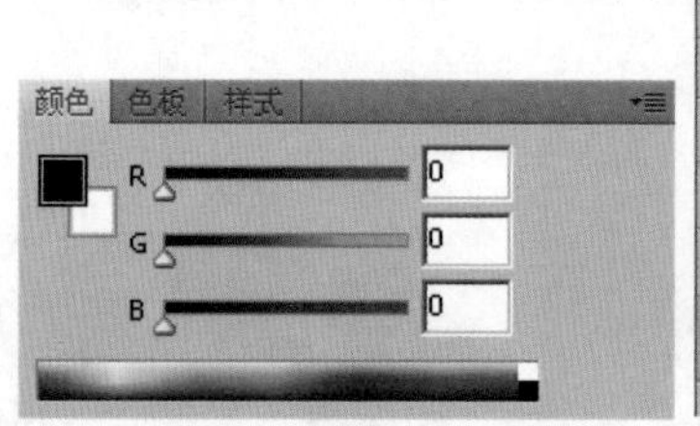

“图层”面板（通道/路径）

用于图层的编辑操作，可以混合图像、添加样式效果、输入文字等，这些都是Photoshop重要的组成部分，如图所示。

“字符”面板（段落）

调整文字字体、大小、颜色和字距等属性的面板。控制关于文字的所有操作，如图所示。

“时间轴”面板

Photoshop CS6新增加的面板，具有简单的动画编辑制作功能，如图所示。

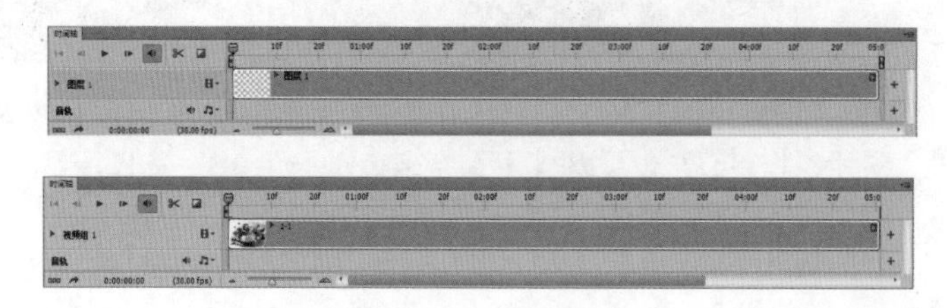

技巧提示

单击面板右上角的“折叠为图标”按钮，可以将面板内容隐藏起来，只显示面板的名称部分，节省界面空间，再次单击相应的面板按钮即可恢复面板。关闭不用的面板同样可以节省空间。面板的长度和宽度可以自由控制，拖曳面板的右下角或者左下角可以分别加长和加宽面板，显示更多的内容。

1.2 视图辅助工具

难度程度：★★★☆☆ 总课时：0.5小时
素材位置：01\视图辅助工具\示例图

当我们开始编辑图像时，Photoshop为我们提供了多种有效的辅助工具，分别是标尺、参考线和网格。这些工具经常和其他工具一起使用，帮助我们更好地制作图像。现在就来简单地介绍这几种辅助工具的使用方法。

1.2.1 标尺、参考线

学习时间：15分钟

标尺可以准确地显示出当前图像文件的长度和宽度，使用户方便地得到有关的图像信息。通过执行“视图”→“标尺”命令，或者使用快捷键【Ctrl+R】来显示标尺或者关闭标尺。图像窗口有水平标尺与垂直标尺，如图所示。

标尺显示在图像窗口的上部和左部，并且可以根据需要以各种单位显示数值。在标尺上单击鼠标右键，在弹出的快捷菜单中可以设置显示单位，如图所示。

技巧提示

如果想测量某一部位的长度，就需要重新设定原点，具体方法是在图像窗口的左上角，也就是标尺交错的位置单击并拖曳，即可拖曳出一个十字虚线的坐标轴来进行新的定位工作，而两轴的中心点即为标尺的原点；若在此处释放鼠标，即可重新定义标尺原点的位置。

选择工具箱中的“移动工具”，在标尺上拖曳鼠标，可以看到画面中跟随光标移动的灰色直线，放开鼠标即可出现蓝色的辅助参考线。参考线在不被锁定的情况下，可反复移动或删除，如图所示。

1.2.2 网格

执行菜单栏中的“视图→显示→网格”命令，或者使用【Ctrl+'】快捷键调出图像网格。图像窗口中显示出均匀分布的网格，如图所示。

再次选择“视图→显示”命令，用户可能注意到“网格”命令前面有一个对钩，这时再次选择“网格”命令，即可隐藏网格，如图所示。

Part 2 （2小时）

文件的基本操作

【文件浏览器：20分钟】

关于文件浏览器 10分钟
Adobe Bridge的具体使用步骤 10分钟

【文件的简单操作：40分钟】

新建文件 10分钟
打开文件 10分钟
存储文件 10分钟
关闭文件 10分钟

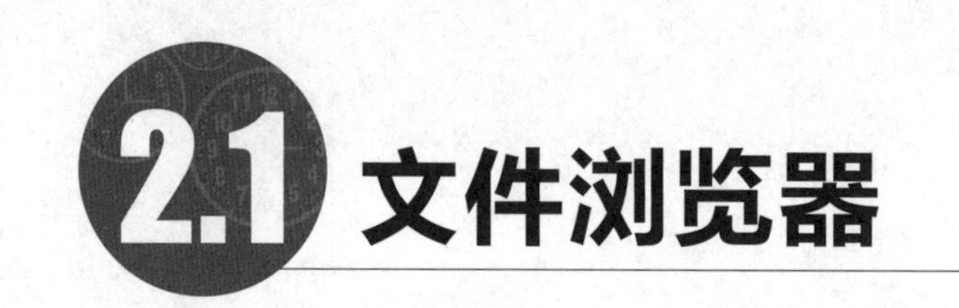

2.1 文件浏览器

难度程度：★★★☆☆ 总课时：0.3小时
素材位置：02\文件浏览器\示例图

2.1.1 关于文件浏览器

学习时间：10分钟

Photoshop自带的文件浏览器——Adobe Bridge，是与Photoshop结合使用的浏览软件。作为创造性组件的控制中心，它可以显示图片的高度、宽度、分辨率、颜色模式及创建和修改日期等附加信息，供用户方便地查找和访问包括PSD、AI、INDD及Adobe PDF等Adobe应用文件和非应用文件，并可以向这些资源中添加数据。用户可以在安装Photoshop时，方便地一起安装这款浏览软件。

浏览器界面如图所示，下面我们就来简单地介绍该浏览器的使用方法。

菜单栏：与其他Windows软件一样，菜单栏存放按项目功能分类的命令，选择相应的菜单项，就会弹出其下拉菜单，从中可选择相关的菜单命令。

“文件夹”/“收藏夹”面板：可以快速访问一些文件夹，并且单击可以选择文件夹并将其打开。

“预览”面板：预览选择的图像文件，可以缩小或放大预览图像，在未选择图像时为灰色。

“元数据”/“关键字”面板：“元数据”面板根据选择的文件变化数据信息，如果选择了多个文件，共有的信息将被显示出来；“关键字”面板可以为图像附上关键字信息，便于用户组织管理图像文件。

查询菜单栏：记录了最近访问过的文件夹，使用户可以快捷地再次访问。另外，还配有“前进”、“后退”等按钮，使用方式与一般的浏览器相同。

“最小化”、“最大化/还原”和“关闭”按钮：在没有退出Photoshop的情况下，对文件浏览器进行最小化，最大化/还原和关闭操作。

快捷键按钮：可以帮助用户更加有效地管理文件，包括“打开最近使用的文件”、“创建新文件夹”、“旋转视图”和“删除项目”等按钮。

“内容”区域：显示了当前文件夹中的相关预览图像，同时也显示了这些文件的相关信息。

“调整视图大小”滑块：用来设置预览界面中图像显示的尺寸大小，从左到右拖动滑块缩览图放大。两边的按钮分别是“较小的缩览图大小”和“较大的缩览图大小”按钮。

显示模式按钮：用户可以单击相应的按钮设置需要的显示模式，包括“必要项”、“胶片”、“元数据”、“输出”、“关键字”和“预览”等显示模式。

2.1.2 Adobe Bridge的具体使用步骤

下面就介绍文件浏览器——Adobe Bridge的具体使用步骤。

01 在Photoshop软件界面中，执行菜单栏中“文件→在Bridge中浏览”命令，或者直接单击应用程序栏中的“启动Bridge”按钮，如图所示。

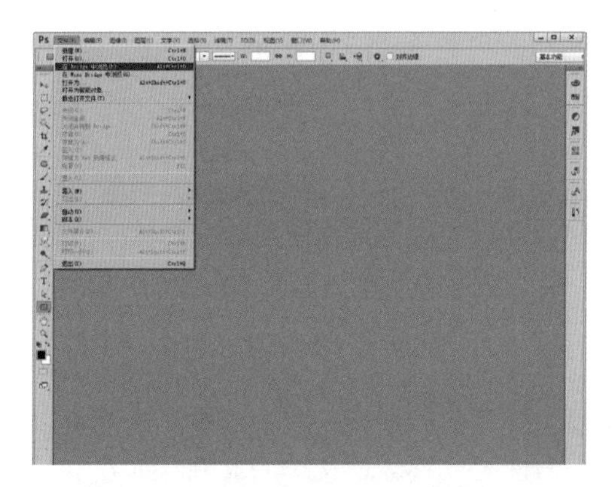

02 浏览器界面类似于一个打开的浏览窗口，在左侧的“文件夹”面板中用户可以选择电脑中的任何文件夹，访问图像资源，如图所示。

03 选择文件夹中的某个图像文件，在右侧的“预览”面板中就会显示该图像的预览效果，并可以查看文件的相关信息，如图所示。双击图像或者在图像上单击鼠标右键，在弹出的快捷菜单中选择“打开”命令，就可以打开文件。

04 在“内容”区域中选择一个图像文件，拖曳界面底部的“调整视图大小”滑块向右，可以放大图像缩览图，向左拖动则会缩小图像缩览图，如图所示。

05 单击界面上部的显示模式按钮，可以切换显示模式，如图所示。

必要项 胶片 元数据 输出

2.2 文件的简单操作

难度程度：★★★☆☆ 总课时：40分钟
素材位置：02\文件的简单操作\示例图

2.2.1 新建文件

学习时间：10分钟

当需要制作固定尺寸的文件时，可以使用新建文件的方法。新建文件的大小、色彩模式和分辨率等文件信息均可以自行设置。用户也可以为文件命名，另外，软件还提供了各种常用的图像选项供用户选择或者修改。

新建文件的对话框，对话框中的具体参数详解如下。

“名称”文本框：用于设置新文件的名称。当新建文件后名称将显示在图像窗口的标题栏中，而在保存文件时，输入的名称会自动显示成文件名。

“预设”下拉列表框：用于设置新文件的大小。在此下拉列表框后面单击下拉按钮，可以看到Photoshop中提供的几种基本图像大小。

“宽度”、“高度”栏：用于具体设置新文件的大小。宽度代表图像的宽度值，高度代表图像的高度值。单击后面的下拉按钮，在弹出的下拉列表中可以选择需要的尺寸单位。

“分辨率”栏：用于设置新文件的分辨率。单击后面的下拉按钮，在弹出的下拉列表中可以选择需要的单位。

“颜色模式”栏：用于设置新文件的颜色模式和定位深度，确定颜色可适用的最大数量。

“背景内容”下拉列表框：用于设置新文件的底色，Photoshop提供三种颜色供选择，分别是白色、背景色和透明色。

现在就来简单地介绍新建文件对话框的使用方法。

01 执行菜单栏中的“文件→新建”命令，如图所示。

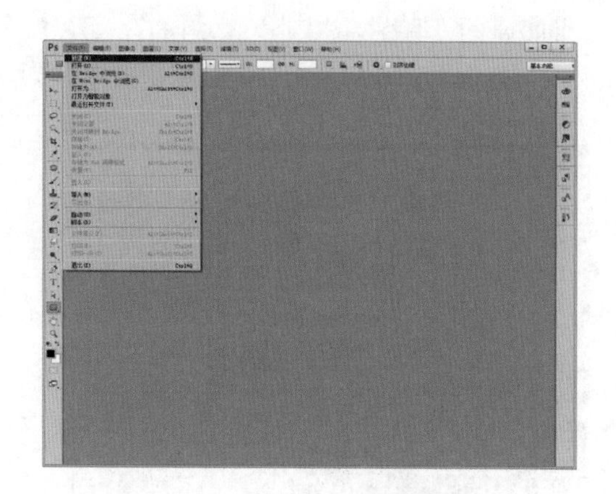

02 在打开的“新建”对话框中，用户可以根据情况设置新建文件的属性，如尺寸、分辨率、颜色模式和背景内容等，完成后单击“确定”按钮，如图所示。

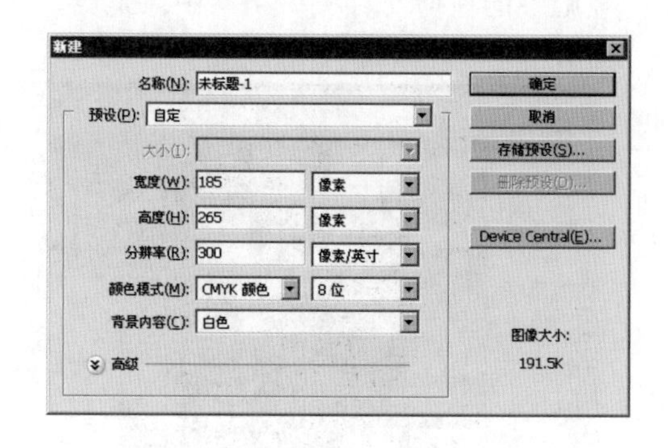

03 系统自动生成符合用户设定属性的空白文件，并在图像窗口中打开，如图所示。

技巧提示

用户只要按下【Ctrl+N】快捷键就可以打开"新建"对话框，在其中设置所需的文件属性。

2.2.2 打开文件

学习时间：10分钟

Photoshop可以打开很多种格式的图像文件，现在我们来学习从界面中打开文件的方法，这一点和其他软件大致相同。

01 执行菜单栏中的“文件→打开”命令，如图所示。

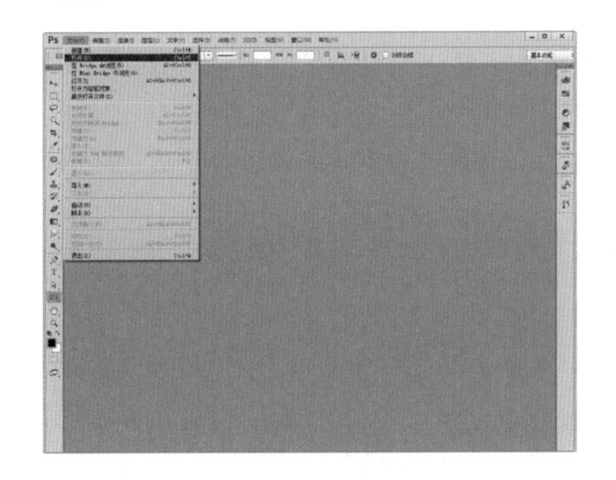

02 在打开的“打开”对话框中，用户选择文件所在的目录，并在打开的文件夹中找到需要的文件，选择文件，单击“打开”按钮，如图所示。

03 系统将用户选择的文件打开并显示在窗口中。此时，可以在窗口中进行各种操作，如图所示。

技巧提示

打开文件的快捷键是【Ctrl+O】，用户只要按下该快捷键就可以打开"打开"对话框，从中选择所需的文件。另外，在操作界面中央空白位置处双击鼠标，也可以打开"打开"对话框。在对话框中用户可以选择一个以上的图像文件，然后单击"打开"按钮，同时打开选择的多个文件。

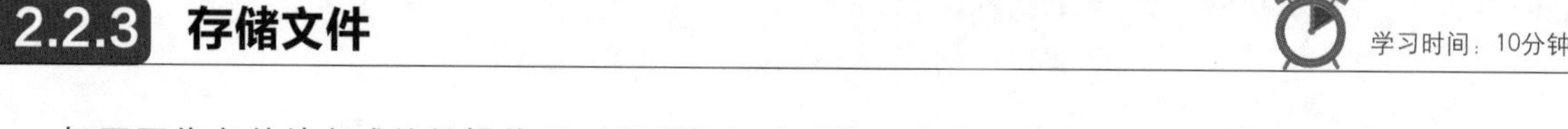

2.2.3 存储文件

学习时间：10分钟

打开图像文件并完成编辑操作后，需要把修改后的图像文件保存起来。怎样保存文件呢？下面就来介绍保存文件的方法。同样非常简单，不过值得用户注意的是，将新建的文件保存与打开图像文件进行编辑后的另存，是两种不同的保存方式。若不小心会把需要保留的原图替换掉，这将是一件非常糟糕的事。

“存储为”对话框如右图所示，对话框中的具体参数详解如下。

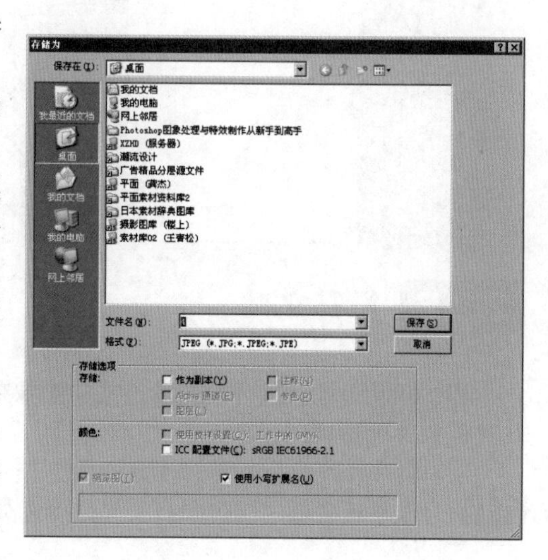

“保存在”下拉列表框：选择文件的存储路径，确定保存文件的目标文件夹。

快捷选项列表框：提供了“我最近的文档”、“桌面”、“我的文档”、“我的电脑”和“网上邻居”5个快捷选项，分别指向不同的快捷浏览目标。

“‘查看’菜单”按钮：单击该按钮，可以选择查看图像文件的方式。

“文件名”下拉列表框：可输入要保存的文件名称。

“格式”下拉列表框：可选择要保存的图像文件格式，在其下拉列表中有备选图像格式，用户可以根据需要自行选择。

“存储选项”栏中，具体参数详解如下。

“作为副本”复选框：如果勾选该复选框，文件名会自动生成“副本”两个字，原文件不发生变化，生成副本文件。

“Alpha通道”复选框：当图像文件中有Alpha通道时，该复选框就会被激活，勾选该复选框，则保留当前图像的所有通道信息。

“图层”复选框：当图像文件中有图层时，该复选框会被激活，勾选该复选框，则保留当前图像的所有图层。

“注释”复选框：在图像制作中使用“注释工具”添加了图像说明时，该复选框就会被激活，勾选该复选框，则保留当前图像的注释信息。

“专色”复选框：勾选该复选框，则保留当前图像的专色通道。

“使用校样设置”复选框：勾选该复选框，将检测CMYK图像的溢色功能。

“ICC配置文件”复选框：勾选该复选框，让图像在不同显示器中所显示的颜色一致。

“缩览图”复选框：勾选该复选框，将生成保存图像的缩览图，在打开图像时可以预览。

“使用小写扩展名”复选框：勾选该复选框，文件的扩展名为小写形式，不勾选此复选框，扩展名则为大写形式。默认情况下，系统会自动勾选该复选框，表示扩展名采用小写形式。

现在就来简单地介绍“存储为”对话框的使用方法。

01 执行菜单栏中的“文件→存储为”命令，如图所示。

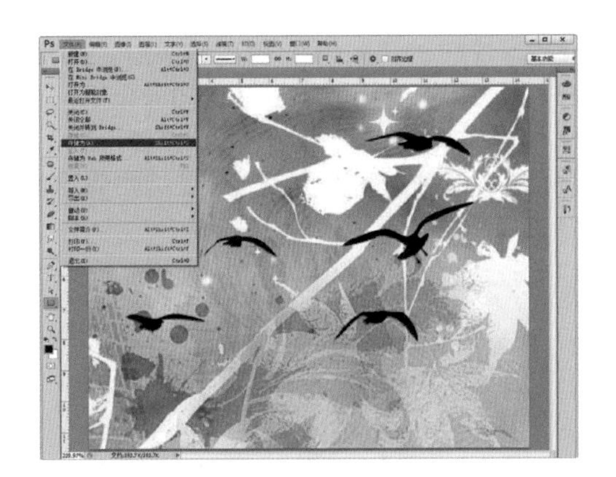

02 在打开的“存储为”对话框中，用户可以选择存储的目标文件夹、更改文件名称、选择文件的存储类型，完成后单击“保存”按钮，如图所示。

03 由于选择的文件保存类型是“JPG”格式的，所以将打开“JPEG选项”对话框，用户可以设置保存图像的品质，然后单击“确定”按钮，如图所示。

04 这时显示的文件标题部分发生了变化，显示为保存的文件名，现在这幅图像已经被保存为另一个文件，如图所示。

技巧提示

“存储”命令是将打开的图像以覆盖的方式进行保存，快捷键为【Ctrl+S】；“存储为”命令是另外指定存储路径和文件名称的保存方式，快捷键为【Ctrl+Shift+S】。另存为新的文件后所做的改动只存在于新文件中，原图像不受影响。当图像没有进行任何操作或者已经保存之后，则“存储”命令会处于非激活状态，此时只可用“存储为”方式进行保存。另外，同一文件夹下不允许出现同类型同名的文件，所以另存时要注意文件的格式和名称不要重复。

2.2.4 关闭文件

学习时间：10分钟

在Photoshop工作界面中编辑图像文件时，文件关闭很简单，只需单击文件选项卡上的“关闭”按钮即可。在Photoshop CS4之前的版本中，图像最大化时，文件的“关闭”按钮与软件的“关闭”按钮位置非常接近，很容易错误地单击软件的“关闭”按钮。在Photoshop CS4中，图像最大化时，已经取消了图像文件和软件的“关闭”按钮，关闭图像文件可以直接按【Ctrl+ W】快捷键。

图像没有最大化时，单击文件选项卡上的“关闭”按钮，即可关闭图像。如果在编辑完图像后没有保存，则会弹出提示对话框，询问是否保存文件，用户可根据情况决定是否保存。

技巧提示

当图像已经有所改动，在没有保存或者保存后又有改动的情况下，系统会自动弹出提示对话框，提示用户文件还未保存改动。用户可根据情况决定是否保存修改，如图所示。

“是”按钮：将修改保存到文件中，一般情况下用户会单击此按钮。

“否”按钮：单击此按钮，不将修改保存到文件中，文件依然是上次保存后的状态。

“取消”按钮：单击此按钮，取消关闭文件的操作，用户回到图像窗口继续进行编辑操作。

如果是在新建的文件中进行编辑后，在从未保存的情况下关闭文件，系统会自动弹出提示对话框，询问是否保存文件。单击“是”按钮，打开“存储为”对话框，用户可以指定存储路径、文件名称和格式后保存文件；单击“否”按钮，不保存文件；单击“取消”按钮，取消关闭文件的操作，用户可以继续进行编辑。

Part 3（3-4小时）

完美提取图像的技巧

【绘制规则选区：40分钟】

矩形选框工具　　20分钟
椭圆选框工具　　20分钟

【绘制不规则选区：80分钟】

套索工具　　20分钟
多边形套索工具　　20分钟
磁性套索工具　　20分钟
魔棒工具　　20分钟

3.1 绘制规则选区

难度程度：★★★☆☆ 总课时：40分钟
素材位置：03\绘制规则选区\示例图

在编辑和处理图像的过程中，经常需要利用选区来选取特定的图像区域内容。用户可以根据不同的图像区域特点和选取要求，使用不同的选取方式。

在Photoshop中，可以用来制作规则选区的工具有矩形选框工具、椭圆选框工具、套索工具、多边形套索工具、磁性套索工具及魔棒工具等。

3.1.1 矩形选框工具

学习时间：20分钟

选择“矩形选框工具”，在图像中按住鼠标拖动画框，即可创建出各种矩形选区。也可以配合不同的参数选项和【Shift】快捷键，以制作更多形状的选区范围，如图所示。“矩形选框工具”的工具选项栏如图所示，其中各选项的功能如下所示。

在工具选项栏中选择不同的选区运算模式，可以在现有选区的基础上制作出更多形状的选区，具体选区运算模式如下所示。

羽化：0像素 消除锯齿 样式：正常 宽度： 高度： 调整边缘...

技巧提示

在拖动绘制选区时，在拖动的同时按住【Alt】键，会以鼠标单击点为中心向外进行选区的绘制；按住【Shift】键拖动，则可以绘制正方形的选区。

新选区：该方式是默认的选区创建模式，用鼠标拖动即可创建出新的选区范围。同时，如果原来有选区，则原选区会被取消。

添加到选区：选择该模式后，可以在原有选区范围的基础上增加新的选区，与原选区重合的区域会合并在一起。也可以在其他模式下按住【Shift】键进行添加选区的操作，如图所示。

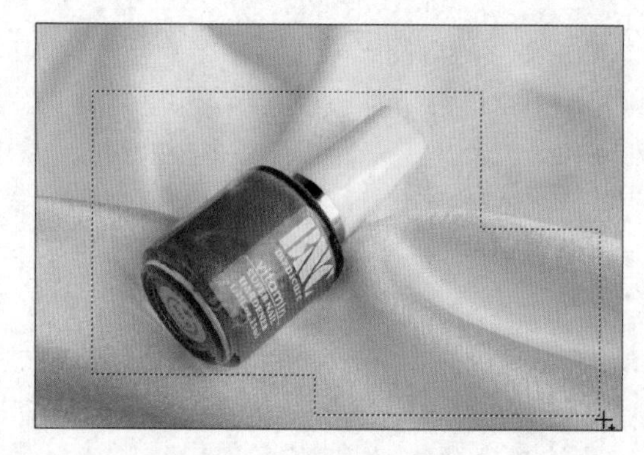

从选区减去：选择该模式后，可以在原有的选区基础上减去新绘制的选区形状。也可以按住【Alt】键进行减少选区的操作，如图所示。

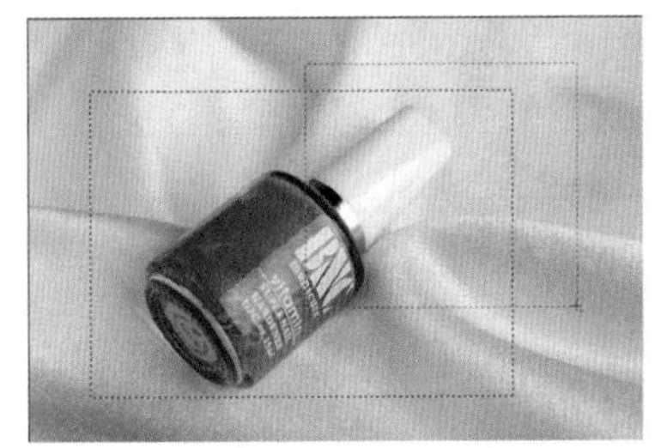

与选区交叉：选择该模式后，可以在原有的选区基础上，将其与新绘制选区重叠的部分保留下来。按住【Alt+Shift】快捷键进行选区操作也可以达到同样的效果，如图所示。

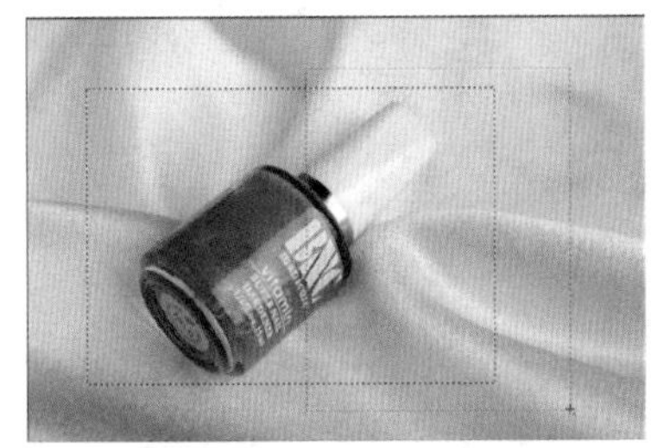

在工具选项栏中的“羽化”选项可用于设置选区边缘产生柔化的过渡程度，其取值范围在0~250像素之间。数值越高，绘制出选区的边缘虚化的程度越大，也越柔和。数值为0时，没有羽化效果。例如，选择“矩形选框工具”，在工具选项栏中，分别设置“羽化”值为0、30和50，然后在画面中绘制一个交叉的选区形状，并填充白色，就可以看到不同羽化值所产生的不同效果，如图所示。

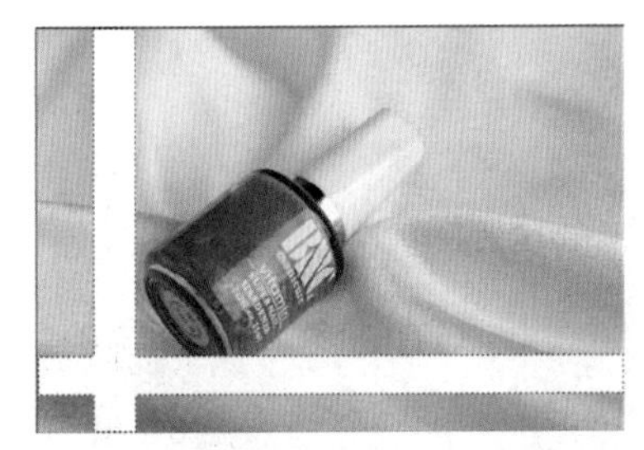

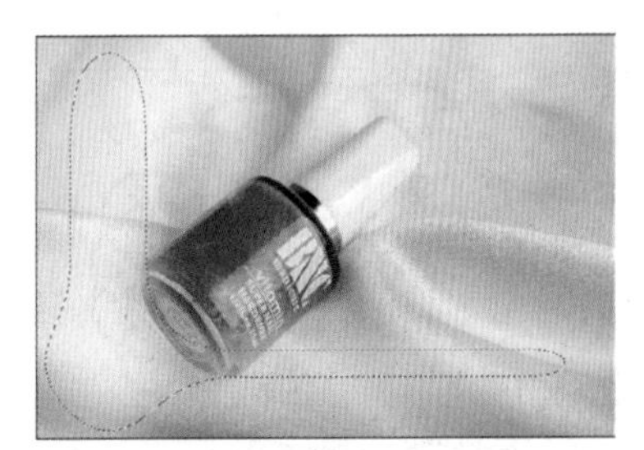

在工具选项栏中的“样式”选项用于决定以哪种方式来设置选区外形，具体包含如下几种方式。

正常：选择该选项后，选区的形状与用户用鼠标拖动画框的形状相同，这是默认的绘制方式。

固定长宽比：选择该选项后，“样式”选项右侧的“宽度”和“高度”文本框变成可修改状态，可以在该文本框中输入数值来设置创建选区时宽度和高度的比例。默认的数值为1：1。设置“宽度”为1、“高度”为2时，绘制的选区形状，如图所示。

固定大小：选择该选项时，可以通过在“宽度”和“高度”文本框中输入数值来精确设置所绘制的选区的大小，单位为px（像素）。设置好后，只要用鼠标在图像中单击即可创建相应大小的选区范围。设置“宽度”为64px、“高度”为64px时，加选多个选区的效果，如图所示。

宽度和高度互换：当选择“固定长宽比”和“固定大小”选项时，可以单击该选项按钮来互换“宽度”和“高度”文本框中的数值。

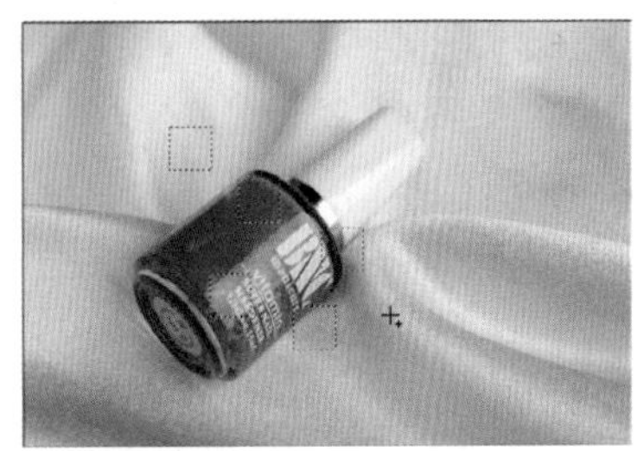

3.1.2 椭圆选框工具

学习时间：20分钟

利用“椭圆选框工具”可以绘制正圆、椭圆等形状的选区。该工具的使用方法、工具选项设置及快捷键与“矩形选框工具”相同，用户直接参考使用即可。图为绘制正圆形和椭圆形选区的效果。

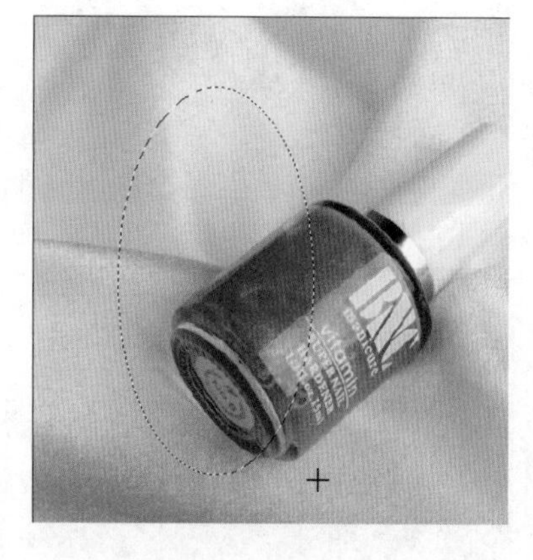

选择“椭圆选框工具”后，可以看到工具选项栏中的“消除锯齿”复选项变为可用状态。选择该复选项，在绘制选区后，选区边缘会进行半透明处理，以消除弧形边缘所带来的锯齿边，从而产生平滑的边缘部分效果；不选择该复选项时，在选区填充颜色或复制图像时，在图像的边缘部分会产生较为明显的锯齿效果。

例如，打开一个图片，如图所示。选择工具选项栏中的“消除锯齿”复选项，然后绘制一个圆形选区。按【Ctrl+J】快捷键，复制选区内容并粘贴到新图层中，将背景图层隐藏，并适当地放大画面，这时可以看到图像边缘的效果，如图所示。撤销之前的操作，取消选择“消除锯齿”复选项，再绘制一个圆形选区，将其复制并粘贴到一个新图层中并隐藏背景图层，效果如图所示。

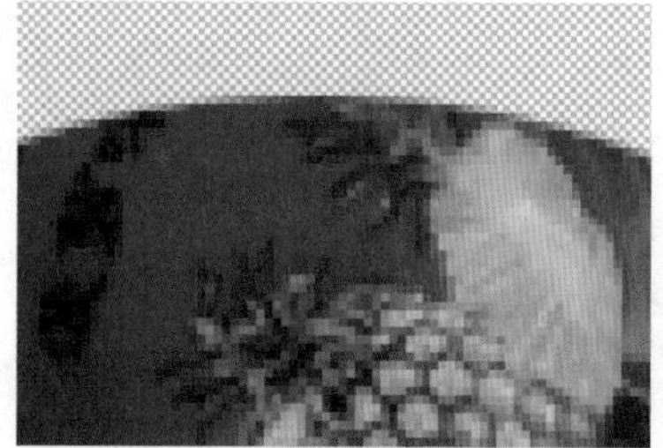

技巧提示

由于像素是图像的基本单位，而像素块本身是矩形的，因此在绘制选区时，选区及其所包含的图像最小单位，当然是像素。在绘制带有弧形的选区时，选区边缘部分就是由这些矩形像素块连接而成的，所以其实际的边缘并不是平滑的，而是呈锯齿状的。“消除锯齿”选项就是将这些锯齿进行有规律的半透明处理，这样在视觉上会感觉边缘是平滑的，而实际仍然是那些像素点，只不过是透明度有变化。

3.2 绘制不规则选区

难度程度：★★★☆☆ 总课时：80分钟
素材位置：03\绘制不规则选区\示例图

在Photoshop的工具箱中，为用户提供了3种不同的套索工具，即“套索工具”、“多边形套索工具”和“磁性套索工具”。使用这些工具可以制作出各种不规则形状的选区范围。

3.2.1 套索工具

学习时间：20分钟

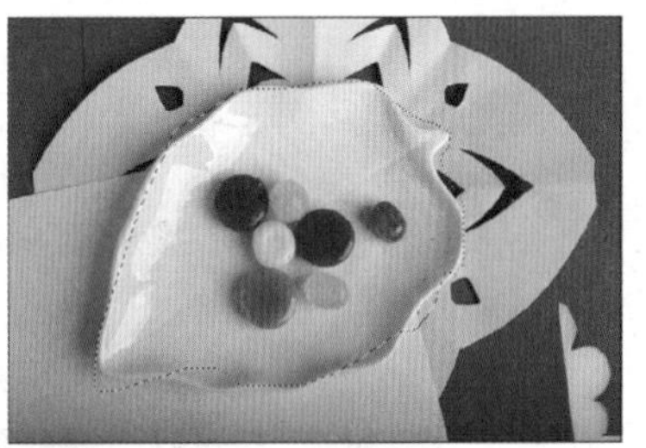

“套索工具”的操作特点是以徒手绘制的方式来绘制选区，其工具选项栏如图所示。该工具选项栏中的“选区运算模式”、“羽化”等选项与“矩形选框工具”中的功能和使用方法相同，这里不再赘述。

选择“套索工具”，在图像中按住鼠标左键进行拖动，形状满意后释放鼠标即可得到选区，如图所示。

3.2.2 多边形套索工具

学习时间：20分钟

使用“多边形套索工具”可以制作各种规则或不规则的多边形选区范围。其工具选项栏与“套索工具”相同。选择“多边形套索工具”，在图像上用鼠标单击，设置选取范围的起点，然后在接下来要选取的位置单击，两点之间会自动用直线连接起来。最后，将鼠标置于起点处，其右下角就会出现一个小圆圈，这时单击鼠标就可以生成闭合的选区。在选取的过程中，在任意位置双击鼠标，都可以自动将终点与起点用直线连接，形成一个封闭的选区，如图所示。

技巧提示

在绘制选区的过程中，按住【Shift】键，绘制的边缘线条会按水平、垂直或者45°的倍数方向进行绘制。按【Delete】键或退格键，可以删除最近绘制的一条边缘线条；多次按【Delete】键或退格键，可依次删除所有绘制好的边缘线条。如果按【Esc】键，则可以取消当前所绘制的边缘线条。按【Ctrl+D】快捷键，可取消选取范围。

3.2.3 磁性套索工具

学习时间：20分钟

使用“磁性套索工具”可以快速准确地选取不规则的选区范围。该工具的工作原理是以鼠标移动的轨迹两侧像素颜色的对比，来确定选区边缘的位置。所以，当选取的选区范围边缘与背景反差较大时，制作的选区范围效果较好。该工具在操作过程中，可以方便地进行工具选项栏设置，使所绘制的选区形状更容易控制。“磁性套索工具”的工具选项栏如图所示。

羽化：0像素 ☑消除锯齿 宽度：3像素 对比度：50% 频率：80 调整边缘...

选择“磁性套索工具”，单击鼠标左键确定起始点后，沿着需要被选取的图像的边缘移动光标，Photoshop会自动根据所设置的参数选项，分析图像边缘的颜色状态，确定出选区边缘的位置。在绘制过程中，单击鼠标左键，可以手动增加节点来控制选区边缘的形状。如果自动捕捉产生的边缘形状不理想，可按【Delete】键删除上一个节点。最后将光标放置在起点位置上，单击即可闭合选区。当然，也可以在未闭合选区时双击鼠标，软件会自动将起点和终点连接在一起生成选区。例如，选择“磁性套索工具”，在下图中盘子的上边缘单击确定选区的起点，然后沿着盘子的边缘移动创建选区，回到起点后，单击即可闭合选区，效果如图所示。

3.2.4 魔棒工具

学习时间：20分钟

“魔棒工具”是以图像中颜色的相似程度来作为选取的依据。使用“魔棒工具”选取图像时，只需在图像中单击，Photoshop就会自动以鼠标单击点的颜色值为基准，并根据工具选项栏中的具体设置来创建选区形状。“魔棒工具”的工具选项栏如图所示。

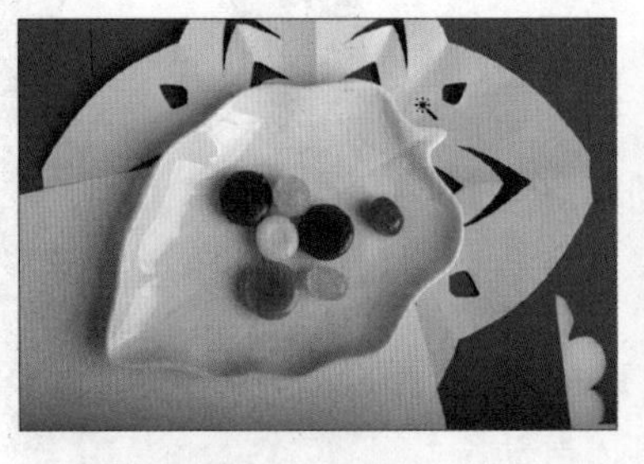

容差：32 ☑消除锯齿 ☑连续 □对所有图层取样 调整边缘...

容差： 通过设置该选项的数值，可以控制所选取颜色的范围大小，从而控制选区的具体范围。其数值范围在0～255之间，默认值为32。输入的数值越小，可以选取到的颜色就会越接近，所选择的范围也就会越小；输入的数值越大，可以选取的颜色范围就会越大。

连续： 选中该复选项后，将只选取与鼠标单击点相邻且颜色相近的选区范围。如果不选择该复选项，则可以在整个图像中选取具有相近颜色的选区范围。

对所有图层取样： 选择该复选项时，将会选择可见的所有图层中与鼠标单击点具有相同或相近的颜色区域。不选择此复选项时，“魔棒工具”则只在当前操作的图层中进行选取。

Part 4 （5-6.5小时）

使用“色彩范围”命令提取图像

【“色彩范围”命令：30分钟】

【实例应用：60分钟】

使用“色彩范围”命令制作单色艺术特效　60分钟

4.1 “色彩范围”命令

难度程度：★★★☆☆ 总课时：0.5小时
素材位置：04\“色彩范围”命令\示例图

使用“色彩范围”命令可以产生与“魔棒工具”类似的效果，不同的是“色彩范围”命令是通过图像窗口中的指定颜色来设置选择区域的。另外，还可以通过指定其他颜色来增加或减少选择区域，以更改预览选区的显示状态等。

打开一个图像，执行“选择”→“色彩范围”命令，弹出“色彩范围”对话框。该对话框中各选项的功能如下所示。

选择：在该选项的下拉列表中，可以选择颜色的选取方式和范围。默认设置为“取样颜色”选项。

颜色容差：用于设置选取颜色与取样颜色的相似程度。数值越大，颜色变化越大，绘制的选区范围就越大。

范围：用于设置选取颜色的范围。数值越大，所包含的颜色数量就越多，绘制的选区范围就越大。

选区预览：在该选项的下拉列表中可以进行预览方式的选择。其中，“无”选项表示在图像窗口中没有变化；“灰度”选项表示在图像窗口中用黑色显示未被选择的区域，用白色和灰色调显示被选取的区域；“黑色杂边”选项表示在图像窗口中用黑色显示未被选择的区域，用彩色显示被选取的区域；“白色杂边”选项表示在图像窗口中用白色显示未被选择的区域，用彩色显示被选取的区域；“快速蒙版”选项表示在图像窗口中以预设蒙版颜色显示未被选择的区域，用彩色调显示被选取的区域。

在该对话框中有一个预览区域，用来显示当前已选取的图像范围。选择“选择范围”选项时，在预览中以黑白图像显示，黑色部分为未被选取的范围，白色部分是被选取的范围，灰色调表示部分被选取。当选择“图像”选项时，预览栏中会显示彩色图像，不显示选取的范围。按【Ctrl】键可以在两个预览选项显示方式之间切换。

添加到取样：使用“添加到取样”工具，可以在图像中进行多次选取来增加选取范围。

从取样中减去：使用“从取样中减去”工具，可以在图像中进行多次选取，以便从已有的选区中减去多选的像素。

反相：选择该复选框，可以将当前的未选取范围转换为选取范围，其功能类似于“选择”菜单中的“反相”命令。

“载入”和“存储”按钮：可以用来保存或载入“色彩范围”对话框中的各项参数设置。

4.2 实例应用

难度程度：★★★☆☆ 总课时：1小时
素材位置：04\实例应用\制作单色艺术特效

演练时间：60分钟

使用“色彩范围”命令制作单色艺术特效

◉ 实例目标

本例由两部分组成：第1部分，通过“色彩范围”命令功能将人物周围的树叶图像提取出来；第2部分，将提取出来的图像，利用“色相/饱和度”和“通道混合器”进行调色，最终将照片制作成单色艺术效果。

◉ 技术分析

在本例中，将一张普通的人物照片，通过使用Photoshop中的“色彩范围”命令功能将人物周围的树叶图像提取出来，并将提取出来的图像进行调色，制作单色艺术效果。希望读者通过本例能够体会“色彩范围”命令提取图像这一特色功能的重要作用。

制作步骤

01 打开图片。打开随书光盘中的“素材 1”图像文件，此时的图像效果和“图层”面板如图所示。

02 执行“图像”→“色彩范围”命令，在弹出的“色彩范围”对话框中进行参数设置。设置完该对话框中的参数后，单击“确定”按钮，得到如图所示的选区效果。

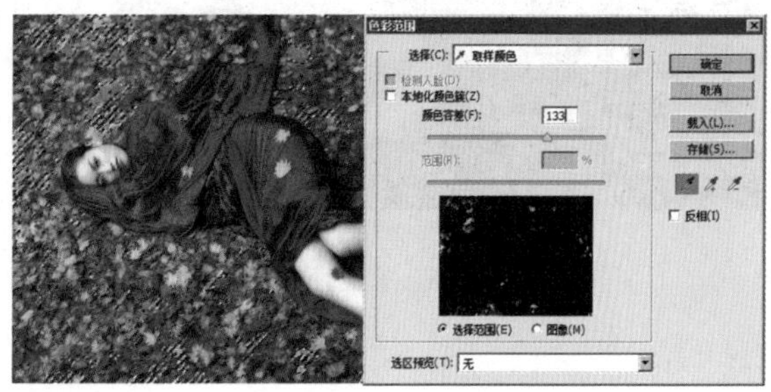

03 单击“创建新的填充或调整图层”按钮，在弹出的菜单中选择“曲线”命令，此时在弹出“调整”面板的同时得到图层“曲线 1”。在“调整”面板中设置“曲线”命令的参数，如图所示。

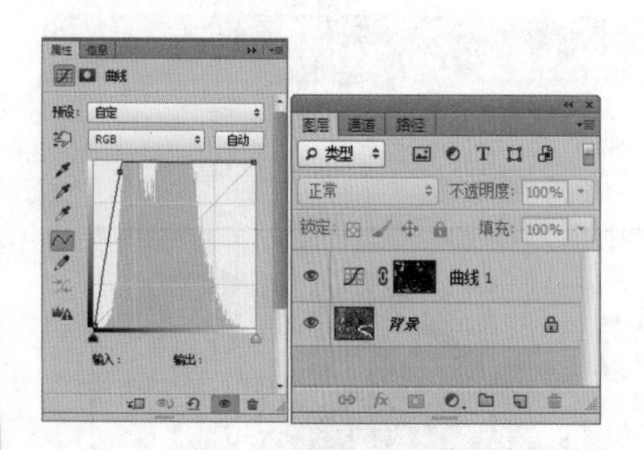

04 在“调整”面板中设置完“曲线”命令的参数后，关闭“调整”面板。此时的图像效果如图所示。

05 选择“曲线 1”图层，按【Ctrl+J】快捷键，复制“曲线 1”图层，得到“曲线 1 副本”图层。设置其图层的不透明度为“50%”，得到如图所示的效果。

06 单击“曲线 1”的图层蒙版缩览图，执行“滤镜”→“模糊”→“高斯模糊”命令，设置弹出对话框中的参数后，单击“确定”按钮，得到如图所示的效果。

07 选择“曲线 1 副本”作为当前操作图层，按快捷键【Ctrl+Shift+Alt+E】，执行“盖印”操作，得到“图层 1”。执行“图像”→“色彩范围”命令，在弹出的“色彩范围”对话框中进行参数设置，如图所示。

08 设置完“色彩范围”对话框中的参数后，单击“确定”按钮，得到如图所示的选区效果。

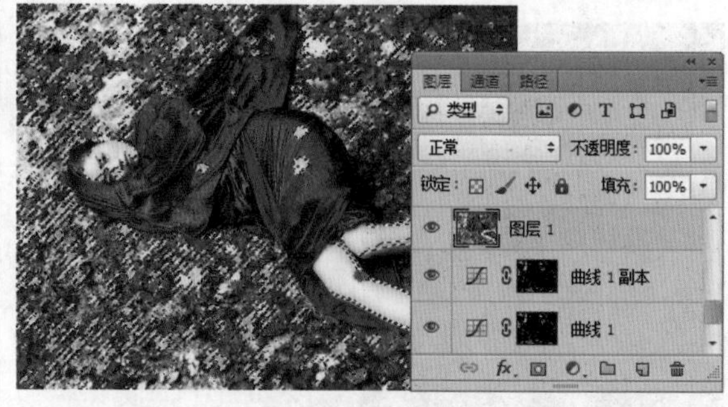

09 按【Ctrl+J】快捷键，复制选区内的图像，得到“图层 2”。按住【Ctrl】键单击“图层 2”的图层缩览图，载入其选区，隐藏“图层 1”，如图所示。

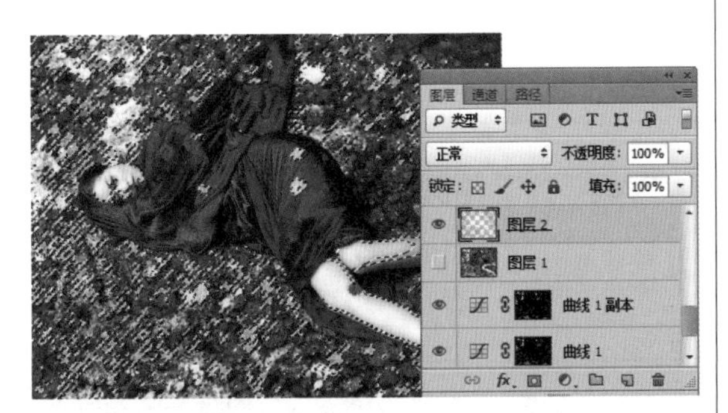

10 单击“创建新的填充或调整图层”按钮，在弹出的菜单中选择“曲线”命令，此时在弹出“调整”面板的同时得到图层“曲线 2”。单击“调整”面板下方的按钮，将调整影响剪切到下方的图层。在“调整”面板中设置“曲线”命令的参数，如图所示。

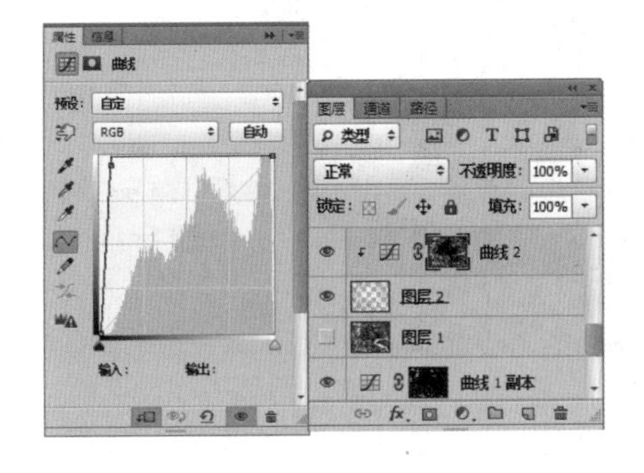

11 在“调整”面板中设置完“曲线”命令的参数后，关闭“调整”面板。此时的图像效果如图所示。

12 选择“曲线 2”，按【Ctrl+Shift+Alt+E】快捷键，执行“盖印”操作，得到“图层 3”。执行“图像”→“色彩范围”命令，在弹出的“色彩范围”对话框中进行参数设置，如图所示。

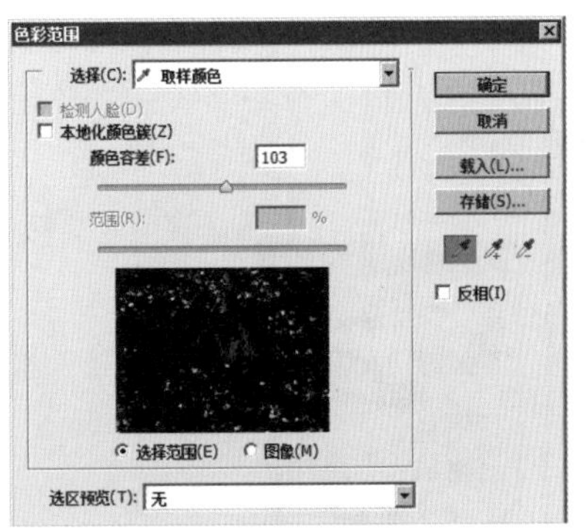

13 设置完“色彩范围”对话框中的参数后，单击“确定”按钮，得到如图所示的选区效果。

14 按【Ctrl+J】快捷键，复制选区内的图像，得到“图层 4”。按住【Ctrl】键单击“图层 4”的图层缩览图，载入其选区，隐藏“图层 3”，如图所示。

15 单击“创建新的填充或调整图层”按钮，在弹出的菜单中选择“曲线”命令，此时在弹出“调整”面板的同时得到图层“曲线 3”。单击“调整”面板下方的按钮，将调整影响剪切到下方的图层。在“调整”面板中设置“曲线”命令的参数，如图所示。

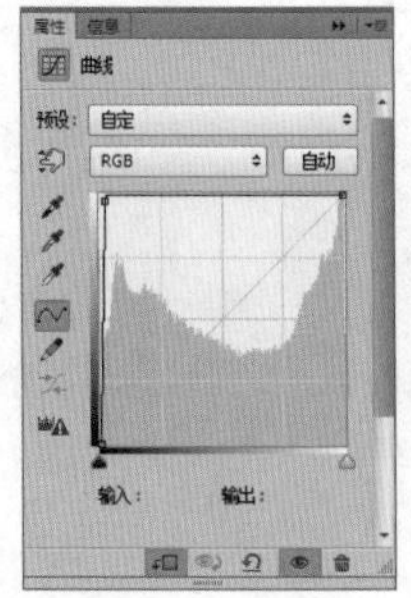

16 在“调整”面板中设置完“曲线”命令的参数后，关闭“调整”面板。此时的图像效果如图所示。

17 选择“图层 4”，单击“添加图层蒙版”按钮，为“图层 4”添加图层蒙版，设置前景色为黑色。选择“画笔工具”，设置适当的画笔大小和透明度后，在图层蒙版中涂抹，将不需要的部分隐藏起来，即可得到如图所示的效果。

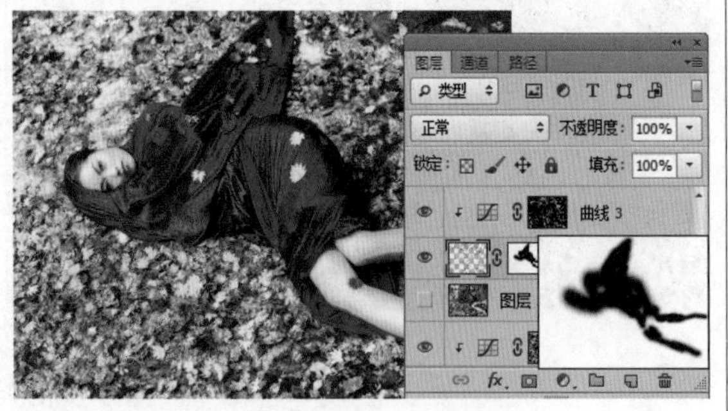

18 选择“曲线 3”，单击“创建新的填充或调整图层”按钮，在弹出的菜单中选择“色相/饱和度”命令，此时在弹出“调整”面板的同时得到图层“色相/饱和度 1”。在“调整”面板中设置“色相/饱和度”命令的参数，如图所示。

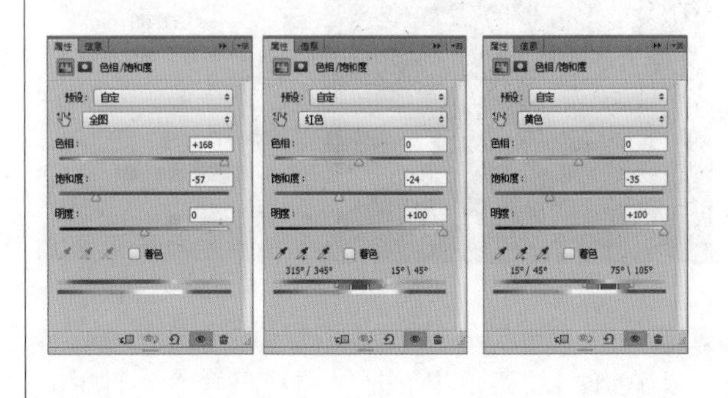

19 在“调整”面板中设置完“色相/饱和度”命令的参数后，关闭“调整”面板。此时的图像效果和“图层”面板如图所示。

20 单击“色相/饱和度 1”的图层蒙版缩览图，设置前景色为黑色。选择“画笔工具”，设置适当的画笔大小和透明度后，在图层蒙版中涂抹，得到如图所示的效果。

21 单击“创建新的填充或调整图层”按钮，在弹出的菜单中选择“色相/饱和度”命令，此时在弹出“调整”面板的同时得到图层“色相/饱和度 2”。在“调整”面板中设置“色相/饱和度”命令的参数，如图所示。

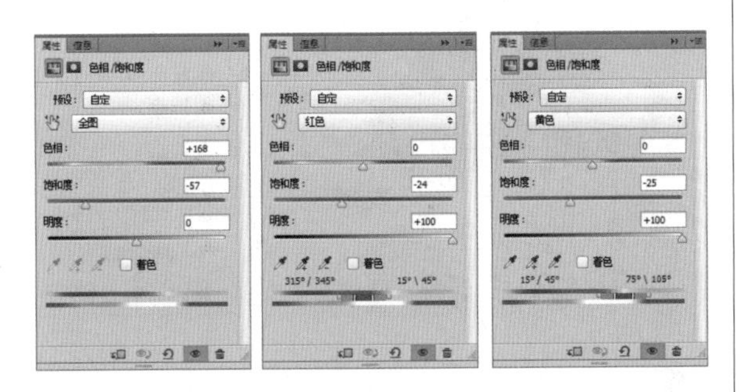

22 在“调整”面板中设置完“色相/饱和度”命令的参数后，关闭“调整”面板。此时的图像效果和“图层”面板如图所示。

23 单击“色相/饱和度 2”的图层蒙版缩览图，设置前景色为黑色。选择“画笔工具”，设置适当的画笔大小和透明度后，在图层蒙版中涂抹，得到如图所示的效果。

24 设置“色相/饱和度 2”的图层不透明度为“70%”，得到如图所示的效果。

25 单击“创建新的填充或调整图层”按钮，在弹出的菜单中选择“曲线”命令，此时在弹出“调整”面板的同时得到图层“曲线 4”。在“调整”面板中设置“曲线”命令的参数，如图所示。

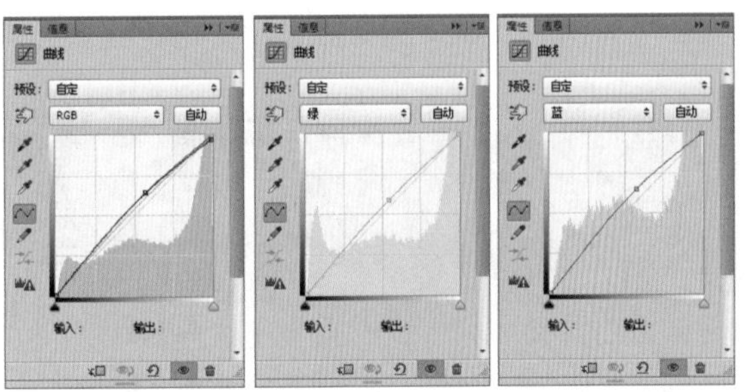

26 在“调整”面板中设置完“曲线”命令的参数后，关闭“调整”面板。此时的图像效果和“图层”面板如图所示。

27 按住【Alt】键，在“图层”面板上，将“色相/饱和度 2”的图层蒙版缩览图拖动到“曲线 4”的图层名称上释放，以复制图层蒙版，得到如图所示的效果。

28 设置前景色的颜色值为（R:168 G:187 B:194），新建一个图层，得到“图层 5”。按【Alt+Delete】快捷键用前景色填充“图层 5”，得到如图所示的效果。

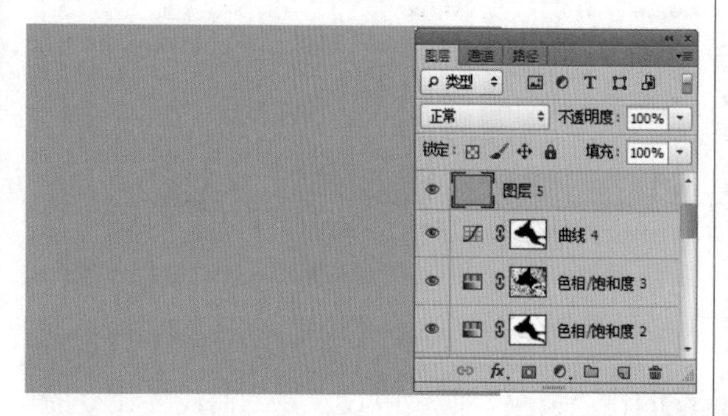

29 设置“图层 5”的图层混合模式为“颜色”，设置其图层的不透明度为“35%”，得到如图所示的效果。

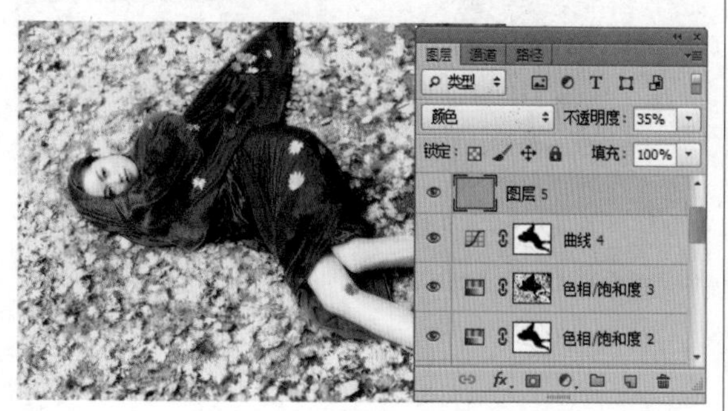

30 按住【Alt】键，在“图层”面板上，将“色相/饱和度 2”的图层蒙版缩览图拖动到“图层 5”的图层名称上释放，以复制图层蒙版，得到如图所示的效果。

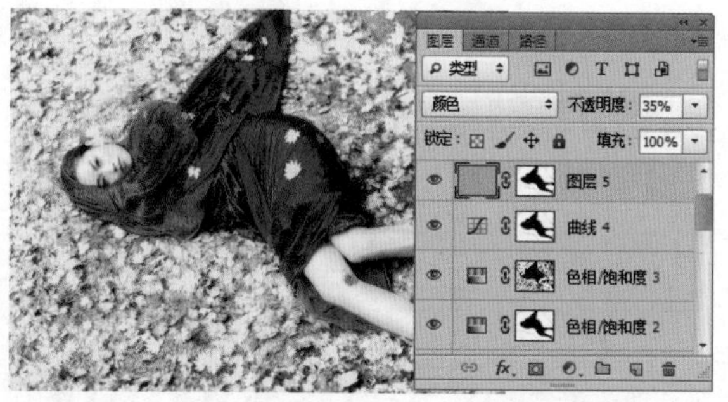

31 单击“创建新的填充或调整图层”按钮，在弹出的菜单中选择“通道混合器”命令，此时在弹出“调整”面板的同时得到图层“通道混合器 1”。在“调整”面板中设置“通道混合器”命令的参数，如图所示。

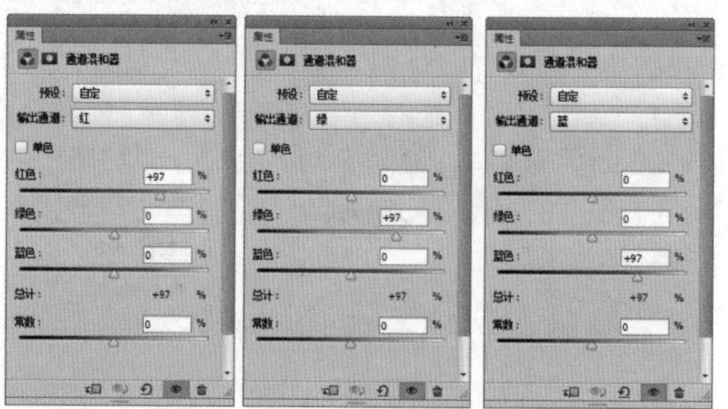

32 在“调整”面板中设置完“通道混合器”命令的参数后，关闭“调整”面板。此时的图像效果和“图层”面板如图所示。

Part 5（6.5-8.5小时）

使用画笔工具美化图像

【画笔工具：60分钟】

画笔工具概述　　30分钟
画笔工具设置　　30分钟

【实例应用：60分钟】

使用画笔工具制作乐器广告　60分钟

5.1 画笔工具

难度程度：★★★☆☆ 总课时：1小时
素材位置：05\画笔工具\示例图

利用“画笔工具”，可以在图像中绘制出各种笔触效果的线条，可以绘制出类似于实际生活中使用水彩笔或毛笔绘画时绘制的笔触效果。这些笔触效果，可以用于美化图像效果。

5.1.1 画笔工具概述

学习时间：30分钟

“画笔工具”是绘图工具中最具有代表性的工具，其使用方法和选项设置与其他绘图工具具有很多相同或相似之处。如果想要很好地使用“画笔工具”，首先要掌握与“画笔工具”相关的选项功能设置。

画笔工具选项栏

在Photoshop中，绘图工具和修图工具的工具选项栏都具有一些相同的参数选项，包括“画笔”选项、“模式”和“不透明度”等。选择工具箱中的“画笔工具”，其工具选项栏如图所示。其中各选项的功能如下所示。

画笔：单击工具选项栏中“画笔”选项右侧的三角按钮，弹出“画笔”选项面板，如图所示。在“画笔”选项面板中可以设置各种绘图工具的画笔大小、笔尖形状以及画笔边缘的软硬程度等，以产生不同的绘画效果。

在“画笔”选项面板中，可在“主直径”选项的文本框中输入数值或拖动滑块来修改画笔笔尖的直径大小，数值范围是1～2 500像素。而在“硬度”选项的文本框中输入数值或拖动滑块可修改画笔笔尖的硬度值，即柔化程度。数值范围在0%～100%之间，数值越大，笔尖的柔化程度越大。

在预设画笔区域中，可以看到当前预置的画笔内容。这部分内容与用户选择的画笔库文件有关，按笔尖形状可分为规则的圆头画笔和任意形状的不规则画笔两种。

模式：可以在绘画时选择不同的混合模式，通过色彩的混合来产生特殊的绘画效果。

不透明度：设置画笔在绘图时所产生的透明效果。可以通过输入数值或拖动滑块来进行设置。

流量：设置“画笔工具”绘图时颜色扩散的速度，其产生效果的强弱与“喷枪”选项有关。

喷枪：单击喷枪按钮后，“画笔工具”将变为“喷枪工具”，在绘制时会产生喷射的绘画效果；再次单击该按钮，表示取消喷枪效果。喷出的颜色浓度是根据“流量”选项的设置来自动加深的。如果在绘画过程中停顿，在停顿处就会出现一个由颜色堆积出的色点。停顿的时间越长，色点的颜色也就越深，所占的面积也越大。

技巧提示

使用“画笔工具”时，按住【Shift】键并拖动，可以绘制水平、垂直和45°角的直线。按住【Ctrl】键，则可以将当前工具切换为“移动工具”；按住【Alt】键，则可以将当前工具切换为“吸管工具”。

使用画笔库

在使用画笔时，除了默认的预设画笔笔触，Photoshop CS6还为用户提供了丰富的画笔笔触样式。将这些预设画笔载入到当前的“画笔”选项中，即可通过画笔工具来进行绘制。单击“画笔”选项面板,弹出菜单下半部分的画笔库文件名称，如图所示，从中选择一个画笔名称，即可打开替换对话框，如图所示。在其中选择需要的画笔预设，该预设中的画笔样式就会显示到“画笔”选项面板中，原来的画笔样式消失。

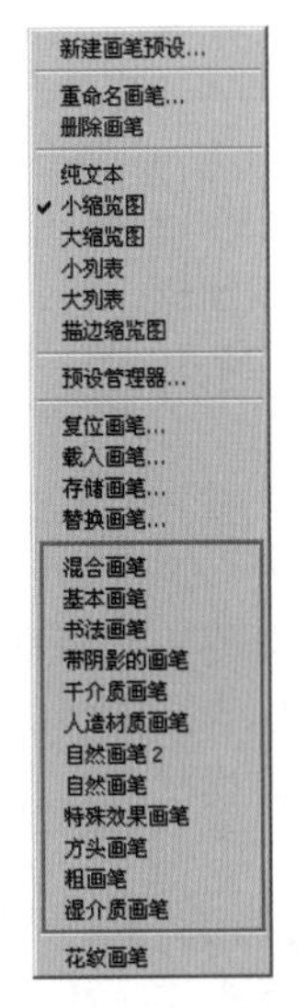

如果单击“追加”按钮，则可以将所选择的画笔库文件装载到当前“画笔”选项面板中画笔样式的后面，原来的画笔样式不消失。

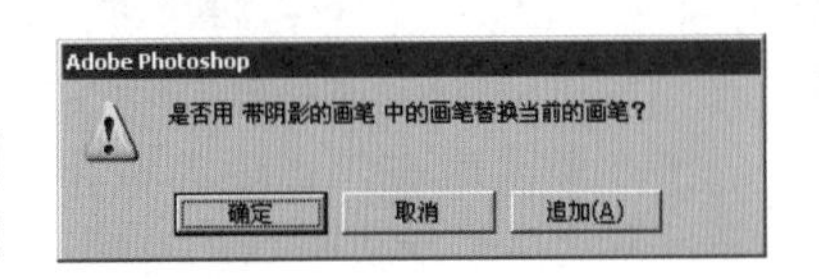

自定义画笔

当预设的画笔不能满足绘画要求时，可以利用已有的画笔预设，调整选项设置后定义为新的画笔预设。也可以将所需的图像直接定义为画笔预设。

（1）新画笔预设

在“画笔”选项面板中，选择某个画笔预设，并对其选项进行设置，如图所示。然后在面板弹出菜单中选择“新建画笔预设”命令，在弹出的“画笔名称”对话框中设置画笔的名称，单击“确定”按钮，新建的画笔就会出现在当前的“画笔”选项面板中，如图所示。

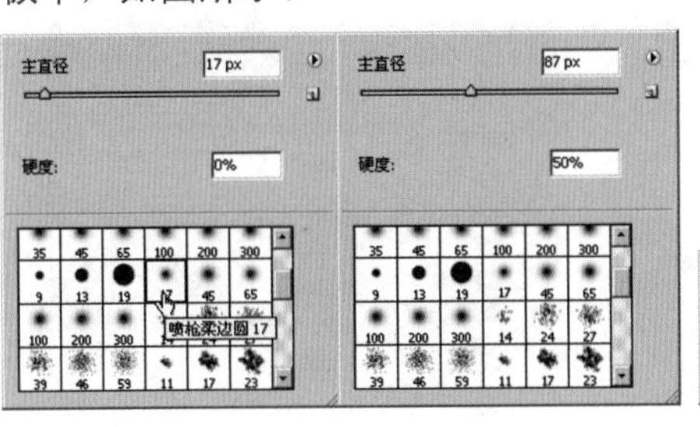

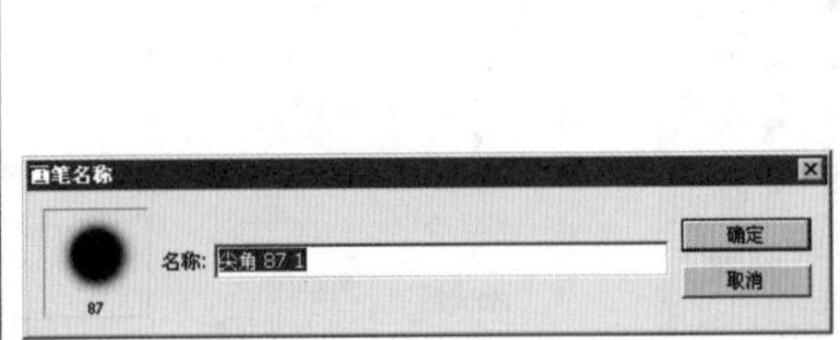

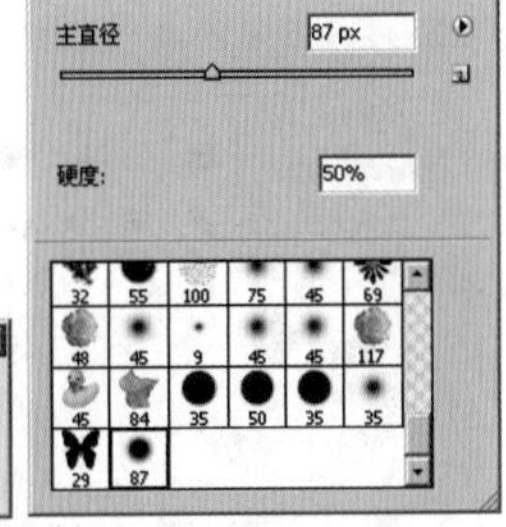

（2）自定义画笔预设

如果用户希望将图像中的某部分内容作为画笔预设，则可以首先绘制好要作为画笔预设的选区范围，如图所示，然后执行“编辑”→“定义画笔预设“命令，弹出“画笔名称”对话框，设置好画笔的名称后，单击“确定”按钮，新建的画笔就会出现在当前“画笔”选项面板中，如图所示。

5.1.2 画笔工具设置

“画笔”面板

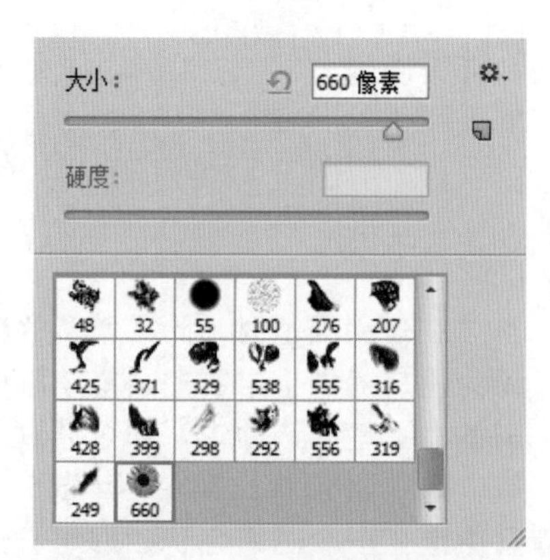

在Photoshop CS6中，使用“画笔”面板，可以定制和编辑各种画笔，实现各种特殊的笔触效果和图像效果。用户可以根据需要创建不同的画笔。“画笔”面板具有实时预览画笔的功能，可以参照预览效果，快速地调整画笔的各项设置，包括形状、间距、散布、变化、直径、材质和阴影等，制作出具有独特风格的画笔笔触。

执行“窗口”→“画笔“命令，或单击工具选项栏右侧的“切换画笔面板”按钮，打开“画笔”面板，如图所示。其中的部分选项含义如下所示。

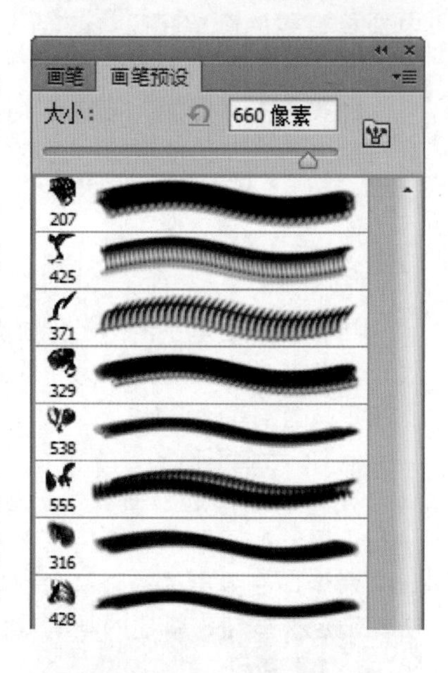

（1）画笔预设

“画笔预设”选项主要是显示Photoshop已经预置好的画笔样式。选择“画笔预设”选项后，在“画笔”面板右侧的窗口可以看到当前载入到“画笔”面板中的画笔样式，其内容与“画笔”选项面板中列出的内容是同步的，如图所示。在“画笔”面板中选取需要编辑的画笔样式后，拖动“主直径”选项滑块，可以改变画笔的大小。

（2）画笔笔尖形状

“画笔笔尖形状”选项用于设置画笔的直径、形状、角度、间距及画笔边缘的软硬程度等，其参数面板如图所示。

（3）形状动态画笔

“形状动态”选项面板用于设置画笔绘制时笔尖的变化情况。在“画笔笔尖形状”选项面板中选择一个画笔样式后，对其进行设置，然后选择“形状动态”复选框，在面板右侧就会显示其相关的选项设置，如图所示。

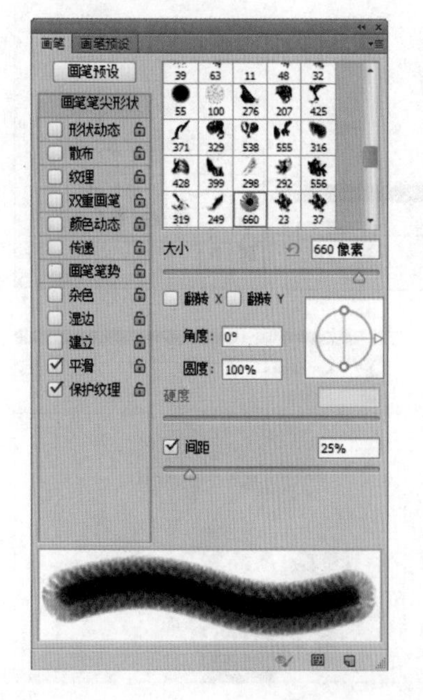

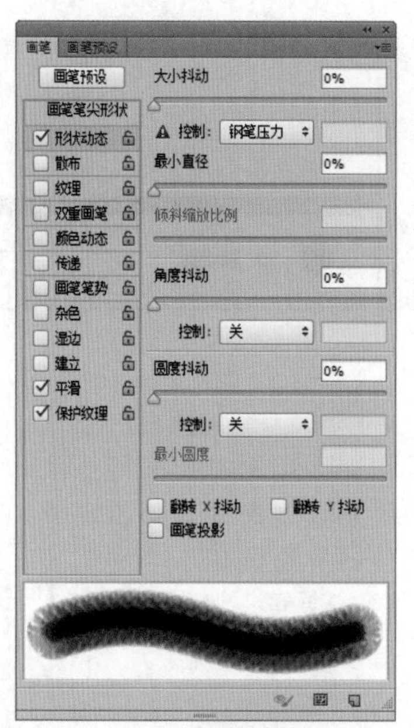

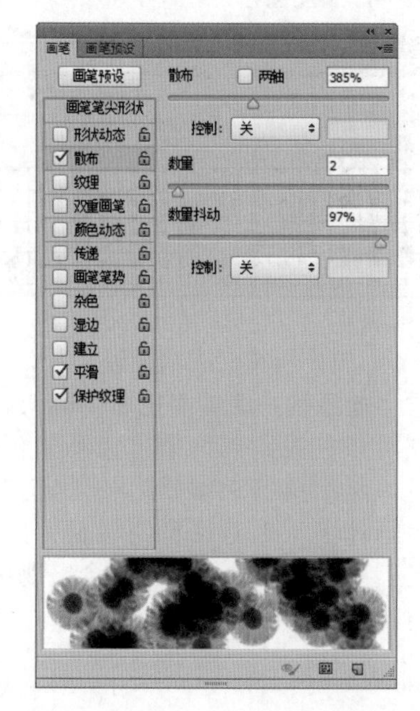

（4）散布画笔

“散布”选项可以使画笔在绘制过程中，产生沿画笔轨迹分散成点状的笔画效果。在“画笔笔尖形状”选项面板中选择一个画笔样式，然后选择“散布”复选框，在面板右侧就会显示其相关的选项设置，如图所示。

（5）纹理画笔

在“画笔”面板中选择“纹理”复选框，面板上就会显示与纹理相关的各项设置，如图所示。通过对该选项的设置可以使画笔产生纹理的效果，这有些类似于在不同的帆布上或其他介质上作画的效果。

单击“纹理”选项面板中的“图案”图标，即可选择需要的纹理图案，同时在画笔轨迹预览框中就会显示出纹理画笔的效果。

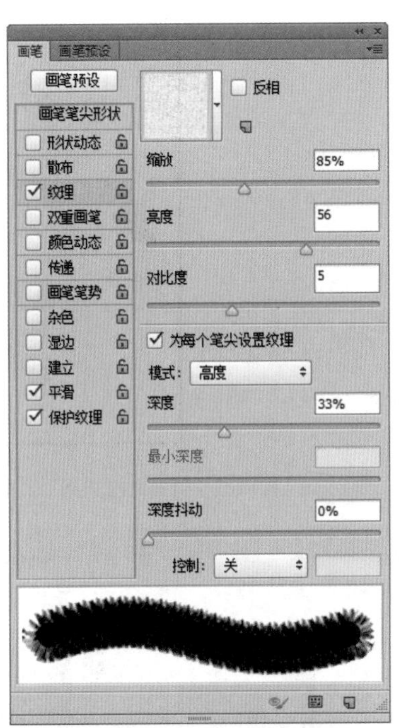

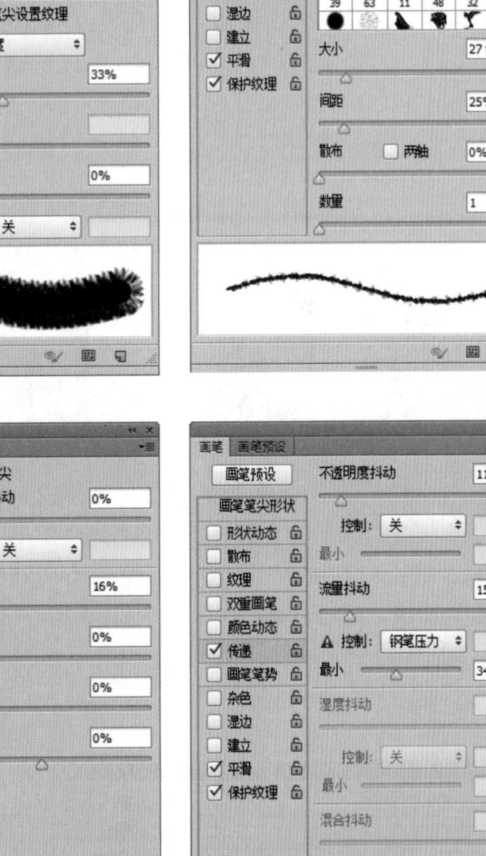

（6）双重画笔

“双重画笔”用于将两个画笔的形状特性结合起来，产生新的画笔样式效果。首先在“画笔笔尖形状”选项面板中选择一个画笔样式作为原始画笔，然后选择“双重画笔”复选框，其选项面板如图所示。在该面板中选择某画笔样式作为第二个画笔，在画笔轨迹预览框中可以看到两个画笔混合后的效果。

（7）颜色动态

“颜色动态”选项是控制在使用绘图工具绘画时，所绘线条颜色的动态变化情况的，如图所示。

（8）传递

“传递”选项用于控制绘制线条时“不透明度”和“溢出”的动态变化情况。可以设置水墨画般的笔触，其选项面板如图所示。

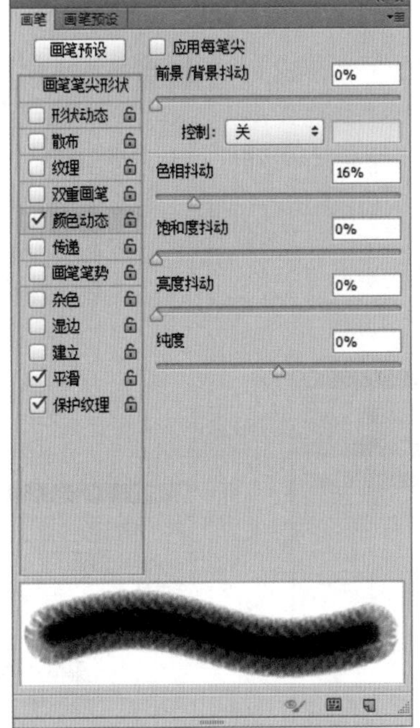

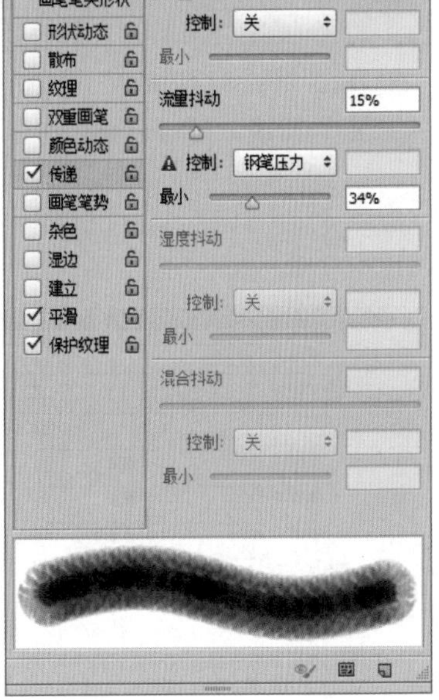

5.2 实例应用

难度程度：★★★☆☆ 总课时：1小时
素材位置：05\实例应用\制作乐器广告

演练时间：60分钟

使用画笔工具制作乐器广告

◎ 实例目标

本例由两部分组成：第1部分，打开应用的图像文件，进行位置的摆放与调整；第2部分，使用“画笔工具”以及画笔工具的设置，绘制画面中的圆点，制造出画面的梦幻效果。

◎ 技术分析

本例制作的是以乐器为主体的宣传广告作品。在本例中，通过使用画笔工具绘制出不同效果的图像，来美化和点缀画面的整体效果。希望读者通过本例能够体会使用画笔工具美化图像这一特色功能的重要作用。

制作步骤

01 新建文档。执行菜单“文件”→“新建”命令(或按【Ctrl+N】快捷键)，设置弹出的“新建”对话框，如图所示，单击“确定”按钮，即可创建一个新的空白文档。

新建
名称(N): 未标题-1
预设(P): 自定
大小(I):
宽度(W): 1606 像素
高度(H): 1000 像素
分辨率(R): 300 像素/英寸
颜色模式(M): RGB 颜色 8位
背景内容(C): 白色
高级
确定
取消
存储预设(S)...
删除预设(D)...
图像大小:
4.59M

02 单击“创建新的填充或调整图层”按钮，在弹出的菜单中选择“渐变”命令，设置弹出的对话框，如图所示。在其中的编辑渐变颜色选择框中单击，可以弹出“渐变编辑器”对话框，编辑渐变的颜色，得到图层“渐变填充 1”。

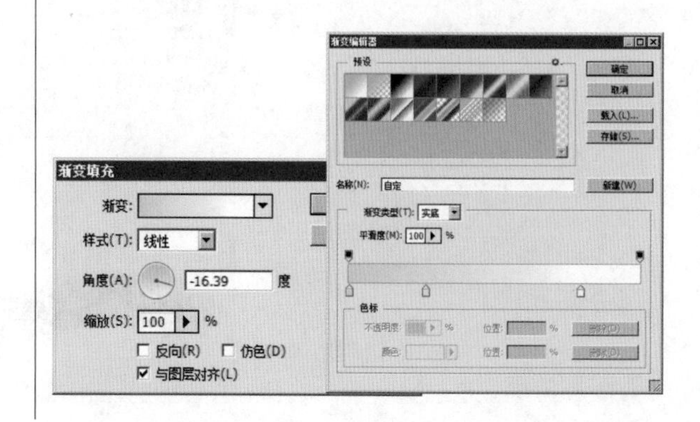

03 打开图片。打开随书光盘中的“素材 1”图像文件，此时的图像效果和“图层”面板如图所示。

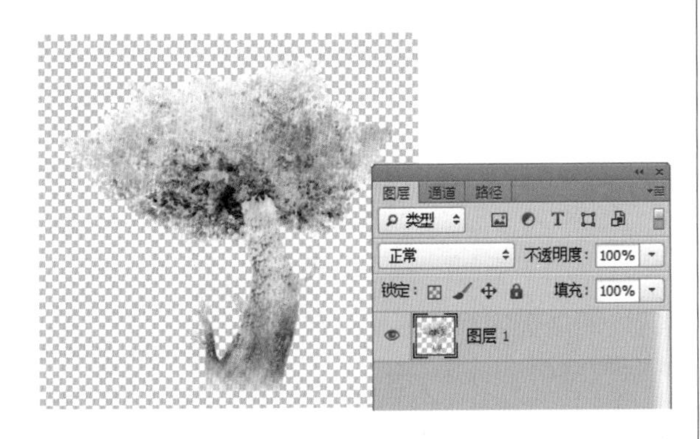

04 使用“移动工具”将图像拖动到第1步新建的文件中，得到“图层 1”。按【Ctrl+T】快捷键，调出自由变换控制框，变换图像到如图所示的状态，按【Enter】键确认操作。

05 选择“渐变填充 1”为当前操作图层。打开随书光盘中的“素材 2”图像文件，此时的图像效果和“图层”面板如图所示。

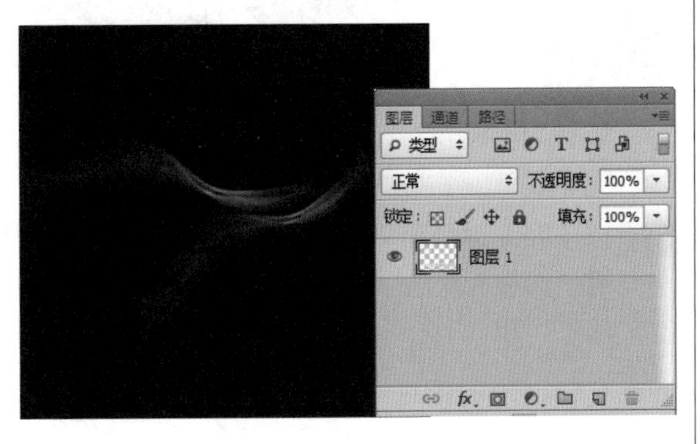

06 使用“移动工具”将图像拖动到第1步新建的文件中，得到“图层 2”。按【Ctrl+T】快捷键，调出自由变换控制框，变换图像到如图所示的状态，按【Enter】键确认操作。

07 选择“图层 1”为当前操作图层。打开随书光盘中的“素材 3”图像文件，此时的图像效果和“图层”面板如图所示。

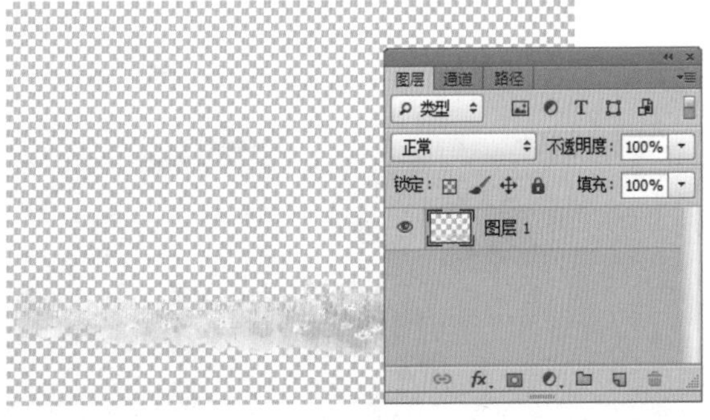

08 使用“移动工具”将图像拖动到第1步新建的文件中，得到“图层 3”。按【Ctrl+T】快捷键，调出自由变换控制框，变换图像到如图所示的状态，按【Enter】键确认操作。

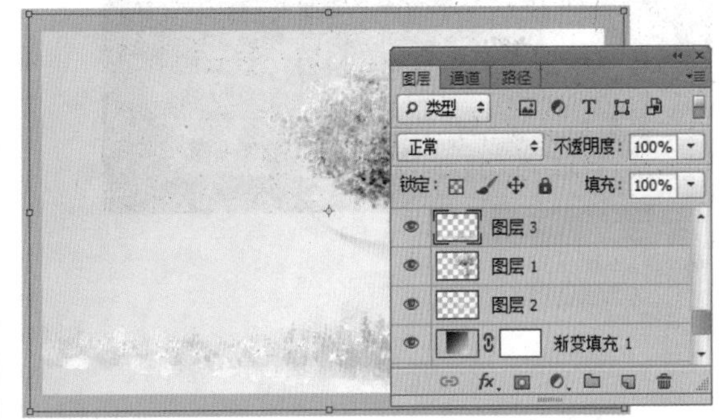

09 打开图片。打开随书光盘中的“素材 4”图像文件，使用“移动工具”将图像拖动到文件中，得到“图层 4”。按【Ctrl+T】快捷键，变换图像到如图所示的状态。

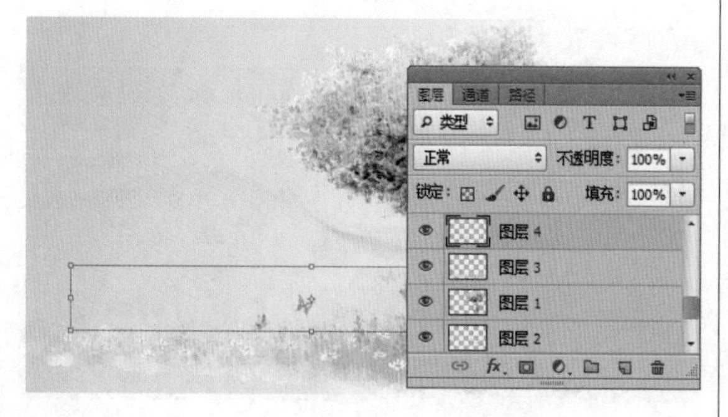

10 打开图片。打开随书光盘中的“素材 5”图像文件，使用“移动工具”将素材拖动到文件中，得到“图层 5”和“图层 6”。结合自由变换命令，变换图像到如图所示的状态。

11 打开图片。打开随书光盘中的“素材 6”图像文件，此时的图像效果和“图层”面板如图所示。

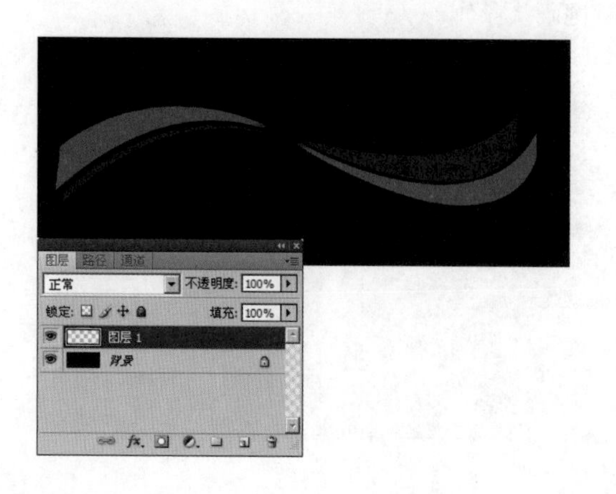

12 使用“移动工具”将图像拖动到文件中，得到“图层 7”。按【Ctrl+T】快捷键，变换图像到如图所示的状态，按【Enter】键确认操作。

13 打开图片。打开随书光盘中的“素材 7”图像文件，此时的图像效果和“图层”面板如图所示。

14 使用“移动工具”将图像拖动到第1步新建的文件中，得到“图层 8”。按【Ctrl+T】快捷键，变换图像到如图所示的状态，按【Enter】键确认操作。

15 按【F5】键调出“画笔”面板，分别在“画笔”面板中设置“画笔笔尖形状”、“形状动态”和“散布”等选项，如图所示。

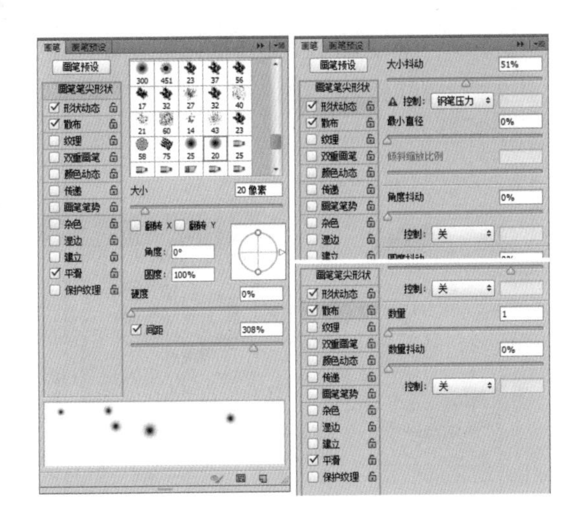

16 新建一个图层，得到“图层 9”。选择“画笔工具”，设置前景色为白色，在画面的下方绘制虚圆点，如图所示（图中的黑色背景图片用于显示白色虚圆点所在的位置）。

17 选择“图层 9”，单击“添加图层样式”按钮，在弹出的菜单中选择“外发光”命令，设置弹出的“图层样式”对话框的“外发光”选项后，选择“渐变叠加”选项，在右侧的对话框中进行参数设置，具体设置如图所示。

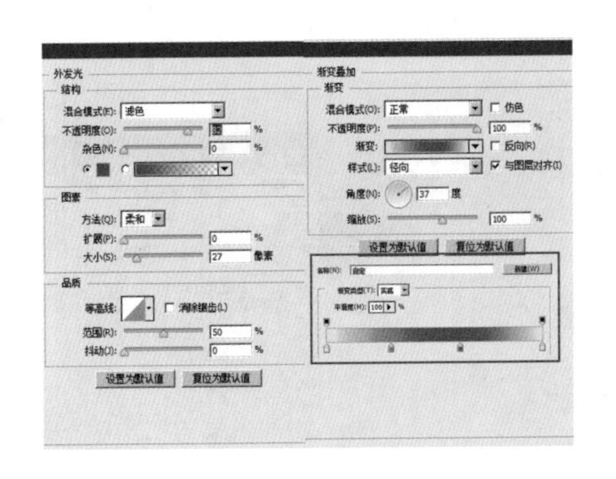

18 设置完“图层样式”对话框后，单击“确定”按钮，即可得到如图所示的效果。

19 选择“画笔工具”，按【F5】键调出“画笔”面板，分别在“画笔”面板中设置“画笔笔尖形状”、“形状动态”、“散布”和“传递”等选项，如图所示。

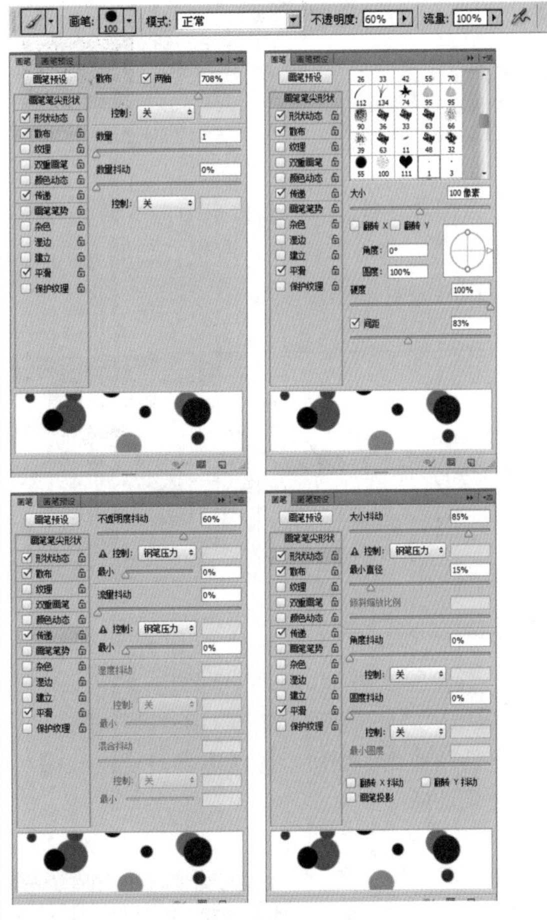

20 新建一个图层，得到“图层10”。设置前景色的颜色值为（R:204 G:222 B:4），在画面中绘制圆点图像，如图所示。

21 新建一个图层，得到“图层 11”。继续使用设置好的“画笔工具”，设置前景色为白色，在画面的右下方绘制圆点，如图所示（图中的黑色背景图片用于显示白色圆点所在的位置）。

22 打开图片。打开随书光盘中的“素材 8”图像文件，此时的图像效果和“图层”面板如图所示。

23 使用“移动工具”将图像拖动到第1步新建的文件中，得到“图层 12”。按【Ctrl+T】快捷键，调出自由变换控制框，变换图像到如图所示的状态，按【Enter】键确认操作。

24 打开图片。打开随书光盘中的“素材 9”图像文件，此时的图像效果和“图层”面板如图所示。

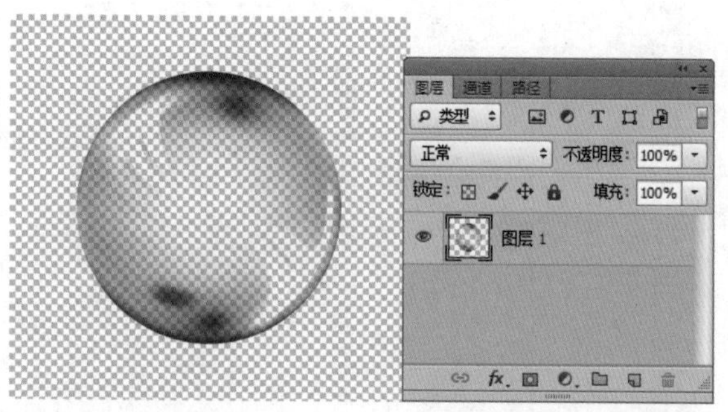

25 执行菜单“编辑”→“定义画笔预设”命令，弹出“画笔名称”对话框，设置好画笔的名称后，单击“确定”按钮，将素材图像定义为画笔，如图所示。

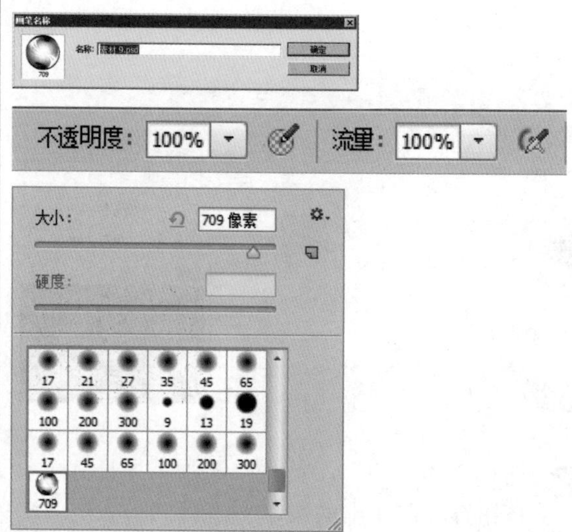

26 新建一个图层，得到“图层 13”。选择“画笔工具”，设置前景色为白色，在画面中绘制不同大小的气泡图像，得到如图所示的最终效果。

Part 6（8.5-10小时）

使用修图工具修复图像

【修图工具：90分钟】

橡皮擦工具	15分钟
仿制图章工具	15分钟
修复画笔工具	20分钟
模糊、锐化、涂抹工具	20分钟
减淡、加深、海绵工具	20分钟

【实例应用：60分钟】

使用修图工具修复人物照片	60分钟

6.1 修图工具

难度程度：★★★☆☆ 总课时：1.5小时
素材位置：06\修图工具\示例图

Photoshop为用户提供了很多功能强大的图像修复工具以及相关的辅助制作工具，利用这些工具，可以很好地修复图像中的各种缺陷、瑕疵，以及实现图像的各种修补操作等。

常用的图像修饰和修复工具有修复画笔工具、修补工具、模糊工具、锐化工具和涂抹工具，以及用于快速抠图的魔术橡皮擦工具等。

6.1.1 橡皮擦工具

学习时间：15分钟

魔术橡皮擦工具

“魔术橡皮擦工具”具有“魔棒工具”和“橡皮擦工具”的特点。选择“魔术橡皮擦工具”后，只需用鼠标在要擦除的色彩范围内单击，即可自动地将与之颜色相近的区域擦除成透明或半透明状态，如图所示。如果擦除的图层是背景层，则该图层会自动转换为普通图层。其工具选项栏及选项功能与“魔棒工具”类似，如图所示。其工具选项栏中各选项的功能如下所示。

容差：用于设置擦除图像时颜色的范围，数值范围是0～255之间。 数值越大，选取的色彩范围越大。

消除锯齿：选择此复选框后，图像在擦除后会保持较平滑的边缘。

连续：选择此复选框，将只会擦除与鼠标单击处颜色相近且相邻的颜色范围；否则，会擦除图层中所有与鼠标单击处颜色相近的颜色。

对所有图层取样：选择此复选框时，将对图像中的所有可见图层进行取样，然后在当前选择的图层中进行擦除操作。

不透明度：设置被擦除区域的透明程度。

6.1.2 仿制图章工具

学习时间：15分钟

仿制图章工具

“仿制图章工具”用于将一幅图像的局部或部分复制到同一幅图像或另一幅图像中。该工具经常用于图像合成和修复，其工具选项栏如图所示。其中的部分选项功能如下所示。

模式：正常 不透明度：100% 流量：100% 对齐 样本：当前和下方图层

对齐：选择此复选框后，系统会自动记录原仿制图像上的相对位置。在复制图像的过程中，无论中间停顿多少次，再次操作时，图像都始终以鼠标起画点处的同一幅图像作为参考。若不选择此项，则在绘制图像停笔后，再次操作时，系统将会以新的单击点作为复制样本的起点。

样本：在此选项中，可以设置在图像取样时，是使用“当前图层”、“当前和下方图层”，还是“所有图层”。默认为“当前图层”，即只对当前图层取样。

下面举例说明该工具的使用方法。打开一个图像文件，如图所示。选择“仿制图章工具”，把鼠标移到佩饰上，按住【Alt】键单击，设置仿制源（取样点），如图所示。释放【Alt】键后，将光标移动到图像的右侧，单击并拖动复制，绘制完成后得到一个新的佩饰图像，效果如图所示。

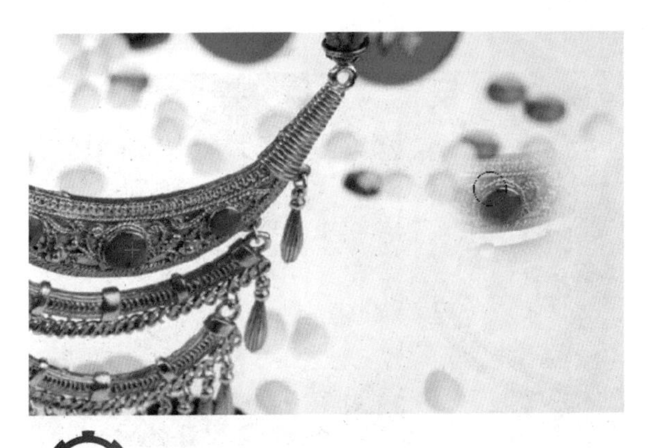

技巧提示

在修复图像时，应根据图像的特点和位置，反复设置取样点，这样复制的图像整体的光线和形状会比较自然。另外，取样点定义好后，可以反复使用。如果用户希望定义多个取样点，可以使用“仿制源”面板来保存取样点信息。在复制过程中，如果在目标图像中设置了选区范围，则只能在选区内复制出图像。

6.1.3 修复画笔工具

修复画笔工具

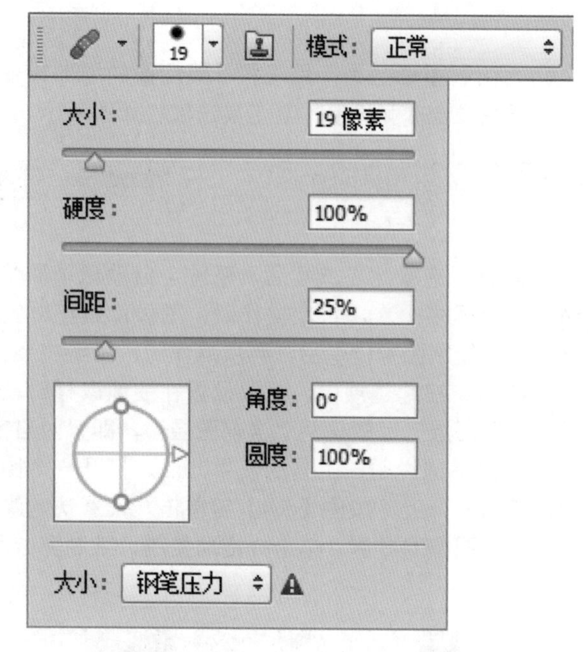

“修复画笔工具”与“仿制图章工具”类似，也可以用来修复图像；不同的是，“修复画笔工具”在把图像复制到指定的位置后，会对图像进行处理，使复制的图像在纹理、亮度和透明度上与被遮盖的图像保持一致，从而自然地融入到背景图像中，产生更加理想的效果。其工具选项栏如右图所示，各选项的功能如下所示。

画笔：用于设置画笔的大小和形状，但只能选择圆形的画笔，并只能调节画笔的粗细、硬度、间距、角度和圆度的数值，如图所示。

模式：用于控制复制或填充的像素和底图的混合方式。

源：设置“修复画笔工具”复制图像的来源。选择“取样”选项时，与“仿制图章工具”相似，需要按住【Alt】键在图像上单击，设置仿制源（取样点），然后再进行单击或拖动复制，对图像进行修复操作。

当选择“图案”选项时，与“图案图章工具”相似，在其弹出面板中选择不同的图案或自定义图案即可进行图案填充。

对齐：选择此选项，复制时图案是整齐排列的；若不选择此复选框，在下次操作时将重新复制图案。

下面举例说明该工具的使用方法。打开一个图像文件，选择“修复画笔工具”，在人物脸部痘痘周围皮肤比较平滑的区域，按住【Alt】键单击进行取样。然后在痘痘上单击进行修复，“画笔”大小比要修复的区域大一些。重复进行取样和复制，将人物脸部修复平滑，效果如图所示。

当然，也可以利用“修复画笔工具”在两个图像之间进行修复工作，但两个图像文件必须具有相同的图像模式才能进行修复。

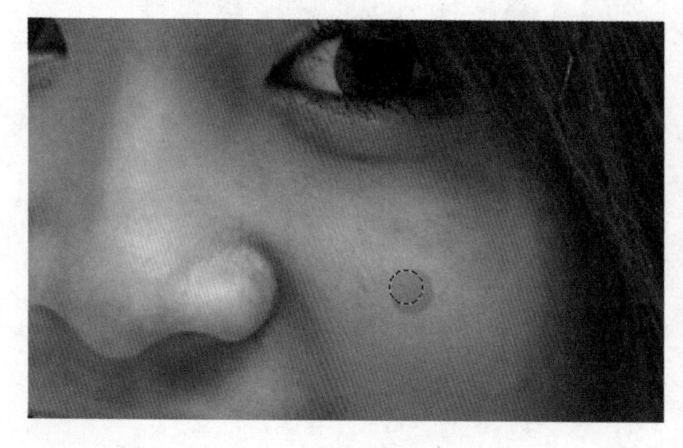

修补工具

“修补工具”可以从图像的其他区域或使用图案来修补当前选中的区域，并在修复的同时保留图像原来的纹理、亮度、层次等信息。其工具选项栏中的部分选项功能如下所示。

修补：用于设置修补的方式。选择“源”选项时，在图像中首先要在需要修补的位置创建适当的选择区域，然后在选区内单击，并将其拖动到要复制图像的位置，释放鼠标后会自动用该图像来修复需要修补的位置。若选择“目标”选项，则首先要在图像中用来修复图像的位置创建适当的选择区域，然后在选区内单击，并将其拖动到需要修补的区域，释放鼠标后，“修补工具”会自动用开始选择区域中的图像来修复当前需要修补的位置。

使用图案：单击此按钮，将在图像文件中的选择区域内填充选择的图案，并且与原位置的图像产生融合效果。

下面举例说明该工具的使用方法。打开一个图像文件，选择“修补工具”，在其工具选项栏中选择“修补”方式为“源”。然后利用“修补工具”或其他选取工具，绘制要被修补的图像范围，如图所示。将“修补工具”光标放到选区范围，拖动选区范围至要复制到选区范围内的图像区域，如图所示。释放鼠标后，选区内的图像被修补，并与背景图像融合，取消选区后的效果如图所示。

如果将“修补”方式设置为“目标”，则拖动选区后，可以看到选区范围中的图像内容随着鼠标移动，即用当前选区范围中的图像去修补其他部分的图像内容，效果如图所示。

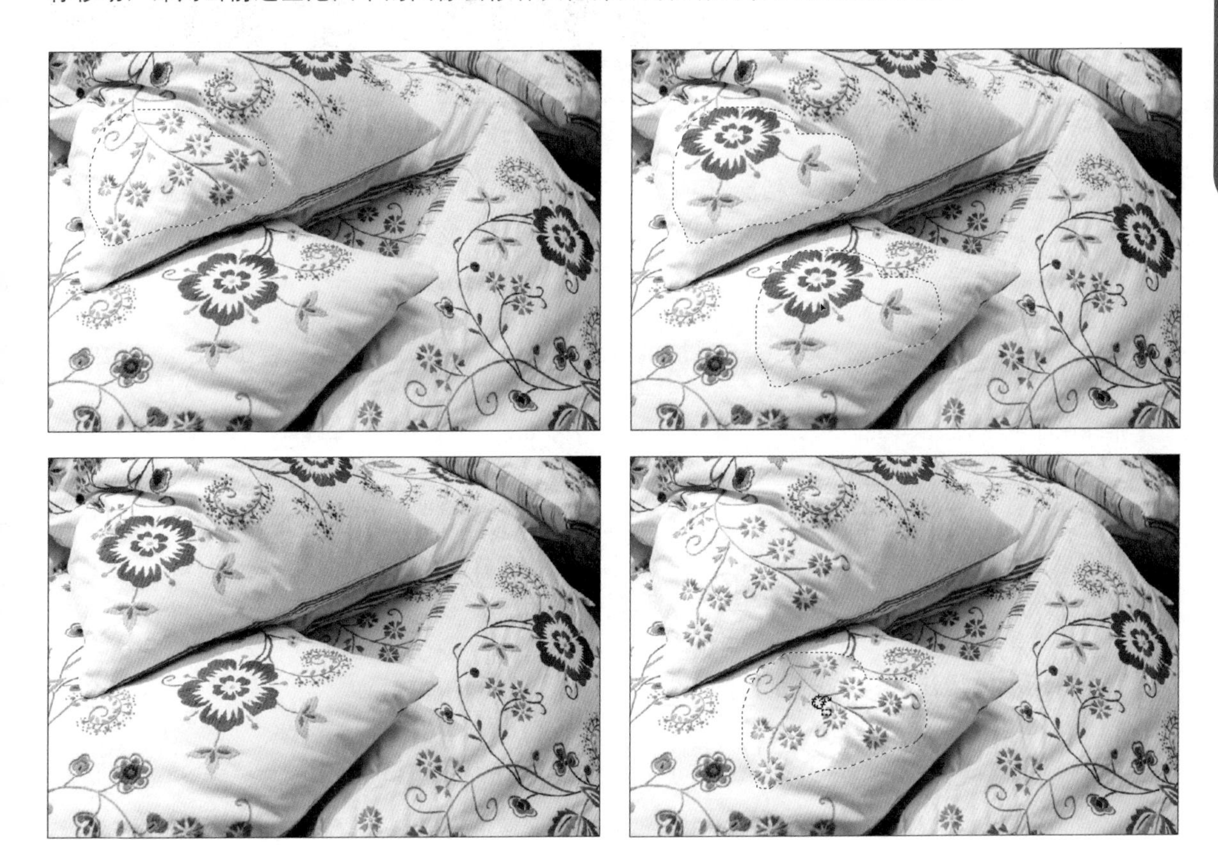

6.1.4 模糊、锐化、涂抹工具

学习时间：20分钟

模糊工具

利用“模糊工具”，可以通过降低相邻像素之间的对比度来柔化模糊图像。其工具选项栏如图所示。其中的部分选项功能如下所示。

强度：设置“模糊工具”每次对图像涂抹时产生的模糊程度。

对所有图层取样：选择此复选框后，将对所有图层起作用，不选择时只对当前图层起作用。

下面举例说明该工具的使用方法。打开一个图像文件，如图所示。选择“模糊工具”，在人物的背景区域进行拖动涂抹，并适当调整“强度”值，模糊背景以突出人物主体图像处理效果，如图所示。

锐化工具

“锐化工具”与“模糊工具”相反，可以用来增加图像色彩边缘的对比度，使图像更加清晰。“锐化工具”选项栏与“模糊工具”完全相同，这里就不再重复介绍了。

涂抹工具

“涂抹工具”可以以涂抹的方式，将图像的像素随笔触一起移动并相互融合在一起，产生类似于用手指在湿的颜料中涂抹的效果。“涂抹工具”选项栏与“模糊工具”基本相同，只是多了一个“手指绘画”复选框，如图所示。

选择“手指绘画”复选框后，涂抹效果相当于用手指蘸着前景色在图像中进行涂抹；不选择此复选框时，则“涂抹工具”使用的颜色取自鼠标最初的单击处。

6.1.5 减淡、加深、海绵工具

学习时间：20分钟

减淡工具

“减淡工具”可以对图像中的暗调、中间调和亮调区域进行加光处理以加亮图像中的局部。与摄影中所用到的暗室一样，可通过提高图像或选取区域的亮度来校正曝光。“减淡工具”选项栏如图所示。其中的部分选项功能如下所示。

250 范围: 中间调 曝光度: 50% 保护色调

范围：用于选择要处理的图像区域，包括“阴影”、“中间调”和“高光”3个选项。当选择“阴影”选项时，该工具只对图像中较暗的区域及阴影区域起作用；选择“中间调”时，只对图像中的中间色调区域起作用；选择“高光”选项时，只对图像中较亮的区域起作用。

曝光度：通过拖动滑块或直接输入数值设置图像减淡的程度。

加深工具

“加深工具”可对图像的阴影、中间调和高光部分进行变暗的处理。该工具的操作方法及其工具选项栏与“减淡工具”类似，在此不再赘述。

海绵工具

“海绵工具”可用于调整图像的色彩饱和度，其工具选项栏与“减淡工具”基本相同，如图所示。

其中的“模式”下拉列表框用于设置色彩饱和度调整的方式。选择“降低饱和度”选项时，使用“海绵工具”可以降低图像颜色的饱和度，使图像中的灰度色调增加；选择“饱和”选项时，会提高图像颜色的饱和度，使图像中的灰度色调减少。

下面举例说明该工具的使用方法。打开一个图像文件，如图所示。选择“海绵工具”，分别设置“饱和”和“降低饱和度”选项后，在图像中进行涂抹，效果如图所示。

6.2 实例应用

难度程度：★★★☆☆ 总课时：1小时
素材位置：06\实例应用\修复人物照片

演练时间：60分钟

使用修图工具修复人物照片

◎ 实例目标

本例由3部分组成：第1部分，通过“修复画笔工具”和“锐化工具”等修图工具对照片中瑕疵的部分进行修补；第2部分，通过滤镜中的“表面模糊”命令，处理图像；第3部分，将修补好的图像，利用“色相/饱和度”和“曲线”调整命令进行调色，最终将照片修复至最佳效果。

◎ 技术分析

本例将一张普通的光线暗淡的照片，通过多次运用不同的修图工具对其进行修复，来对照片中瑕疵的部分进行弥补。希望读者通过本例能够体会Photoshop中不同修图工具的功能。

制作步骤

01 打开图片。打开随书光盘中的“素材 1”图像文件，此时的图像效果和“图层”面板如图所示。

02 在“图层”面板中拖动“背景”到“创建新图层”按钮上，释放鼠标，得到“背景副本”，将其混合模式改为“滤色”，得到如图所示的效果。

03 按【Ctrl+Shift+Alt+E】快捷键，执行“盖印”操作，得到“图层 1”。选择“修复画笔工具”，设置其工具选项栏后，按住【Alt】键，在人物右脸上没有瑕疵的地方单击一个取样点，然后在人物右脸的黑痣上涂抹，以消除黑痣，如图所示。

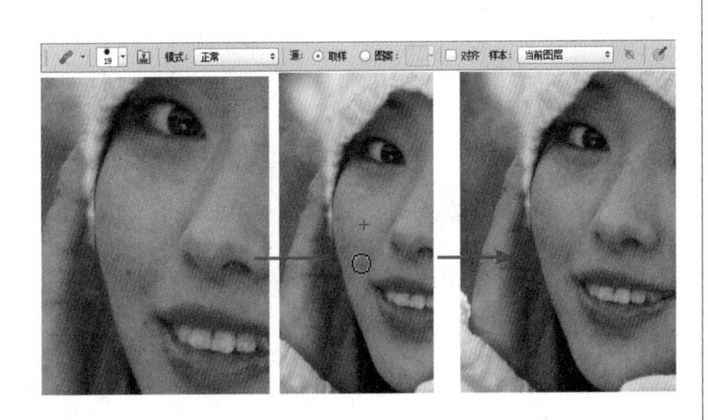

04 继续使用“修复画笔工具”，对人物脸上其他有瑕疵的地方进行修复，得到如图所示的效果。

05 按【Ctrl+J】快捷键，复制“图层 1”，得到“图层 1 副本”。切换到“通道”面板，在“通道”面板中选择“蓝”通道，按住【Ctrl】键单击“蓝”通道的通道缩览图，载入其选区，此时的选区效果如图所示。

06 执行“滤镜”→“模糊”→“表面模糊”命令，设置弹出对话框中的参数后，单击“确定”按钮，按【Ctrl+D】快捷键取消选区，得到如图所示的效果。

07 在“通道”面板中选择“绿”通道，按住【Ctrl】键单击“绿”通道的通道缩览图，载入其选区，此时的选区效果如图所示。

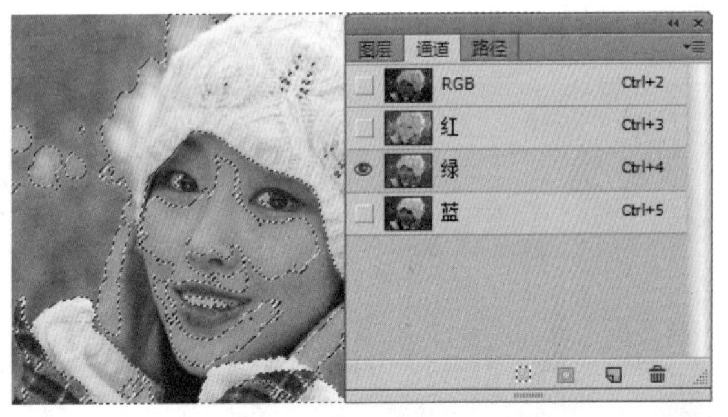

08 执行“滤镜”→“模糊”→“表面模糊”命令，设置弹出对话框中的参数后，单击“确定”按钮，按【Ctrl+D】快捷键取消选区，得到如图所示的效果。

09 切换到“图层”面板，显示图层中的图像，发现人物脸部的斑点去除了，如图所示。

10 单击“添加图层蒙版”按钮，为“图层1 副本”添加图层蒙版，设置前景色为黑色。选择“画笔工具”，设置适当的画笔大小和透明度后，在图层蒙版中涂抹，将不需要的部分隐藏起来，即可得到如图所示的效果。

11 选择“锐化工具”，设置其工具选项栏后，在人物的嘴唇上进行涂抹，得到如图所示的效果。

12 选择“减淡工具”，设置其工具选项栏后，在人物脸部高光的位置上进行涂抹，得到如图所示的效果。

13 按【Ctrl+J】快捷键，复制“图层 1 副本”，得到“图层 1 副本 2”。选择“海绵工具”，设置其工具选项栏后，在人物的脸部进行涂抹，降低脸部局部的饱和度，得到如图所示的效果。

14 单击“创建新的填充或调整图层”按钮，在弹出的菜单中选择“曲线”命令，此时在弹出“调整”面板的同时得到图层“曲线 1”。在“调整”面板中设置“曲线”命令的参数，如图所示。

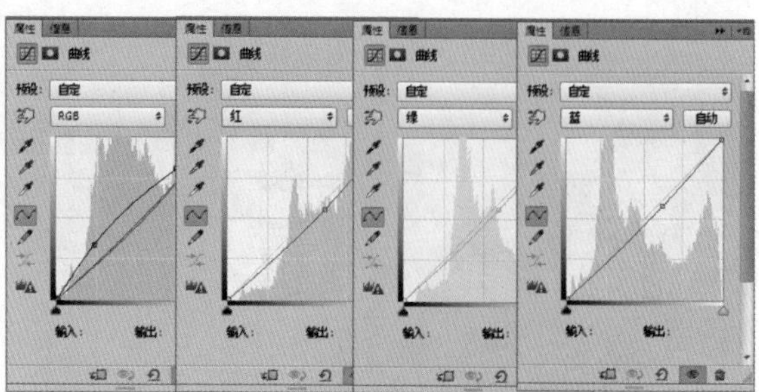

15 在“调整”面板中设置完“曲线”命令的参数后，关闭“调整”面板。此时的图像效果和“图层”面板如图所示。

16 单击“创建新的填充或调整图层”按钮 ，在弹出的菜单中选择“色彩平衡”命令，此时在弹出“调整”面板的同时得到图层“色彩平衡 1”。在“调整”面板中设置“色彩平衡”命令的参数，如图所示。

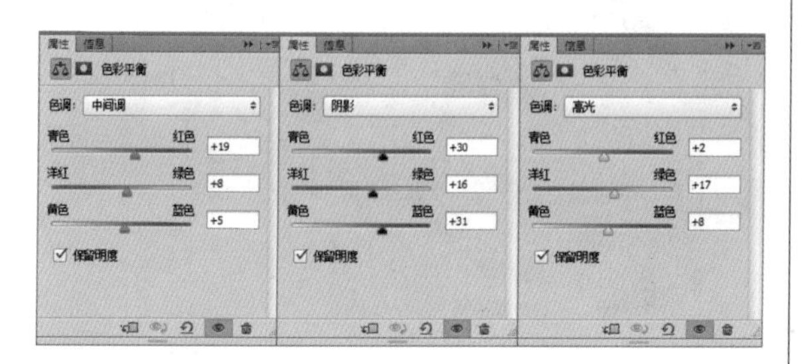

17 在“调整”面板中设置完“色彩平衡”命令的参数后，关闭“调整”面板。此时的图像效果和“图层”面板如图所示。

18 单击“创建新的填充或调整图层”按钮 ，在弹出的菜单中选择“色阶”命令，此时在弹出“调整”面板的同时得到图层“色阶 1”。在“调整”面板中设置“色阶”命令的参数，如图所示。

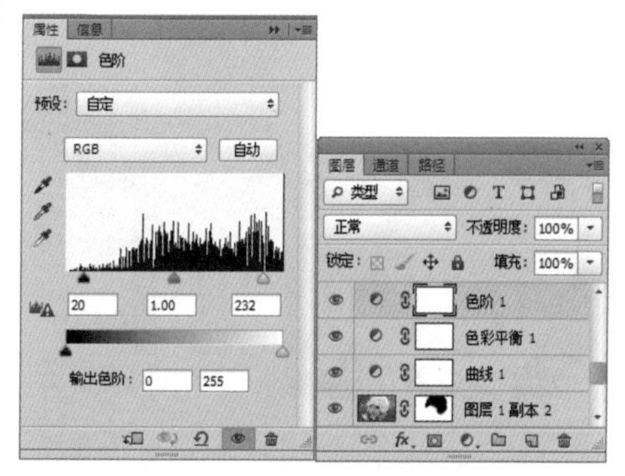

19 在“调整”面板中设置完“色阶”命令的参数后，关闭“调整”面板。此时的图像效果如图所示。

20 按【Ctrl+Shift+Alt+E】快捷键，执行“盖印”操作，得到“图层 2”。选择“海绵工具” ，设置其工具选项栏后，在人物的脸部进行涂抹，降低脸部局部的饱和度，得到如图所示的效果。

21 设置前景色的颜色值为（R:255 G:60 B:0），选择“颜色替换工具”，设置其工具选项栏后，在人物的脸部进行涂抹，得到如图所示的效果。

22 设置“图层 2”的图层不透明度为“50%”，得到如图所示的效果。

23 按【Ctrl+Shift+Alt+E】快捷键，执行“盖印”操作，得到“图层 3”。使用“套索工具”，在人物左眼的眼袋部分绘制类似不规则选区。选择“修补工具”，将鼠标移动到选区内，按住鼠标左键向下拖动到如图所示的位置。

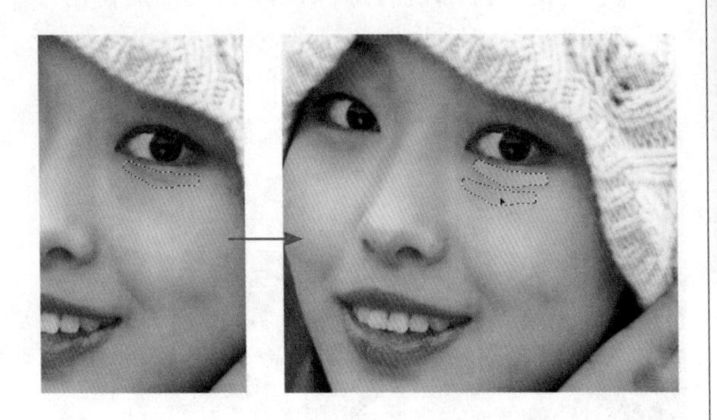

24 释放鼠标左键，用该位置的图像替换人物的左眼眼袋处的图像，即可得到如图所示的效果。

25 继续使用“套索工具”和“修补工具”，修复人物右眼的眼袋，得到如图所示的效果。

26 然后用其他的颜色调整命令，反复用上面相同的方法，调整图片的整体效果，也可参照光盘效果文件，最终效果如图所示。

Part 7 （11-12小时）

使用形状工具创建艺术图形

【形状工具：60分钟】

【实例应用：60分钟】

使用形状工具制作庆典海报　60分钟

7.1 形状工具

难度程度：★★★☆☆ 总课时：1小时
素材位置：07\形状工具\示例图

Photoshop为用户提供了很多制作好的图形形状。在绘制图形时，利用这些图形形状，用户可以快速地制作出所需的图形形状；也可以在这些图形形状的基础上进行编辑修改，以得到最终的图形效果。

在形状工具组中有矩形工具、圆角矩形工具及椭圆工具等，利用这些工具，可以直接绘制出各种规则的图形形状。另外，也可以使用自定形状工具，绘制出各种预设的图形形状。

矩形工具

“矩形工具”可以用于绘制各种矩形或正方形路径。单击工具选项栏中的“几何选项”按钮，弹出“矩形工具”的选项设置，如图所示。其中的选项功能如下所示。

◉ 不受约束
○ 方形
○ 固定大小 W: H:
○ 比例 W: H:
☐ 从中心

不受约束：选择此单选项时，可以绘制任意大小和比例的矩形或正方形路径。

方形：选择此单选项后，绘制的形状总是正方形。

固定大小：选择此单选项后，可在选项右侧的“W”和“H”文本框中输入矩形宽度和高度的具体数值。

比例：选择此单选项后，可在选项右侧的“W”和“H”文本框中输入所绘矩形宽度和高度的比例关系。

从中心：选择此复选框后，绘制的矩形以鼠标单击点为中心，随着鼠标的拖动向四周扩大矩形的大小。

圆角矩形工具和椭圆工具

利用“圆角矩形工具”和“椭圆工具”可以绘制出圆角矩形、正圆和椭圆形的路径形状。其选项设置与“矩形工具”基本相同，不同的是，选择“圆角矩形工具”时，选项栏多了“半径”选项，该选项用于设置圆角矩形的圆角半径大小。数值越大，则所绘制的圆角矩形的4个角越圆滑。设置“半径”分别为0cm、2cm、5cm时的圆角矩形效果，如图所示。

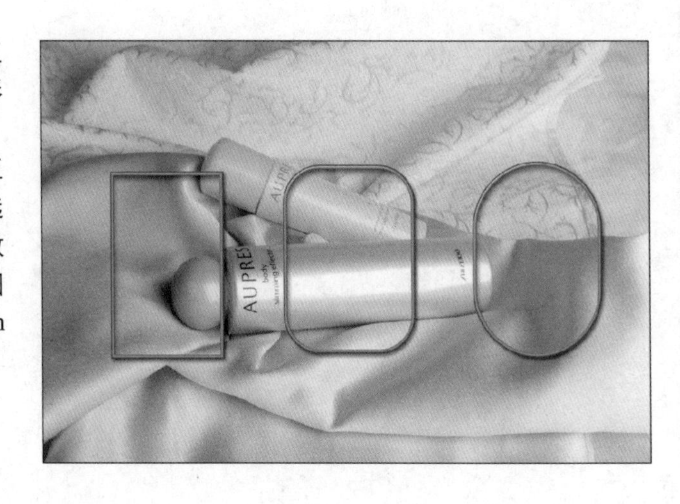

多边形工具

“多边形工具”用于绘制各种正多边形和星形的路径形状。单击工具选项栏中的“几何选项”按钮，可进行“多边形工具”的选项设置，如图所示。各选项的功能如下所示。

半径：用于设置多边形半径的长度。

平滑拐角：选择此复选框后，绘制的多边形具有平滑的顶角。

星形：选择此复选框后，绘制的多边形由外向中心缩进成星形。此时，“缩进边依据”和“平滑缩进”复选框变成可用状态。

缩进边依据：用于星形内角向中心缩进的程度。数值越大，星形内缩程度越大。

平滑缩进：选择此复选框后，多边形的边平滑地向中心缩进。

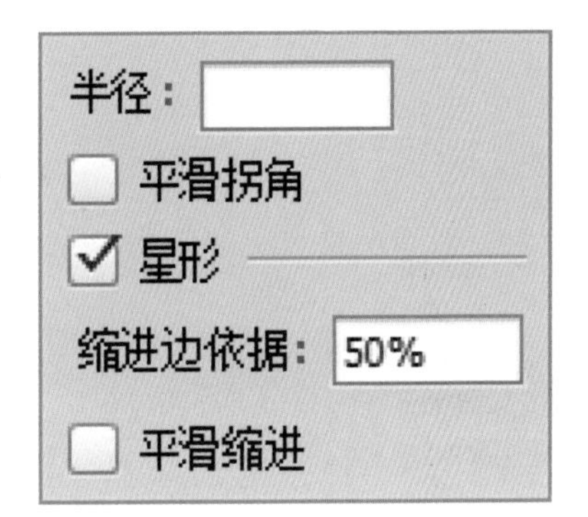

直线工具

“直线工具”可以用来绘制出直线或带有箭头的路径形状。单击工具选项栏中的“几何选项”按钮，可进行“直线工具”的选项设置，如图所示。各选项的功能如下所示。

起点：选择此复选框后，绘制线段时起点位置会添加箭头。

终点：选择此复选框后，绘制线段时终点位置会添加箭头。

宽度：用于设置箭头的宽度，取值范围为10%～1 000%。

长度：设置箭头长度和线段宽度的比例值，取值范围为10%～5 000%。

凹度：设置箭头凹陷的程度，取值范围为－50%～50%。例如，绘制一个箭头图形效果，如图所示。

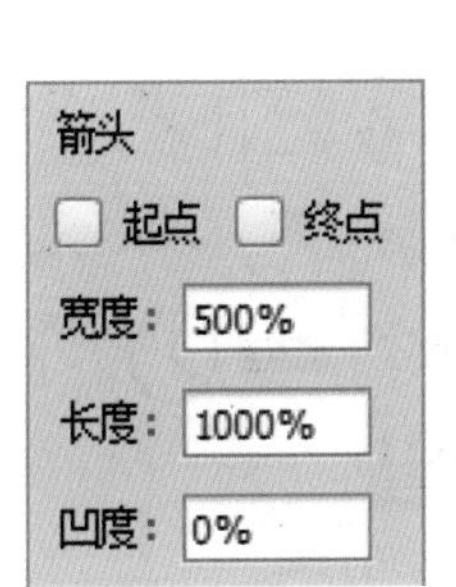

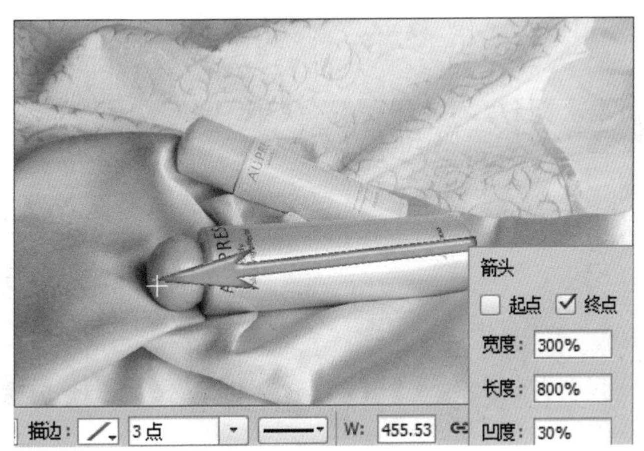

自定形状工具

“自定形状工具”可以绘制各种已经定义好的不规则的路径形状。单击工具选项栏中的“几何选项”按钮，可进行“自定形状工具”的选项设置，如图所示。其选项功能与“矩形工具”基本相同。决定绘制效果的主要是“形状”选项。

单击“形状”选项右侧的箭头按钮，打开自定义形状下拉列表，如图所示。在该下拉列表中列出了当前预设的路径形状的缩略图。单击下拉列表中右上角的按钮，弹出快捷菜单，如图所示。在该快捷菜单的下半部分列出了Photoshop自带的形状预设。用户可以根据需要载入不同的形状预设文件。

不受约束
定义的比例
定义的大小
固定大小 W: H:
从中心

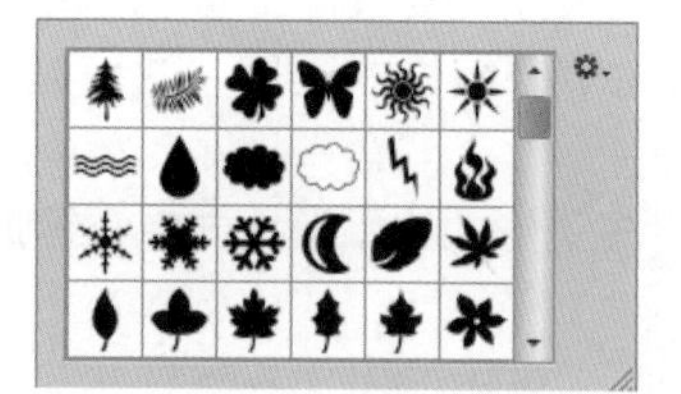

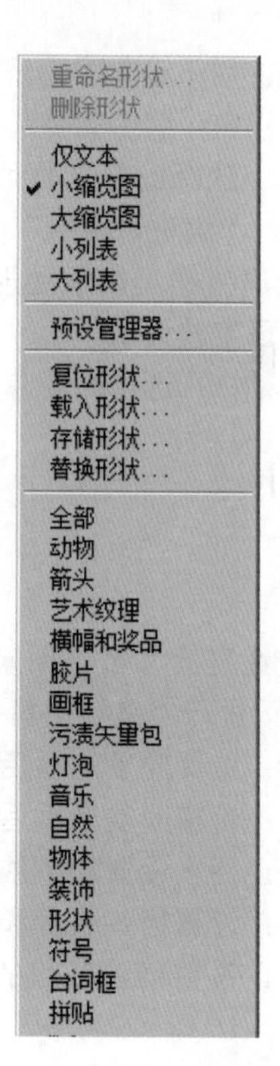

新增自定义形状

利用“编辑”→“定义自定形状”命令，用户可以将绘制好的路径形状保存为自定义形状，以方便以后使用时进行调用。

选择“钢笔工具”或“形状工具”，绘制工作路径，然后使用“路径选择工具”选中路径，如图所示。执行“编辑”→“定义自定形状”命令，打开“形状名称”对话框，在“名称”文本框中输入名称，如图所示，单击“确定”按钮，即可将选中的路径形状定义为形状预设。单击打开“形状”下拉列表框，可以看到刚才定义的路径形状，如图所示。

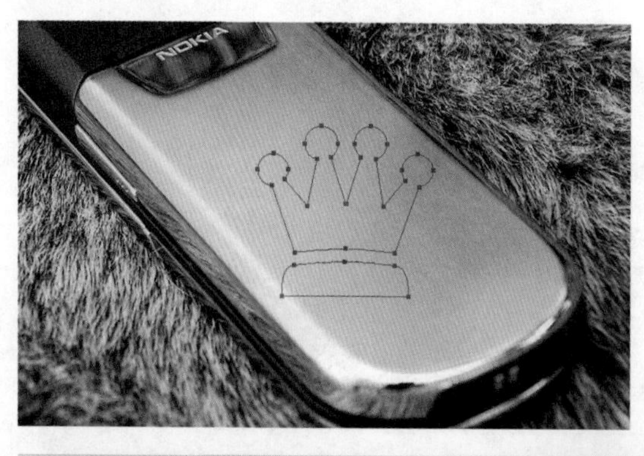

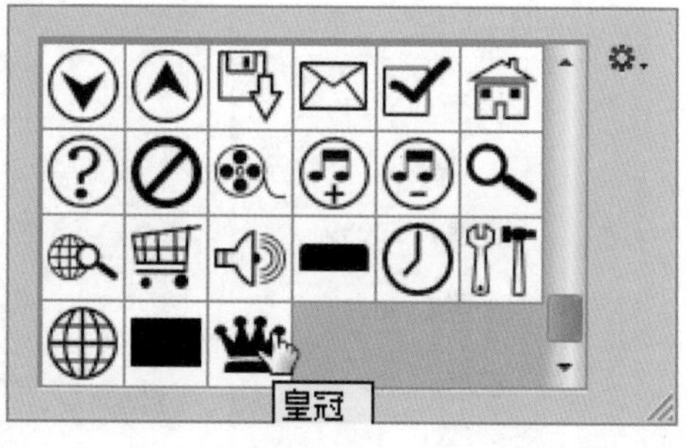

形状名称
名称(N): 皇冠
确定
取消

如果想要将其保存为文件形式，就可以从“形状”选项的弹出菜单中选择“存储形状”命令，将新定义的形状存储为当前形状库的一部分。以后需要时，执行菜单中的“载入形状”命令即可将保存好的形状文件载入。

7.2 实例应用

难度程度：★★★☆☆ 总课时：1小时
素材位置：07\实例应用\制作庆典海报

演练时间：60分钟

使用形状工具制作庆典海报

◎ 实例目标

本例由2部分组成：第1部分，使用“形状工具”绘制图形；第2部分，将导入的图像，利用“通道混合器”进行调色，最终达到海报的最佳效果。

◎ 技术分析

本例是以周年庆典为画面表现主体的海报作品。本例中多次用到形状工具绘制形状，来装饰背景以丰富整体画面，希望读者通过本例能够体会Photoshop中不同形状工具的功能。

制作步骤

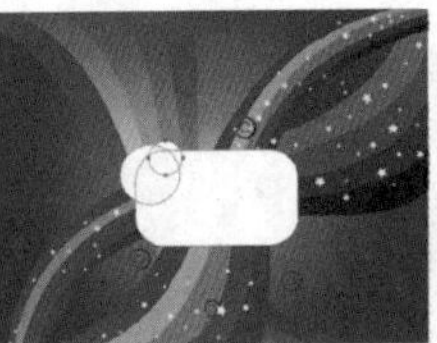
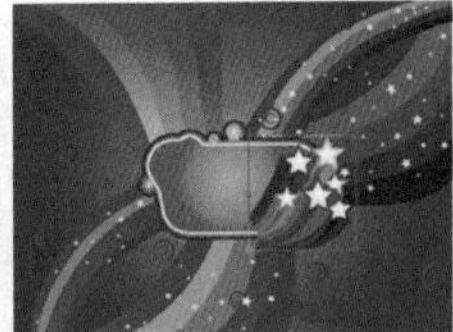

01 打开图片。打开随书光盘中的“素材 1”图像文件，此时的图像效果和“图层”面板如图所示。

02 设置前景色为白色，选择“椭圆工具”，在工具选项栏中选择“形状”按钮，按住【Shift】键在画面的右下方绘制圆形，得到图层“椭圆1”，如图所示。

03 使用“路径选择工具”选择上一步绘制的圆形，按【Ctrl+Alt+T】快捷键，调出自由变换复制框，将变换复制框缩小调整到如图所示的位置，按【Enter】键确认操作。

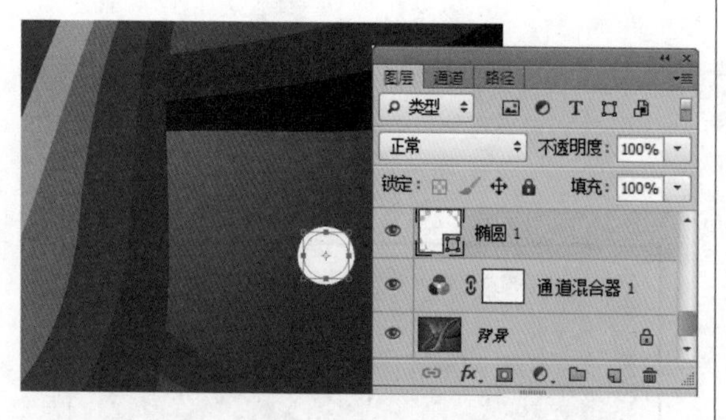

04 使用“路径选择工具”选择上一步变换得到的圆形路径，在工具选项栏中单击“排除重叠形状”按钮，得到如图所示的圆环效果。

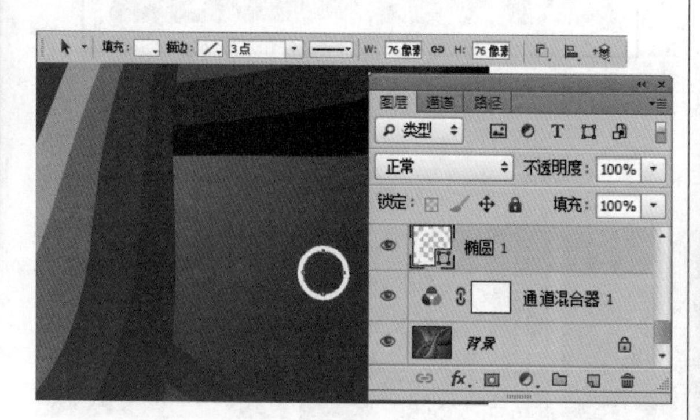

05 使用“路径选择工具”选择所绘的圆环，按【Ctrl+Alt+T】快捷键，调出自由变换复制框，将变换复制框缩小调整到如图所示的位置，按【Enter】键确认操作。

06 单击“添加图层样式”按钮，在弹出的菜单中选择“渐变叠加”命令，在此编辑渐变的颜色。设置完“图层样式”对话框后，单击“确定”按钮，即可得到如图所示的效果。

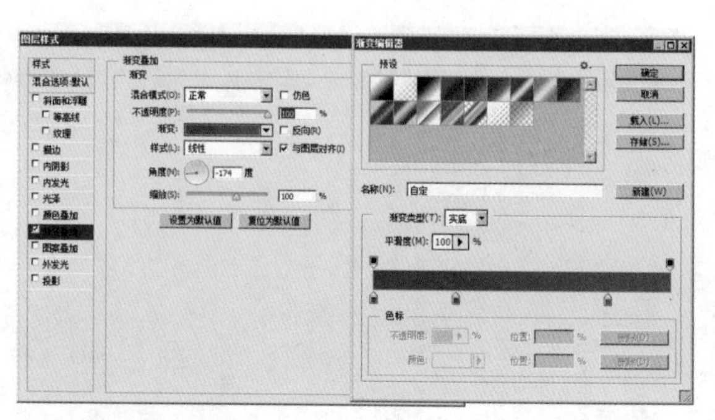

07 选择“椭圆”为当前操作图层，按【Ctrl+J】快捷键，复制“椭圆”，得到“椭圆 副本”。按【Ctrl+T】快捷键，变换图像到如图所示的状态，按【Enter】键确认操作完成。

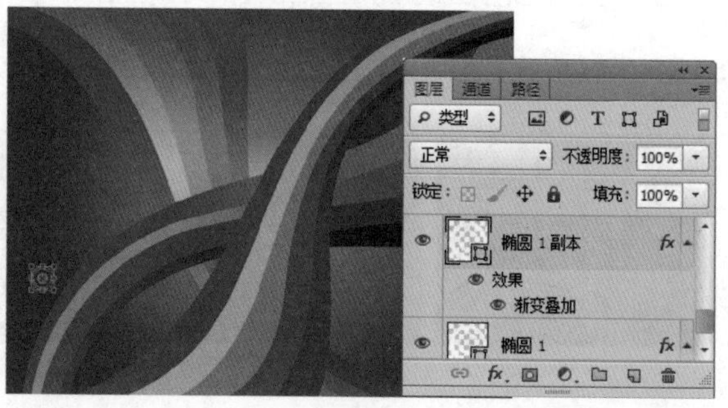

08 继续复制“椭圆”的圆环图像，然后调整复制的圆环，得到如图所示的效果，将“椭圆”及其副本图层选中，按【Ctrl+G】快捷键，将选中的图层编组，生成的图层组重命名为“圆环”。

09 设置前景色为黑色，选择“多边形工具”▣，在工具选项栏中选择“形状”按钮，在图像中绘制星形，得到图层“多边形 1”，如图所示。

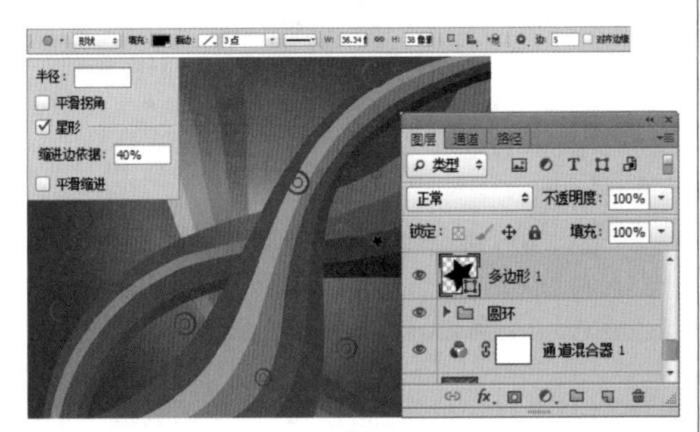

10 在“多边形 1”的图层名称上单击鼠标右键，在弹出的菜单中选择“栅格化图层”命令，按住【Ctrl】键单击“多边形 1”，载入其选区。执行菜单“编辑”→“定义画笔预设”命令，设置“画笔名称”对话框，将形状定义为画笔，如图所示。

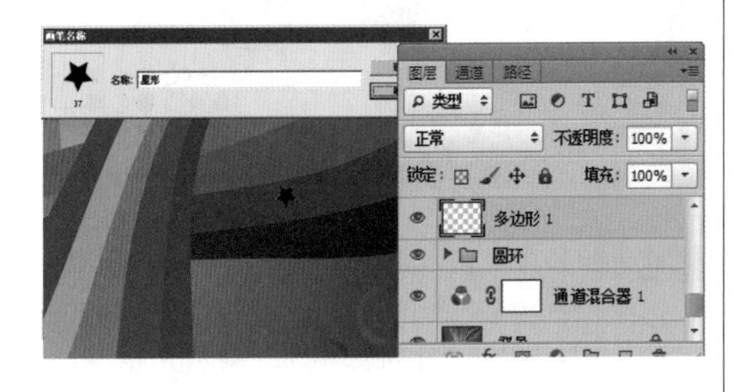

11 选择“画笔工具”▣，在其工具选项栏中选择上一步定义的星形画笔，然后进行其他参数的设置，如图所示。

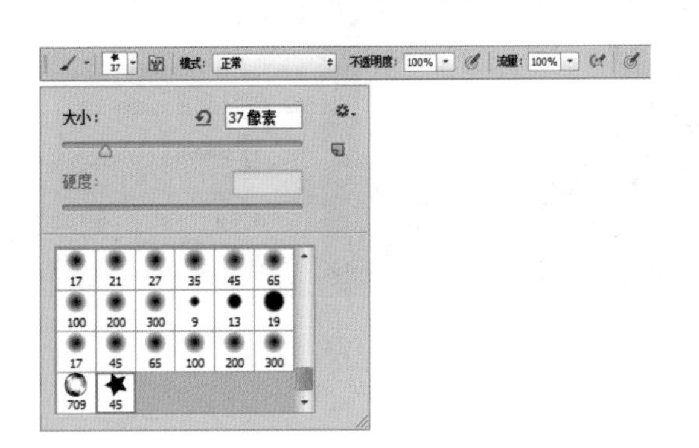

12 按【F5】键调出“画笔”面板，分别在“画笔”面板中设置“画笔笔尖形态”、“形状动态”及“散布”等选项，如图所示。

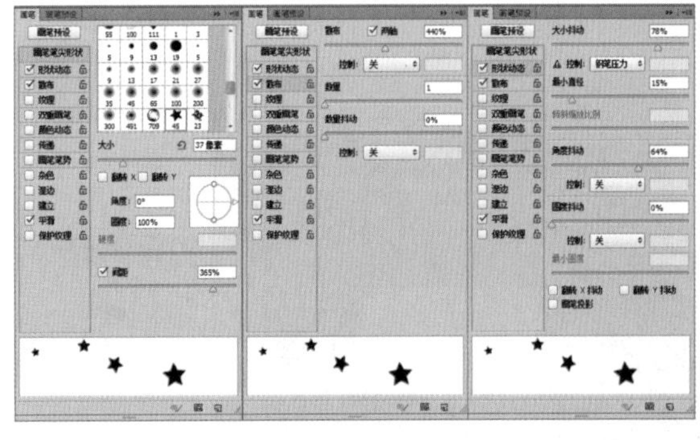

13 新建一个图层，得到“图层1”。隐藏“多边形 1”，选择“画笔工具”▣，设置前景色的颜色值为白色，在画面中绘制如图所示的星形效果。

14 单击“添加图层样式”按钮▣，在弹出的菜单中选择“渐变叠加”命令，设置弹出的“图层样式”对话框的“渐变叠加”选项，编辑渐变的颜色，如图所示。

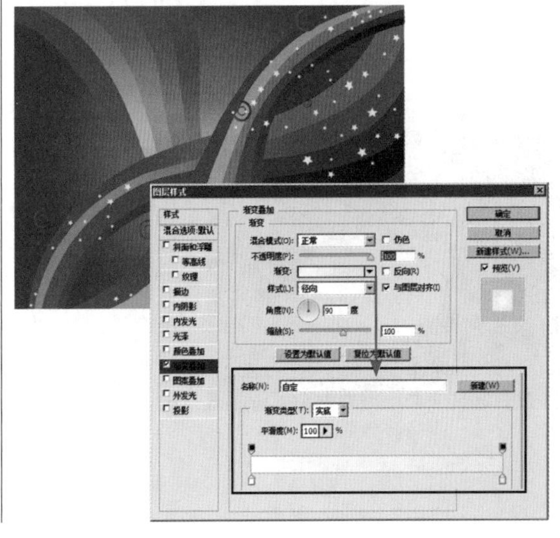

15 设置前景色为白色，选择“圆角矩形工具”，设置工具选项栏后，在画面中间绘制圆角矩形，得到图层“圆角矩形1”，如图所示。

16 选择“椭圆工具”，在工具选项栏中单击“合并形状”按钮，按住【Shift】键在“圆角矩形1”图层中绘制圆形，如图所示。

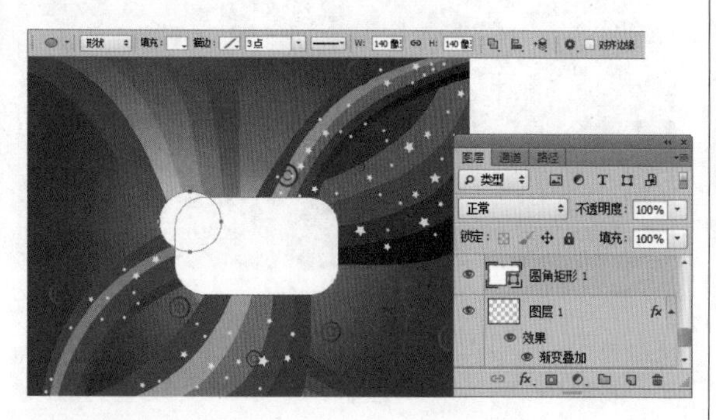

17 选择“椭圆工具”，在工具选项栏中单击“合并形状”按钮，继续按住【Shift】键在“圆角矩形1”图层中绘制圆形，如图所示。

18 选择“钢笔工具”，在工具选项栏中单击“添加到形状区域”按钮，在圆角矩形的左侧绘制一个如图所示的形状。

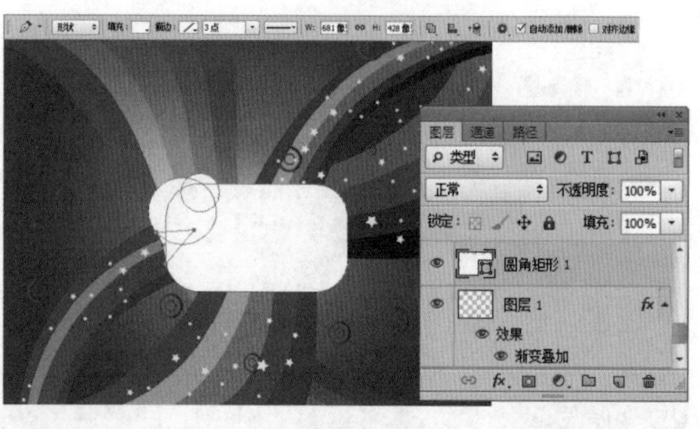

19 选择“自定形状工具”，在工具选项栏中单击“合并形状”按钮，在图像中绘制如图所示的形状。

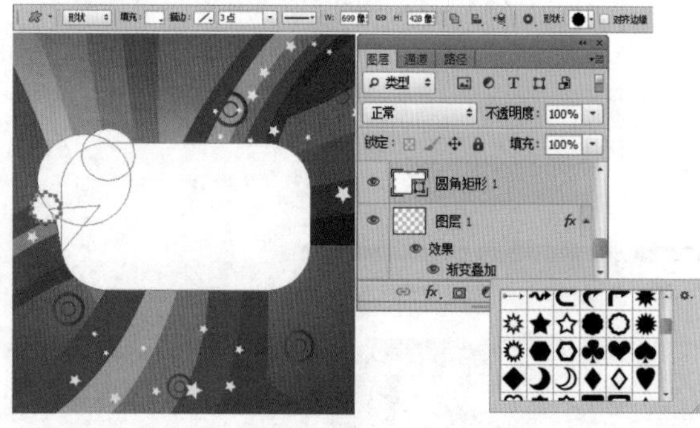

20 继续选择“自定形状工具”，在工具选项栏中单击“合并形状”按钮，在图像中继续绘制上一步绘制的形状，如图所示。

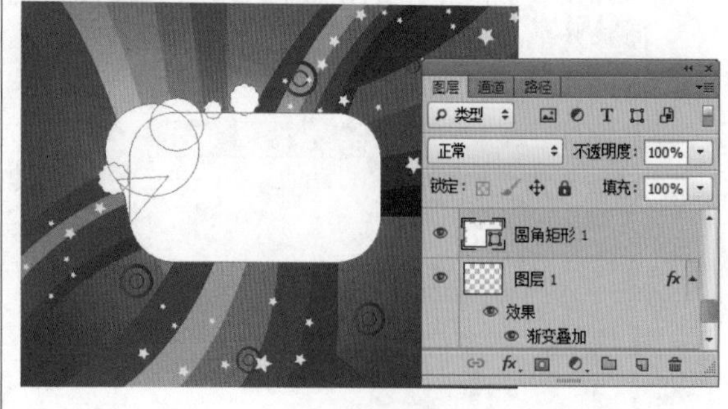

21 选择“圆角矩形”，单击“添加图层样式”按钮，在弹出的菜单中选择“渐变叠加”命令，设置弹出的“图层样式”对话框的“渐变叠加”选项后，单击“描边”选项，然后设置弹出的“描边”选项，具体设置如图所示。

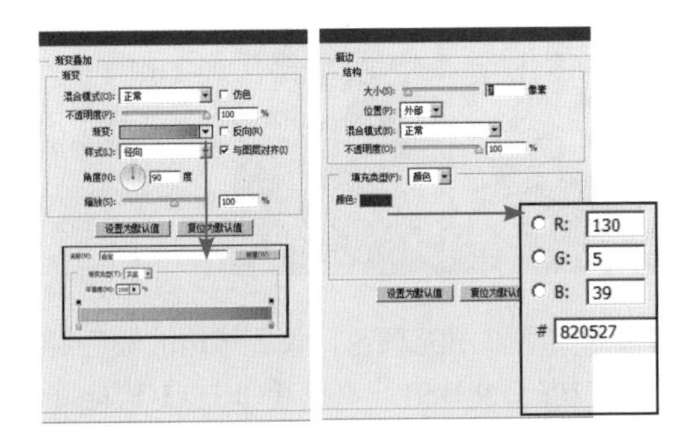

22 设置完“图层样式”对话框后，单击“确定”按钮，设置“圆角矩形”的图层填充值为“0%”，即可得到如图所示的效果。

23 设置前景色的颜色值为（R:255 G:255 B:178），选择“自定形状工具”，在工具选项栏中单击“合并形状”按钮，在图像中绘制形状，得到“形状1”。用同样的方法继续添加其他两个图形，如图所示。

24 选择“圆角矩形1”，按住【Alt】键，复制图形并调整图层顺序，得到图层“圆角矩形1 副本”。然后按住【Ctrl】键单击“圆角矩形 副本”的图层缩览图，载入其选区，然后隐藏“圆角矩形 副本”，如图所示。

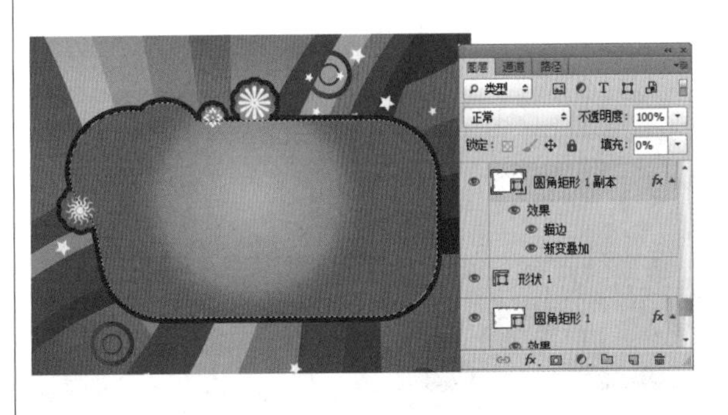

25 新建一个图层，得到“图层 2”。执行“选择”→“修改”→“收缩”命令，调出“收缩选区”对话框，设置该对话框中的参数。执行“编辑”→“描边”命令，调出“描边”对话框，设置描边的颜色值为（R:255 G:255 B:178），如图所示。

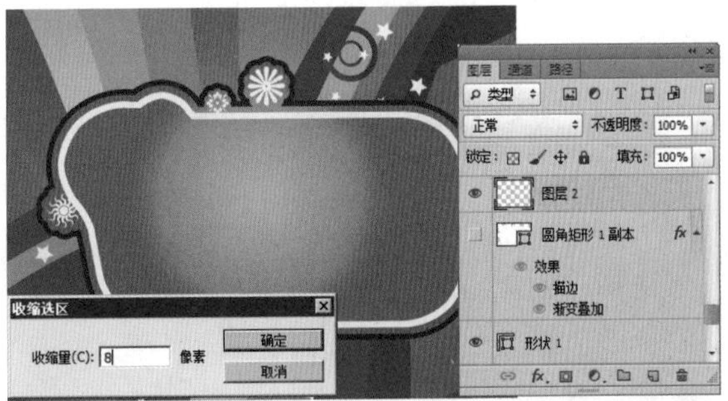

26 打开图片。打开随书光盘中的“素材 2”图像文件。使用“移动工具”将图像拖动到第1步打开的文件中，得到“图层 3”。按【Ctrl+T】快捷键，调出自由变换控制框，变换图像到如图所示的状态。

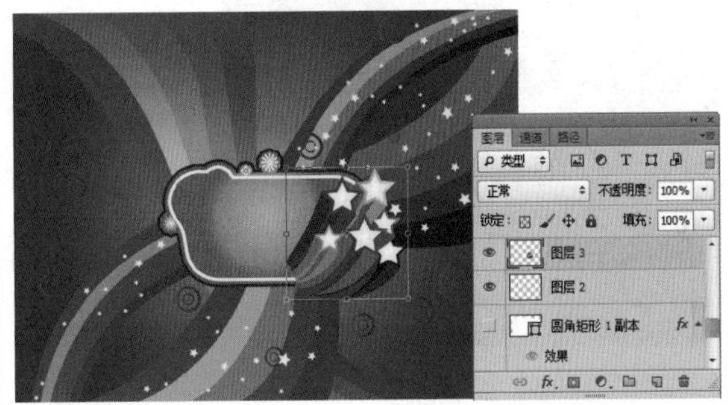

27 设置前景色为白色，选择“椭圆工具”，在工具选项栏中单击“形状”按钮，按住【Shift】键在画面中绘制圆形，得到图层“形状 5”。单击“添加图层样式”按钮，选择“渐变叠加”命令，编辑渐变的颜色，如图所示。

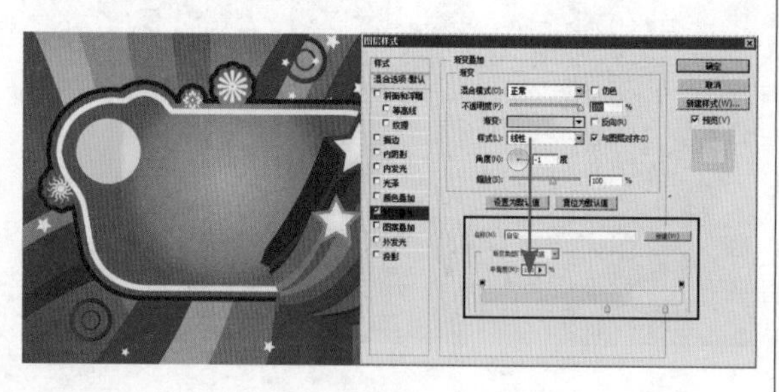

28 继续复制出三个同心圆，填充如图所示的颜色和渐变，将“椭圆2”及其副本图层选中，按【Ctrl+Alt+E】快捷键，执行“盖印”操作，将得到的图层重命名为“图层4”，调整图层位置。再复制多个图层，按【Ctrl+G】快捷键，生成的图层组重命名为“圆圈”，效果如图所示。

29 打开图片。打开随书光盘中的“素材 3”、“素材 4”图像文件，调整大小，放入画面，并通过“通道混合器”调整参数，效果如图所示。

30 设置前景色为白色，选择“多边形工具”，在工具选项栏中选择“形状”按钮，在图像中绘制星形，得到图层“多边形 2”，并复制多个，效果如图所示。

31 输入文字，填充颜色，设置描边的颜色值为（R:109 G:9 B:91）。按【Ctrl+J】快捷键，复制文字图层“70”，得到“70 副本”。使用“渐变叠加”命令，进行参数设置，效果如图所示。

32 打开随书光盘中的“素材 5”、“素材 6”图像文件，使用“移动工具”将图像放在合适的位置，并使用“通道混合器”进行调整，达到最终效果，如图所示。

Part 8（13-14小时）

使用钢笔工具创建艺术图形

【钢笔工具：60分钟】

钢笔工具绘制路径　　30分钟
钢笔工具的选项栏　　30分钟

【实例应用：60分钟】

使用钢笔工具制作滴眼液包装　　60分钟

8.1 钢笔工具

难度程度：★★★☆☆ 总课时：1小时
素材位置：08\钢笔工具\示例图

在Photoshop中，由于路径形状的多样性及其灵活的可编辑性，所以经常用于创建各种艺术图形效果。其中，钢笔工具是绘制路径时最为常用的一个工具。

8.1.1 钢笔工具绘制路径

学习时间：30分钟

使用“钢笔工具”可以绘制多种多样的路径形状，绘制的路径分为开放路径和闭合路径。当路径的起点和终点连接在一起时绘制的是闭合路径；否则，绘制的是开放路径。

绘制直线路径

选择“钢笔工具”，在工具选项栏中单击“路径”按钮，在图像窗口中单击鼠标，绘制路径的起点，如图所示。然后在另一点的位置单击鼠标，两个锚点之间就会连成一条直线，如图所示。继续在其他位置单击添加锚点。最后当终点和起点重合时，光标右下角便会出现一个圆圈，表示在此处单击鼠标会创建闭合路径，如图所示。单击起点位置，完成路径的绘制，路径形状如图所示。

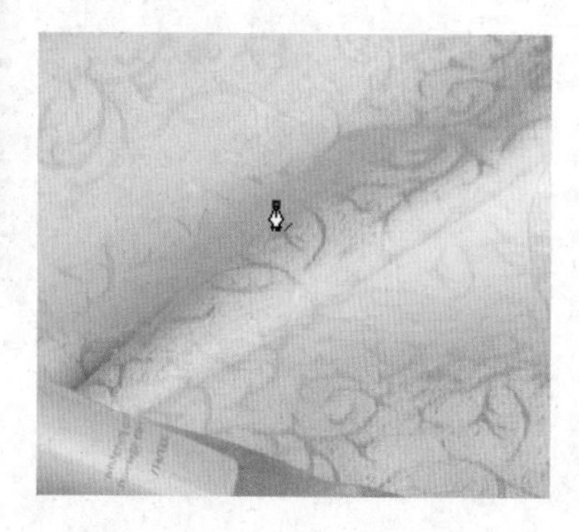

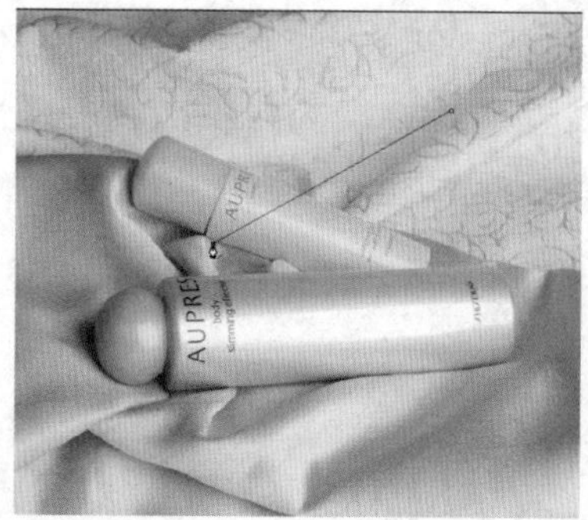

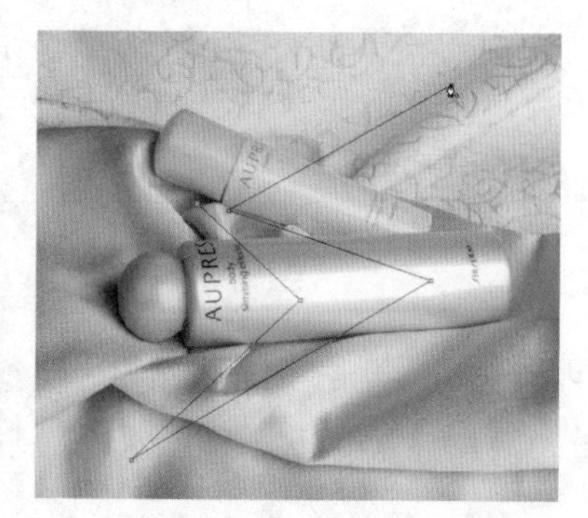

如果要绘制成开放路径，则可以在按住【Ctrl】键的同时，单击路径外的任意位置或选择工具栏中的其他工具，路径形状如图所示。

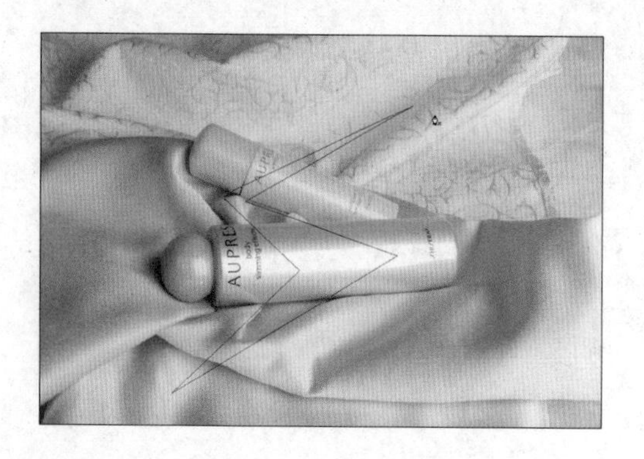

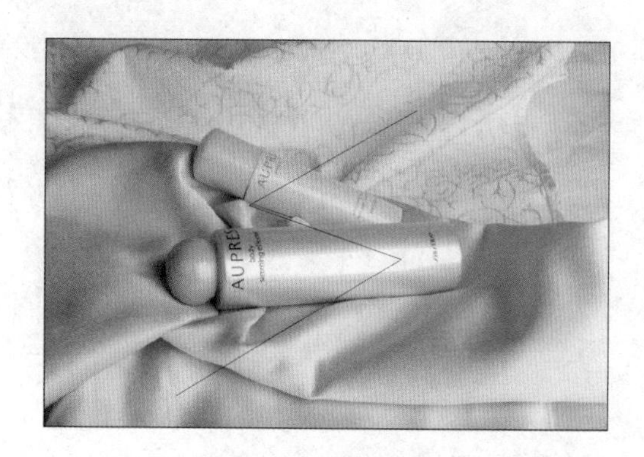

绘制曲线路径

选择“钢笔工具”，将鼠标光标放在窗口中单击，确定形状的起点位置，如图所示。然后将光标移动到起点的右上方，单击并拖动鼠标，可以看到又添加了一个锚点，并且锚点两端出现方向线和方向点，同时两个锚点之间形成了一条曲线，如图所示。将光标移动到心形下端的尖端位置单击，再添加一个锚点，此时可以看到心形一半的形状。接着在左上方单击并拖动鼠标，绘制心形的另一半曲线，如图所示。最后闭合路径，路径形状如图所示。

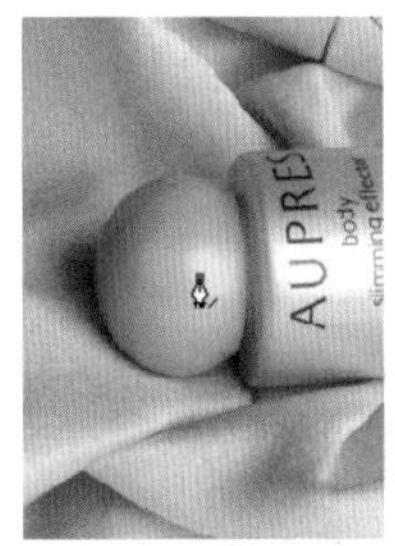
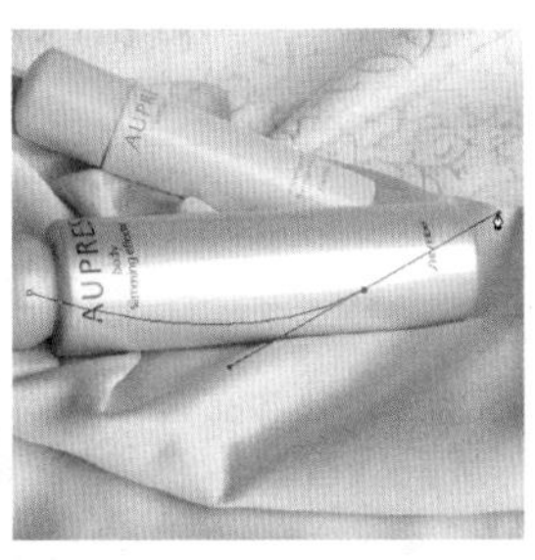
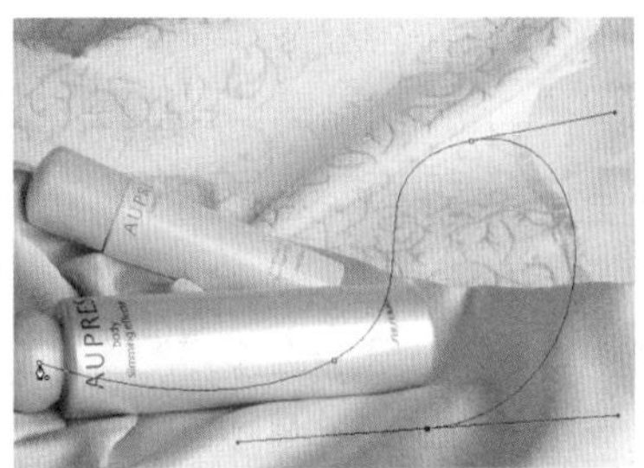
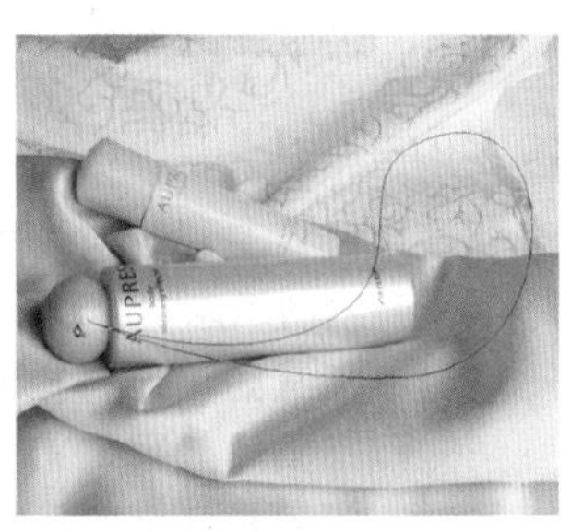

8.1.2 钢笔工具的选项栏

学习时间：30分钟

“钢笔工具”选项栏

“钢笔工具”选项栏中集合了所有路径绘制工具的选项功能，如图所示。下面详细介绍各选项的功能。

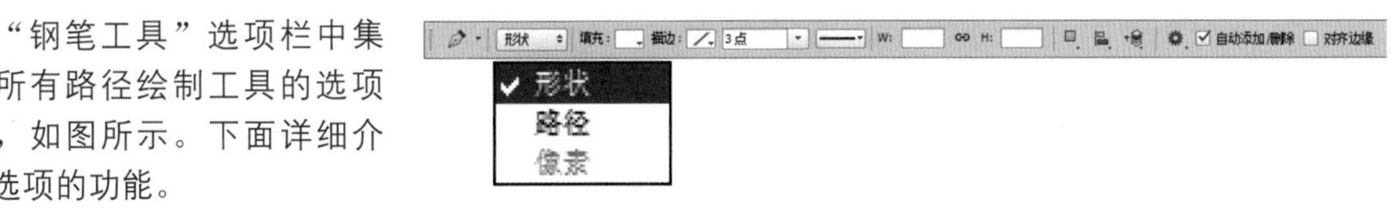

形状：选择该按钮后，“钢笔工具”选项栏如图所示。在这种方式下，使用“钢笔工具”绘制的路径是形状图层，如图所示。路径中填充的是默认的前景色，单击颜色块可以修改颜色。

路径：选择该按钮后，“钢笔工具”选项栏如下图所示。在这种方式下，使用“钢笔工具”绘制的是工作路径，只产生路径轮廓，如下面右图所示。

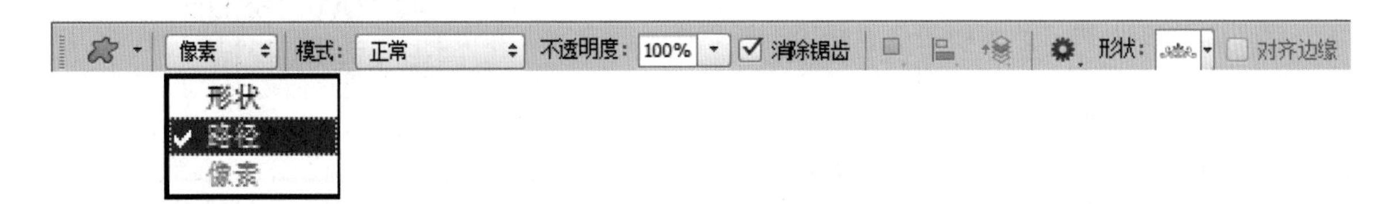

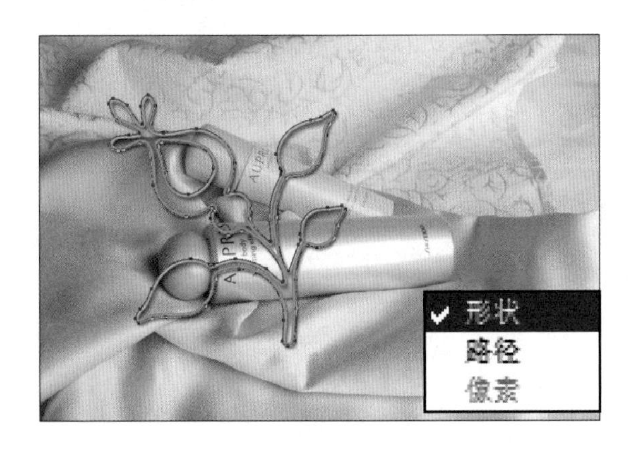

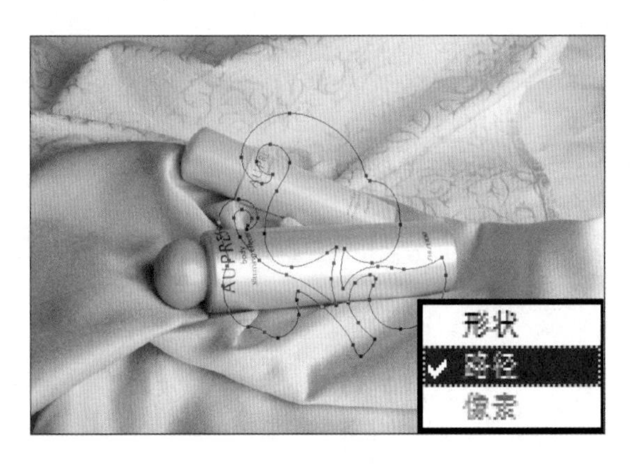

像素：选择该按钮后，“钢笔工具”选项栏如图所示。在这种方式下，该按钮在“钢笔工具”和“自由钢笔工具”状态下不可使用，只有在选择形状工具后才可用。使用这种方式绘制形状时，不会产生工作路径和形状图层，而只是在当前图层中绘制一个由前景色填充的形状，如图所示。

钢笔工具和自由钢笔工具：用来切换到“钢笔工具”或“自由钢笔工具”绘制状态。

形状工具组：包括矩形工具、圆角矩形工具、椭圆工具、多边形工具、直线工具和自定形状工具。单击其中的某个按钮，可以方便地绘制出对应的形状路径。

自动添加/删除：选择此复选框后，使用“钢笔工具”绘制时，可以具有添加和删除锚点的功能。将“钢笔工具”放在选中的路径线段上，光标右下角带有一个加号，表示可以增加锚点；将“钢笔工具”放在选中的路径锚点上，光标右下角带有一个减号，表示可以删除此锚点。这与工具栏中的“添加锚点工具”和“删除锚点工具”功能相同，默认为选中状态。

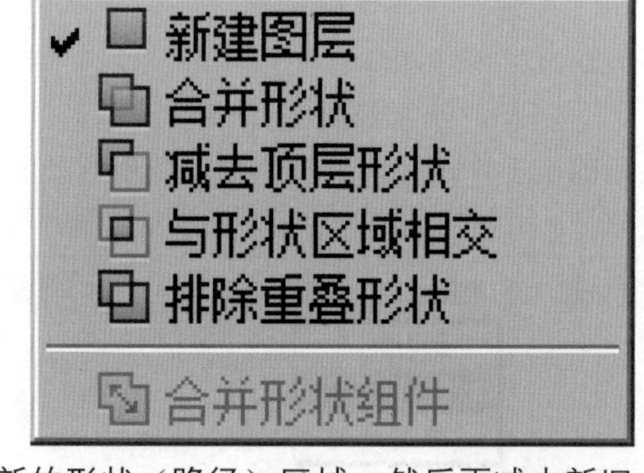

新建图层：此选项只有在选择“形状图层”方式后才会显示，表示每次绘制的路径形状都会产生新的形状图层。

合并形状：此选项表示在原路径的基础上，增加新的形状（路径）区域。

减去顶层形状：此选项是在原路径的基础上，减去新绘制的形状（路径）区域与原路径相交的部分。

与形状区域相交：此选项表示保留新的形状（路径）区域与原来的形状（路径）区域相重叠的部分。

排除重叠形状：此选项是在原路径的基础上，增加新的形状（路径）区域，然后再减去新旧相交的部分。

技巧提示

在拖动过程中，可以随意单击鼠标定位锚点，双击鼠标或按【Enter】键便可结束路径的绘制。如果想要删除已固定的锚点或路径线段时，直接按【Del】键即可。

8.2 实例应用

难度程度：★★★☆☆ 总课时：1小时
素材位置：08\实例应用\制作滴眼液包装

演练时间：60分钟

使用钢笔工具制作滴眼液包装

◉ 实例目标

本例由2部分组成：第1部分，使用“钢笔工具”绘制滴眼液包装画面图形；第2部分，输入产品包装相关信息的文字部分，最终形成包装的完整效果。

◉ 技术分析

本例将通过钢笔工具绘制出一些艺术图形作为画面的主体，以此来制作一个滴眼液包装。在本例的制作过程中，充分展示了钢笔工具绘制特殊艺术形状这一特点，希望读者通过本例能够体会钢笔工具的作用。

制作步骤

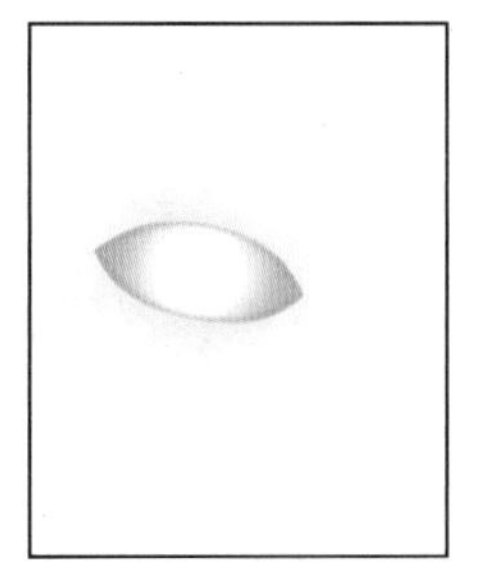

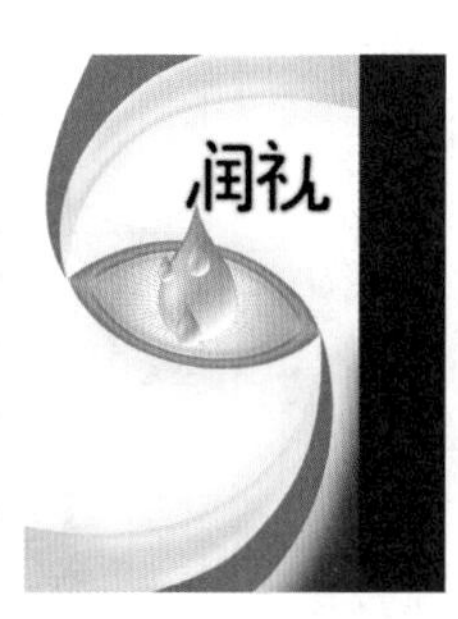

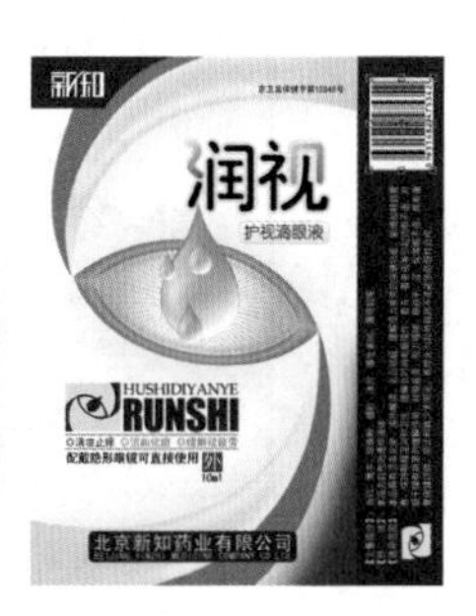

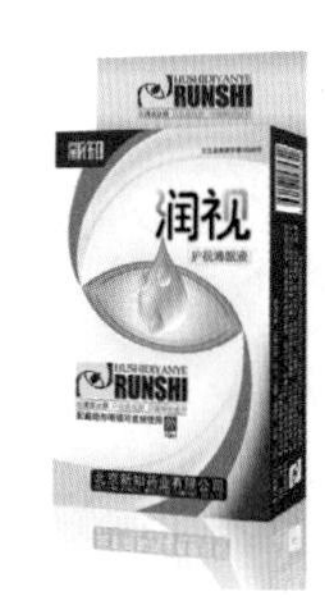

01 新建文档。执行菜单“文件”→“新建”命令(或按【Ctrl+N】快捷键)，设置弹出的“新建”对话框，如图所示，单击“确定”按钮，即可创建一个新的空白文档。

新建
名称(N): 未标题-1
预设(P): 自定
大小(I):
宽度(W): 791 像素
高度(H): 984 像素
分辨率(R): 300 像素/英寸
颜色模式(M): RGB 颜色 8位
背景内容(C): 白色
高级
确定
取消
存储预设(S)...
删除预设(D)...
图像大小:
2.23M

02 设置前景色的颜色值为（R:0 G:140 B:223），选择“钢笔工具”，在工具选项栏中单击“形状”按钮，在图像中绘制如图所示的形状，得到图层“形状 1”。

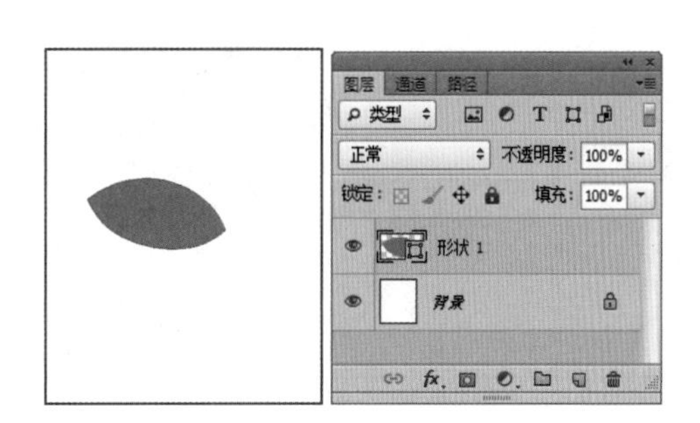

03 选择“形状 1”，单击“添加图层样式”按钮[fx]，在弹出的菜单中选择“外发光”命令，设置弹出的“图层样式”对话框的“外发光”选项后，继续选择“内发光”、“渐变叠加”选项，在右侧的对话框中进行参数设置，具体设置如图所示。

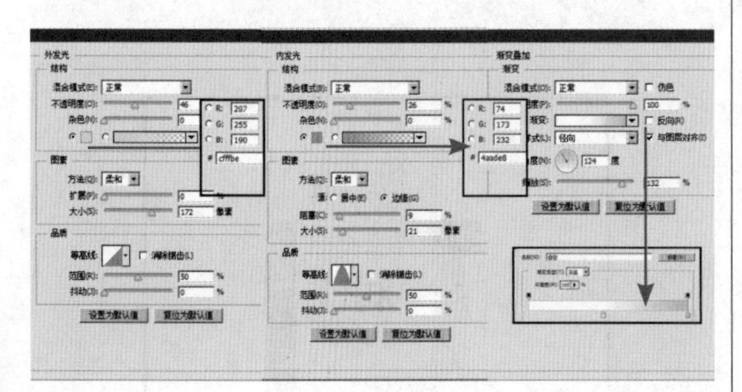

04 设置前景色的颜色值为（R:124 G:197 B:235），选择“直线工具”[/]，在工具选项栏中选择“形状”按钮，在图像中绘制如图所示的直线形状，得到图层“形状 2”。

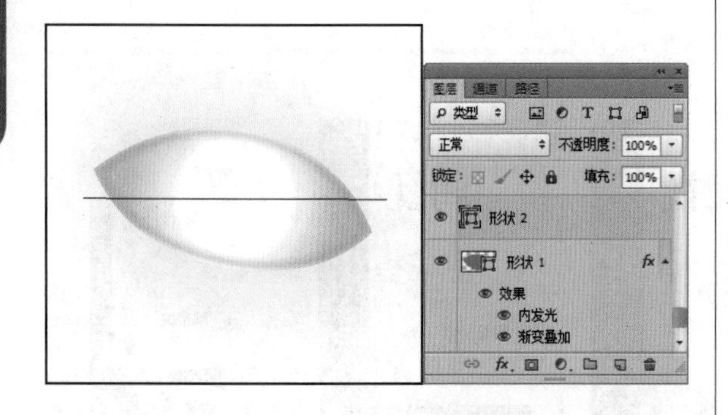

05 使用“路径选择工具”[▶]选择“形状 2”矢量蒙版中的路径，按【Ctrl+Alt+T】快捷键，调出自由变换复制框，旋转变换到如图所示的状态。

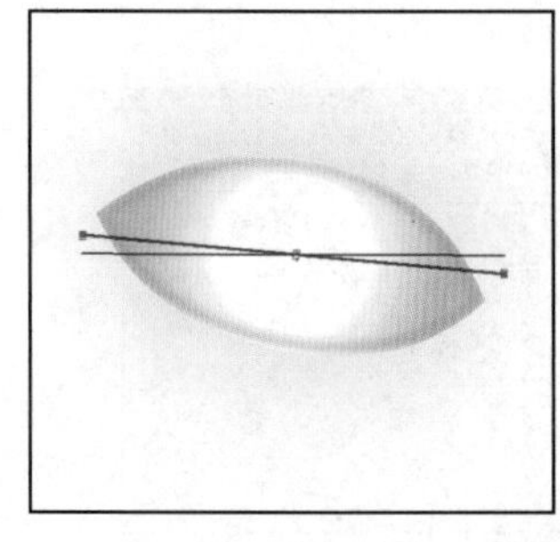

06 按【Ctrl+Shift+Alt+T】快捷键多次，复制并变换图像，将图像旋转一周，得到如图所示的效果。

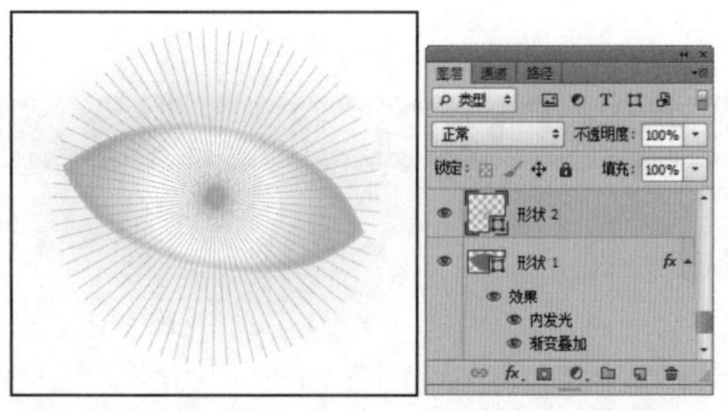

07 按住【Ctrl】键单击“形状 1”的图层缩览图，载入其选区，单击“添加图层蒙版”按钮[◘]，为“形状 2”添加图层蒙版，此时选区以外的图像就被隐藏起来了，如图所示。

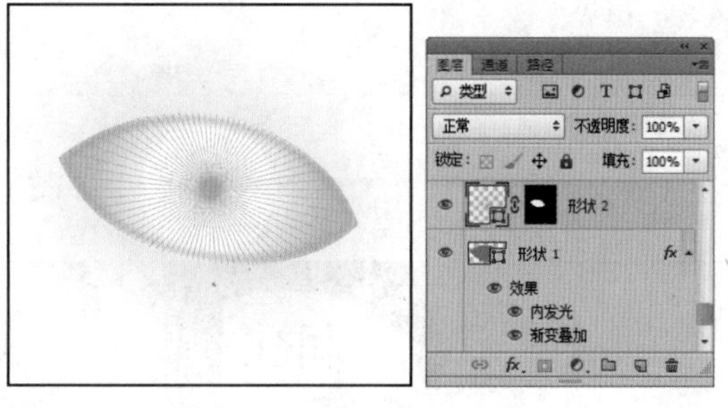

08 选择“形状 1”，复制图层，并调整图层顺序，得到图层“形状 1副本”。按住【Alt】键，在画面上将选中的路径复制，按【Ctrl+T】快捷键，调出自由变换控制框，变换图像到如图所示的状态。

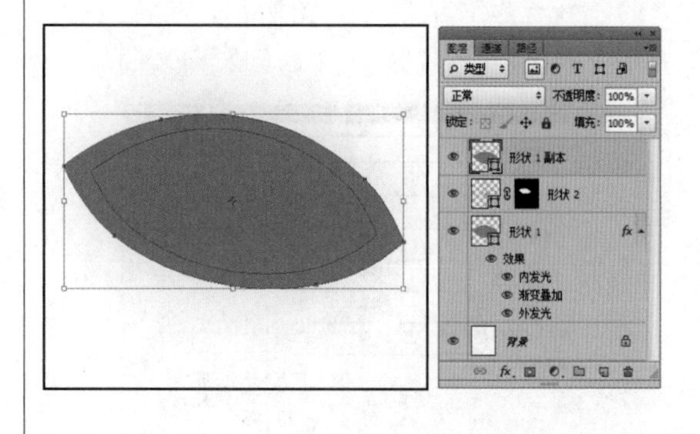

09 使用“路径选择工具”选择“形状 1副本”，单击“排除重叠形状”，得到如图所示的效果。

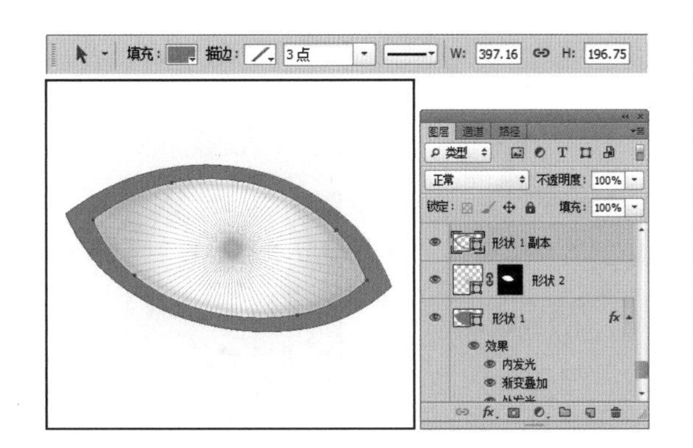

10 单击“添加图层样式”按钮，在弹出的菜单中选择“光泽”命令，设置弹出的“图层样式”对话框的“光泽”选项，如图所示。

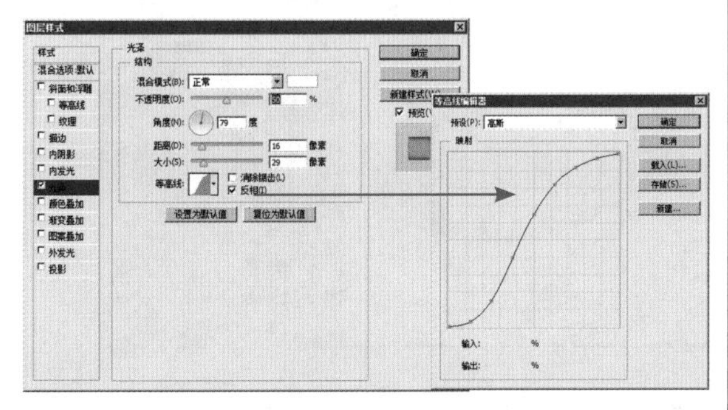

11 设置前景色的颜色值为（R:0 G:168 B:231），选择“钢笔工具”，单击“形状图层”按钮，在图像中绘制如图所示的形状，得到图层“形状 3”。

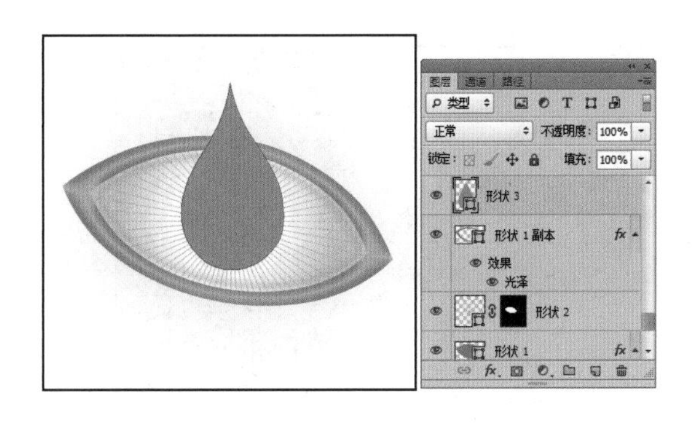

12 选择“形状 3”，按【Ctrl+J】快捷键，复制“形状 3”，得到“形状 3 副本”，设置前景色的颜色值为（R:107 G:190 B:235）。按【Alt+Delete】快捷键，用前景色填充“形状 3 副本”，使用“直接选择工具”编辑“形状 3 副本”，得到如图所示的状态。

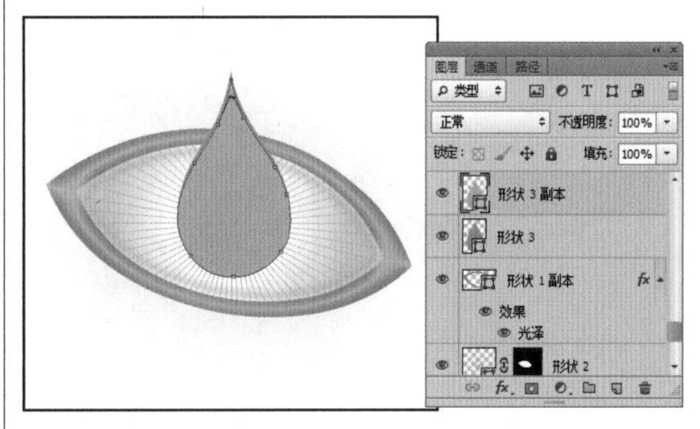

13 选择“形状 3 副本”，单击“添加图层样式”按钮，在弹出的菜单中选择“内阴影”命令，设置弹出的“图层样式”对话框的“内阴影”选项后，继续选择“斜面和浮雕”和“渐变叠加”选项，进行参数设置，具体设置如图所示。

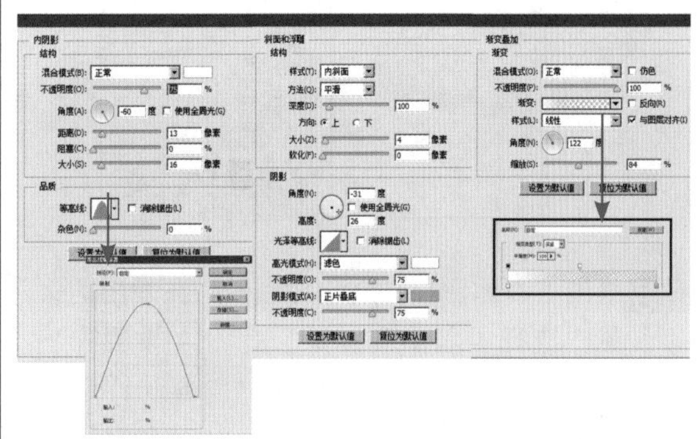

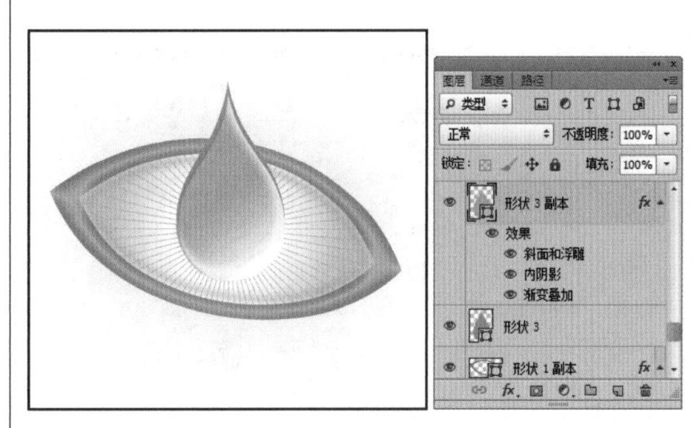

14 单击“添加图层蒙版”按钮，为“形状3副本”添加图层蒙版，设置前景色为黑色。选择“画笔工具”，设置适当的画笔大小和透明度后，在图层蒙版中涂抹，将不需要的部分隐藏起来，即可得到如图所示的效果。

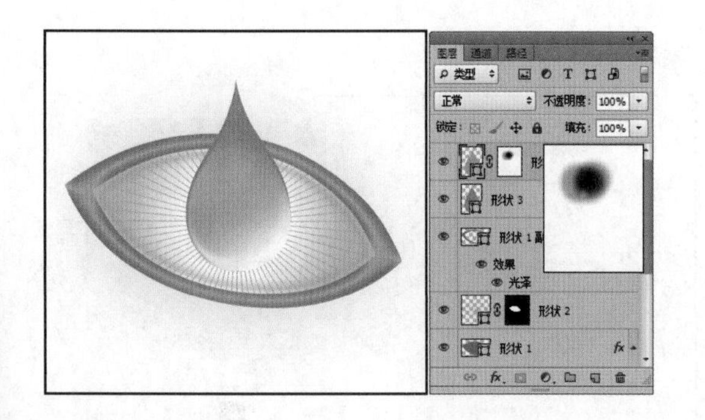

15 选择“形状3副本”，按【Ctrl+J】快捷键，复制“形状3副本”，得到“形状3副本2”。设置其图层填充值为“0%”，将其图层蒙版和图层样式删除，如图所示。

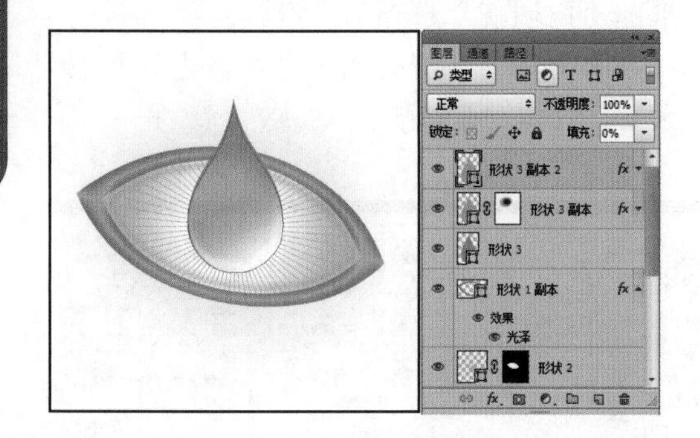

16 单击“添加图层样式”按钮，在弹出的菜单中选择“斜面和浮雕”命令，设置弹出的“图层样式”对话框的“斜面和浮雕”选项，如图所示。

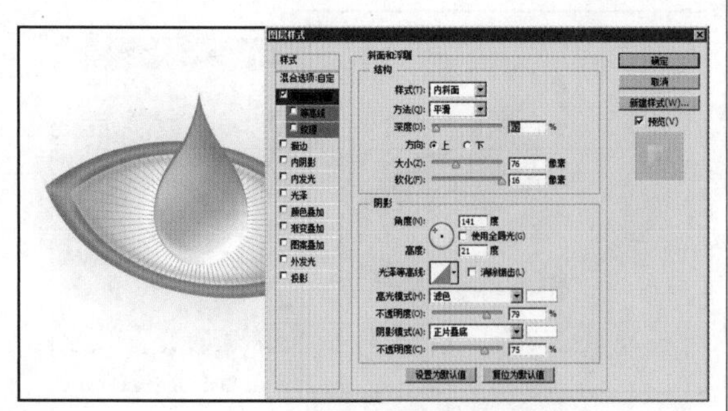

17 设置前景色为白色，新建一个图层，得到“图层1”。选择“画笔工具”，设置适当的画笔大小和透明度后，在“图层1”中进行涂抹，得到如图所示的效果。

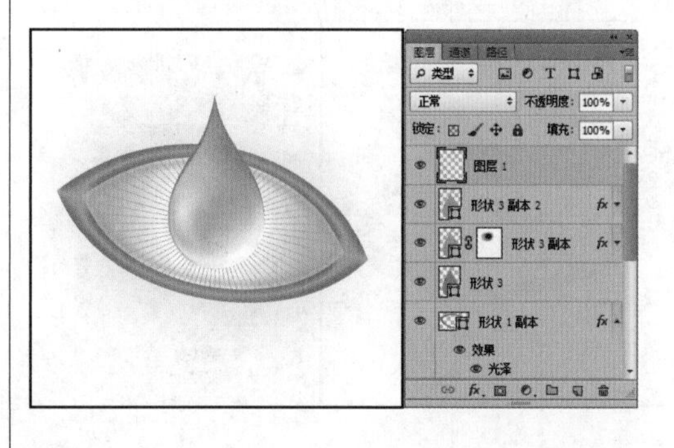

18 将“形状1副本”上方的所有图层选中，按【Ctrl+G】快捷键，将选中的图层编组，生成的图层组重命名为“水珠”，如图所示。

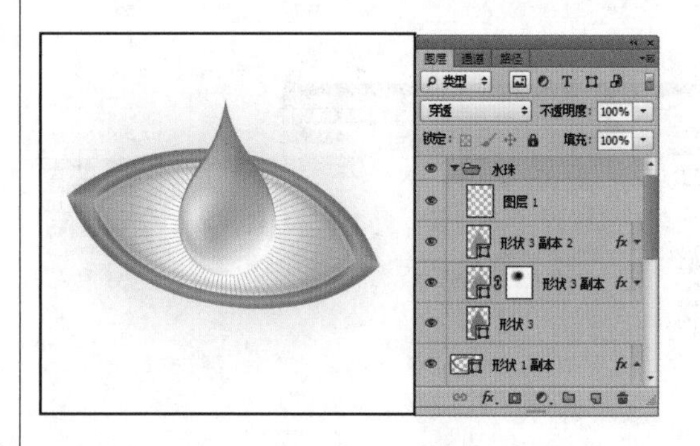

19 选中图层组“水珠”，按【Ctrl+Alt+E】快捷键，执行“盖印”操作，将得到的新图层重命名为“图层2”。按【Ctrl+T】快捷键，调出自由变换控制框，变换图像到如图所示的状态，按【Enter】键确认操作。

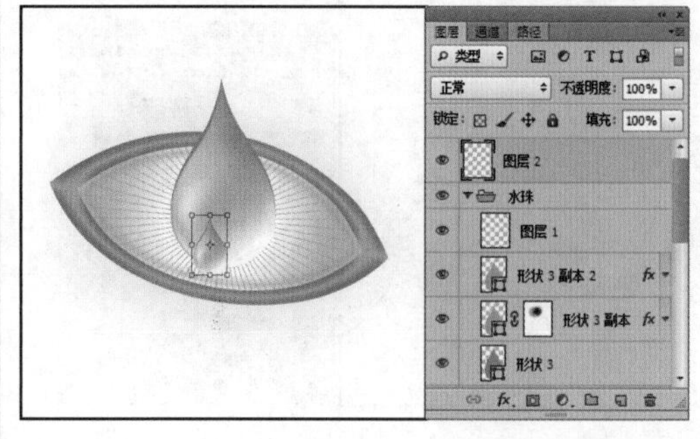

20 按【Ctrl+J】快捷键，复制“图层 2”，得到“图层 2 副本”。按【Ctrl+T】快捷键，调出自由变换控制框，变换图像到如图所示的状态。

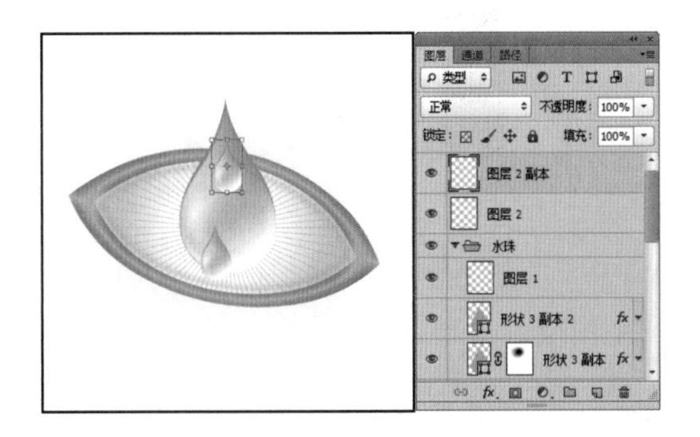

21 使用上面介绍的方法，继续复制变换水珠图像，制作出如图所示的效果。

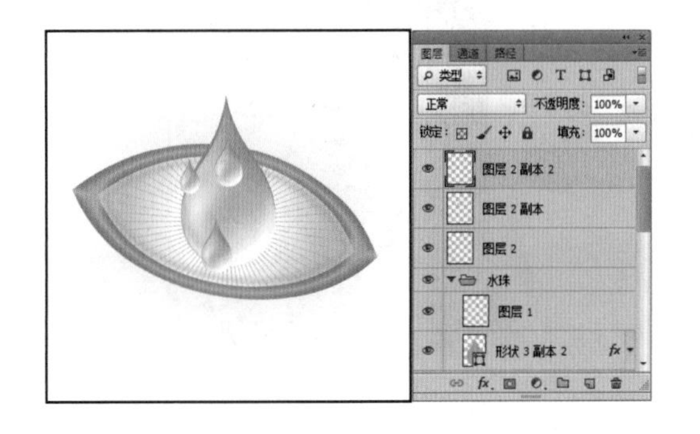

22 设置前景色的颜色值为（R:185 G:226 B:254），选择“钢笔工具”，在工具选项栏中单击“形状”按钮，在图像中绘制如图所示的形状，得到图层“形状 4”。

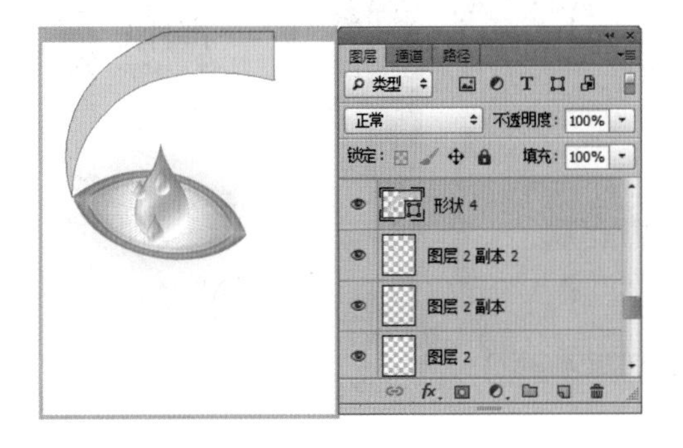

23 单击“添加图层样式”按钮，在弹出的菜单中选择“外发光”命令，设置弹出的“外发光”选项，如图所示。

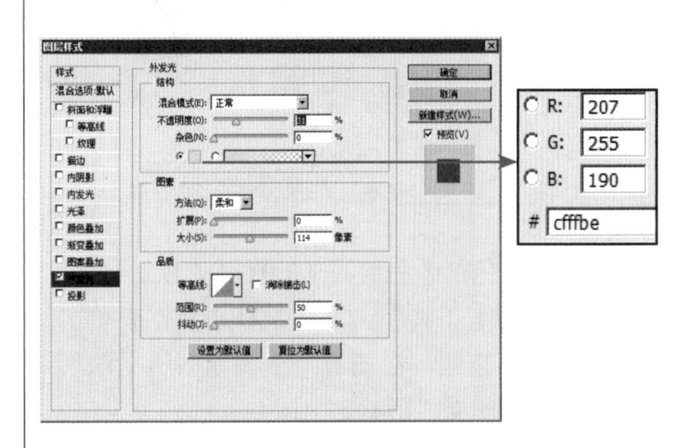

24 选择“形状 4”，按【Ctrl+J】快捷键，复制“形状 4”，得到“形状 4 副本”。将其图层样式删除。选择图层“形状 4 副本”，单击“添加图层样式”按钮，在弹出的菜单中选择“混合选项”命令，在弹出的对话框中勾选图层蒙版隐藏效果选项，继续选择“内阴影”、“内发光”选项，在右侧的对话框中进行参数设置，具体设置如图所示。

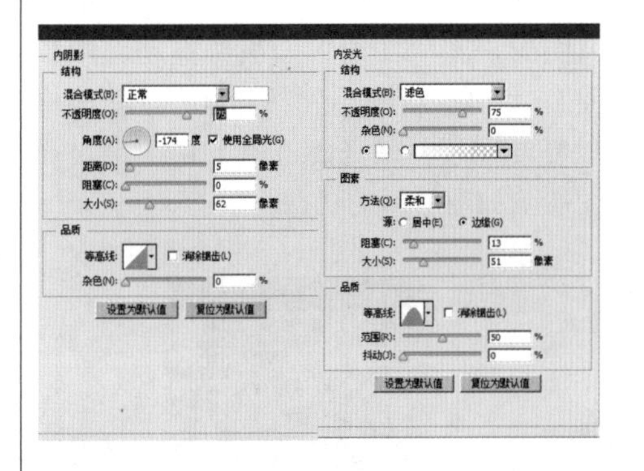

25 单击“添加图层蒙版”按钮，为“形状 4 副本”添加图层蒙版，设置前景色为黑色。选择“画笔工具”，设置适当的画笔大小和透明度后，在图层蒙版中涂抹，将不需要的部分隐藏起来，即可得到如图所示的效果。

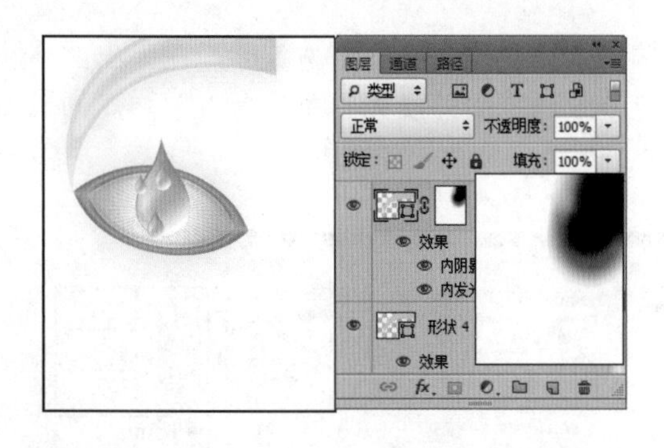

26 设置前景色的颜色值为（R:0 G:142 B:224），选择“钢笔工具”，在工具选项栏中单击“形状”按钮，在图像中绘制如图所示的形状，得到图层“形状 5”。

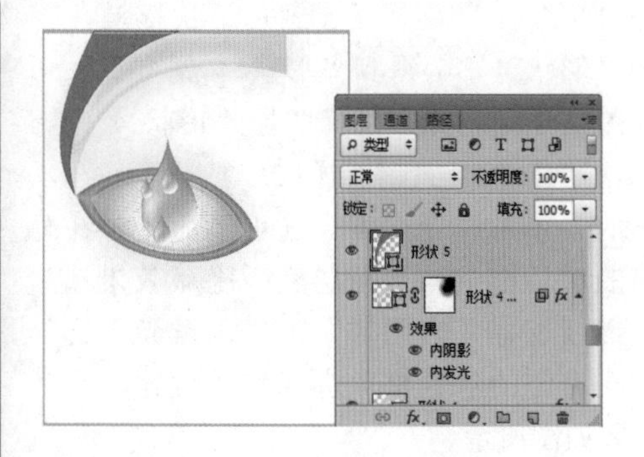

27 选择“形状 4”、“形状 4 副本”和“形状 5”图层，在“图层”面板中拖动选中的图层到“创建新图层”按钮上，释放鼠标以复制图层。按【Ctrl+T】快捷键，变换图像到如图所示的状态。

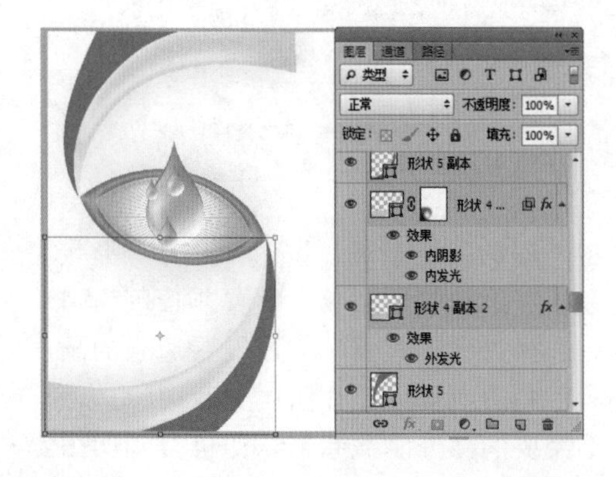

28 设置前景色的颜色值为（R:25 G:6 B:95），选择“矩形工具”，在工具选项栏中单击“形状”按钮，在图像中绘制如图所示的矩形形状，得到图层“矩形1”。

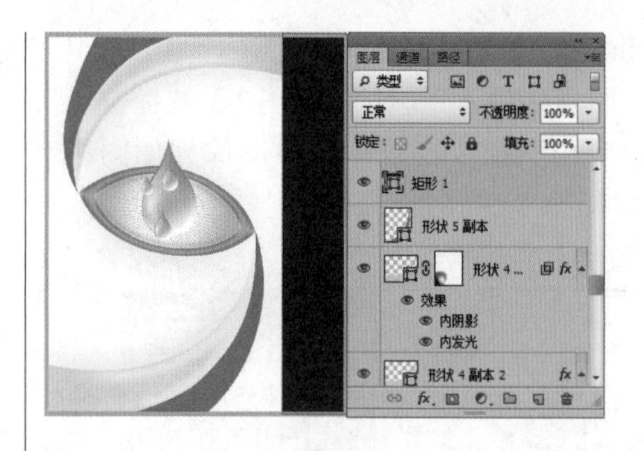

29 设置前景色的颜色值为（R:57 G:39 B:121），在“背景”图层的上方，新建一个图层，得到“图层 3”。选择“画笔工具”，设置适当的画笔大小和透明度后，在“图层 3”中进行涂抹，得到如图所示的效果。

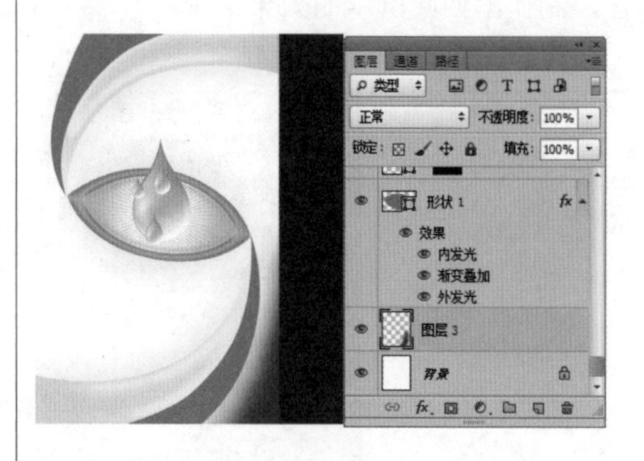

30 根据产品的设计需要，输入相关文字以及放入必要元素，并做出相应的效果，最终达到的效果如图所示。

Part 9（15-16小时）

路径提取图像技巧

【路径提取对象：30分钟】

【实例应用：90分钟】

使用路径提取图像制作怀旧风格特效　90分钟

9.1 路径提取对象

难度程度：★★★☆☆ 总课时：0.5小时
素材位置：09\路径提取对象\示例图

在提取一些形状复杂的图像时，使用普通的选区绘制工具很难得到令人满意的结果。如果利用路径来勾画选区形状，再将其转换为选区，就可以达到既准确又快速绘制所需选区形状的目的。

绘制路径的方法有很多，可以利用钢笔工具、形状工具绘制及从选区创建等。创建路径后，利用“路径”面板或快捷键即可将路径转换为选区。

利用路径绘制和编辑工具，绘制一个路径形状，然后单击“路径”面板中的“将路径作为选区载入”按钮，即可将路径转换为选区。也可以单击“路径”面板右上方的按钮，在弹出的菜单中选择“建立选区”命令，之后在弹出的“建立选区”对话框中进行设置，如右图所示，单击“确定”按钮，即可将路径转换为选区。该对话框中部分选项的功能如下所示。

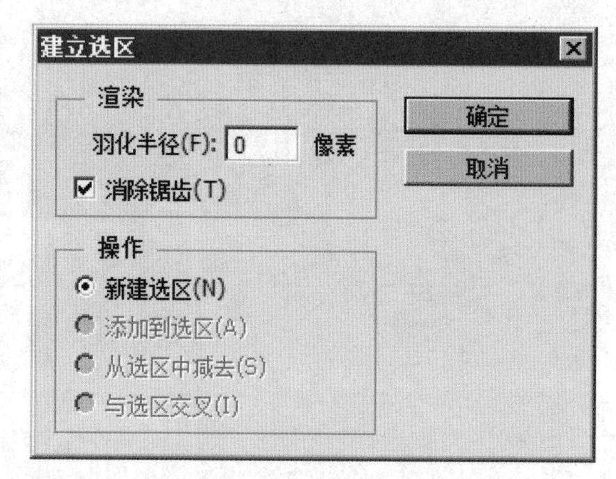

羽化半径：此选项功能与“选择”菜单中“羽化”命令的功能相同，用于控制选区边缘的羽化程度。

消除锯齿：选择此复选框，可以使转换后选区范围的边缘光滑。

例如，打开一个图像文件，选择钢笔工具，在画面中沿着对象的边缘绘制一个工作路径，效果如图所示。打开“路径”面板，选中刚绘制的工作路径。单击“路径”面板右上方的按钮，在弹出的菜单中选择“建立选区”命令，之后在弹出的“建立选区”对话框中，设置“羽化半径”为10，单击“确定”按钮，路径就被转换为选区范围，如图所示。

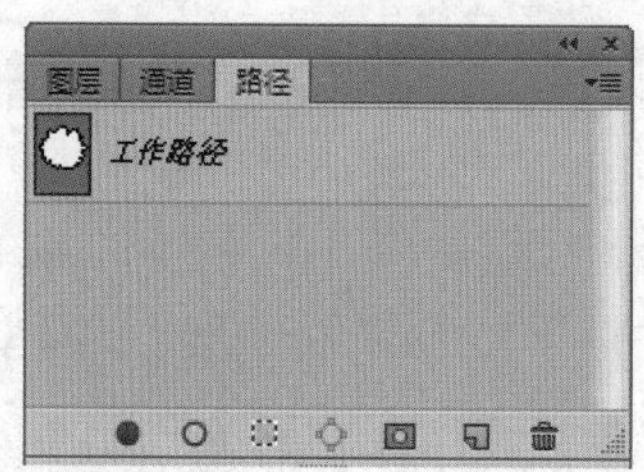

新建一个空白图层，在选区中填充渐变色，效果如图所示，可以看到明显的羽化边缘效果。也可以在选中工作路径后，按【Ctrl+Enter】快捷键，软件会将路径直接按默认设置转换为选区，在选区中填充渐变色，可以看到清晰的边缘效果，如图所示。

技巧提示

无法看到选区的原因

当确认当前确实存在选区，但又看不到选择线时，应考虑以下两种原因：

（1）选区被隐藏。要确认选区是否被隐藏，可以查看菜单“视图”→“显示”→“选区边缘”命令前面的对钩标记是否存在，也可以反复按【Ctrl+H】快捷键以检测选区的边界线显示与隐藏的状态。

（2）选区羽化过大。这是实际工作过程中遇到的较多的一种情况，当为选区设置的“羽化”数值过大，导致选区内全部像素的透明度低于50%时，羽化后将无法看到选区。出现这种情况时，Photoshop会弹出一个提示对话框，以引起用户足够的注意，避免因此出现错误的操作。

创建选区的命令

全部：使用“选择”→“全部”命令可以快速选择整幅图像。

重新选择：“重新选择”命令不能算是一个创建选区的命令，因为它只是记录下最近一次创建的选区状态，使用“选择”→“重新选择”命令时，可将记录的选区重新载入图像中。

色彩范围：使用“选择”→“色彩范围”命令可以从图像中一次得到一种颜色或几种颜色的选区，“色彩范围”命令是根据所选色彩在图像中的占有量，生成带有一定羽化效果的选区，从而更加贴近于用户所需要的结果。

扩展或收缩选区

（1）使用选框工具建立选区。

（2）执行“选择”→“修改”→“扩展”或“收缩”命令。

（3）对于“扩展量”或“收缩量”，输入一个1～100像素值，然后单击“确定”按钮。边框按指定数量的像素扩大或缩小。选区边框中沿画布边缘分布的任何部分都不受影响。

扩展包含具有相似颜色的选区，执行下列操作之一：

（1）执行“选择”→“扩大选取”命令以包含所有位于“魔棒工具”选项栏中指定的容差范围内的相邻像素。

（2）执行“选择”→“选取相似”命令以包含整个图像中位于容差范围内的像素，而不只是相邻的像素。

若要以增量扩大选取，请多次执行上述任意一个命令。

注意：无法在位图模式的图像或32位通道的图像上使用“扩大选取”和“选取相似”命令。

9.2 实例应用

难度程度：★★★☆☆ 总课时：1.5小时
素材位置：09\实例应用\制作怀旧风格特效

演练时间：90分钟

使用路径提取图像制作怀旧风格特效

◉ 实例目标

本例由两部分组成：第1部分，使用路径工具将人物图像提取出来，并将提取出来的图像与其他素材图像进行融合；第2部分，通过图像命令处理图像，最终使照片达到最佳效果。

◉ 技术分析

本例是以怀旧为主题的艺术作品。在本例中通过使用路径工具将人物图像提取出来，并将提取出来的图像与其他素材图像进行融合，再使用图像命令制作画面的整体效果。希望读者通过本例能够体会路径提取图像的精确性这一特色功能的重要作用。

制作步骤

01 打开随书光盘中的“素材 1”图像文件，此时的图像效果和“图层”面板如图所示。

02 打开图片。打开随书光盘中的“素材 2”图像文件，此时的图像效果和“图层”面板如图所示。

03 使用“移动工具”将图像拖动到第1步打开的文件中，得到“图层 1”。按【Ctrl+T】快捷键，调出自由变换控制框，变换图像到如图所示的状态，按【Enter】键确认操作。

04 设置“图层 1”的图层混合模式为“叠加”，将图像融入到背景中，得到如图所示的效果。

05 单击“添加图层蒙版”按钮，为“图层1”添加图层蒙版，设置前景色为黑色。选择“画笔工具”，设置适当的画笔大小和透明度后，在图层蒙版中涂抹，将不需要的部分隐藏起来，即可得到如图所示的效果。

06 打开图片。打开随书光盘中的“素材 3”图像文件，此时的图像效果和“图层”面板如图所示。

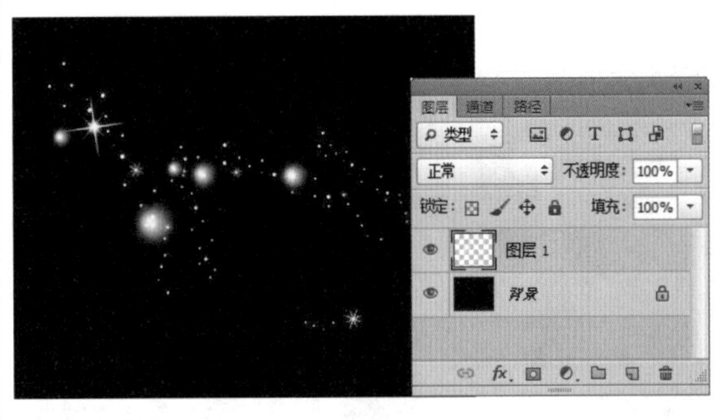

07 使用“移动工具”将图像拖动到第1步打开的文件中，得到“图层 2”。按【Ctrl+T】快捷键，调出自由变换控制框，变换图像到如图所示的状态，按【Enter】键确认操作。

08 单击“创建新的填充或调整图层”按钮，在弹出的菜单中选择“渐变”命令，设置弹出的“渐变填充”对话框，如图所示。在该对话框的编辑渐变颜色选择框中单击，可以弹出“渐变编辑器”对话框，在此可以编辑渐变的颜色。

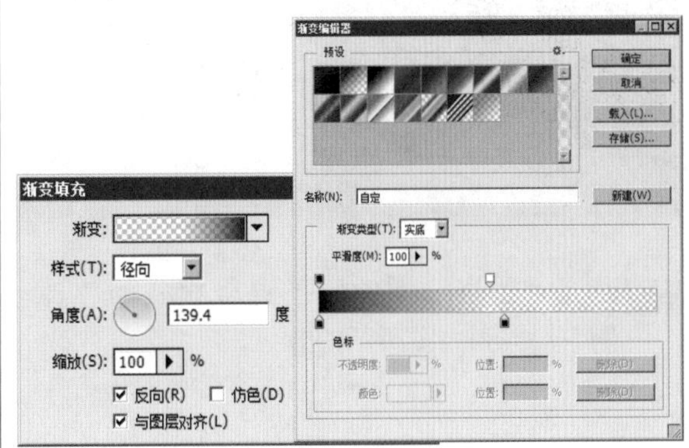

09 设置完该对话框中的渐变颜色和参数值后，在“渐变填充”对话框中单击“确定”按钮，得到图层“渐变填充 1”，此时的效果如图所示。

10 打开图片。打开随书光盘中的“素材 4”图像文件，此时的图像效果和“图层”面板如图所示。

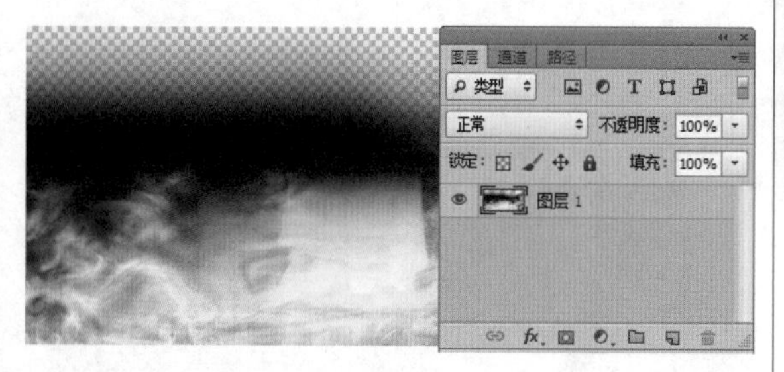

11 使用“移动工具”将图像拖动到第1步打开的文件中，得到“图层 3”。按【Ctrl+T】快捷键，调出自由变换控制框，变换图像到如图所示的状态，按【Enter】键确认操作。

12 设置“图层 3”的图层混合模式为“滤色”，得到如图所示的效果。

13 打开图片。打开随书光盘中的“素材 5”图像文件，此时的图像效果和“图层”面板如图所示。

14 使用“移动工具”将图像拖动到第1步打开的文件中，得到“图层 4”。按【Ctrl+T】快捷键，调出自由变换控制框，变换图像到如图所示的状态，按【Enter】键确认操作。

15 设置“图层 4”的图层混合模式为“叠加”，将图像融入到背景中，得到如图所示的效果。

16 打开图片。打开随书光盘中的“素材 6”图像文件，此时的图像效果和“图层”面板如图所示。

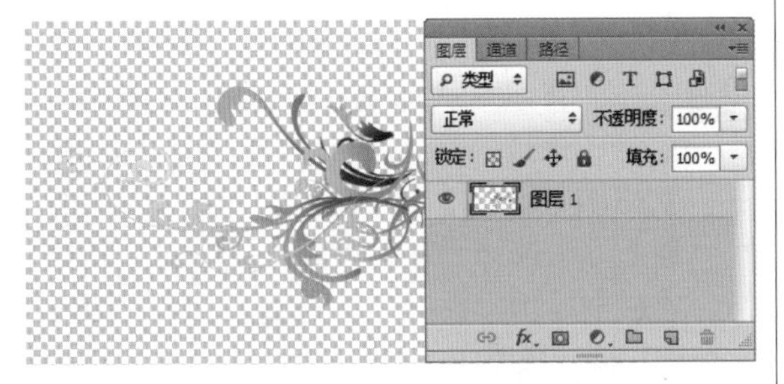

17 使用“移动工具”将图像拖动到第1步打开的文件中，得到“图层 5”。按【Ctrl+T】快捷键，调出自由变换控制框，变换图像到如图所示的状态，按【Enter】键确认操作。

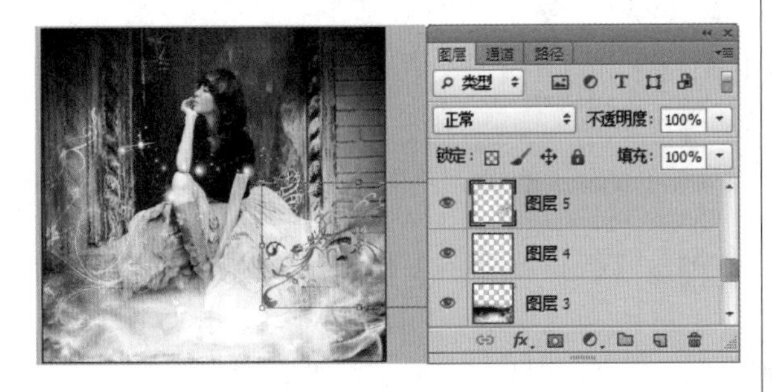

18 设置“图层 5”的图层混合模式为“叠加”，将图像融入到背景中，得到如图所示的效果。

19 打开图片。打开随书光盘中的“素材 7”图像文件，此时的图像效果和“图层”面板如图所示。

20 使用“移动工具”将图像拖动到第1步打开的文件中，得到“图层 6”。按【Ctrl+T】快捷键，调出自由变换控制框，变换图像到如图所示的状态，按【Enter】键确认操作。

21 设置“图层 6”的图层混合模式为“叠加”，得到如图所示的效果。

22 打开图片。打开随书光盘中的“素材 8”图像文件，此时的图像效果和“图层”面板如图所示。

23 使用“移动工具”将图像拖动到第1步打开的文件中，得到“图层 7”。按【Ctrl+T】快捷键，调出自由变换控制框，变换图像到如图所示的状态，按【Enter】键确认操作。

24 单击“锁定透明像素”按钮，设置前景色的颜色值为（R:255 G:210 B:0），按【Alt+Delete】快捷键，用前景色填充“图层 7”，得到如图所示的效果。

25 设置“图层 7”的图层混合模式为“正片叠底”，得到如图所示的效果。

26 选择“背景”，按【Ctrl+J】快捷键，复制“背景”，得到“背景 副本”。按【Shift+Ctrl+]】快捷键，将其置于图层的最上方。选择“钢笔工具”，在工具选项栏中单击“路径”按钮，沿人物的轮廓绘制一条路径，如图所示。

27 按【Ctrl+Enter】快捷键将路径转换为选区，按【Shift+F6】快捷键调出“羽化选区”对话框，设置该对话框中的参数后，得到如图所示的选区效果。

28 单击“添加图层蒙版”按钮，为“背景副本”添加图层蒙版，此时选区以外的图像就被隐藏起来了，如图所示。

29 设置“背景 副本”的图层混合模式为“叠加”，得到如图所示的效果。

30 打开图片。打开随书光盘中的“素材 9”图像文件，此时的图像效果和“图层”面板如图所示。

31 切换到“路径”面板，新建一个路径，得到“路径 1”。选择“钢笔工具”，在工具选项栏中单击“路径”按钮，沿最上方鸽子的轮廓绘制一条路径，如图所示。

32 按【Ctrl+Enter】快捷键，将路径转换为选区。使用“移动工具”将选区内的图像拖动到第1步打开的文件中，得到“图层8”。按【Ctrl+T】快捷键，调出自由变换控制框，变换图像到如图所示的状态，按【Enter】键确认操作。

33 切换到“素材 9”文件中，新建一个路径，得到“路径 2”。选择“钢笔工具”，在工具选项栏中单击“路径”按钮，沿左侧鸽子的轮廓绘制一条路径，如图所示。

34 按【Ctrl+Enter】快捷键，将路径转换为选区。使用“移动工具”将选区内的图像拖动到第1步打开的文件中，得到“图层9”。按【Ctrl+T】快捷键，调出自由变换控制框，变换图像到如图所示的状态，按【Enter】键确认操作。

35 切换到“素材 9”文件中，新建一个路径，得到“路径 3”。选择“钢笔工具”，在工具选项栏中单击“路径”按钮，沿右侧鸽子的轮廓绘制一条路径，如图所示。

36 按【Ctrl+Enter】快捷键，将路径转换为选区。使用“移动工具”将选区内的图像拖动到第1步打开的文件中，得到“图层10”。按【Ctrl+T】快捷键，调出自由变换控制框，变换图像到如图所示的状态，按【Enter】键确认操作。

37 新建一个图层，得到“图层 11”，设置前景色为黑色。选择铅笔工具，设置适当的画笔大小后，在人物的下方按住【Shift】键绘制一条直线，得到如图所示的效果。

38 执行“滤镜”→“模糊”→“动感模糊”命令，在弹出的“动感模糊”对话框中进行参数设置后，单击“确定”按钮，得到如图所示的效果。

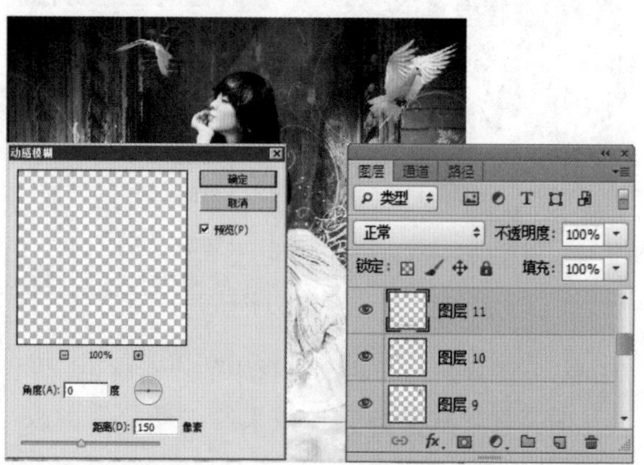

39 设置前景色为黑色，使用“横排文字工具”，设置适当的字体和字号，在直线上方和下方输入文字，得到相应的文字图层，如图所示。

40 按【Ctrl+Shift+Alt+E】快捷键，执行“盖印”操作，得到“图层12”，如图所示。

41 选择“图层 12”下方的文字图层，隐藏“图层 12”。单击“创建新的填充或调整图层”按钮，在弹出的菜单中选择“渐变映射”命令，此时在弹出“调整”面板的同时得到图层“渐变映射 1”。单击“调整”面板下方的按钮，将调整影响剪切到下方的图层，然后设置“渐变映射”的颜色，如图所示。在该对话框的编辑渐变颜色选择框中单击，可以弹出“渐变编辑器”对话框，在此可以编辑渐变映射的颜色。

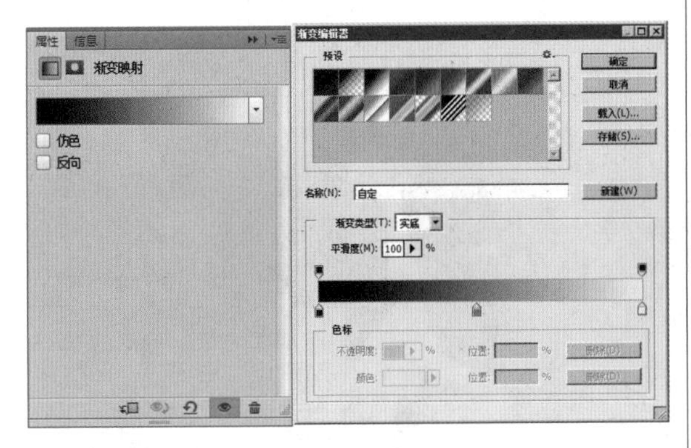

42 在“调整”面板中设置完“渐变映射”的颜色后，关闭“调整”面板。此时的图像效果和“图层”面板如图所示。

43 选择并显示“图层 12”，设置其图层混合模式为“柔光”，图层的不透明度为“73%”，得到如图所示的效果。

44 选择“图像”→“复制”命令，在弹出的对话框中进行复制文件的设置，单击“确定”按钮，即可复制文件。执行“图像”→“模式”→“灰度”命令，在弹出的对话框中单击“扔掉”按钮，即可得到如图所示的黑白效果。

45 执行“图像”→“模式”→“位图”命令，在弹出的“位图”对话框中进行参数设置，如图所示。

46 设置完“位图”对话框后，单击“确定”按钮，即可将灰度图像转换为位图图像，如图所示。

47 执行“图像”→“模式”→“灰度”命令，在弹出的“灰度”对话框中进行参数设置，单击“确定”按钮，即可得到如图所示的效果。

48 使用“移动工具”，在按住【Shift】键的同时，将灰度图像拖动到第1步打开的文件中，得到“图层 13”，如图所示。

49 设置“图层 13”的图层混合模式为“柔光”，图层的填充值为“30%”，得到如图所示的最终效果。

Part 10（17-18小时）

使用文字工具创建艺术字图形

【文字工具：30分钟】

【实例应用：90分钟】

使用文字工具制作艺术字图形　　90分钟

10.1 文字工具

难度程度：★★★☆☆ 总课时：0.5小时
素材位置：10\文字工具\示例图

在制作各种特效和艺术效果时，文字外形的特效是经常使用和制作的内容之一。在很多设计作品中，需要制作特定形状和效果的艺术字。有效地利用文字工具，可以更快、更好地制作出炫丽的艺术文字效果。

在Photoshop中，文字的编辑处理与一些文字处理软件的操作方法类似。文字工具包括横排文字工具、直排文字工具以及文字蒙版工具，如图所示。利用文字工具，可以帮助用户快速地创建各种类型的文字图层或文字外形。

- 横排文字工具 T
- 直排文字工具 T
- 横排文字蒙版工具 T
- 直排文字蒙版工具 T

横排文字工具

选择“横排文字工具”后，在图像窗口中单击就可以创建文本图层，并在单击的位置出现插入光标，输入需要的文字内容，之后选择其他工具即可。这种方式创建的文字属性为点文字，如图所示。“横排文字工具”选项栏如图所示。在工具选项栏中可以设置文字的字体、大小、颜色等各项属性。

更改文本方向：单击该按钮，可以使文字在水平方向和垂直方向之间进行转换。

字体 文鼎霹雳体：单击该选项的三角按钮，可以在下拉列表中为当前选中的文字内容或文本图层设置一种字体。列表中会自动将字体按语言来分类，并在字体名称后显示字体的样例效果，如图所示。

文鼎霹雳体 | - | 150 点 | 锐利

字体样式 -：在选择了某些英文字体后，可以再选择一种字体自带的字体样式。不是每一种字体都会有字体样式，尤其是中文字体，一般是没有字体样式的。

字体大小 150 点：单击该选项右侧的三角按钮，可以在弹出的下拉列表中选择预设字体大小，也可以在该下拉列表框中直接输入数值来指定字体大小。

消除锯齿 锐利：在该选项中可以设置文字的平滑效果，其选项下拉列表框中包括如下几项内容。

“无”，表示不应用抗锯齿，这时文字边缘会出现锯齿状；“锐利”可使文字显得更清晰；“犀利”可使文字显得更鲜明；“浑厚”可使文字显得更粗重；“平滑”则使文字显得更平滑。选择“锐利”、“犀利”、“浑厚”和“平滑”时，文字的边缘会依照底色而补充不同程度的过渡像素。

文字颜色：用于设置文字的颜色。单击颜色框会弹出拾色器对话框，在该对话框中选择需要的颜色，单击“确定”按钮，选择的颜色就会出现在颜色框中。

在选择“横排文字工具”后，在图像窗口中拖动，释放鼠标后，会出现段落定界框，在段落框中出现插入光标，输入需要的文字内容，之后选择其他工具即可。这种方式创建的文字属性为段落文字，如图所示。

如果要修改其中的文字内容，则可以直接用文字工具单击对应的位置，随后出现插入点光标，这时就可以对文字内容进行编辑修改了。

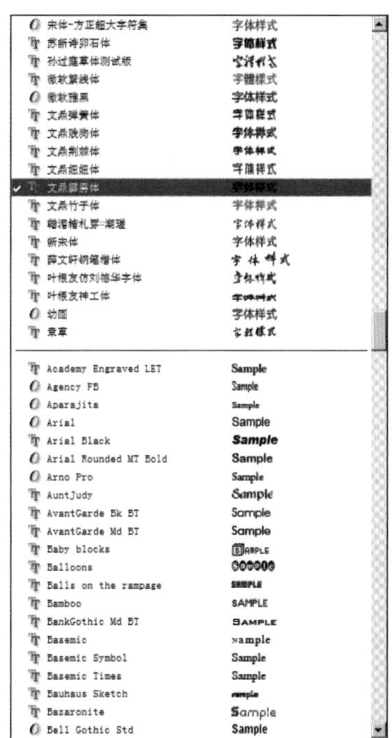

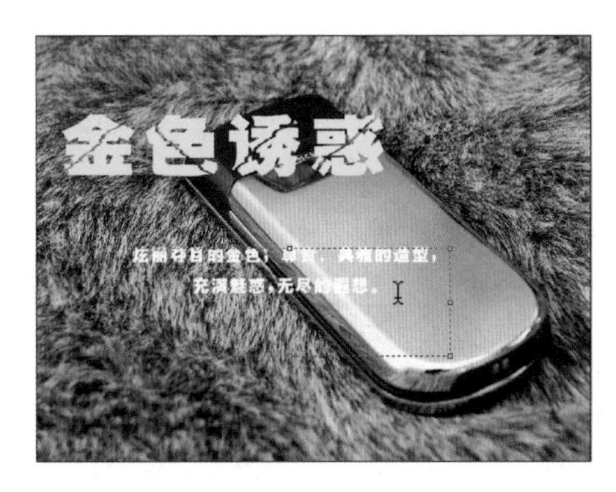

直排文字工具

“直排文字工具”的操作方法与“横排文字工具”完全相同；不同的是，“直排文字工具”创建的文字内容都是沿垂直方向纵向排列的。

文字蒙版工具

“文字蒙版工具”的操作方法与“横排文字工具”相同；不同的是，“文字蒙版工具”创建的是文字外形的选区范围，而不是文本图层。

选择“横排文字蒙版工具”或“直排文字蒙版工具”，在图像窗口单击或拖动画框，然后输入文字内容，单击工具选项栏中的“确认”按钮✓，即可得到文字外形的选区范围。在输入文字时，图像窗口会进入图像蒙版编辑状态，此时整个窗口显示为半透明的红色，输入的文字则显示为透明状态。“文字蒙版工具”的选项栏与“横排文字工具”基本相同，只是没有“颜色”设置选项。

“字符”面板

除了使用“文字工具”选项栏来设置文字格式外，还可以执行“窗口”→“字符”命令，或单击工具选项栏中的“显示/隐藏字符和段落面板”按钮，打开“字符”面板，如图所示。在该面板中可以对文字的字符属性进行更加详细的设置。具体选项设置如下所示。

字体、字体样式、字体大小、消除锯齿、字体颜色等选项功能与“文字工具”选项栏中的选项功能相同，这里就不再重复介绍了。

调整水平或垂直缩放比例：用于设置文字的宽度和高度的缩放比例。选取文字内容后，在文本框内输入数值即可。

行距：行距是指文字基线的位置到下一行文字基线位置之间的距离。可在选取文字后，在该下拉列表框中输入数值，或在其下拉列表中选择要预设的数值。选择“自动”，行距会调整为字体大小的120%。

字符比例间距调整：字符比例间距调整是在所选的字符间按照字符大小的比例关系来插入一定的间隔。选取需要调整的文字，在该选项的下拉列表中选择预设的数值即可。数值范围为0%～100%，数值越大字符的间距越小。

所选字符间距调整：字距间距调整可用来控制两个字符的间距。使用“文字工具”在两个字符间单击，再在该下拉列表框中输入数值，或在其下拉列表中选择要预设的数值。数值为正值时，两个字符的间距会加大；数值为负值时，两个字符的间距会缩小。该选项必须在没有选中文字的状态下才可使用。

两个字符间的字距微调：字距微调是指在所选的字符间插入一定的间隔。选取需要调整的文字，在该选项的下拉列表中选择预设的数值或输入数值均可。输入正值表示字距增加，输入负值表示字距缩小。

指定文字基线移动：文字基线移动可以控制文字与文字基线之间的距离。选中文字，在该选项的文本框中输入数值即可调整文字的基线。输入正值，文字上移；输入负值．文字则会下移。

文字加粗：单击该按钮或在面板右上方的按钮上单击，在弹出菜单中选择“粗体”命令，可将选取的文字加粗。

文字斜体：单击该按钮或在面板右上方的按钮上单击，在弹出菜单中选择“仿斜体”命令，可使选取的文字变为倾斜状态。

全部大写与全部小型大写：单击该按钮或在面板右上方的按钮上单击，在弹出的菜单中选择“全部大写字母”或“小型大写字母”命令，可将所选的小写英文文字全部转换成大写文字，或将所选的小写英文文字转换成小一号的大写文字。

文字的上标与下标：单击该按钮或在面板右上方的按钮上单击，在弹出的菜单中选择“上标”或“下标”命令，可将所选文字转换为上标或下标文字，文字大小会按一定比例缩小。

文字加下画线与删除线：单击该按钮或在面板右上方的按钮上单击，在弹出菜单中选择“下画线”或“删除线”命令，可为所选文字加上一条下画线或删除线。

旋转直排文字：当处理直排英文文字时，可以将字符方向旋转90°，旋转后的字符是直立的，未旋转的字符是横向的。在“字符”面板右上方的按钮上单击，在弹出菜单中选择“标准垂直罗马对齐方式”选项即可。

将文字转换为路径

在图像窗口中输入文字，选中该文字字符，执行“文字”→“创建工作路径”命令后，在“路径”面板中会自动建立一个“工作路径”，在图像上的文字边缘会加上路径，如图所示。

将文字转换为工作路径，使用户得以将字符作为矢量形状处理。工作路径是出现在“路径”面板中的临时路径，文字图层创建了工作路径后，就可以像对其他路径那样，对其进行存储和处理。

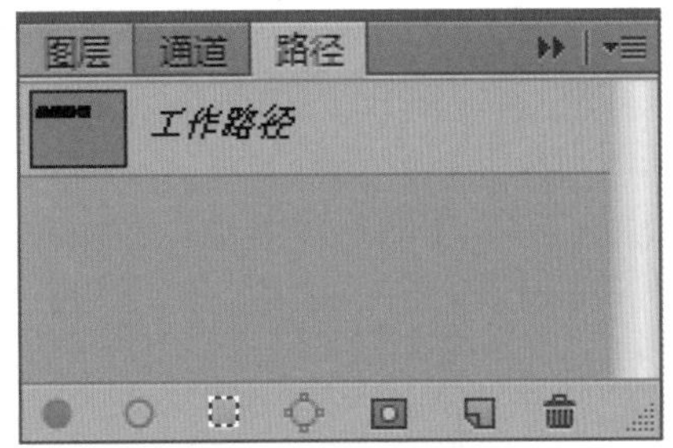

文字转换为形状

用户若想要将文字转换为形状，首先选中输入的文字字符，执行“文字”→“转换为形状”命令，会发现文字图层被包含矢量图层剪贴路径的形状图层替换，同时，“路径”面板中多了一个文字剪贴路径。

用“路径选择工具”，对文字路径进行调节，创建自己喜欢的字形。在“图层”面板中文字图层失去了文字的一般属性，无法将字符作为文本进行编辑，而是以一般的形状图层存在，如图所示。

将文字图层转换为普通图层

在Photoshop中，可以在将创建的文字图层转变为图像图层后，添加各种滤镜效果。栅格化表示将文字图层转换为普通图层，并使其内容成为不可编辑的文本。因为在文字状态下，某些命令和工具，例如滤镜效果和绘画工具不能使用，必须在应用命令或使用工具之前栅格化文字。 选中要编辑的文字图层， 执行“文字”→“栅格化文字图层”命令。文字图层就转换为普通图层了，如图所示。

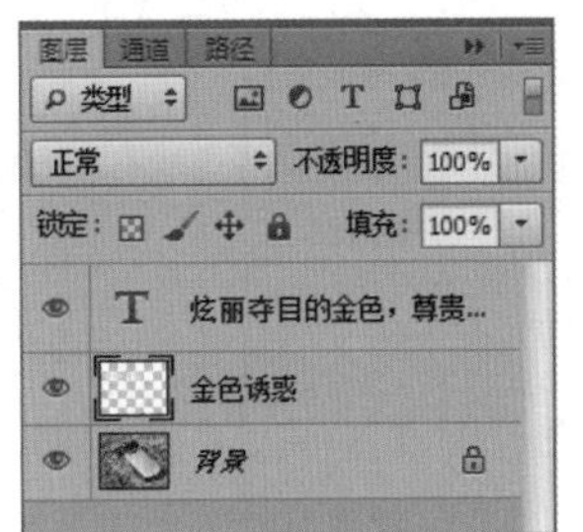

10.2 实例应用

难度程度：★★★☆☆ 总课时：1.5小时
素材位置：10\实例应用\制作艺术字

演练时间：90分钟

使用文字工具制作艺术字图形

◎ 实例目标

本例由2部分组成：第1部分，将素材文件组合在画面上，做成招贴的效果；第2部分，使用“文字工具”，结合“路径选择工具”，做出艺术字图形的效果，最终达到整张招贴的完整效果。

◎ 技术分析

本例将通过输入文字，并将文字转换为形状，然后对形状文字进行编辑，从而制作艺术化的文字效果，以装饰和丰富整体画面。希望读者通过本例能够体会使用文字工具制作艺术字图形的功能。

制作步骤

01 新建文档。执行菜单“文件”→“新建”命令(或按【Ctrl+N】快捷键)，设置弹出的“新建”对话框，如图所示，单击“确定”按钮，即可创建一个新的空白文档。

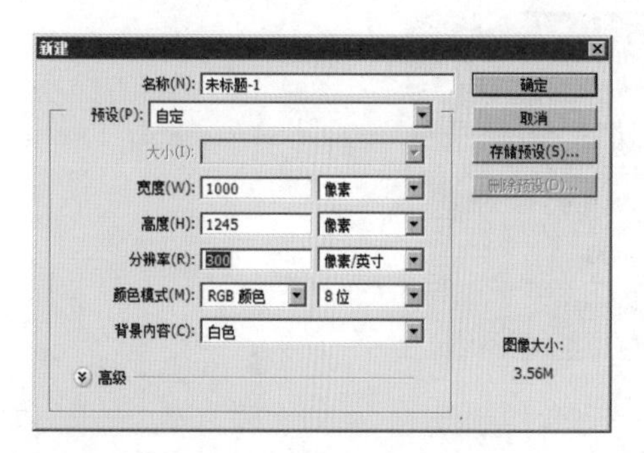

02 打开图片。打开随书光盘中的“素材 1”图像文件，此时的图像效果和“图层”面板如图所示。

03 使用“移动工具”将图像拖动到第1步新建的文件中，得到“图层 1”。按【Ctrl+T】快捷键，调出自由变换控制框，变换图像到如图所示的状态，按【Enter】键确认操作。

04 单击“创建新的填充或调整图层”按钮，在弹出的菜单中选择“色相/饱和度”命令，此时在弹出“调整”面板的同时得到图层“色相/饱和度 1”。在“调整”面板中设置完“色相/饱和度”命令的参数后，关闭“调整”面板。此时的效果如图所示。

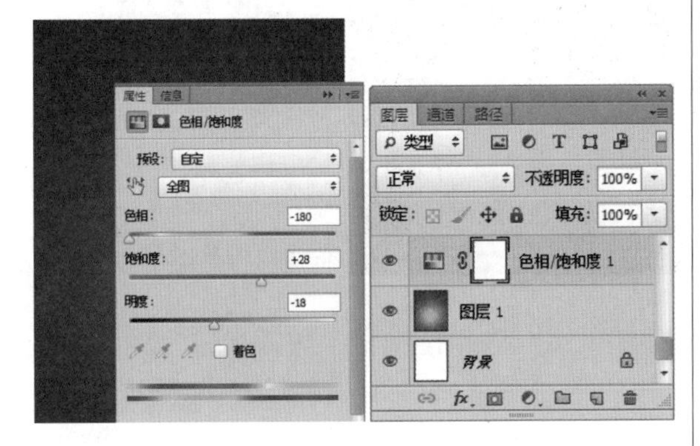

05 打开图片。打开随书光盘中的“素材 2”图像文件，此时的图像效果和“图层”面板如图所示。

06 使用“移动工具”将图像拖动到第1步新建的文件中，得到“图层 2”。按【Ctrl+T】快捷键，调出自由变换控制框，变换图像到如图所示的状态，按【Enter】键确认操作。

07 设置“图层 2”的图层混合模式为“柔光”，将图像融入到背景中，如图所示。

08 单击“创建新的填充或调整图层”按钮，在弹出的菜单中选择“色相/饱和度”命令，此时在弹出“调整”面板的同时得到图层“色相/饱和度 2”。单击“调整”面板下方的按钮，将调整影响剪切到下方的图层，在“调整”面板中设置完“色相/饱和度”命令的参数后，关闭“调整”面板。此时的效果如图所示。

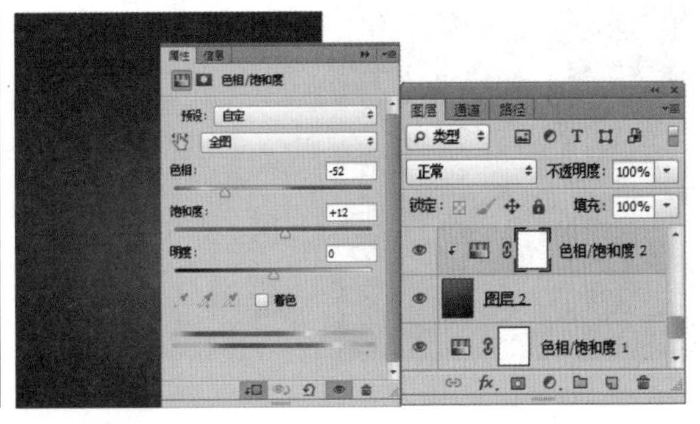

09 打开图片。打开随书光盘中的“素材 3”图像文件，此时的图像效果和“图层”面板如图所示。

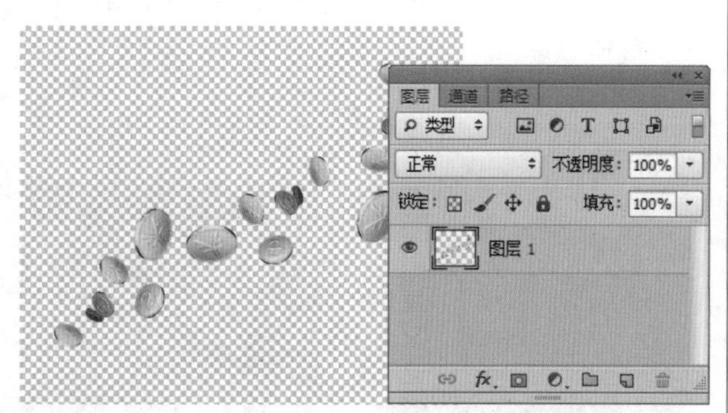

10 使用“移动工具”将图像拖动到第1步新建的文件中，得到“图层 3”。按【Ctrl+Alt+G】快捷键，执行“释放剪贴蒙版”操作，按【Ctrl+T】快捷键，调出自由变换控制框，变换图像到如图所示的状态，按【Enter】键确认操作。

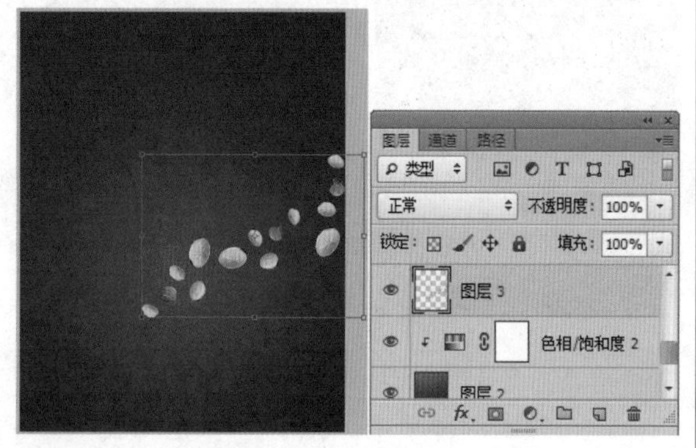

11 设置“图层 3”的图层混合模式为“强光”，图层的不透明度为“60%”，得到如图所示的效果。

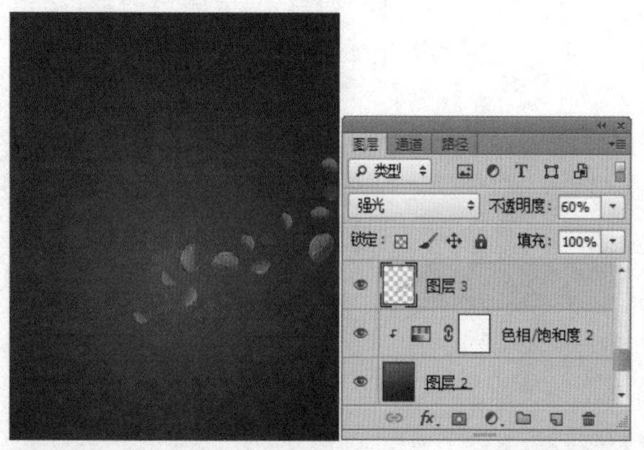

12 打开图片。打开随书光盘中的“素材 4”图像文件，此时的图像效果和“图层”面板如图所示。

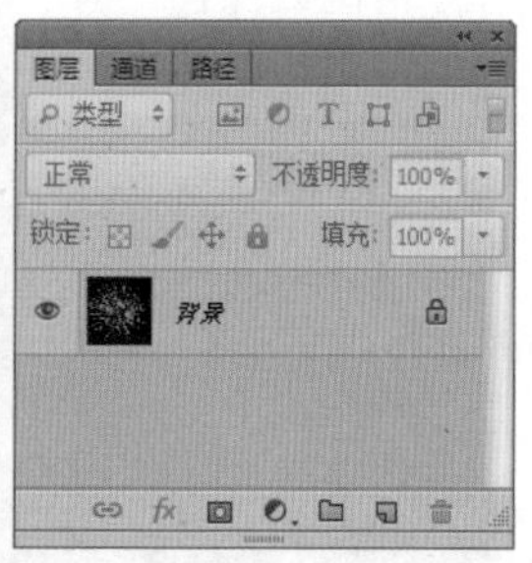

13 使用“移动工具”将图像拖动到第1步新建的文件中，得到“图层 4”。按【Ctrl+T】快捷键，调出自由变换控制框，变换图像到如图所示的状态，按【Enter】键确认操作。

14 单击“添加图层样式”按钮，在弹出的菜单中选择“混合选项”命令，之后在弹出的“图层样式”对话框中对混合颜色带进行设置，如图所示。

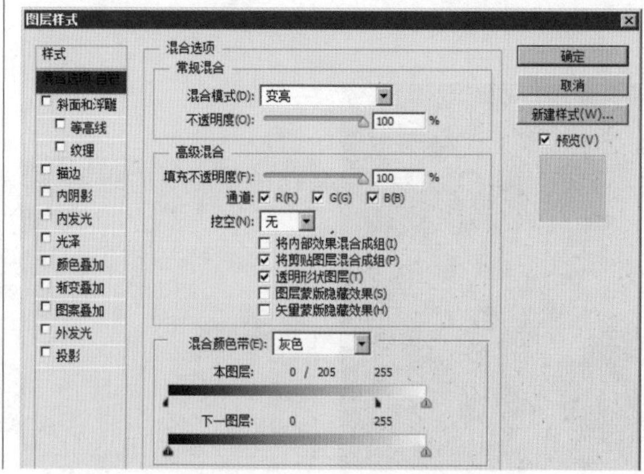

15 设置完“图层样式”对话框后，单击“确定”按钮，即可得到如图所示的效果。

16 设置“图层 4”的图层混合模式为“变亮”，得到如图所示的效果。

17 打开图片。打开随书光盘中的“素材 5”图像文件，使用“移动工具”将图像拖动到第1步新建的文件中，得到“图层 5”。按【Ctrl+T】快捷键，调出自由变换控制框，变换图像到如图所示的状态，按【Enter】键确认操作。

18 设置“图层 5”的图层混合模式为“变亮”，将图像中的黑色部分隐藏，得到如图所示的效果。

19 打开图片。打开随书光盘中的“素材 6”图像文件，使用“移动工具”将图像拖动到第1步新建的文件中，得到“图层 6”。按【Ctrl+T】快捷键，调出自由变换控制框，变换图像到如图所示的状态，按【Enter】键确认操作。

20 设置“图层 6”的图层混合模式为“变亮”，将图像中的黑色部分隐藏，得到如图所示的效果。

21 打开图片。打开随书光盘中的“素材 7”图像文件，使用“移动工具”将图像拖动到第1步新建的文件中，得到“图层 7”。按【Ctrl+T】快捷键，调出自由变换控制框，变换图像到如图所示的状态，按【Enter】键确认操作。

22 打开图片。打开随书光盘中的“素材 8”图像文件，此时的图像效果和“图层”面板如图所示。

23 使用“移动工具”将图像拖动到第1步新建的文件中，得到“图层 8”。按【Ctrl+T】快捷键，调出自由变换控制框，变换图像到如图所示的状态，按【Enter】键确认操作。

24 单击“创建新的填充或调整图层”按钮，在弹出的菜单中选择“色彩平衡”命令，设置“色彩平衡”命令的参数，单击“调整”面板下方的按钮，将调整影响剪切到下方的图层，然后如图所示。

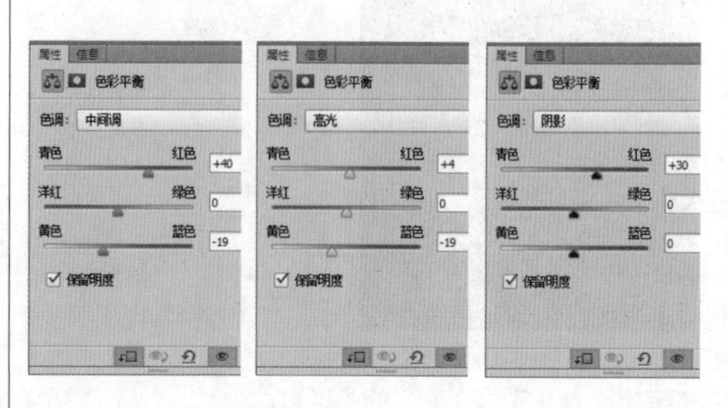

25 在“调整”面板中设置完“色彩平衡”命令的参数后，关闭“调整”面板。此时的图像效果和“图层”面板如图所示。

26 选择“图层 8”，按住【Alt】键，在“图层”面板上将选中的图层拖动到“图层 7”的上方，以复制和调整图层顺序，得到“图层 8 副本”。按【Ctrl+T】快捷键，调出自由变换控制框，变换图像到如图所示的状态，按【Enter】键确认操作。

27 设置“图层 8 副本”的图层不透明度为“48%”，得到如图所示的效果。

28 单击“添加图层蒙版”按钮，为“图层 8 副本”添加图层蒙版，设置前景色为黑色，背景色为白色。选择“渐变工具”，设置渐变类型为从前景色到背景色，在图层蒙版中从下往上绘制渐变，添加渐变图层蒙版后的图像效果如图所示，此时的图像与背景有了一定的过渡效果。

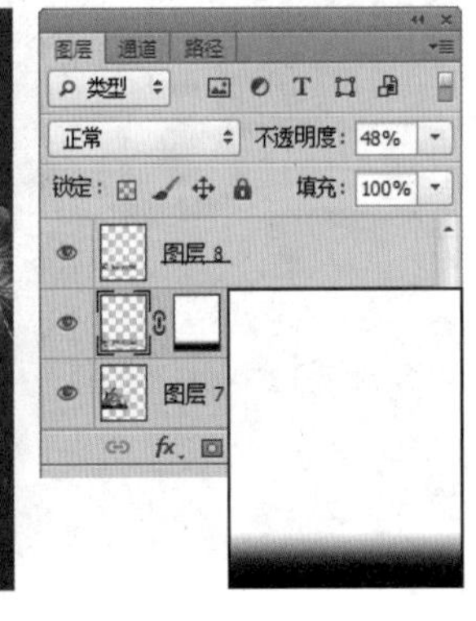

29 打开图片。打开随书光盘中的“素材 9”图像文件，此时的图像效果和“图层”面板如图所示。

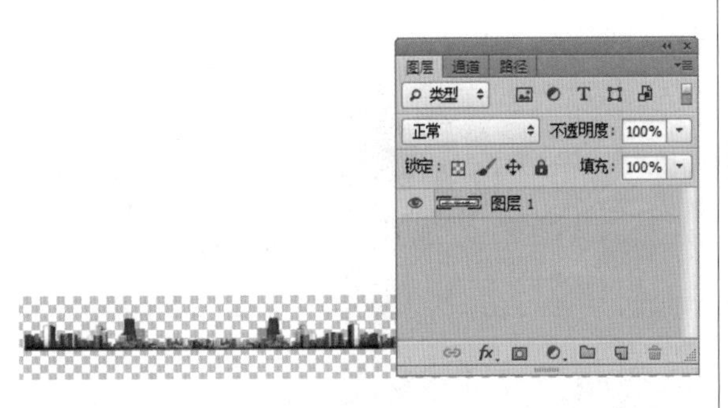

30 使用“移动工具”将图像拖动到第1步新建的文件中，得到“图层 9”。按【Ctrl+Alt+G】快捷键，执行“释放剪贴蒙版”操作，按【Ctrl+T】快捷键，调出自由变换控制框，变换图像到如图所示的状态，按【Enter】键确认操作。

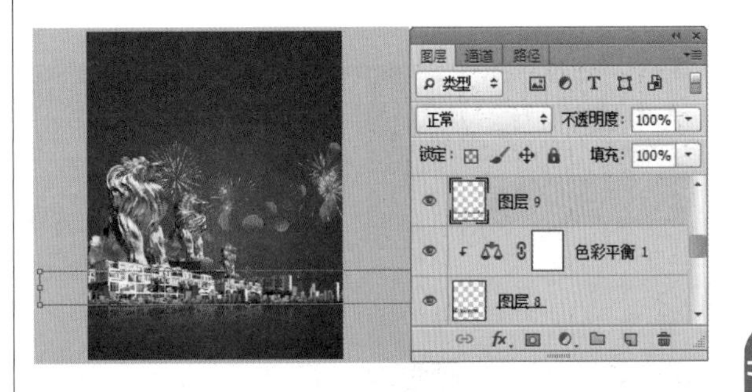

31 设置“图层 9”的图层混合模式为“线性光”，得到如图所示的效果。

32 选择“图层 9”，按【Ctrl+J】快捷键，复制“图层 9”，得到“图层 9 副本”。按【Ctrl+T】快捷键，调出自由变换控制框，变换图像到如图所示的状态，按【Enter】键确认操作。

33 单击“添加图层蒙版”按钮，为“图层9 副本”添加图层蒙版，设置前景色为黑色，背景色为白色。选择“渐变工具”，设置渐变类型为从前景色到背景色，在图层蒙版中从下往上绘制渐变，添加渐变图层蒙版后的图像效果如图所示，此时的图像与背景有了一定的过渡效果。

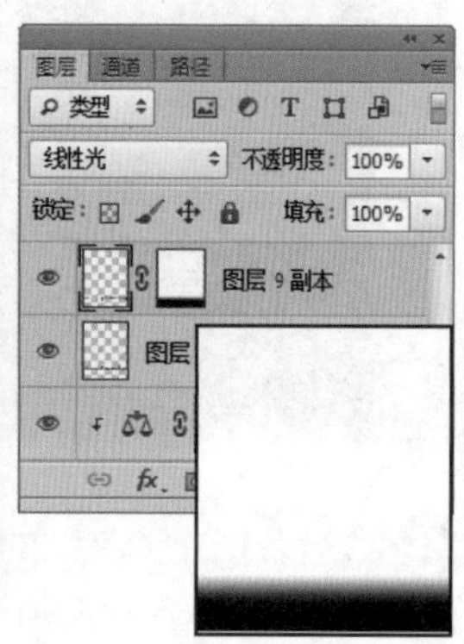

34 设置“图层 9 副本”的图层不透明度为“70%”，得到如图所示的效果。

35 设置前景色为白色，选择“横排文字工具”，设置适当的字体和字号，在画面的上方输入文字“盛世5载”，得到相应的文字图层，如图所示。

36 在文字图层的图层名称上单击鼠标右键，在弹出的菜单中选择“转换为形状”命令，使用“路径选择工具”逐个选择转换为形状的文字，并结合自由变换命令对其进行放缩、移动编辑，效果如图所示。

37 选择图层“盛世5载”，使用“直接选择工具”，编辑文字形状的节点到如图所示的状态。

38 设置前景色为白色，选择“钢笔工具”，在工具选项栏中选择“合并形状”按钮，再点击“形状”按钮，在图像中绘制如图所示的翅膀形状。

39 选择“钢笔工具” ，在工具选项栏中选择“减去顶层图形”按钮 ，再单击“形状”，在翅膀形状的下方绘制如图所示的形状。

40 使用“路径选择工具” 选择翅膀形状，按【Ctrl+Alt+T】快捷键，调出自由变换复制框，将形状向右移动，水平翻转到如图所示的状态，按【Enter】键确认操作。

41 设置前景色为白色，选择“横排文字工具” ，设置适当的字体和字号，在画面中输入文字“星海国际”，得到相应的文字图层，如图所示。

42 在文字图层的图层名称上单击鼠标右键，在弹出的菜单中选择“转换为形状”命令。按【Ctrl+T】快捷键，调出自由变换控制框，变换图像到如图所示的状态，按【Enter】键确认操作。

43 选择图层“星海国际”和“盛世5载”，按【Ctrl+Alt+E】快捷键，执行“盖印”操作，将得到的图层重命名为“图层 10”。隐藏“星海国际”和“盛世5载”图层，然后选择“图层 10”，单击“添加图层样式”按钮 ，在弹出的菜单中选择“渐变叠加”命令，此时会弹出“图层样式”对话框，在该对话框中分别设置“渐变叠加”、“描边”选项的参数，具体设置如图所示。

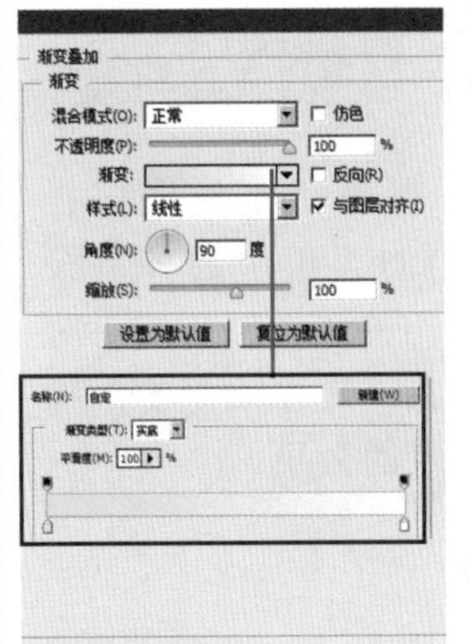

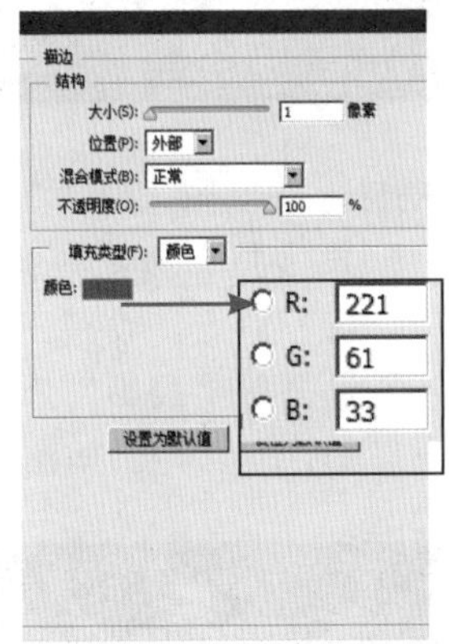

44 设置完“图层样式”对话框后，单击“确定”按钮，即可得到如图所示的效果。

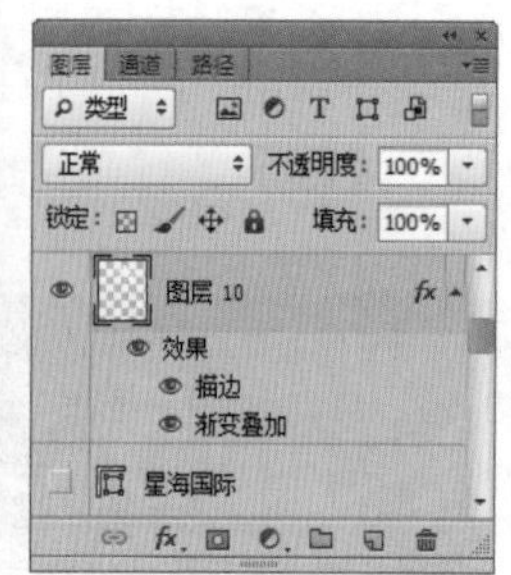

45 打开随书光盘中的“素材 10”和“素材 11”文字图像文件。使用“移动工具” 将素材中的文字图像拖动到第1步新建的文件中，得到“图层 11”、“图层 12”。结合自由变换命令，将文字图像调整到如图所示的效果。

46 选择“图层 11”，单击“添加图层样式”按钮 ，在弹出的菜单中选择“投影”命令，设置完弹出的“图层样式”对话框的“投影”选项后，单击“确定”按钮，即可得到如图所示的效果。

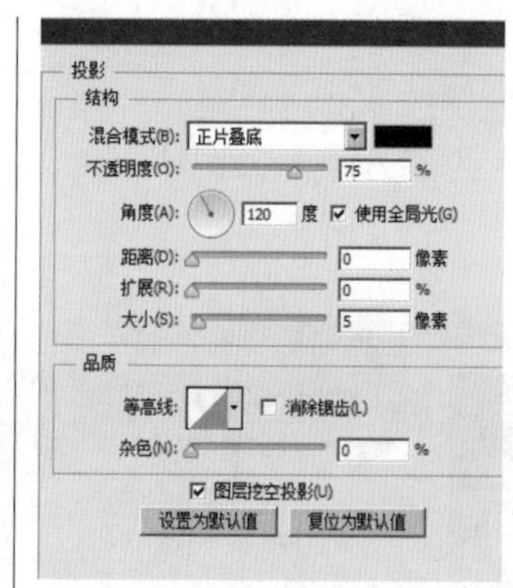

47 设置前景色的颜色值为（R:189 G:141 B:76），选择“矩形工具” ，在工具选项栏中单击“形状图层”按钮，在画面的中间绘制黄色矩形，得到图层“矩形 1”，如图所示。

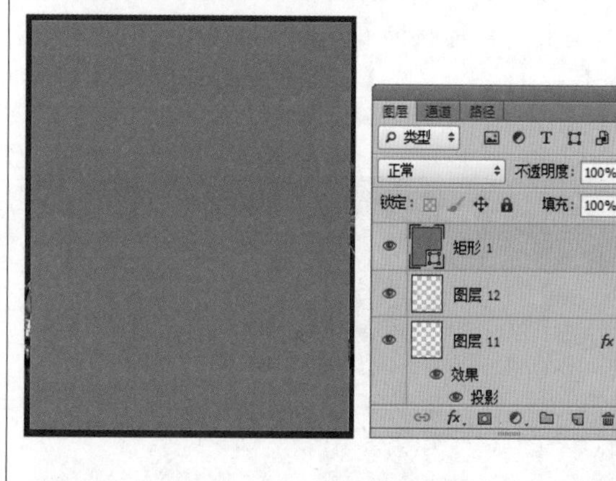

48 使用“路径选择工具” 选择上一步绘制的矩形，在工具选项栏中单击“从形状区域减去”按钮 ，即可得到如图所示的最终效果。

Part 11（19-21小时）

调色命令

【调色图像色调：90分钟】

【调色图像色彩：90分钟】

11.1 调色图像色调

难度程度：★★★☆☆ 总课时：1.5小时
素材位置：11\调色图像色调\示例图

在Photoshop中，可以很方便地对图像的色彩、色调、饱和度、亮度和对比度进行调节，从而弥补图像中的色彩失衡、曝光不足或过度等缺陷；同时，还可以创作出多种色彩效果的图像。

执行“图像”→“调整”命令，在弹出的子菜单中，为用户提供了很多调整命令，如下图所示。利用这些命令，可以对图像的色彩、色调进行调整。也可以执行“窗口”→“调整”命令，打开“调整”面板，在该面板中包括了常用的调整命令功能，不同的是，用“调整”面板添加的是调整图层，并不会对图像进行调整。

调整图像色调指的是对图像的明暗度进行的调整控制。例如，当一幅图像的明暗层次表现不佳时，可以通过不同的调整命令将其变亮、变暗，或者进行局部处理。

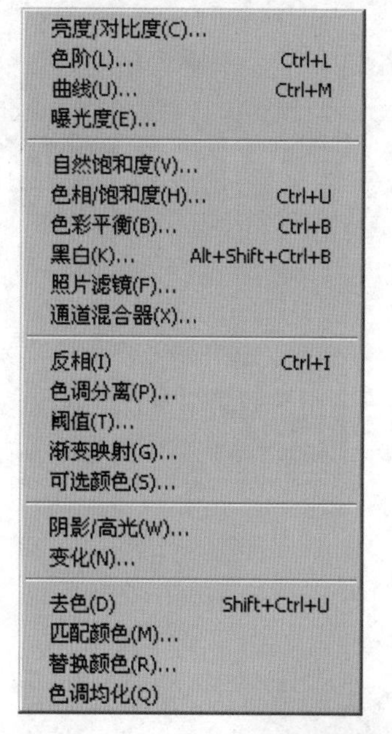

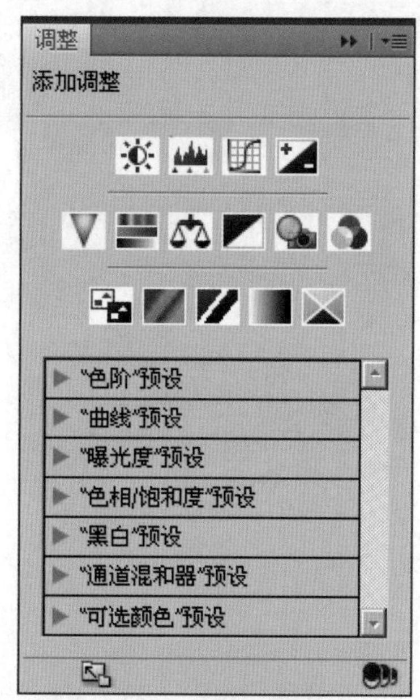

“色阶”命令

使用“色阶”命令，可以通过调整图像的高光、阴影和中间调的强度级别来校正图像的色调范围。该命令是针对图像整体或颜色通道的明暗层次来进行调整的。执行“图像”→“调整”→“色阶”命令，打开“色阶”对话框，如右下图所示。该对话框中各选项的功能如下所示。

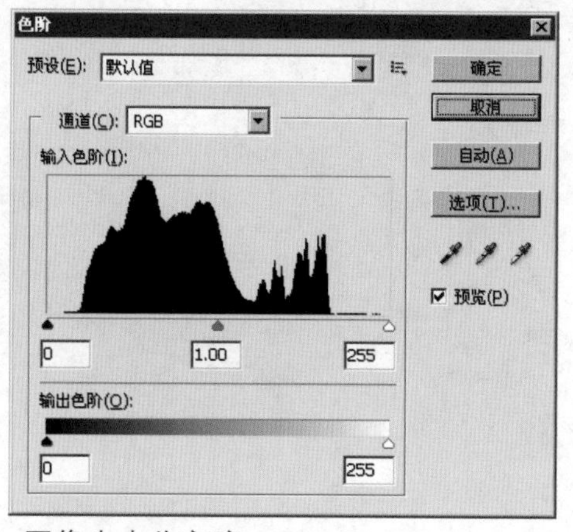

通道：设置要进行色调调整的颜色通道，可以对RGB或CMYK颜色模式中的颜色通道或复合通道进行调整。

输入色阶：在该选项区域中，是图像像素分布的直方图，直方图下面有3个滑块，从左至右分别对应着图像的阴影、中间调和高光部分的色调值。拖动滑块或在文本框中输入数值，即可调整滑块的位置。

其中，阴影滑块用于设置图像暗调部分的色调，数值范围为0～253，可以将原图像中该值范围内的像素都改为输出色阶中阴影滑块对应的数值，图像也由此变暗。

技巧提示

需要注意的是，使用调整命令调整图像后，会丢失一些颜色数据，因为所有色彩调整的操作都是在原始图像的基础上进行的，并不能产生更多的色彩。如果不希望损失原图中的颜色细节，则可以使用调整图层来控制图像的色彩，但图像的原始效果不会发生改变。

高光滑块用于设置图像亮调部分的色调，数值范围为2～255。可以将原图像中该值范围内的像素都改为输出色阶中高光滑块对应的数值。

中间调滑块用于设置图像中间色调的范围，也就是图像明暗比例系数。数值范围为0.10～9.99，默认值为1.00。当数值大于1.00时，使图像变亮；当数值小于1.00时，使图像变暗。在改变阴影和高光滑块的位置时，中间调滑块的位置也会随之调整改变。

输出色阶：用于设置图像输出时的亮度层次变化。颜色条左侧的滑块用于控制图像阴影部分的色调调整，颜色条右侧的滑块控制图像高光部分的色调调整，取值范围均为0～255。拖动滑块，或在文本框中输入数值，滑块的位置会随之改变。通过设置输出色阶，可以减少图像的对比度。

设置黑场/设置白场/设置灰场：选择设置黑场吸管，在图像中单击，则会将图像中单击点的颜色亮度设置为图像中最暗的色调，所有比它更暗的像素都将变为黑色。图像中的像素会按照新的设置重新分配亮度层次。同理，选择设置白场吸管，在图像中单击，则会将图像中单击点的颜色亮度设置为图像中最亮的色调，所有比它更亮的像素都将变为白色。而选择设置灰场吸管，在图像中单击后，则会将图像中单击点的颜色亮度设置为图像中中间色调范围的平均亮度。

预览：选择此复选框后，即可在图像窗口中实时预览调节结果。

自动：单击该按钮，可以对图像的色阶做自动调节，具体的调整参数可以通过其下的“选项”按钮进行设置。

选项：单击该按钮，将弹出“自动颜色校正选项”对话框，如图所示。在进行自动色阶调节之前，可以先在该对话框中进行参数选项设置。

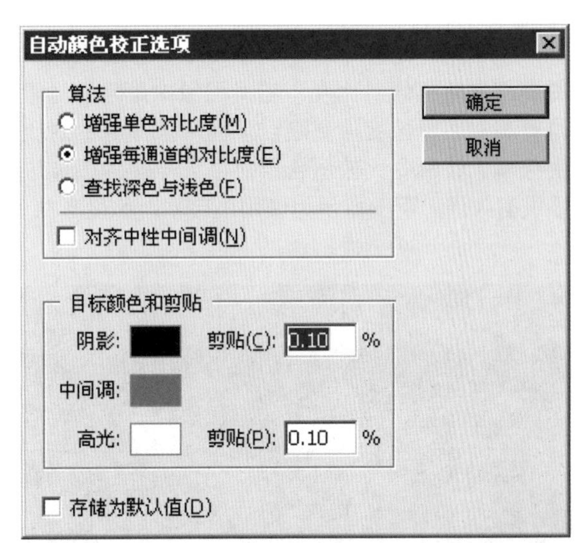

在该对话框中，若按下【Alt】键，则对话框中的“取消”按钮会变成“复位”按钮，单击后可以将该对话框中的参数还原为默认的参数设置，图像也会恢复到未调整前的效果。

例如，打开一个图像文件，如图所示，图像整体明暗层次较亮。打开“色阶”对话框，拖动左侧滑块向右侧移动，增加图像的暗调区域，单击“确定”按钮，图像效果如图所示。

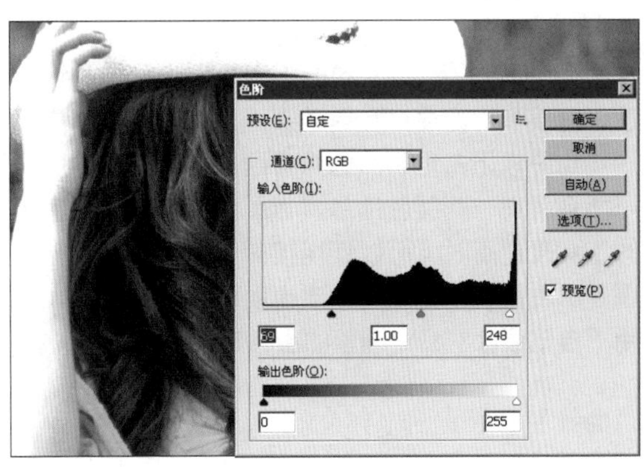

“自动色调”命令

“自动色调”命令可以自动调整图像中的黑场和白场，剪切每个通道中的阴影和高光部分，并将每个颜色通道中最亮和最暗的像素映射到纯白（色阶为255）和纯黑（色阶为0），而中间像素值会按比例重新分布。因此，使用“自动色调”命令会增强图像中的对比度，同时，由于“自动色调”命令会分别调整每个颜色通道，所以可能会移去颜色或产生色痕。

打开上例中的图像文件，如图所示。执行“图像”→“自动色调”命令，软件会扔掉图像信息并且自动完成图像调整操作，图像效果如右图所示。

“自动对比度”命令

“自动对比度”命令可以自动调整图像整体的亮部和暗部的对比度。它将图像中最暗的像素转换为黑色，最亮的像素转换成白色，使高光区变得更亮，阴影区变得更暗，从而增大图像的对比度。该命令将针对整个图像进行调整，所以不会产生色偏。该命令比较适合于对色调丰富的图像进行调整。如果图像的色调单一或色彩不丰富，则几乎没有效果。下图所示为使用“自动对比度”命令调整图像的前后效果对比。

“自动颜色”命令

“自动颜色”命令可以对图像的色相、饱和度、亮度和对比度进行自动调整。其原理是将中间调均化并修正白色和黑色像素区域，调整后的图像可能会丢失一些颜色信息。当图像有色偏或是色彩的饱和度过高时，可以使用该命令进行简单的自动调整。右图所示是在自动对比度调整的基础上，使用“自动颜色”命令调整的图像效果。

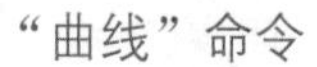

“曲线”命令

“曲线”命令是在实际运用中使用得较多的调整命令。“曲线”命令与“色阶”命令类似，都是用来调整图像的整体色调范围的。不同的是，“曲线”命令的调节更为精确、细致，可以调整灰阶曲线中的任意一点。执行“图像”→“调整”→“曲线”命令，弹出“曲线”对话框，单击“曲线显示选项”前面的按钮，打开所有的显示选项，如图所示。也可以利用“调整”面板，打开“曲线”选项面板进行调整。该对话框中各选项的功能如下所示。

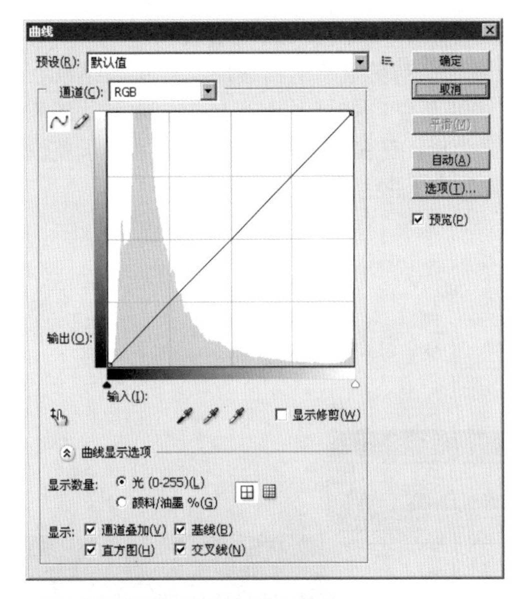

预设：在该选项的下拉列表框中，Photoshop为用户预置了一些针对常见图像问题的调整方案，用户可以直接选择这些方案，从而快速地对图像进行调整。这些预置方案基本上能满足大部分的图片调整要求。

通道：在该选项中可以设置要调节色调的通道。对某个颜色通道进行色调调节时，不会影响其他颜色通道的色调分布，在实际的图像处理过程中经常会用到。

曲线调整区域：用于控制曲线形状。默认为45°直线状态，表示输入色阶与输出色阶相同，即默认状态。其中，水平色调带，表示原图像中像素的亮度分布，即输入色阶；垂直色调带表示调整后图像中的像素亮度分布，即输出色阶，其变化范围在0～255之间（CMYK颜色模式时为0～100%）。用曲线调整图像色阶的过程，也就是通过调整曲线的形状来改变像素的输入输出亮度，从而改变图像像素的色阶分布。

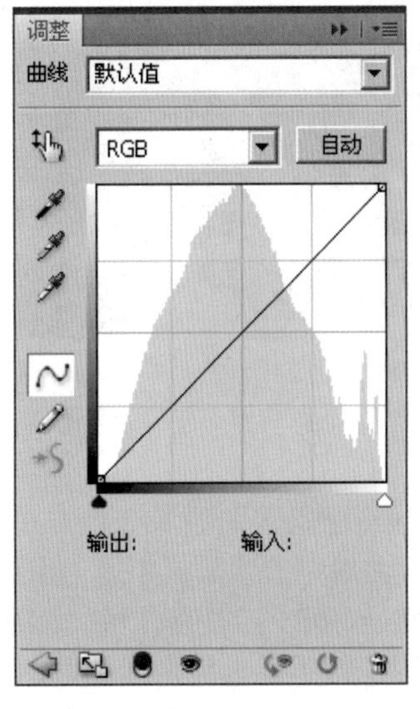

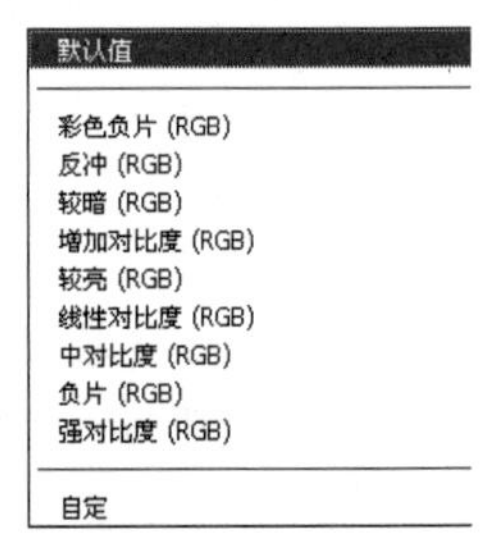

在曲线调整区域下方的黑场吸管、灰场吸管和白场吸管的功能和使用方法与“色阶”对话框中相同，这里就不再介绍了。

显示修剪：选择该复选框时，可以显示出图像中发生修剪的位置。

“曲线显示选项”组的选项用于控制“曲线”对话框中的显示方式，以方便用户更好地查看曲线的调整效果，其中各选项的功能如下所示。

显示数量：用于设置色调的显示方式。通常RGB颜色模式的图像选择“光（0～255）”选项，CMYK颜色模式的图像选择“颜料/油墨%”选项。单击该选项右侧的两个方格按钮和，可以切换曲线调整区域中格线的显示方式，对应为4×4的格线和10×10的格线两种。在按住【Alt】键的同时，在曲线调整区域中进行单击，同样可以在两种格式显示方式之间进行切换。

通道叠加：选择该复选框时，在复合通道显示状态下，可看到每个通道单独调整的曲线形状。

基线：选择该复选框时，调整曲线形状后，在看到曲线调整形状变化的同时，可以看到原始的直线状态，方便进行对比。

直方图：选择该复选框后，在曲线调整区域背景中，会显示出图像的直方图，供用户在调整曲线时参考使用。

交叉线：选择该复选框后，在编辑曲线形状、拖动节点位置时，会以节点为中心产生十字交叉线，帮助用户进行精确定位。

例如，打开一个图像文件，如图所示。打开“调整”面板，单击“曲线”按钮，打开“曲线”选项面板，在直线偏上的位置单击，添加节点。此时，节点自动处于选中状态，并在输入和输出选项下面显示出该节点的色阶值，如图所示。单击选中节点，按住鼠标拖动，调整节点的位置，曲线形状也会随之改变。也可以在“输入”和“输出”文本框中输入数值来进行精确控制。调整节点后的图像效果及曲线形状如图所示。

如果要控制更复杂的曲线形状，可以继续在曲线上添加节点，并拖动改变位置，直到达到满意的效果为止。在曲线上再添加一个节点并调整位置，图像效果及曲线形状如图所示。

如果要去掉曲线上多余的节点，在按住【Ctrl】键的同时单击节点，或将节点拖动到曲线调整区域之外即可。

默认情况下，曲线形状是以曲线和节点方式编辑的。如果想更加自由地创建曲线形状，可以单击“曲线”对话框或“曲线”选项面板中的“用绘制来修改曲线”按钮，然后在曲线调整区域中绘制曲线形状即可。例如，打开一个图像文件，如图所示。在“曲线”选项面板中，选择按钮，在曲线区域中进行绘制，图像效果及曲线形状如图所示。如果曲线变化过于剧烈，可以单击“平滑曲线值”按钮（可多次单击），让曲线自动平滑。

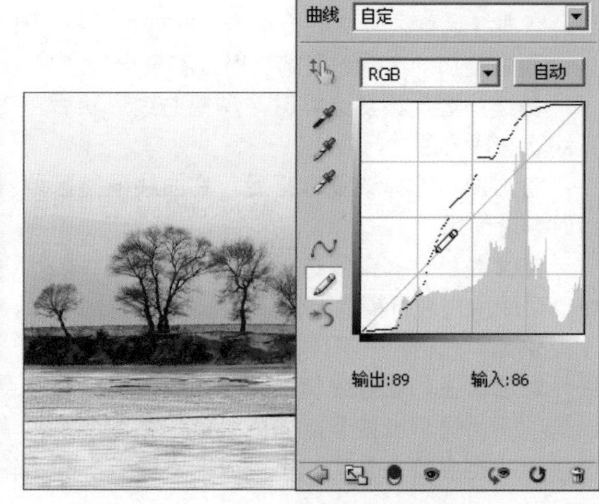

"曝光度"命令

"曝光度"命令可以调整HDR（高动态范围）图像的色调，也可以用于调整8位和16位的图像。使用"曝光度"命令调整图像时，使用的是线性颜色空间，而不是图像本身的颜色空间。

执行"图像"→"调整"→"曝光度"命令，弹出"曝光度"对话框，如图所示。也可以利用"调整"面板，打开"曝光度"选项面板进行调整，如图所示。该对话框中各选项的功能如下所示。

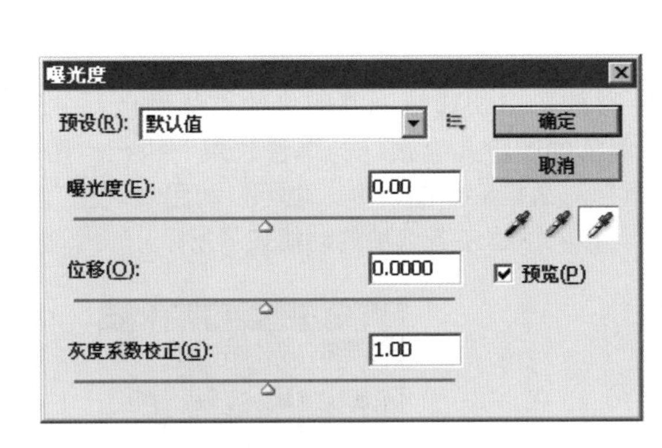

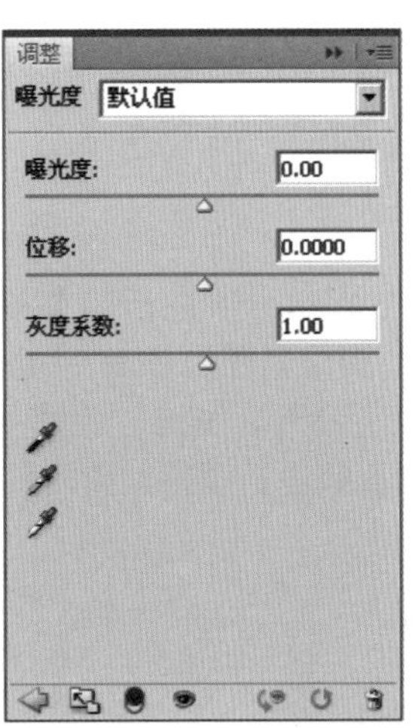

曝光度：用于调整色调范围中的高光区域，对极限阴影部分的影响很小。

位移：控制图像中阴影和中间调部分的明暗变化，对高光区域影响较小。

灰度系数校正：用于设置图像中以颜色中点（灰场）为分界的亮部和暗部的比例系数。数值越小时，暗部像素所占图像色阶区域越多；数值越大时，亮部像素所占图像色阶区域越多。

例如，打开上例的图像文件。打开"调整"面板，单击"曝光度"按钮，打开"曝光度"选项面板，对"曝光度"和"位移"选项的值进行调整，图像效果及参数设置如右图所示。

技巧提示

用"色阶" 命令编辑通道

要同时编辑一组颜色通道，请在执行"色阶" 命令之前，按住【Shift】键在"通道" 面板中选择这些通道 ；然后，"通道"菜单会显示目标通道的缩写，例如，C和M 表示青色和洋红。该菜单还包含所选组合的个别通道，分别编辑专色通道和Alpha 通道。

注意：此方法在" 色阶" 调整图层中不起作用。

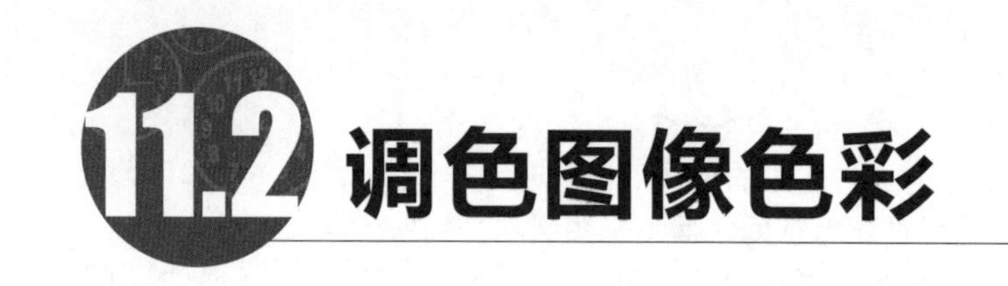

11.2 调色图像色彩

难度程度：★★★☆☆ 总课时：1.5小时
素材位置：11\调色图像色彩\示例图

在Photoshop CS6中，为用户提供了很多可用于对图像的色彩进行调整的命令。利用这些命令，可以很方便地对图像的色相、饱和度、亮度和对比度进行调节，从而修改图像在色彩方面的各种问题，以及制作特殊的色彩效果图像。

“色彩平衡”命令

“色彩平衡”命令可以进行简单的色彩校正，快速地调整图像的整体颜色，并混合各种色彩，以达到需要的图像效果。该命令对于偏色的图像具有很好的调整效果。执行“图像”→“调整”→“色彩平衡”命令，弹出“色彩平衡”对话框，如图所示。也可以利用“调整”面板，打开“色彩平衡”选项面板进行调整，如图所示。该对话框中各选项的功能如下所示。

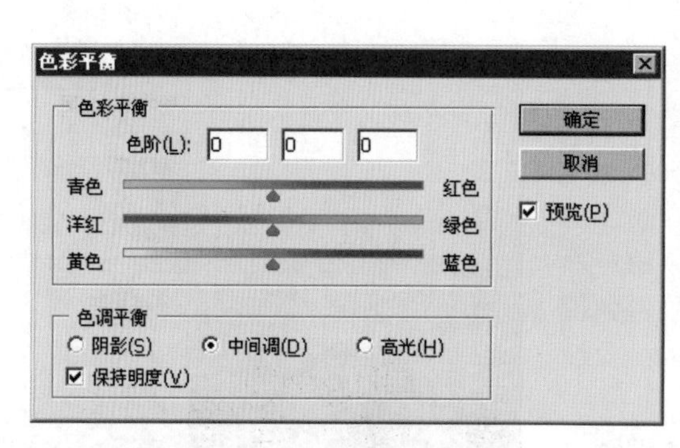

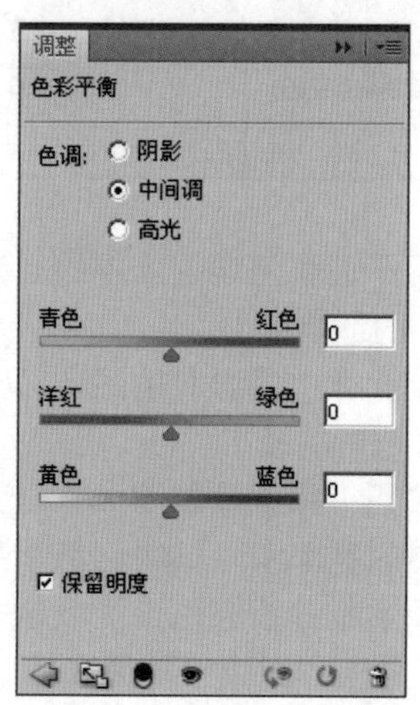

色彩平衡：在该选项组中，有3对互补色，可以拖动滑块或在文本框中输入－100～＋100之间的数值来进行调节。例如，当向右移动滑块时，增加红色，同时也减少图像中的青色。反之，向左移动滑块时，增加青色，同时也减少图像中的红色。

色调平衡：用于设置色彩调整所作用的图像色调范围，包括“阴影”、“中间调”和“高光”3部分，默认为“中间调”。选择不同的色调范围时，图像调整后产生的效果会有所不同。

保持明度：勾选此复选框后，在调节色彩平衡的过程中，可以保持图像的亮度值不变。如果不选择“保持明度”复选框，则图像的亮度会发生改变。

例如，打开一个图像文件。打开“调整”面板，单击“色彩平衡”按钮，打开“色彩平衡”选项面板，选择“中间调”，并对颜色滑块进行调整，图像效果及参数设置如上图所示。

“亮度/对比度”命令

“亮度/对比度”命令可以简单、直观地对图像的亮度和对比度进行调整，特别是对亮度、对比度差异相对不太大的图像，调整后的效果较为明显。该命令不能对图像进行单一通道的调整，也不能对图像的细节部分进行调整。

执行“图像”→“调整”→“亮度/对比度”命令，弹出“亮度/对比度”对话框。也可以利用“调整”面板，打开“亮度/对比度”选项面板进行调整。该对话框中各选项的功能如下所示。

亮度：拖动滑块或在其文本框内输入－150～＋150之间的数字来调整图像的亮度。正值时增加亮度，负值时降低亮度。

对比度：拖动滑块或在其文本框内输入－50～＋100之间的数字来调整图像的对比度。正值时增加对比度，负值时降低对比度。

使用旧版：选择该复选框后，会使用旧版本中的“亮度/对比度”调整功能。旧版的调整功能与当前命令相比，会丢失更多的细节，调整后的图片会变得很粗糙，亮度和对比度的变化更为剧烈。

例如，打开一个图像文件。打开“调整”面板，单击“亮度/对比度”按钮，打开“亮度/对比度”选项面板，拖动“亮度”和“对比度”滑块，图像效果及参数设置如下图所示。

“色相/饱和度”命令

“色相/饱和度”命令可用于改变图像的色相、饱和度和明度。通过“着色”复选框，可以将图像转换为单色调图像效果。如果配合图层蒙版或选区使用，则可以为灰度图像上色。

执行“图像”→“调整”→“色相/饱和度”命令，弹出“色相/饱和度”对话框，如图所示。也可以利用“调整”面板，打开“色相/饱和度”选项面板进行调整，如图所示。该对话框中各选项的功能如下所示。

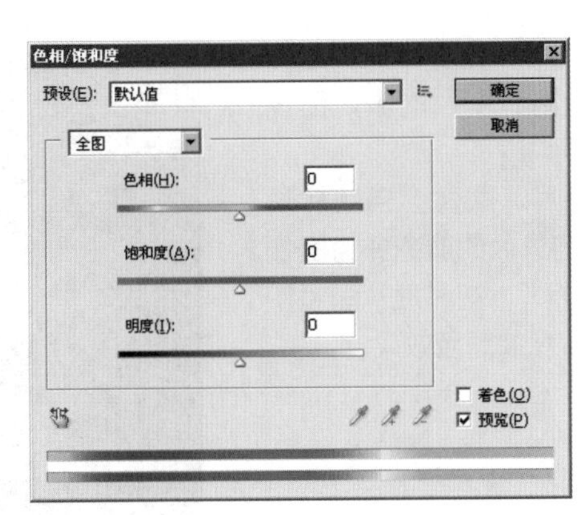

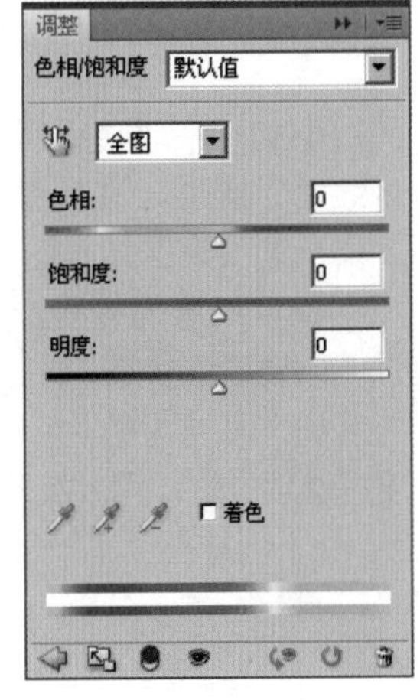

编辑：在该选项的下拉列表框中，可以选择要进行调整的色彩范围。默认为“全图”，表示对图像中的所有像素起作用。若选择某种颜色选项时，则颜色的调整只对当前选中的颜色范围的像素起作用。

色相：拖动滑块或在文本框中输入数值，可以调整图像的色相，数值范围是－180～＋180。

饱和度：可拖动滑块或在文本框中输入数值来增加或降低图像的饱和度，数值范围是－100～＋100。

明度：可拖动滑块或在文本框中输入数值来增加或降低图像的明度，数值范围是－100～＋100。

例如，打开一个图像文件。打开“调整”面板，单击“色相/饱和度”按钮，打开“色相/饱和度”选项面板，选择“全图”选项，并对其他选项进行设置，效果及参数设置如下图所示。

当在“编辑”选项中选择某种颜色后，颜色条和吸管工具将变成可用状态。通过调整颜色滑块的位置或使用吸管工具提取、增加或减少颜色，可以任意地控制颜色调整范围。

颜色条：在面板下部有两个颜色条，上面的颜色条显示的是调整前的颜色，下面的颜色条显示的是调整以后的颜色。三角滑块中间的颜色区域为当前选择的颜色调整范围。其中，中间的深灰色部分表示要调整的色彩范围；两边的三角滑块是用来控制颜色变化时的过渡范围，可以通过拖动来调整其在色谱间的位置。如果想使调整的颜色呈比较均匀的状态，则可设置较大的颜色过渡范围。而在两条色谱的上方有两对数值，分别表示两条色谱间4个滑块的位置。

吸管工具：选择普通吸管工具后，在图像中单击可以设置选择的调整范围。选择带“＋”号的吸管工具可以增加所调整的范围，选择带“－”号的吸管工具则会减少所调整的范围。

例如，在“色相/饱和度”选项面板中选择“红色”选项，并调整“饱和度”的值，图像效果及选项设置如右图所示。

着色：选择该复选框后，图像会自动转换为单色调调整状态，并以前景色的颜色作为图像的色调。通过调整“色相”、“饱和度”和“明度”选项的值，可以控制图像的颜色效果。

例如，在“色相/饱和度”选项面板中选择“着色”复选框，并调整各选项的值，图像效果及选项设置如右图所示。

“自然饱和度”命令

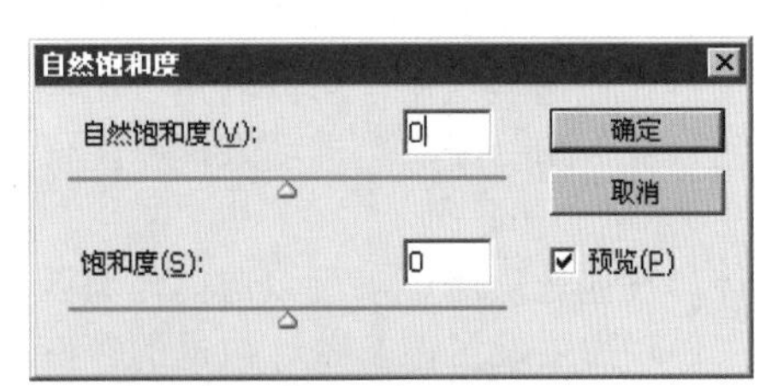

“自然饱和度”命令可以调整颜色的饱和度，并在颜色接近最大饱和度时最大限度地减少修剪，产生自然的饱和度效果，防止颜色过度饱和。

执行“图像”→“调整”→“自然饱和度”命令，弹出“自然饱和度”对话框。也可以利用“调整”面板，打开“自然饱和度”选项面板进行调整，如图所示。该对话框中各选项的功能如下所示。

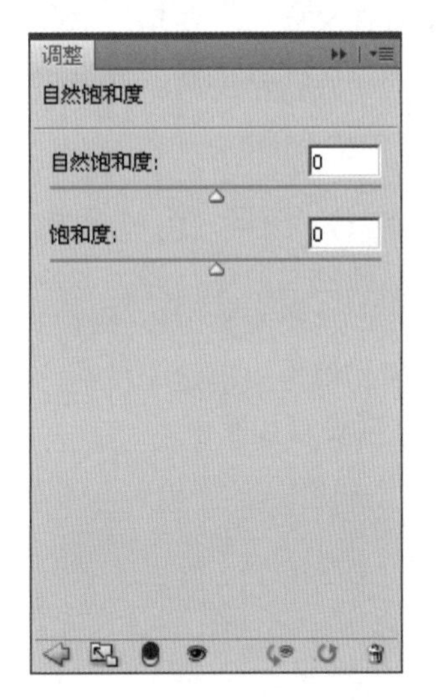

自然饱和度：拖动滑块可以增加或减少颜色饱和度，但不会使颜色发生过度饱和的情况。

饱和度：拖动滑块可以将相同的饱和度调整量用于所有的颜色（不考虑其当前饱和度）。该选项在某些情况下，可能会比“色相/饱和度”选项面板中的“饱和度”选项产生更少的带宽。

例如，打开一个图像文件。打开“调整”面板，单击“自然饱和度”按钮，打开“自然饱和度”选项面板，分别设置“自然饱和度”的值为＋100和－100，效果及选项设置如下图所示。

"匹配颜色"命令

"匹配颜色"命令可以在多个图像、图层或者色彩选区之间对颜色进行匹配，该命令仅在RGB模式下可用。

执行"图像"→"调整"→"匹配颜色"命令，弹出"匹配颜色"对话框，如右图所示。该对话框中各选项的功能如下所示。

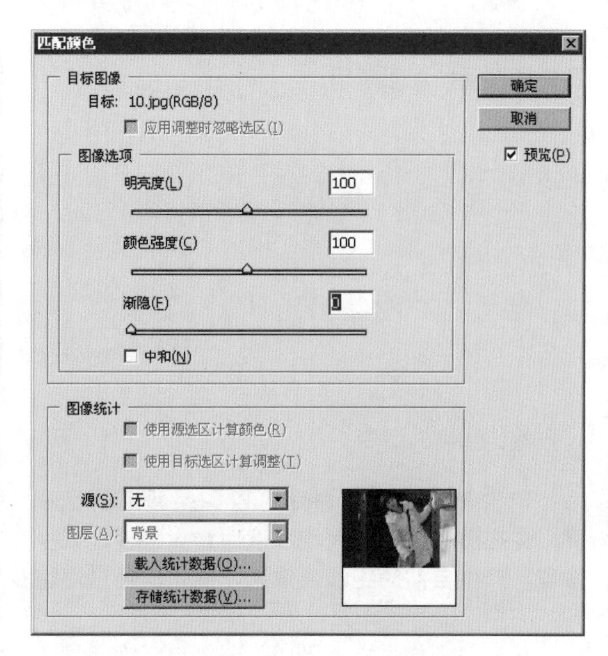

目标图像：该选项中显示的是当前要进行匹配颜色操作的图像，即当前操作的图像文件。当图像中有选区时，"应用调整时忽略选区"复选框变为可用。

图像选项：在该选项组中，可以利用"明亮度"、"颜色强度"和"渐隐"选项来调整图像的颜色效果。

图像统计：在该选项组中，可以选择作为匹配源的图像文件和图层设置，及统计数据的存储和载入操作。当图像中有选区时，"使用源选区计算颜色"和"使用目标选区计算调整"复选框变为可用。

例如，打开两个图像文件。执行"图像"→"调整"→"匹配颜色"命令，弹出"匹配颜色"对话框。在"源"下拉列表框中选择另外一个打开的文件名选项，单击"确定"按钮，图像匹配颜色的效果及选项设置如图所示。

“替换颜色”命令

“替换颜色”命令可以像“色彩范围”命令那样在图像中选取一定的颜色范围，然后对该颜色范围内的图像进行“色相”、“饱和度”及“明度”的调整，以替换原来的颜色。

执行“图像”→“调整”→“替换颜色”命令，弹出“替换颜色”对话框，如图所示。该对话框中的上半部分选项用于设置替换颜色的图像范围，这与“色彩范围”对话框中相同；而下半部分为颜色调整选项区域，用于对要替换的颜色进行调整。

例如，打开一个图像文件。执行“图像”→“调整”→“替换颜色”命令，弹出“匹配颜色”对话框。在图像中的人物衣服部分单击，设置颜色范围并调整“颜色容差”值，然后在“替换”选项组中对颜色进行调整，单击“确定”按钮，图像效果及选项设置如图所示。

“可选颜色”命令

“可选颜色”命令可以有选择性地在图像中增加或减少某一主色调印刷颜色的含量，同时还不影响该印刷色在其他主色调中的表现，从而达到校正颜色或调整颜色平衡的效果。

执行“图像”→“调整”→“可选颜色”命令，弹出“可选颜色”对话框，如图所示。也可以利用“调整”面板，打开“可选颜色”选项面板进行调整。该对话框中各选项的功能如下所示。

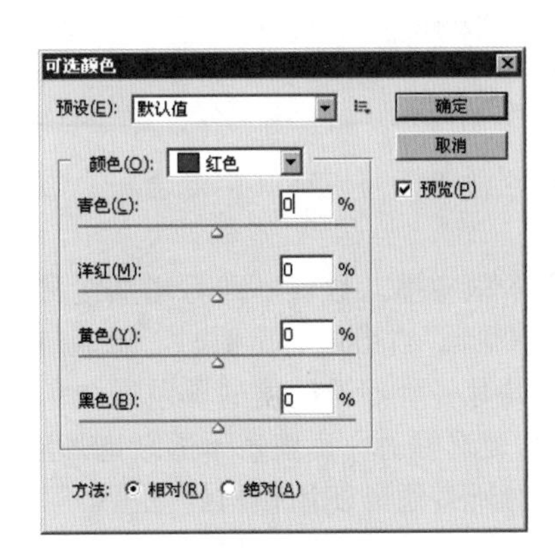

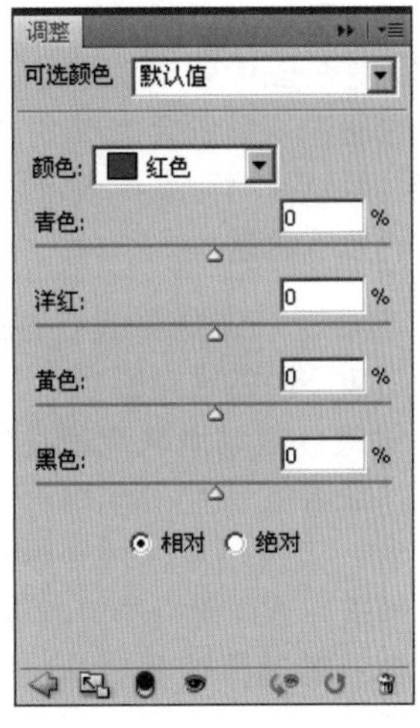

颜色：设置所要调整的颜色，可以选择红色、黄色、绿色、青色、蓝色、洋红、白色、中性色和黑色。选择某种颜色后，在下面的四色选项中，可以调整所选颜色中这4种印刷基本色的比重，从而调整各印刷网点的增益和色偏。

方法：设置色彩值的调整方法。选择“相对”复选框，表示依据原有印刷色的总数量的百分比来计算。

例如，打开一个图像文件。打开“可选颜色”选项面板，选择“黄色”选项，并调整颜色值，图像效果及选项设置如图所示。

“通道混合器”命令

“通道混合器”命令主要用于通过混合当前颜色通道中的像素与其他颜色通道中的像素来改变主通道的颜色。该命令还可以从每种颜色通道中选择一定的百分比来创作出高质量的灰度图像或其他色调的图像。

执行“图像”→“调整”→“通道混合器”命令，弹出“通道混合器”对话框，如图所示。也可以利用“调整”面板，打开“通道混合器”选项面板进行调整，如图所示。该对话框中各选项的功能如下所示。

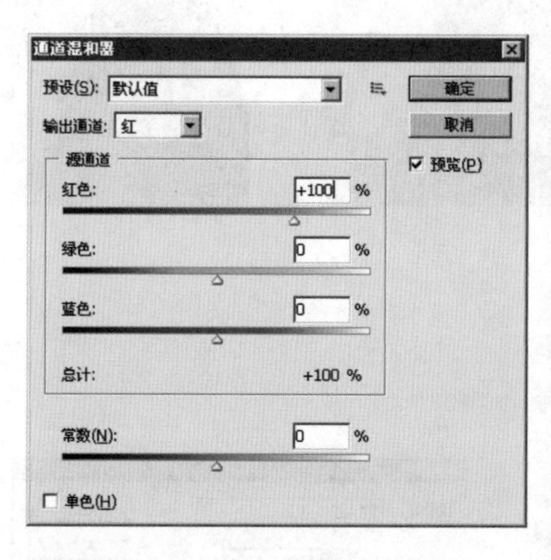

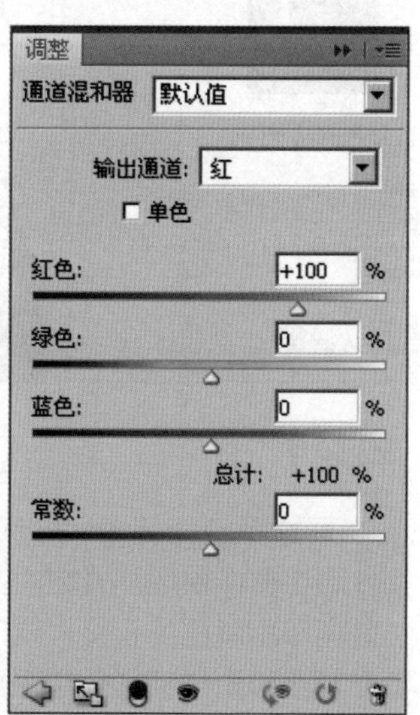

预设：在该下拉列表框中，可以选择已经设置好的几种颜色滤镜，将图像处理成不同效果的黑白图像，图像会以灰度方式调整。默认为“无”，表示以彩色方式处理通道。

输出通道：设置要调节的颜色通道，可以在其中混合一个或多个现有的颜色通道。不同的颜色模式会对应不同的通道选项。

源通道：拖动滑块或者在文本框中输入数值，即可增加或减少该通道颜色在输出通道中所占的百分比，数值范围为－200%～＋200%。当数值为负值时，源通道会在反转后加入到输出通道中。

常数：该选项可以用于添加具有各种不透明度的黑色或白色通道。负值表示黑色通道，正值表示白色通道。当同时选中“单色”复选框时，负值表示逐渐增加黑色，正值表示逐渐增加白色。

单色：若选择该复选框，则对所有通道使用相同的设置，可将彩色图像变成灰度图像，而颜色模式保持不变。

“照片滤镜”命令

“照片滤镜”命令用于模拟在相机镜头前加上各种颜色的滤镜，从而控制胶卷曝光光线的色彩平衡和色彩温度。

执行“图像”→“调整”→“照片滤镜”命令，弹出“照片滤镜”对话框。也可以利用“调整”面板，打开“照片滤镜”选项面板进行调整，如图所示。该对话框中各选项的功能如下所示。

滤镜：在该下拉列表框中可以选择一种预设的滤镜类型。

颜色：单击颜色块，可在弹出的“拾色器”对话框中选择一种颜色来自定义滤镜的颜色。

浓度：用来调整应用到图像中的色彩量。可拖动滑块或直接在文本框中输入数值。数值越高，滤镜色彩效果越明显。

保留明度：选择该复选框，可以使图像不会因为添加了色彩滤镜而改变明度。

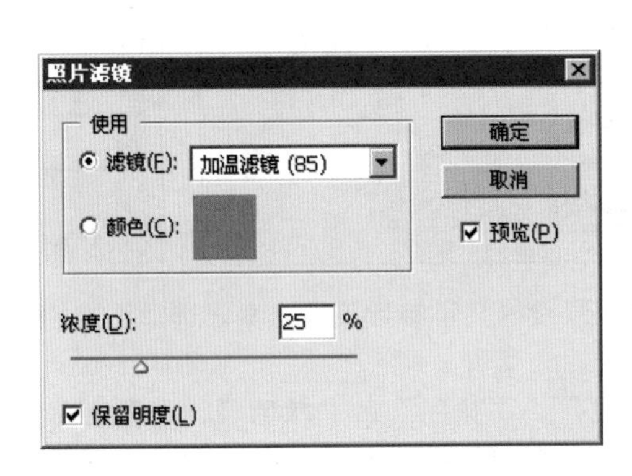

“阴影/高光”命令

“阴影/高光”命令可以用来校正强逆光或发白的照片。利用该命令可以对图像的局部进行加亮或变暗处理，快速地修复曝光过度或曝光不足图像中的细节。

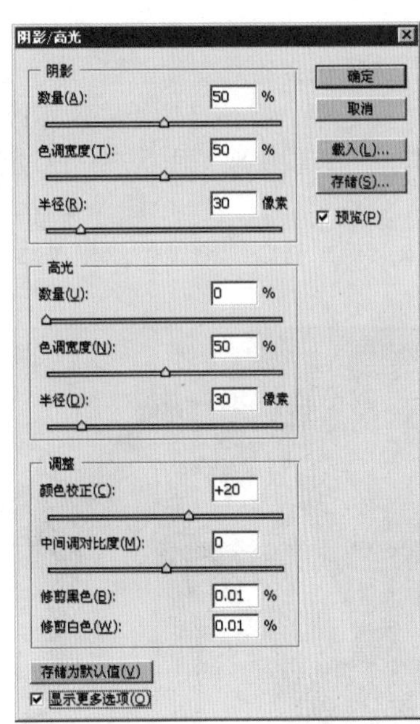

执行“图像”→“调整”→“阴影/高光”命令，弹出“阴影/高光”对话框，如右图所示。该对话框中各选项的功能如下所示。

在“阴影”和“高光”选项组中都有“数量”、“色调宽度”和“半径”选项，用于控制图像的阴影和高光部分的细节。

数量：设置光线调整的校正量。数值越大，阴影区域越亮而高光区域越暗。

色调宽度：设置所要修改的阴影或高光中的色调范围。调节阴影时，数值越小，所做的调整会限定在越暗的区域中；调节高光时，数值越小，所做的调整会限定在越亮的区域中。

半径：设置受影响像素的邻近范围。每个像素的修改取决于其邻近颜色的亮度。半径越大，计算亮度平均值所包含的范围就越大。

颜色校正：可以微调彩色图像中已被改变区域的颜色。通常情况下，增加该数值可以产生更饱和的颜色，减少该数值会产生较不饱和的颜色。

中间调对比度：调节中间色调中的对比度。数值越小，对比度越弱；数值越大，对比度越强。

修剪黑色和修剪白色：用来指定有多少阴影和高光会被修剪到图像中新的极端阴影(0色阶)和极端高光(255色阶)颜色中。数值越大则产生的对比度越强，但是相应的阴影或高光中的细节就会减少。

存储为默认值：单击该按钮，可以将当前设置存储为“阴影/高光”命令的默认设置。

“黑白”命令

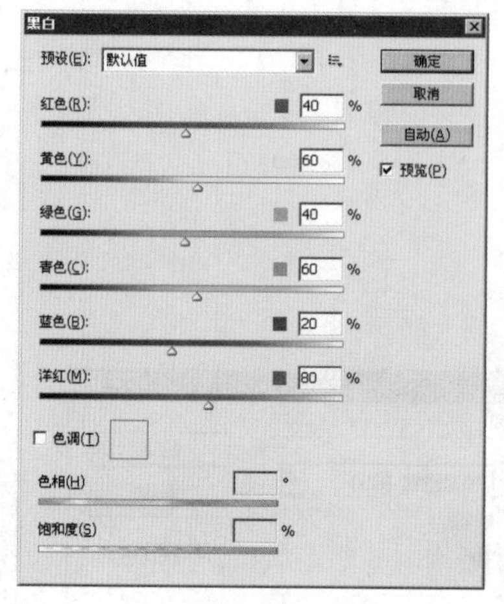

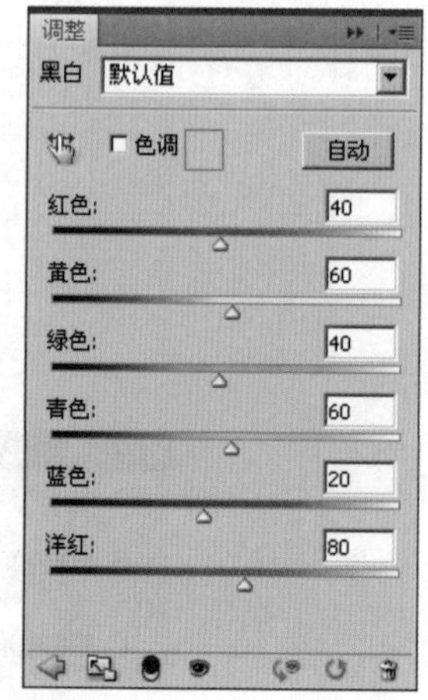

“黑白”命令可以将图像转换成高品质的灰度图像，在转换过程中可以精确地控制图像的明暗层次。选择系统提供的预设选项，可以快速地将图像转换为特定状态的黑白图像，并且还可以为转换后的灰度图像上色。

执行“图像”→“调整”→“黑白”命令，弹出“黑白”对话框。也可以利用“调整”面板，打开“黑白”选项面板进行调整，如右图所示。该对话框中各选项的功能如下所示。

预设： 在该下拉列表框中，可以选择系统预设的几种参数设置方案，选择不同的参数设置方案可以得到不同的图像效果。默认选项为“无”。

颜色调整选项：在该选项区域中有“红色”、“黄色”、“绿色”、“青色”、“蓝色”和“洋红”6个颜色调整选项，每个颜色选项对应着图像转换前彩色部分的颜色。调整某个颜色的数值，图像中对应部分的亮度会随之改变。

如果希望调整图像中某个部分的亮度层次，可以将光标移到图像窗口中，在要调整的颜色上单击，“黑白”对话框中会自动选中对应部分的颜色，这时再调整该颜色项的数值，会改变图像中所选择颜色部分的亮度层次。数值的调整范围为－200%～300%，负值时降低亮度，正值时增加亮度。

单击“自动”按钮，Photoshop会根据图像的颜色进行不同色彩通道的适配调整图像，6个颜色控制选项也会随之变化。

色调：在该选项组中，可以为转换后的黑白图像添加颜色。选择该复选框后，“色相”和“饱和度”选项变成可用状态。通过调整这两个选项的数值，可以给图像添加单色调效果。

例如，打开一个图像文件。打开“调整”面板，单击“黑白”按钮，打开“黑白”选项面板，调整各选项的值，效果及选项设置如图所示。

“变化”命令

使用“变化”命令可以很直观地调整图像的色彩平衡、对比度和饱和度。如果要平均图像的色调或不要求很精确的调节时，可以使用“变化”命令快速地完成图像处理。“变化”命令不适用于索引颜色模式的图像。执行“图像”→“调整”→“变化”命令，弹出“变化”对话框，如下图所示。

在该对话框左上角的两个缩略图是“原稿”和“当前挑选”，显示了原始图像和调整以后的图像。第一次打开“变化”对话框时，“原稿”和“当前挑选”是相同的。调整参数选项时，“当前挑选”会随着调整的变化而变化，可以很直观地查看和对比调整前后的图像效果。单击“原稿”缩略图，可将”当前挑选“的缩略图恢复为原始图像效果。

该对话框中的左下方区域有7个缩略图，中间的“当前挑选”缩略图与左上角的“当前挑选”缩略图的作用相同，用于显示调整后的图像效果。其他6个缩略图对应着3对互补色，单击其中任一缩略图，就可以增加与该缩略图相对应的颜色。该对话框右侧的3个缩略图用来调整图像的亮度，单击“较亮”或“较暗”缩略图时可以增加或降低图像的亮度。

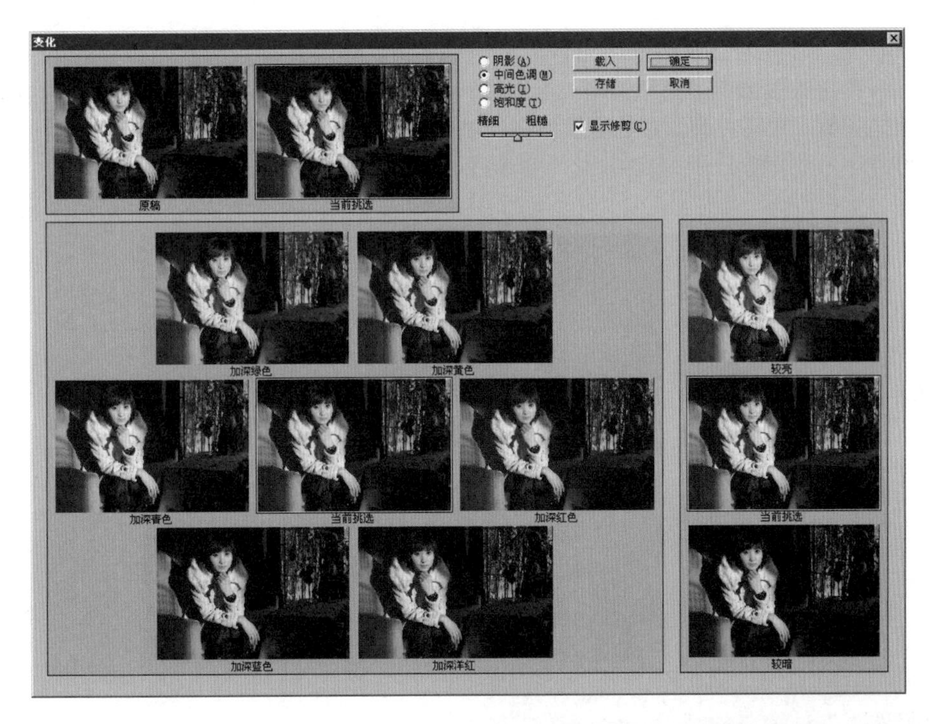

“反相”命令

“反相”命令可以反转图像的颜色。在反相图像时，通道中每个像素的亮度值都将转换为与之互补的亮度值。执行“图像”→“调整”→“反相”命令，或者单击“调整”面板的“反相”按钮，即可应用“反相”命令，应用前后的效果对比如图所示。

"色调均化"命令

"色调均化"命令可以重新分配图像像素的亮度值，使其更均匀地表现所有的亮度级别。应用该命令时，ttv会查找图像中最亮和最暗的像素，将其中最暗的像素填充为黑色，最亮的像素填充为白色，并根据这些值，重新将图像中的亮度值进行映射处理，让其他颜色平均分布到所有的色阶上。图像执行"图像"→"调整"→"色调均化"命令后的效果如下图所示。

"阈值"命令

"阈值"命令可以将灰度或彩色图像转换为高对比度的黑白图像效果。执行"图像"→"调整"→"阈值"命令，会弹出"阈值"对话框。或者单击"调整"面板的"阈值"按钮，打开"阈值"选项面板进行调整，如图所示。

通过调整"阈值"选项的数值，可以调整转换后图像中白色区域和黑色区域的比例，其变化范围是1～255。图像中所有亮度值小于"阈值"选项数值的像素都将变成黑色，所有亮度值大于"阈值"选项数值的像素都将变为白色。

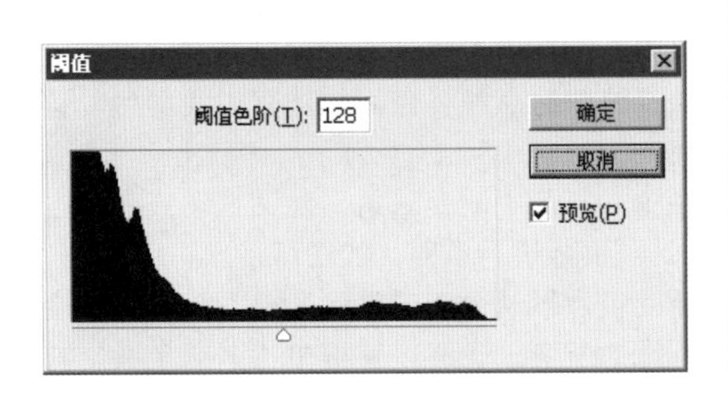

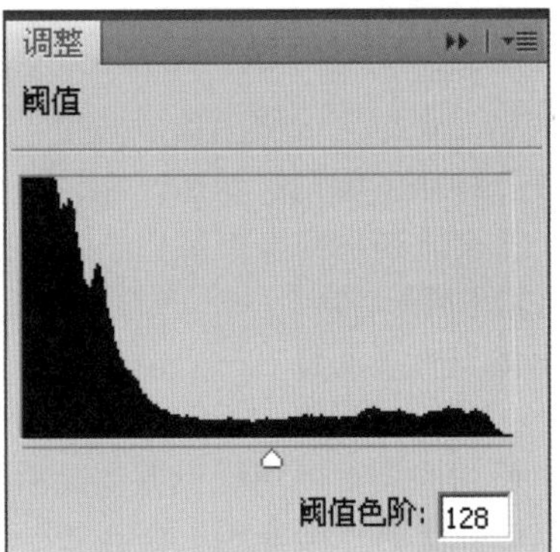

“色调分离”命令

“色调分离”命令，可以指定图像的色调级数，并按此级数将图像的像素映射为最接近的颜色。执行“图像”→“调整”→“色调分离”命令，弹出“色调分离”对话框。或者单击“调整”面板的“色调分离”按钮，打开“色调分离”选项面板进行调整，如图所示。

其中“色阶”选项的数值越小，单色效果越明显，数值越大则颜色的变化越细腻。

“去色”命令

“去色”命令可以将彩色图像中的颜色去掉，将图像转换为灰度图像，但是颜色模式并不改变。在色彩被除去的过程中，图像仍会保持原有的亮度值。执行“图像”→“调整”→“去色”命令后的图像效果如图所示。

"渐变映射"命令

"渐变映射"命令可以将图像的灰度范围映射到指定的渐变填充色上，可以将灰度或彩色图像转换成单色或几种颜色填充的状态。在转换过程中，图像中的暗调部分像素将映射到渐变色中起点的颜色，高光像素将映射到终点颜色，中间调像素映射起点和终点间的所有过渡颜色。该对话框中各选项的功能如下所示。

执行"图像"→"调整"→"渐变映射"命令，打开"渐变映射"对话框。或者单击"调整"面板的"渐变映射"按钮，打开"渐变映射"选项面板进行调整，如图所示。

灰度映射所用的渐变：用于设置要映射的渐变色，默认为"前景到背景"。单击渐变色条右侧的按钮，可以在弹出的"渐变色"面板中选择所需的渐变。也可以直接单击渐变色条，打开"渐变编辑器"自定义渐变颜色。

仿色：添加随机杂色以平滑渐变色填充的外观，从而减小带宽效果。

反向：将渐变色中的颜色位置向后应用映射到图像当中。

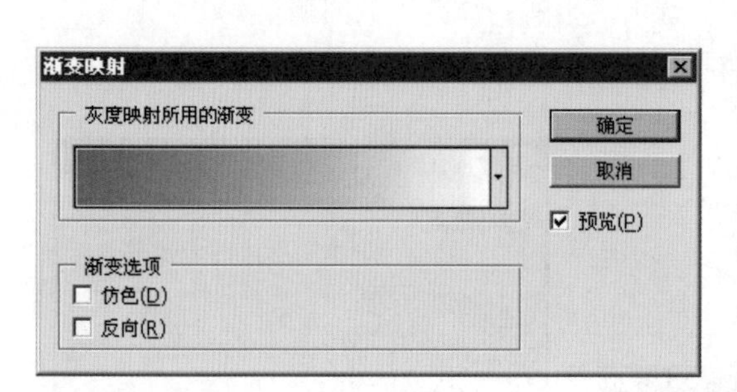

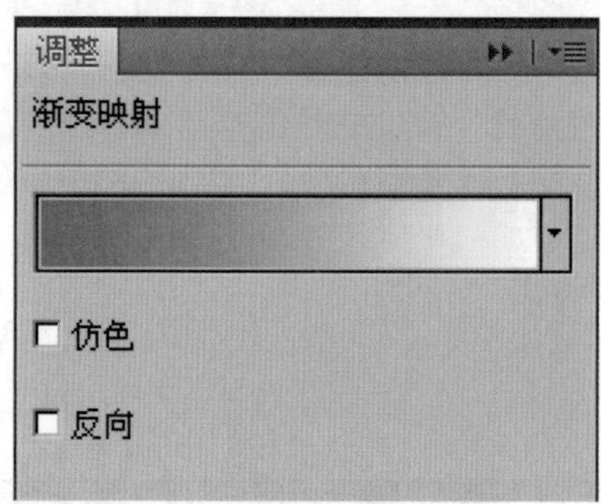

技巧提示

Photoshop中的工具可增强、修复和校正图像中的颜色和色调（亮度、暗度和对比度）。在调整颜色和色调之前，需要考虑下面一些事项：

（1）使用经过校准和配置的显示器。对于重要的图像编辑，显示器的校准和配置十分关键。

（2）尝试使用调整图层来调整图像的色调范围和色彩平衡。使用调整图层，可以返回并且可以进行连续的色调调整，而无须扔掉或永久修改图像图层中的数据。

（3）如果不使用调整图层，则可以直接将调整应用于图像图层。注意，当对图像图层直接进行颜色或色调调整时，会扔掉一些图像信息。

（4）对于至关重要的作品，为了尽可能多地保留图像数据，最好使用 16 位/ 通道图像（16 位图像），而不使用 8 位/ 通道图像（8 位图像）。当进行色调和颜色调整时，如果数据将被扔掉，那么8位图像中图像信息的损失程度比 16 位图像更严重。通常，16位图像的文件大小比 8 位图像大。

（5）复制图像文件。可以使用图像的备份进行工作，以便保留原件，以防需要使用原始状态的图像。

（6）在调整颜色和色调之前，请移去图像中的任何缺陷（例如，尘斑、污点和划痕）。

（7）在扩展视图 中打开" 信息" 或" 直方图" 面板。当评估和校正图像时，这两个面板上都会显示有关调整的重要反馈信息。

（8）可以通过建立选区或者使用蒙版来将颜色和色调调整限制在图像的一部分。另一种有选择性地应用颜色和色调调整的方法就是用不同图层上的图像分量来设置文档。颜色和色调调整一次只能应用于一个图层，并且只会影响目标图层上的图像图素。

Part 12（22-23小时）

使用“应用图像”命令为图像调色

【“应用图像”命令：30分钟】

【实例应用：90分钟】

使用“应用图像”命令制作梦幻人物特效　90分钟

12.1 “应用图像”命令

难度程度：★★★☆☆ 总课时：0.5小时

“应用图像”命令可以混合不同的复合图像，使另一个文件的通道与当前图像文件执行各种计算操作，从而产生图像合成的效果。

执行“图像”→“应用图像”命令，将弹出“应用图像”对话框，如图所示。该对话框中各选项的功能如下所示。

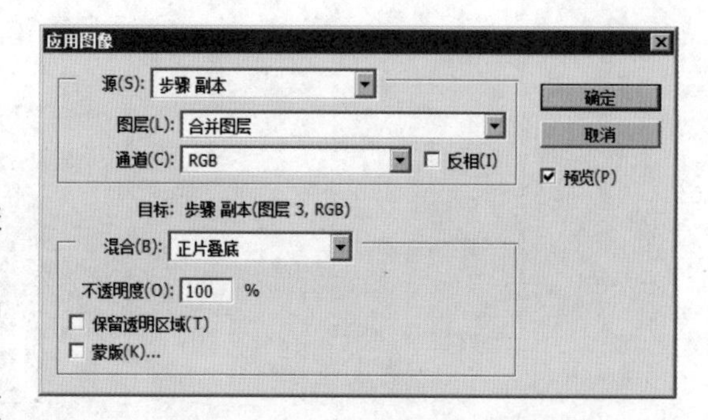

源：可以从中选择一幅源图像与当前图像进行混合。在其下拉列表中，会列出Photoshop当前已经打开的符合条件的图像文件名称，此项的默认设置为当前编辑的图像文件。

“源”栏中的“图层”选项：用于设置使用源文件中的哪一个层或“合并图层”来进行混合运算。如果图像中只有背景图层，则只能选取背景图层；如果有多个层，则该选项的下拉列表中会列出源文件中的各个图层。此时会显示“合并图层”选项，选择该选项表示选定源文件的所有图层来作为混合图层。

“源”栏中的“通道”选项：设置使用源文件中的哪一个通道来进行混合运算，默认为复合通道（RGB）。选择“反相”复选项，可以将所选择的通道反相处理后再进行混合运算。

混合：该选项的下拉列表框中列出了可以用于混合图像的运算模式，与图层混合模式的工作原理相同。该选项中增加了“相加”和“减去”混合模式，其作用分别是增加或减少不同通道中像素的亮度值。

不透明度：设置运算结果对源文件的影响程度，与“图层”面板中的“不透明度”选项功能相同，默认为100%。

保留透明区域：如果源文件中有透明图层，则该选项可用。选择该复选项后，可以保留透明区域，只对非透明区域进行合并运算。若在当前编辑图像中选择了背景层，则该选项不能使用。

蒙版：选择该复选项后，对话框中会增加蒙版设置选项。在“图像”选项中可以选择用于作为蒙版的图像文件。

“目标”栏中的“图层”选项的功能及设置与源文件的设置相同。在该栏的“通道”选项中除了可以选择文件的颜色通道外，还可以选择“灰色”选项来控制整体的亮度。

技巧提示

使用“应用图像”命令时要求两个图像文件必须具有完全相同的大小和分辨率。

12.2 实例应用

难度程度：★★★☆☆ 总课时：1.5小时
素材位置：12\实例应用\制作梦幻人物

演练时间：90分钟

使用“应用图像”命令制作梦幻人物特效

◉ 实例目标

本例由2部分组成：第1部分，多次运用“应用图像”命令进行颜色调整；第2部分，使用滤镜功能，制作成梦幻人物的特殊效果。

◉ 技术分析

本例将一张婚纱照片，通过多次运用“应用图像”命令进行颜色调整，再结合使用一些滤镜功能，制作成梦幻人物的特殊效果。希望读者通过本例能够体会“应用图像”命令这一特色功能的重要作用。

制作步骤

01 打开图片。打开随书光盘中的“素材 1”图像文件，此时的图像效果和“图层”面板如图所示。

02 在“图层”面板中拖动“背景”到“创建新图层”按钮上，释放鼠标，得到“背景副本”，如图所示。

03 切换到“通道”面板，在“通道”面板中选择“红”通道。此时的“通道”面板如图所示。

04 选择“红”通道后，执行“图像”→“应用图像”命令，设置弹出的对话框，如图所示。

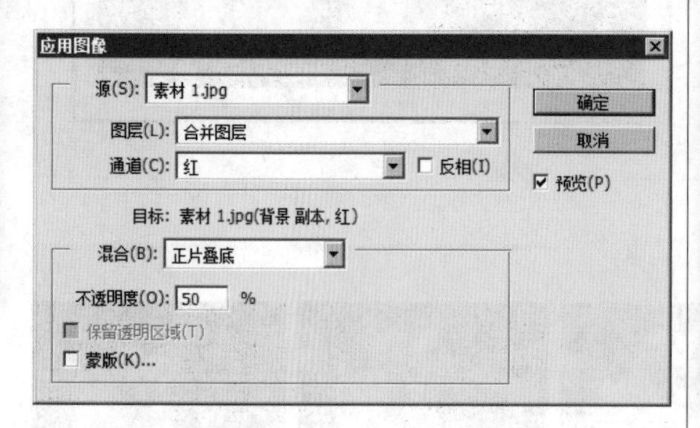

05 设置完该对话框后，单击“确定”按钮。此时的效果和“通道”面板如图所示。

06 在“通道”面板中单击“绿”通道，执行“图像”→“应用图像”命令，设置弹出的对话框，如图所示。

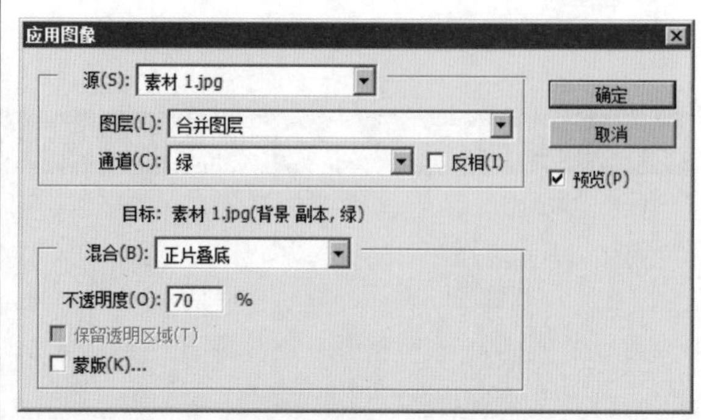

07 设置完该对话框后，单击“确定”按钮。此时的效果和“通道”面板如图所示。

08 修改“蓝”通道。在“通道”面板中单击“蓝”通道，执行“图像”→“应用图像”命令，设置弹出的对话框，如图所示。

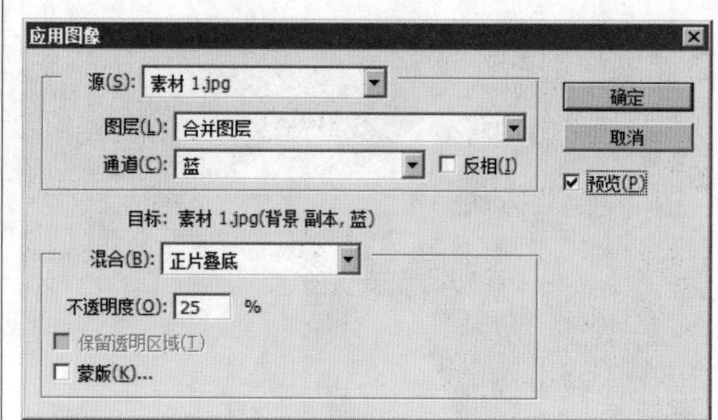

09 设置完该对话框后，单击“确定”按钮。此时的效果和“通道”面板如图所示。

10 单击“创建新的填充或调整图层”按钮，在弹出的菜单中选择“曲线”命令，此时在弹出“调整”面板的同时得到图层“曲线 1”。在“调整”面板中设置“曲线”命令的参数，如图所示。

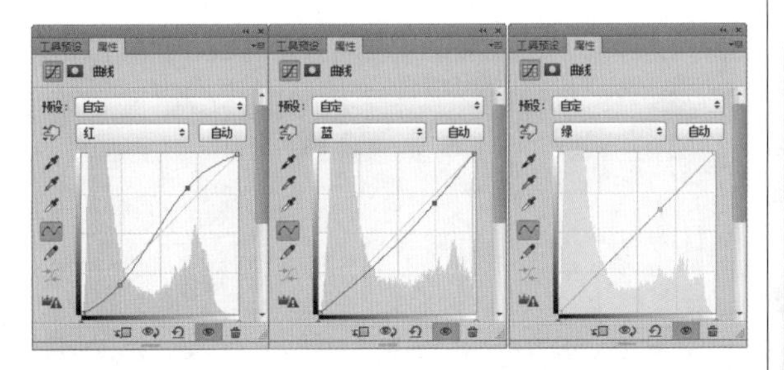

11 在“调整”面板中设置完“曲线”命令的参数后，关闭“调整”面板。此时的图像效果和“图层”面板如图所示。

12 按【Ctrl+Shift+Alt+E】快捷键，执行“盖印”操作，得到“图层 1”。执行“滤镜”→“模糊”→“高斯模糊”命令，设置弹出对话框中的参数后，单击“确定”按钮，得到如图所示的效果。

13 设置“图层 1”的图层混合模式为“柔光”，得到如图所示的效果。

14 按【Ctrl+Shift+Alt+E】快捷键，执行“盖印”操作，得到“图层 2”。使用“移动工具”，将图像向下拖动到如图所示的位置。

15 设置前景色的颜色值为（R:37 G:0 B:0），选择“矩形工具”，在画面的上方边缘和下方边缘绘制两个黑色长条矩形，得到“形状 1”，如图所示。

16 选择“图层 2”，单击“创建新的填充或调整图层”按钮，在弹出的菜单中选择“曲线”命令，此时在弹出“调整”面板的同时得到图层“曲线 2”。在“调整”面板中设置“曲线”命令的参数，如图所示。

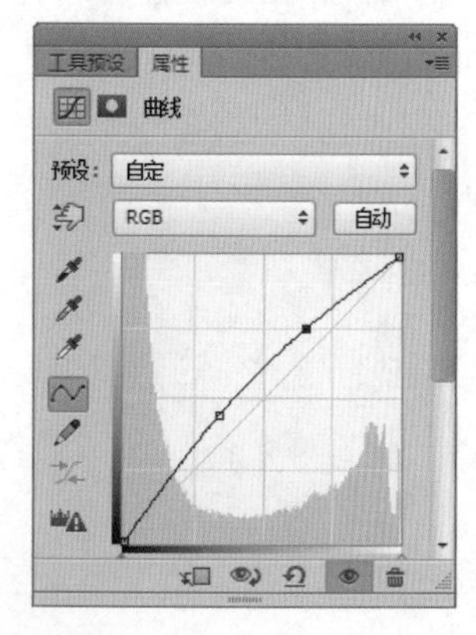

17 在“调整”面板中设置完“曲线”命令的参数后，关闭“调整”面板。此时的图像效果如图所示。

18 单击“创建新的填充或调整图层”按钮，在弹出的菜单中选择“曲线”命令，此时在弹出“调整”面板的同时得到图层“曲线 3”。在“调整”面板中设置“曲线”命令的参数，如图所示。

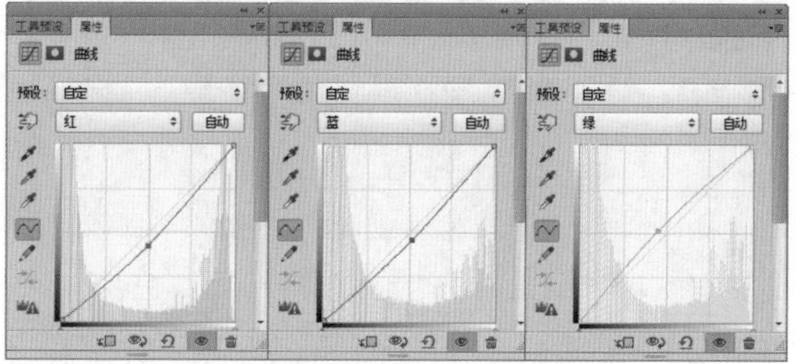

19 在“调整”面板中设置完“曲线”命令的参数后，关闭“调整”面板。此时的图像效果和“图层”面板如图所示。

20 单击“曲线 3”的图层蒙版缩览图，设置前景色为黑色，选择“画笔工具”，设置适当的画笔大小和透明度后，在图层蒙版中涂抹，得到如图所示的效果。

21 单击“创建新的填充或调整图层”按钮，在弹出的菜单中选择“通道混合器”命令，此时在弹出“调整”面板的同时得到图层“通道混合器 1”。在“调整”面板中设置“通道混合器”命令的参数，如图所示。

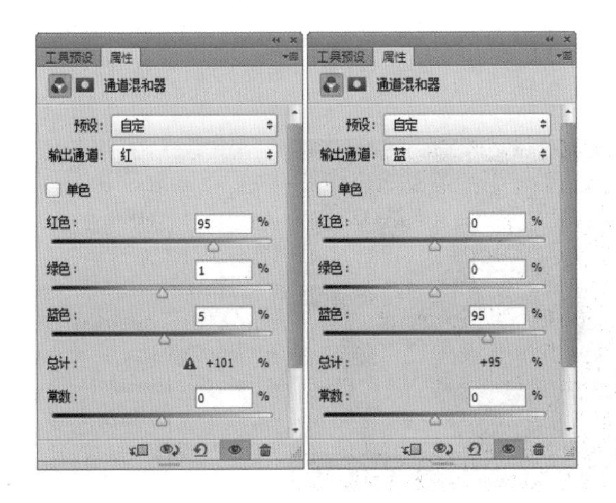

22 在“调整”面板中设置完“通道混合器”命令的参数后，关闭“调整”面板。此时的图像效果和“图层”面板如图所示。

23 单击“创建新的填充或调整图层”按钮，在弹出的菜单中选择“渐变”命令，设置弹出的对话框，如图所示。在该对话框的编辑渐变颜色选择框中单击，可以弹出“渐变编辑器”对话框，在此可以编辑渐变的颜色。

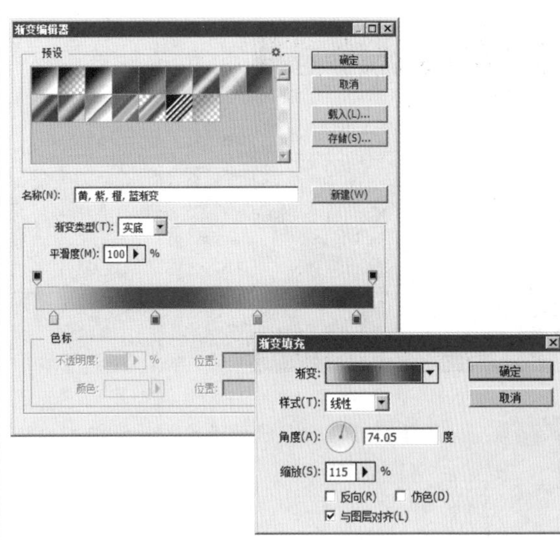

24 设置完该对话框后，单击“确定”按钮，得到图层“渐变填充1”。此时的效果如图所示。

25 设置“渐变填充 1”的图层混合模式为“柔光”，图层的不透明度为“50%”，得到如图所示的效果。

26 新建一个图层，得到“图层 3”，将前景色设置为黑色，背景色设置为白色。选择“滤镜”→“渲染”→“云彩”命令，按【Ctrl+F】快捷键多次重复运用云彩命令，得到类似如图所示的效果。

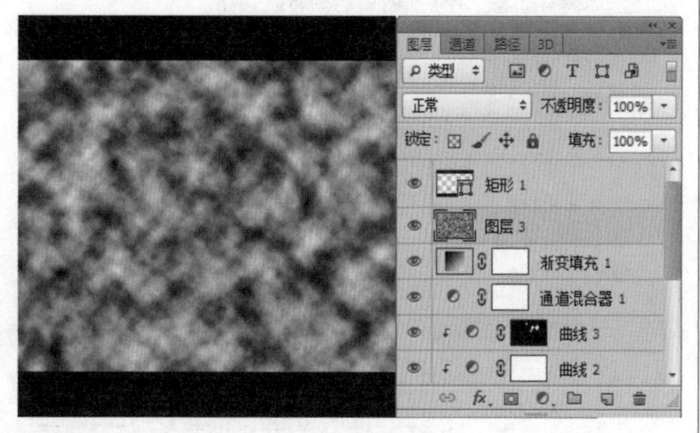

27 设置“图层 3”的图层混合模式为“叠加”，将图像融入到背景中，得到如图所示的效果。

28 单击“添加图层蒙版”按钮，为“图层 3”添加图层蒙版，设置前景色为黑色。选择“画笔工具”，设置适当的画笔大小和透明度后，在图层蒙版中涂抹，将不需要的部分隐藏起来，即可得到如图所示的效果。

29 单击“创建新的填充或调整图层”按钮，在弹出的菜单中选择“渐变”命令，设置弹出的对话框，如图所示。在该对话框的编辑渐变颜色选择框中单击，可以弹出“渐变编辑器”对话框，在此可以编辑渐变的颜色。

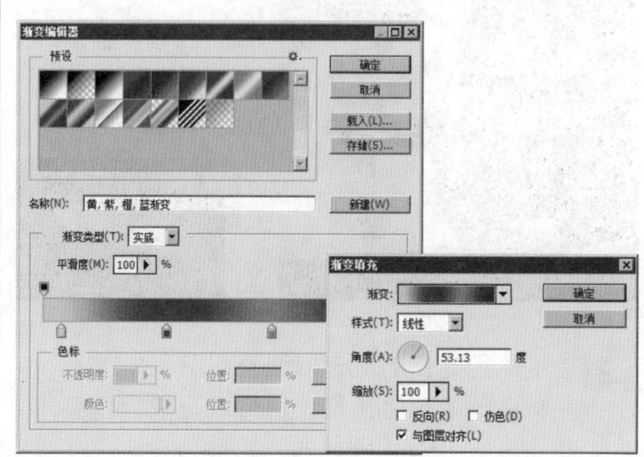

30 设置完该对话框后，单击“确定”按钮，得到图层“渐变填充 2”。按【Ctrl+Alt+G】快捷键，执行“创建剪贴蒙版”操作，此时的效果如图所示。

31 设置“渐变填充 2”的图层混合模式为“颜色”，得到如图所示的最终效果。

Part 13（24-25小时）

使用图层混合模式合成图像

【图层混合模式：60分钟】

【实例应用：60分钟】

使用图层混合模式制作图像合成效果　　60分钟

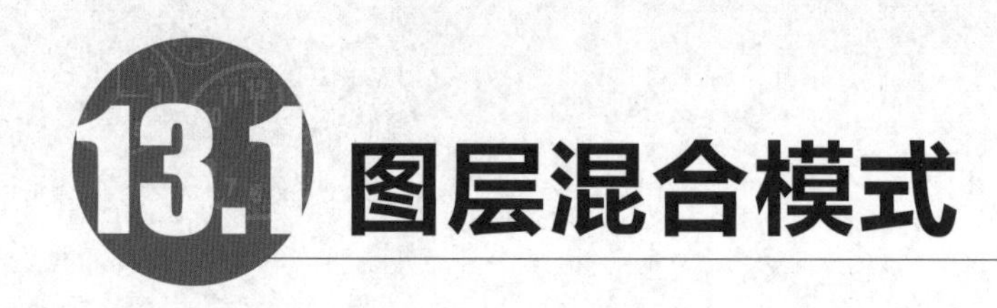

13.1 图层混合模式

难度程度：★★★☆☆ 总课时：1小时
素材位置：13\图层混合模式\示例图

在进行图层之间的操作时，尤其在进行图像的合成时，Photoshop有一个重要的图层功能是不可忽视的，那就是图层混合模式。

在Photoshop中，我们经常要用到图层的模式，它对影像的合成起着很大的作用。系统默认状态为正常模式。灵活地运用各种图层模式，可使我们创作出美妙的、意想不到的图像效果。

什么是图层混合模式呢？简单来说就是当前图层与下面图层的颜色进行混合的方式。图层的混合模式确定了其像素如何与图像中的下层像素进行混合。使用混合模式可以创建各种特殊效果。

基础型混合模式

此类混合模式包括“正常”和“溶解”两种混合模式，其共同点在于都是利用图层的“不透明度”以及“填充不透明度”来控制与下面的图像进行混合。这两种不透明度的参数值越低，就越能显示下方图层的图像。

正常模式：它是系统的默认模式。当选择此模式后，上一图层完全覆盖下一图层。当然，也可以通过调节“不透明度”选项来不同程度地显示下层内容，如图所示。从“图层”面板中选取正常模式，然后用鼠标拖动“不透明度”选项右侧的三角按钮来设定不同的透明度。

溶解模式：这种模式是根据每个像素点所在位置透明度的不同，随机以当前图层的颜色取代下层。透明度越大，溶解效果越明显，如图所示。

降暗图像型混合模式

此类混合模式包括“变暗”、“正片叠底”、“颜色加深”、“线性加深”和“深色”5种混合模式，它们主要通过滤除图像中的亮调图像，从而达到使图像变暗的目的，如图所示。

变暗模式：在此模式下，当前图层中的较暗像素将会代替下层中与之相应的较亮像素，而且下层中较暗部分将会代替当前图层中的较亮部分，因此叠加后整体图像呈暗色调。

变暗　　正片叠底　　颜色加深　　线性加深　　深色

正片叠底模式：在此模式下，会将当前图层颜色的像素值与下一图层同一位置颜色的像素值相乘，然后再除以255，之后得到的结果就是最终的效果。混合后效果的颜色通常保留了当前图层和下方图层颜色较深的部分。这样我们便可以导出一个公式：最终效果=下一图层的像素值×当前图层的像素值÷255。

颜色加深模式：主要是查看每个通道的颜色信息，通过增加其对比度，使下一图层的颜色变暗以反映上一图层的颜色。上一图层如果是白色，对下一图层没有影响。

线性加深模式：主要是查看每个通道的颜色信息，通过降低其亮度，使下一图层的颜色变暗以反映当前图层的颜色，下一图层与白色混合时没有变化。

深色模式：混合时将当前图层与下方图层之间的明暗色进行比较，较暗一层的像素取代较亮一层的像素。

提亮图像型混合模式

此类混合模式包括“变亮”、“滤色”、“颜色减淡”、“线性减淡”和“浅色”5种混合模式。与上面的降暗图像型混合模式刚好相反，此类混合模式主要通过滤除图像中的暗调图像，从而达到使图像变亮的目的。右图为原始图像，下图为设置不同混合模式后的效果。

变亮模式：与变暗模式相反，混合时取当前图层颜色与下方图层颜色中较亮的颜色。下一图层中较暗的像素被当前图层中较亮的像素所取代，而较亮的像素不变，因此叠加后的图像整体为亮色调。

变亮　　滤色

颜色减淡　　线性减淡　　浅色

滤色模式：与正片叠底模式刚好相反，它将当前图层颜色与下一图层颜色的互补色相乘，然后再除以255，得到的结果就是最终的效果。该模式转换后的颜色一般比较浅，通常能够得到一种漂白图像中颜色的效果。我们可以导出这样一个公式：最终效果=下一图层互补色的像素值×当前层互补色的像素值÷255。下一图层与黑色混合时没有变化。

颜色减淡模式：主要是查看每个通道的颜色信息，通过增加其对比度，使下一图层的颜色变亮来反映当前图层的颜色。若当前图层为白色时，下一图层变白；若上一图层为黑色时，下一图层无变化。

线性减淡模式：主要是查看每个通道的颜色信息，加亮所有通道的基色，并通过降低其他颜色的亮度来反映混合颜色。该模式对于黑色无效。

浅色模式：选择浅色模式，与深色模式正好相反，较亮一层的像素将取代较暗一层的像素。

融合图像型混合模式

此类混合模式包括“叠加”、“柔光”、“强光”、“亮光”、“线性光”、“点光”和“实色混合”7种混合模式，主要用于不同程度地对上、下两图层中的图像进行融合。另外，此类混合模式还可以在一定程度上提高图像的对比度。下图为设置不同混合模式后的效果。

叠加　柔光　强光

亮光　线性光　点光　实色混合

叠加模式：是将当前图层的颜色与下方图层的颜色叠加，保留下方图层颜色的高光和阴影部分。下方图层的颜色没有被取代，而是和当前图层的颜色混合来体现原图的亮度和暗部。

柔光模式：是根据当前图层颜色的明暗程度来决定最终的效果是变亮还是变暗。如果当前图层的颜色比50%的灰要亮，那么原图像变亮；如果当前图层的颜色比50%的灰要暗，原图像就会变暗；如果当前图层有纯黑和纯白色，生成的最终色不是黑色或白色，而是稍微变暗或变亮。

强光模式：当前图层的颜色比50%的灰要亮，则选取该模式后原图像变亮，就可增加图像的高光；若当前图层的颜色比50%的灰要暗，则该模式可使图像的暗部更暗。前层如果有纯黑或纯白色时，此时会产生明显变暗或变亮的区域，但不会出现纯黑或纯白色。

亮光模式：根据当前图层的颜色，通过增加或降低对比度来加深或减淡颜色。如果当前图层的颜色比50%的灰亮，图像通过降低对比度被照亮；如果当前图层的颜色比50%的灰暗，图像通过增加对比度变暗。

线性光模式：根据当前图层的颜色，通过增加或降低亮度来加深或减淡颜色。若当前图层的颜色比50%的灰亮，图像通过增加亮度被照亮；若当前图层的颜色比50%的灰暗，图像通过降低亮度变暗。

点光模式：根据当前图层的颜色替换颜色。若当前图层的颜色比50%的灰亮，当前图层的颜色被替换，比当前图层颜色亮的像素不变化。若当前图层颜色比50%的灰暗，比当前图层颜色暗的像素被替换，比当前图层颜色暗的像素不变化。

实色混合模式：将混合颜色的红色、绿色和蓝色通道值添加到基色的 RGB 值。如果通道的结果总和大于或等于 255，则值为 255 ；如果小于 255，则值为 0。因此，所有混合像素的红色、绿色和蓝色通道值要么是 0，要么是 255。这会将所有像素更改为原色：红色、绿色、蓝色、青色、黄色、洋红、白色或黑色。

变异图像型混合模式

此类混合模式包括“差值”和“排除”两种混合模式，主要用于制作各种异象效果。下图第一张为原始图像，下图后两张为设置不同混合模式后的效果。

其中，差值模式是比较当前图层颜色与下方图层的颜色的亮度，以较亮颜色的像素值减去较暗颜色的像素值，差值为最后效果的像素值。当前图层的颜色为白色，可使下方图层的颜色反相；当

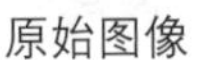

原始图像

差值

排除

前图层的颜色为黑色，则原图的亮度降低。

排除模式与差值模式的效果相类似，但更柔和。

色彩叠加型混合模式

此类混合模式包括“色相”、“饱和度”、“色彩”和“明度”4种混合模式，它们主要是依据图像的色相、饱和度等基本属性，完成与下面图像之间的混合。下图为设置不同混合模式后的效果。

色相

饱和度

色彩

明度

●选择色相模式，最终图像的像素值是由下方图层的亮度和饱和度值及当前图层的色相值构成的。混合后的亮度及饱和度与下方图层相同，但色相则由当前图层的颜色决定。

●选择饱和度模式，最终图像的像素值是由下方图层的亮度和色相值及当前图层的饱和度值构成的。若当前图层的饱和度为零，则原图的饱和度也为零。混合后的色相及明度与下方图层相同。

●选择色彩模式，最终图像的像素值是由下方图层的亮度及当前图层的色相和饱和度值构成的。混合后的明度与下方图层相同，混合后的颜色由当前图层的颜色决定。

●选择明度模式，最终图像的像素值是由下方图层的色相和饱和度值及当前图层的亮度构成的。

13.2 实例应用

难度程度：★★★☆☆ 总课时：1小时
素材位置：13\实例应用\制作图像合成效果

演练时间：60分钟

使用图层混合模式制作图像合成效果

◉ 实例目标

本例由2部分组成：第1部分，组合素材文件，合成图像效果；第2部分，使用“图层混合模式”调整图像效果，最终达到最佳效果。

◉ 技术分析

本例是将一个斑驳的墙壁背景和一张美女图像结合在一起，制作出一幅怀旧主题的创意设计作品。在本例的制作过程中，充分展示了图层混合模式合成图像的特点，希望读者通过本例能够体会图层混合模式这一特色功能的重要作用。

制作步骤

01 新建文档。执行菜单“文件”→“新建”命令(或按【Ctrl+N】快捷键)，设置弹出的“新建”对话框，如图所示，单击“确定”按钮，即可创建一个新的空白文档。

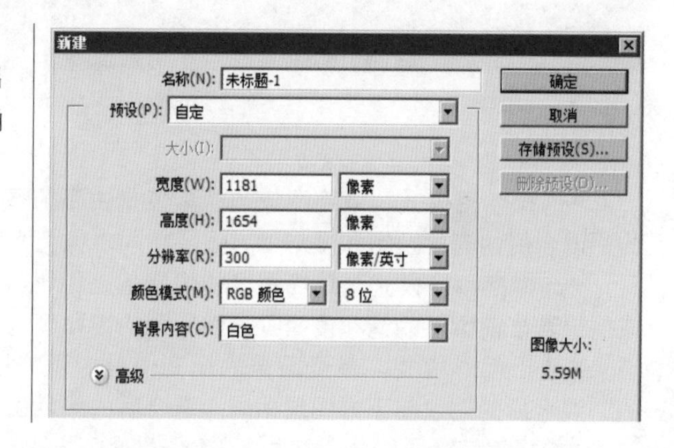

02 打开图片。打开随书光盘中的“素材 1”图像文件，使用“移动工具”将图像拖动到第1步新建的文件中，得到“图层 1”。按【Ctrl+T】快捷键，变换图像到如图所示的状态。

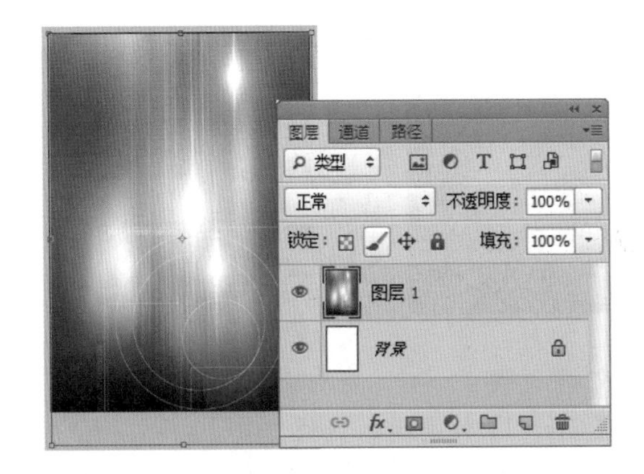

03 打开图片。打开随书光盘中的“素材 2”图像文件，使用“移动工具”将图像拖动到第1步新建的文件中，得到“图层 2”。按【Ctrl+T】快捷键，变换图像到如图所示的状态。

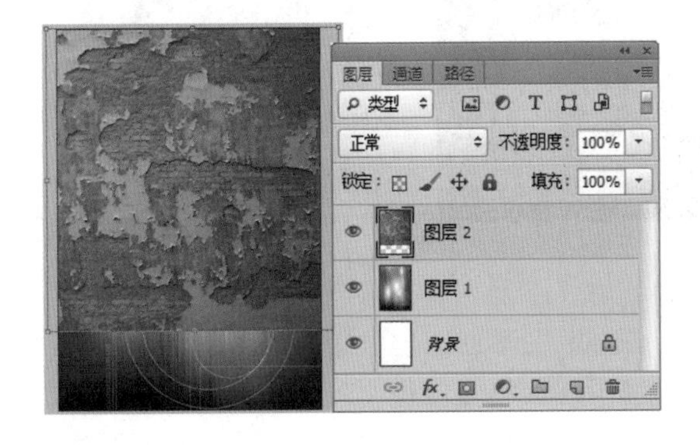

04 单击“添加图层蒙版”按钮，为“图层 2”添加图层蒙版，设置前景色为黑色，背景色为白色。选择“渐变工具”，设置渐变类型为从前景色到背景色，在图层蒙版中从上往下绘制渐变，添加渐变图层蒙版后的图像效果如图所示。

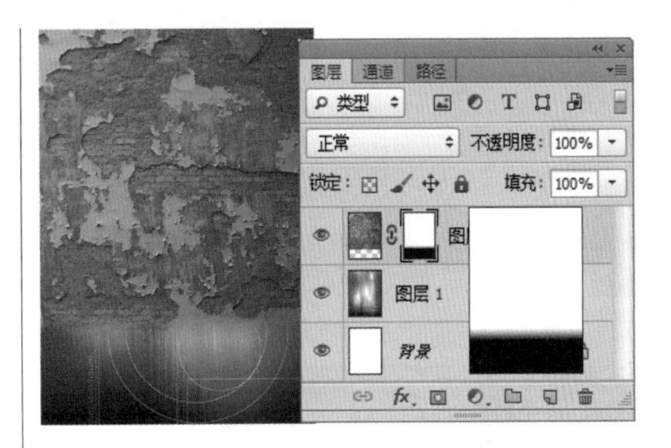

05 选择“图层 2”为当前操作图层，按【Ctrl+J】快捷键，复制“图层 2”，得到“图层 2 副本”。设置其图层混合模式为“叠加”，得到如图所示的效果。

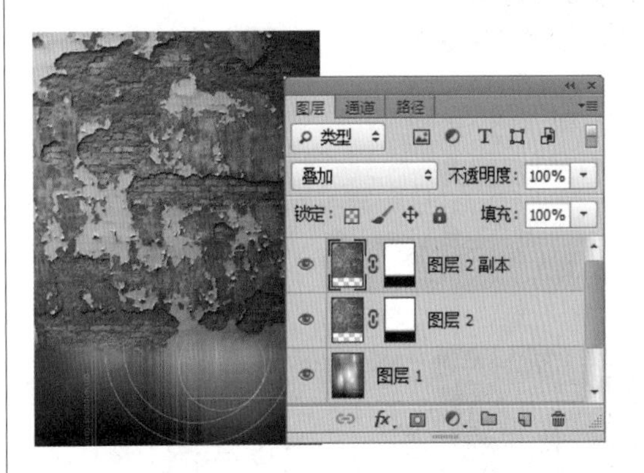

06 打开图片。打开随书光盘中的“素材 3”图像文件，使用“移动工具”将图像拖动到第1步新建的文件中，得到“图层 3”。按【Ctrl+T】快捷键，变换图像到如图所示的状态。

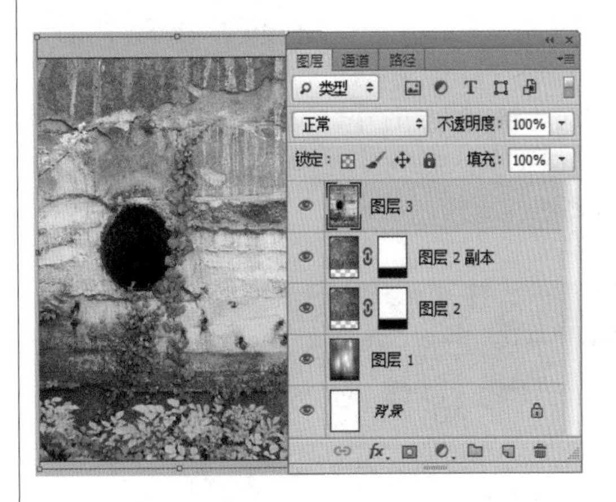

07 单击“添加图层蒙版”按钮，为“图层3”添加图层蒙版，设置前景色为黑色。选择“画笔工具”，设置适当的画笔大小和透明度后，在图层蒙版中涂抹，将不需要的部分隐藏起来，即可得到如图所示的效果。

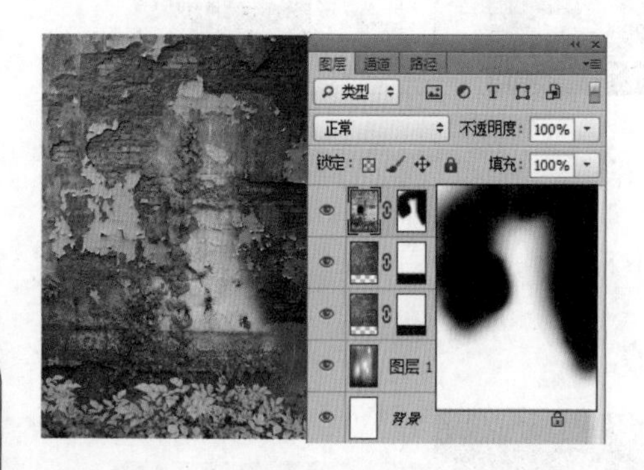

08 选择“图层 3”为当前操作图层。按【Ctrl+J】快捷键，复制“图层 3”，得到“图层 3副本”。设置其图层混合模式为“柔光”，得到如图所示的效果。

09 打开图片。打开随书光盘中的“素材 4”图像文件,使用“移动工具”将图像拖动到第1步新建的文件中，得到“图层 4”。按【Ctrl+T】快捷键，变换图像到如图所示的状态。

10 设置图层混合模式。设置“图层 4”的图层混合模式为“叠加”，将人物融合到背景中，得到如图所示的效果。

11 选择“图层 4”为当前操作图层。按【Ctrl+J】快捷键，复制“图层 4”，得到“图层 4 副本”。设置其图层混合模式为“正片叠底”，得到如图所示的效果。

12 单击“添加图层蒙版”按钮，为“图层4 副本”添加图层蒙版，设置前景色为黑色，背景色为白色。使用“渐变工具”设置渐变类型为从前景色到背景色，绘制从左往右渐变，效果如图所示。

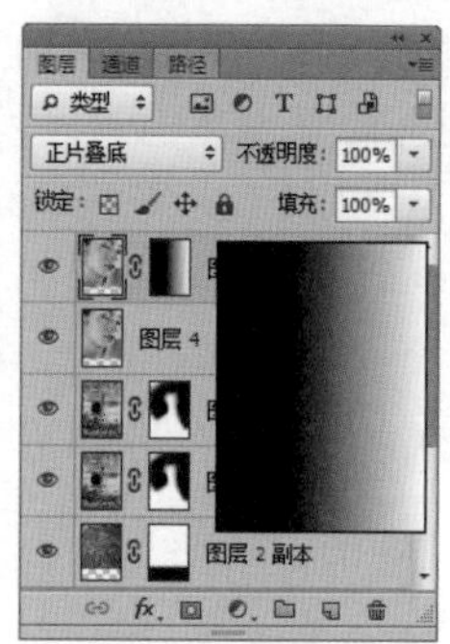

13 选择“图层 4 副本”为当前操作图层。按【Ctrl+J】快捷键，复制“图层 4 副本”，得到“图层 4 副本 2”。设置其图层混合模式为“柔光”，得到如图所示的效果。

14 打开图片。打开随书光盘中的“素材 5”图像文件，使用“移动工具”将图像拖动到第1步新建的文件中，得到“图层 5”。按【Ctrl+T】快捷键，变换图像到如图所示的状态。

15 打开随书光盘中的“素材 6”图像文件，如图所示。

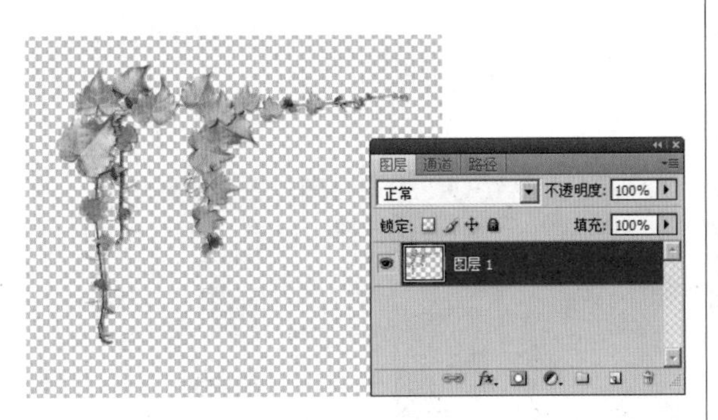

16 使用“移动工具”将图像拖动到第1步新建的文件中，得到“图层 6”。按【Ctrl+T】快捷键，变换图像到如图所示的状态。

17 打开随书光盘中的“素材 7”图像文件，如图所示。

18 使用“移动工具”将图像拖动到第1步新建的文件中，得到“图层 7”。按【Ctrl+T】快捷键，变换图像到如图所示的状态。

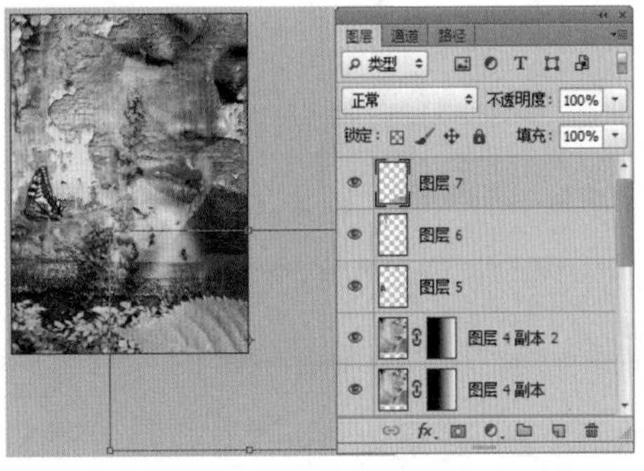

19 打开随书光盘中的“素材 8”图像文件,如图所示。

20 使用“移动工具”将图像拖动到第1步新建的文件中，得到“图层 8”。按【Ctrl+T】快捷键，变换图像到如图所示的状态。

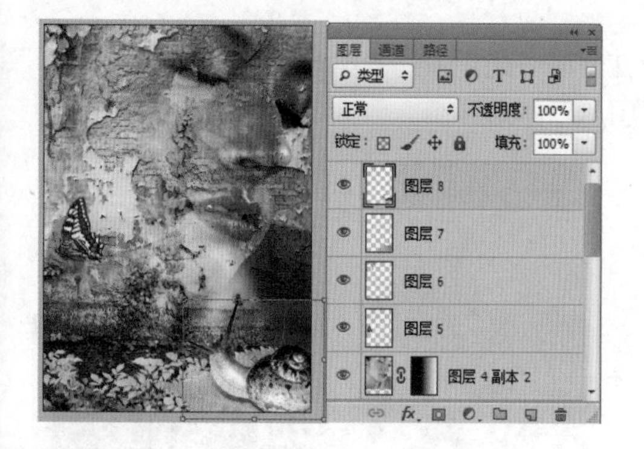

21 单击“创建新的填充或调整图层”按钮，在弹出的菜单中选择“通道混合器”命令，此时在弹出“调整”面板的同时得到图层“通道混合器 1”。在“调整”面板中设置“通道混合器”命令的参数，如图所示。

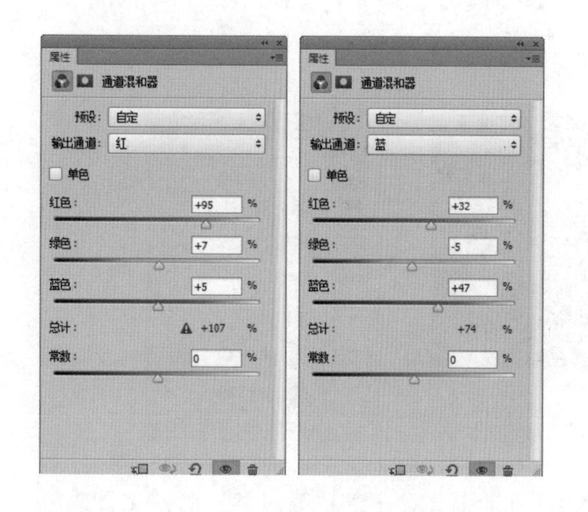

22 在“调整”面板中设置完“通道混合器”命令的参数后，关闭“调整”面板。此时的图像效果和“图层”面板如图所示。

23 单击“创建新的填充或调整图层”按钮，在弹出的菜单中选择“色相/饱和度”命令，此时在弹出“调整”面板的同时得到图层“色相/饱和度 1”。在“调整”面板中设置完“色相/饱和度”命令的参数后，关闭“调整”面板。此时的效果如所示。

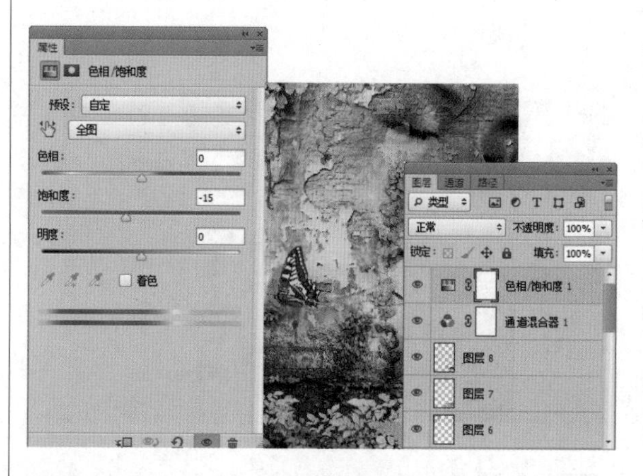

24 按【Ctrl+Shift+Alt+E】快捷键，执行“盖印”操作，得到“图层 9”。设置其图层的不透明度为60%，图层混合模式为“柔光”，得到如图所示的效果。

Part 14（26-27小时）

设置混合选项合成图像

【混合选项：60分钟】

【实例应用：60分钟】

使用混合选项制作图像合成效果　60分钟

14.1 混合选项

难度程度：★★★☆☆ 总课时：1小时
素材位置：14\混合选项\示例图

与图层混合模式、图层蒙版相比，使用图层混合选项来合成图像的频率较低；但在一些特殊的情况下，借助这些选项参数可以快速完成我们需要得到的效果。下面将针对几个常用且好用的高级混合功能，例如“填充不透明度”、混合颜色带，以及“挖空”选项等进行详细讲解。

执行“图层”→“图层样式”→“混合选项”命令，如图所示，弹出如图所示的对话框，可以在该对话框中进行各混合选项的设定。在该对话框右侧提供了“常规混合”和“高级混合”选项。

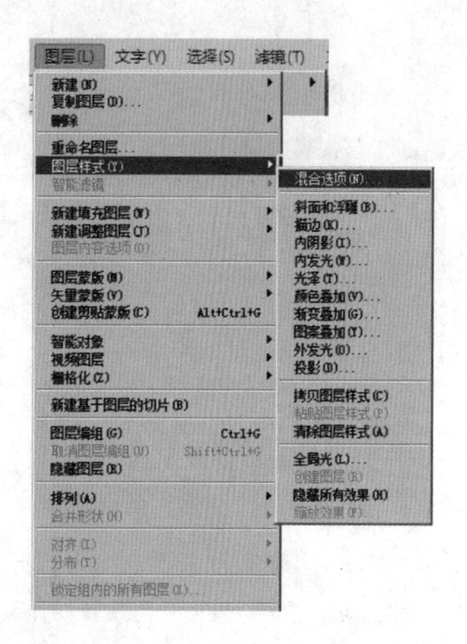

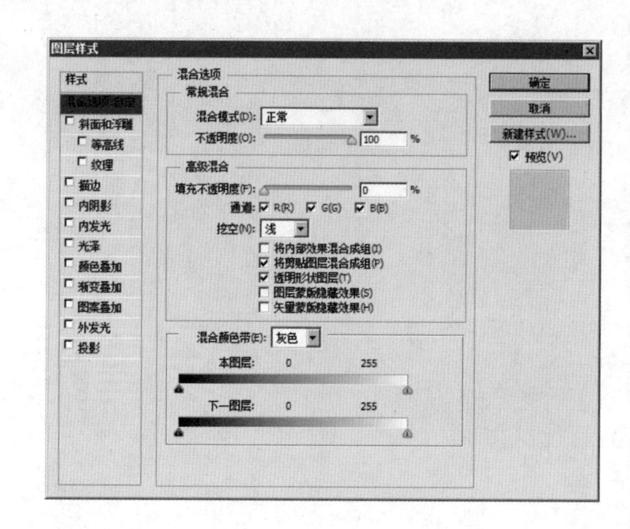

高级混合设定

在“高级混合”栏中，可以分别对图像的通道进行更详细的图层混合设定，具体如下所示。

“填充不透明度”选项：此选项只对图层中的图像设定不透明度，对图层中的图层样式特效不起作用。

“通道”选项：可以对不同通道进行混合。

“挖空”选项：用来设定穿透某图层是否看到其他图层的内容。选择“无”表示没有挖空效果；“浅”表示图像向下挖空到“图层组”最下方的一个图层为止；选择“深”表示图像向下挖空到所有图层。“填充不透明度”为0%，“挖空”为“无”和“浅”的两种效果，如图所示。

混合颜色带设定

混合颜色带可以用来设定图层上图像像素的色阶显示范围，或是设定该图层下面的图像被覆盖像素的色阶显示范围。

在混合颜色带下面可以看到两个灰色渐变条，用来表示图层的色阶从0～255，灰色条下方有两个三角滑块。在“本图层”中，可以通过拖动三角滑块来显示或隐藏当前图层的图像像素。在“下一图层”中，可以通过拖动三角滑块来调整下面图层的图像像素的亮部或暗部而不让上面图层覆盖。黑色三角滑块代表图层的暗部像素，白色三角滑块代表图层的亮部像素。我们可以移动“本图层”灰色条上的白色三角滑块。另外，还可以通过按住【Alt】键的同时拖动三角滑块，这样三角滑块被分开，可使图像上下两层颜色的过渡更平滑，如图所示。

移动白色三角滑块　　“图层”面板　　分开白色三角滑块

技巧提示

图层混合模式快捷键

按【Shift++】快捷键（向前）和【Shift+-】快捷键（向后）可在各种图层合成模式之间切换。还可以按【Alt+Shift+某一字母】快捷键快速切换合成模式。

N=正常、I=溶解、M=正片叠底、S=屏幕、O=叠加、F=柔光、H=强光、D=颜色减淡、B=颜色加深、K=变暗、G=变亮、E=差值、X=排除、U=色相、T=饱和度、C=颜色、Y=亮度、Q=背后、L=阈值、R=清除、W=暗调、V=中间调、Z=高光。

14.2 实例应用

难度程度：★★★☆☆ 总课时：1小时
素材位置：14\实例应用\使用混合选项

演练时间：60分钟

使用混合选项制作图像合成效果

◉ 实例目标

本例由2部分组成：第1部分，导入素材图片，组合画面；第2部分，使用混合选项制作图像的合成效果。

◉ 技术分析

本例是将一页发黄的纸张和一张古典建筑图通过使用混合选项融合在一起，制作出一幅古典风格的合成艺术作品。希望读者通过本例能够体会混合选项这一特色功能的重要作用。

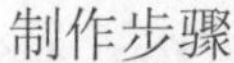

制作步骤

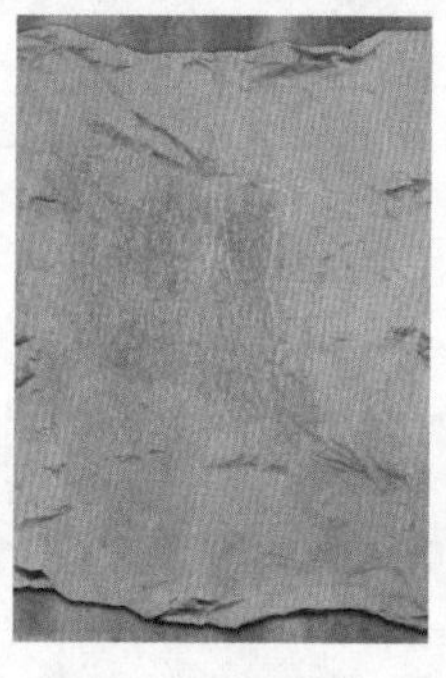

01 新建文档。执行菜单“文件”→“新建”命令(或按【Ctrl+N】快捷键)，设置弹出的“新建”对话框，如图所示，单击“确定”按钮，即可创建一个新的空白文档。

新建
名称(N): 未标题-1　　确定
预设(P): 自定　　取消
大小(I):　　存储预设(S)...
宽度(W): 1000 像素　　删除预设(D)...
高度(H): 1458 像素
分辨率(R): 300 像素/英寸
颜色模式(M): RGB 颜色 8位
背景内容(C): 白色　　图像大小: 4.17M
高级

02 打开图片。打开随书光盘中的“素材 1”图像文件，使用“移动工具”将图像拖动到第1步新建的文件中，得到“图层 1”。按【Ctrl+T】快捷键，变换图像到如图所示的状态，按【Enter】键确认操作。

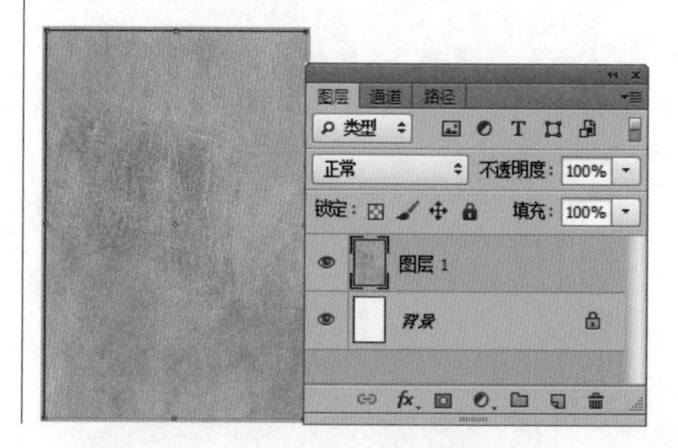

03 打开图片。打开随书光盘中的“素材 2”图像文件，使用“移动工具”将图像拖动到第1步新建的文件中，得到“图层 2”。按【Ctrl+T】快捷键，变换图像到如图所示的状态。

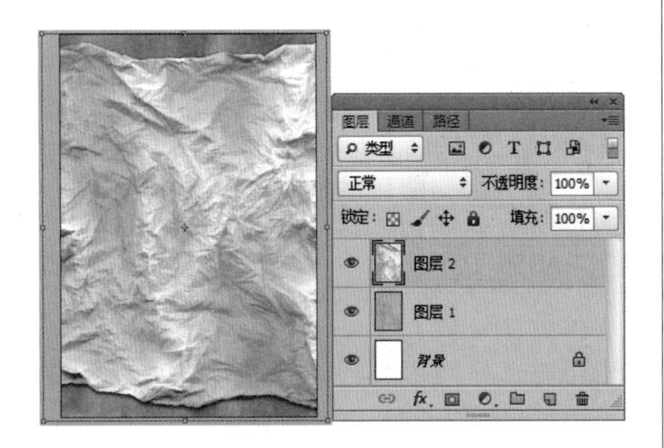

04 单击“添加图层样式”按钮，在弹出的菜单中选择“混合选项”命令，并在弹出的对话框中，按住【Alt】键拖动混合颜色带下方的滑块，得到如图所示的效果。

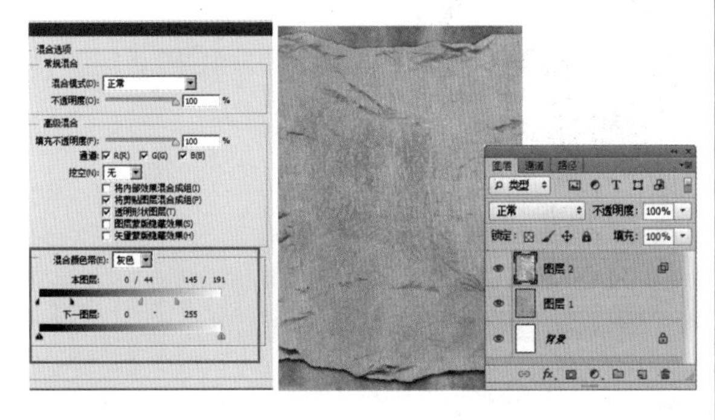

05 设置图层混合模式。设置“图层 2”的图层填充值为44%，图层混合模式为“线性加深”，如图所示。

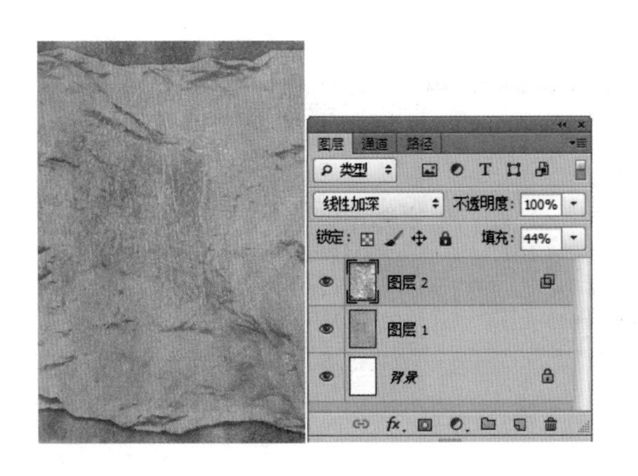

06 打开图片。打开随书光盘中的“素材 3”图像文件，使用“移动工具”将图像拖动到第1步新建的文件中，得到“图层 3”。按【Ctrl+T】快捷键，变换图像到如图所示的状态。

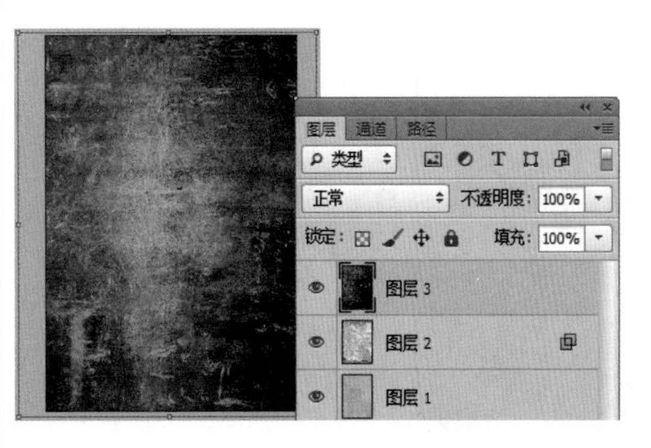

07 选择“图层 3”，单击“添加图层样式”按钮，在弹出的菜单中选择“混合选项”命令，在弹出的对话框中拖动混合颜色带下方的白色滑块，得到如图所示的效果。

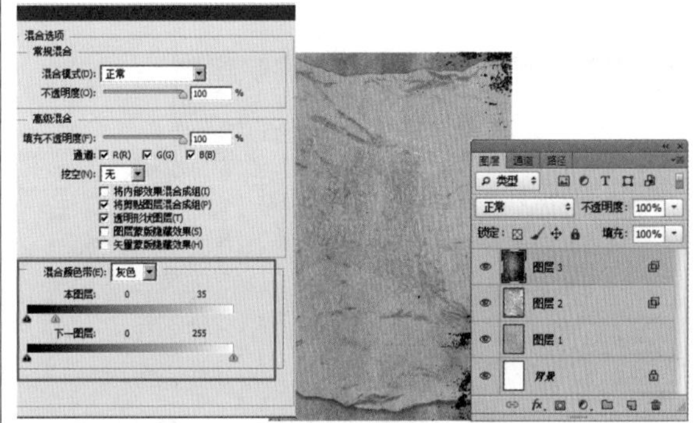

08 设置图层混合模式。设置“图层 3”的图层混合模式为“叠加”，如图所示。

09 打开图片。打开随书光盘中的“素材 4”图像文件，使用“移动工具”将图像拖动到第1步新建的文件中，得到“图层 4”。按【Ctrl+T】快捷键，变换图像到如图所示的状态。

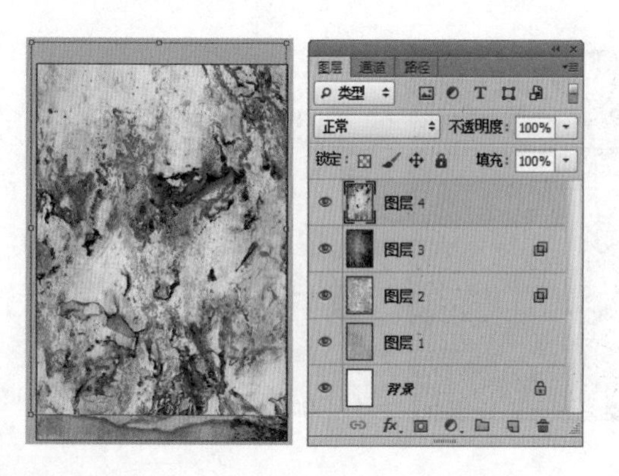

10 选择“图层 4”，单击“添加图层样式”按钮，在弹出的菜单中选择“混合选项”命令，之后在弹出的对话框中，按住【Alt】键拖动混合颜色带下方的滑块，得到如图所示的效果。

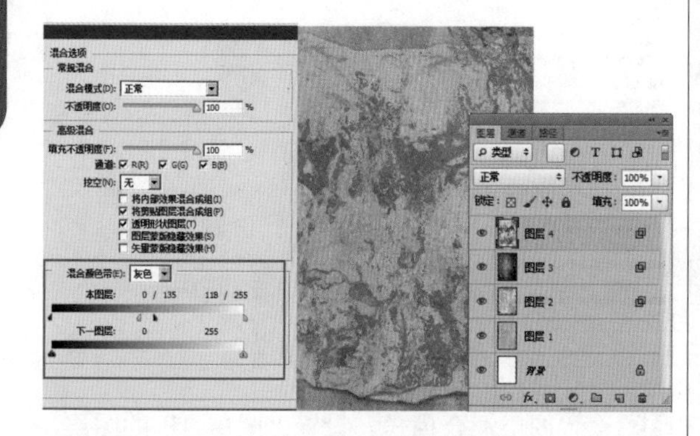

11 选择“图层 4”为当前操作图层，设置其图层不透明度为49%，得到如图所示的效果。

12 打开图片。打开随书光盘中的“素材 5”图像文件，此时的图像效果和“图层”面板如图所示。

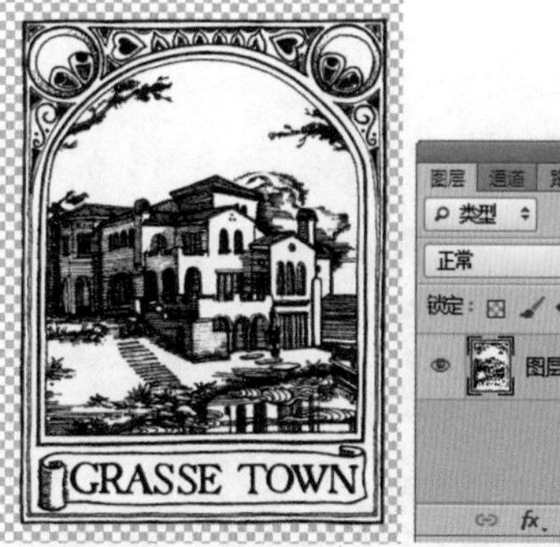

13 使用“移动工具”将图像拖动到第1步新建的文件中，得到“图层 5”。按【Ctrl+T】快捷键，变换图像到如图所示的状态。

14 选择“图层 5”，单击“添加图层样式”按钮，在弹出的菜单中选择“混合选项”命令，之后在弹出的对话框中，按住【Alt】键拖动混合颜色带下方的滑块，得到如图所示的效果。

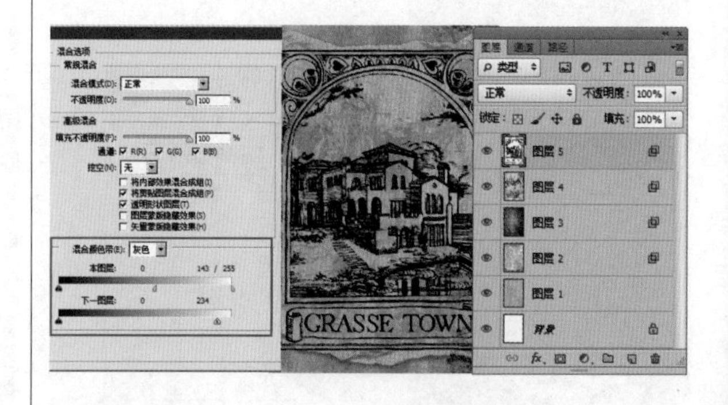

15 打开图片。打开随书光盘中的“素材 6”图像文件，此时的图像效果和“图层”面板如图所示。

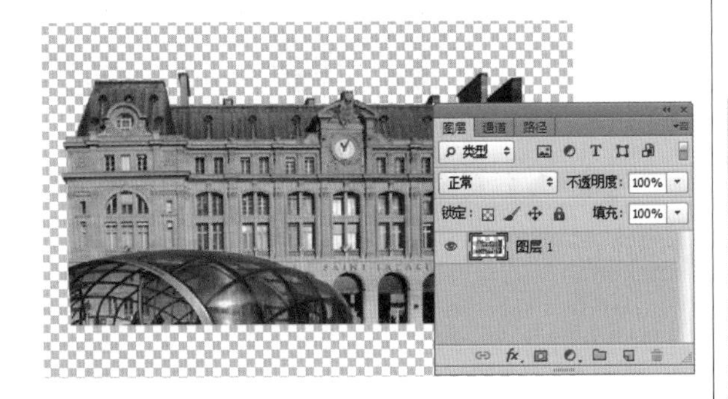

16 使用“移动工具”将图像拖动到第1步新建的文件中，得到“图层 6”。按【Ctrl+T】快捷键，变换图像到如图所示的状态。

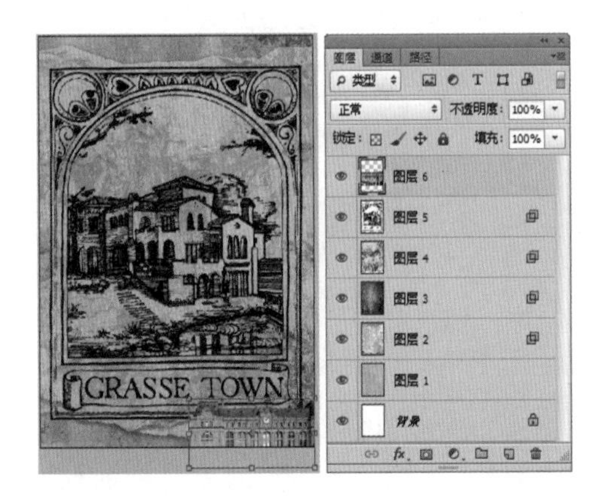

17 选择“图层 6”，单击“添加图层样式”按钮，在弹出的菜单中选择“混合选项”命令，之后在弹出的对话框中，按住【Alt】键拖动混合颜色带下方的滑块，得到如图所示的效果。

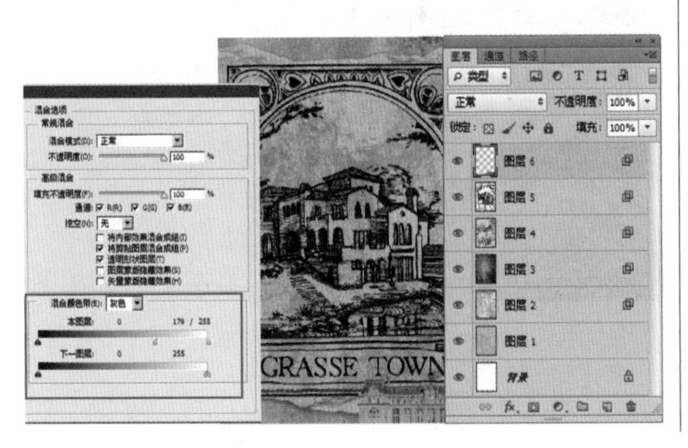

18 打开图片。打开随书光盘中的“素材 7”图像文件，使用“移动工具”将图像拖动到第1步新建的文件中，得到“图层 7”。按【Ctrl+T】快捷键，变换图像到如图所示的状态。

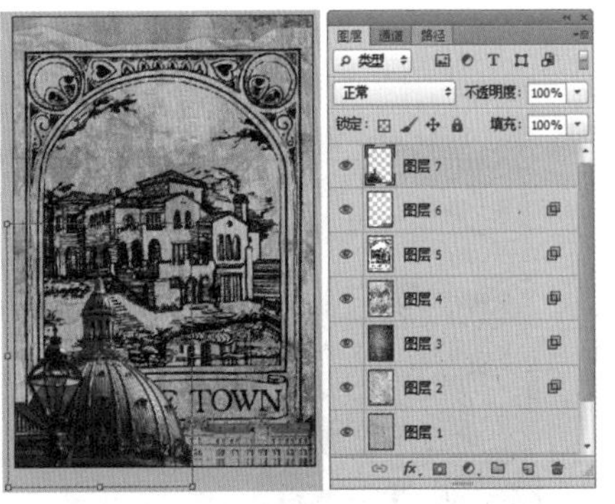

19 设置图层混合模式。设置“图层 7”的图层混合模式为“明度”，如图所示。

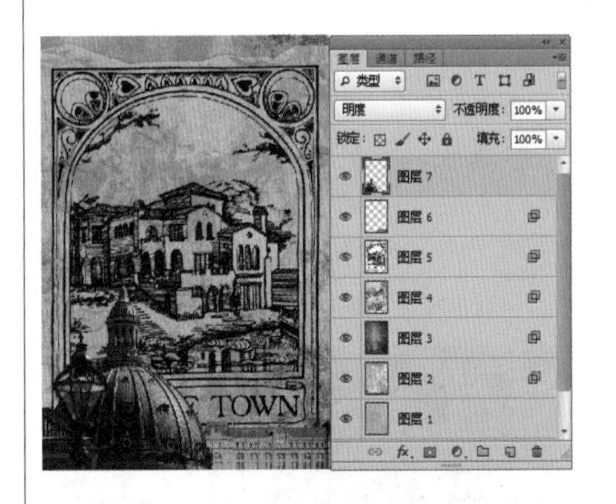

20 打开图片。打开随书光盘中的“素材 8”图像文件,使用“移动工具”将图像拖动到第1步新建的文件中，得到“图层 8”，按【Ctrl+T】快捷键，变换图像到如图所示的状态。

21 单击“创建新的填充或调整图层”按钮，在弹出的菜单中选择“色相/饱和度”命令，此时在弹出“调整”面板的同时得到图层“色相/饱和度 1”。在“调整”面板中设置完“色相/饱和度”命令的参数后，关闭“调整”面板。此时的效果如图所示。

22 单击“创建新的填充或调整图层”按钮，在弹出的菜单中选择“色相/饱和度”命令，此时在弹出“调整”面板的同时得到图层“色相/饱和度 2”。在“调整”面板中设置完“色相/饱和度”命令的参数后，关闭“调整”面板。此时的效果如图所示。

23 单击“创建新的填充或调整图层”按钮，在弹出的菜单中选择“曲线”命令，此时在弹出“调整”面板的同时得到图层“曲线 1”。在“调整”面板中设置完“曲线”命令的参数后，关闭“调整”面板。此时的效果如图所示。

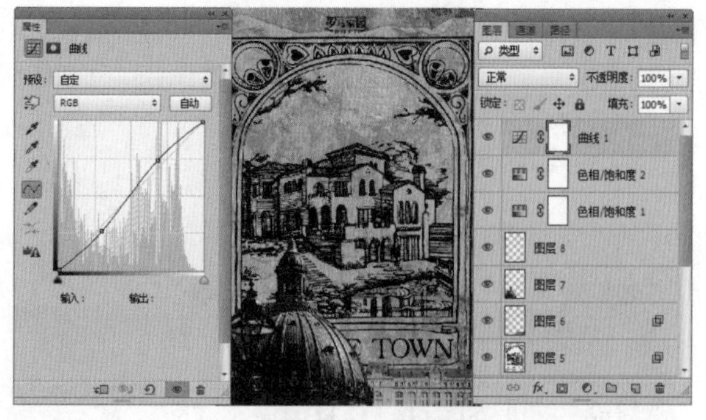

24 单击“创建新的填充或调整图层”按钮，在弹出的菜单中选择“色彩平衡”命令，此时在弹出“调整”面板的同时得到图层“色彩平衡 1”，在“调整”面板中设置“色彩平衡”命令的参数，如图所示。

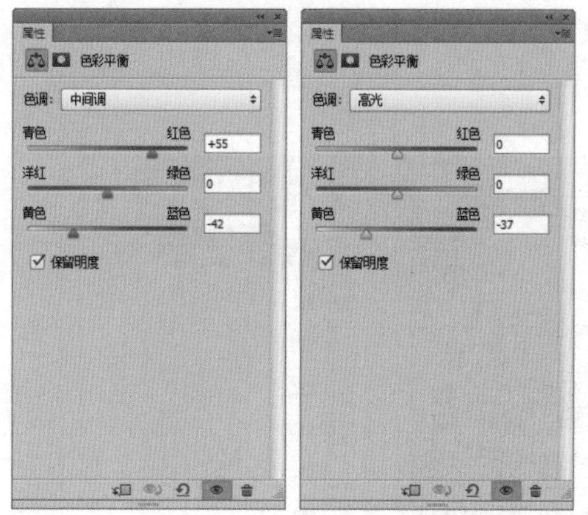

25 在“调整”面板中设置完“色彩平衡”命令的参数后，关闭“调整”面板。此时的图像效果和“图层”面板如图所示。

Part 15（28-30小时）

使用图层样式制作立体效果

【图层样式：30分钟】

【实例应用：90分钟】

使用图层样式制作PSP产品造型　90分钟

15.1 图层样式

难度程度：★★★☆☆ 总课时：0.5小时

使用图层样式可以快速地为图像添加各种光线、质感、颜色、纹理，以及立体感等图像外观效果，它是使用Photoshop制作图像艺术效果时应用十分频繁的功能之一。另外，Photoshop还提供了大量预置的样式效果，用户只要直接应用，或在应用后进行简单的修改，即可得到所需的立体效果。

图层样式可以应用于普通图层、文本图层及形状（对背景图层无效），其在修饰图层外观效果的同时，对图层本身不会产生影响，并且可以自定义、保存，以及随时进行编辑修改。执行“图层”→“图层样式”命令，或单击“图层”面板中的“添加图层样式”按钮，能够看到可以添加的样式内容，如图所示。具体设置如下所示。

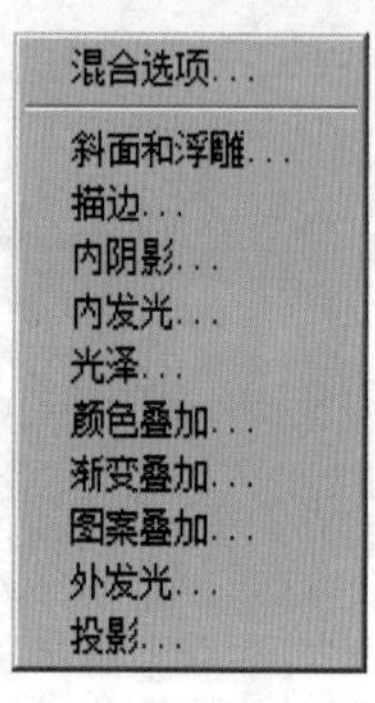

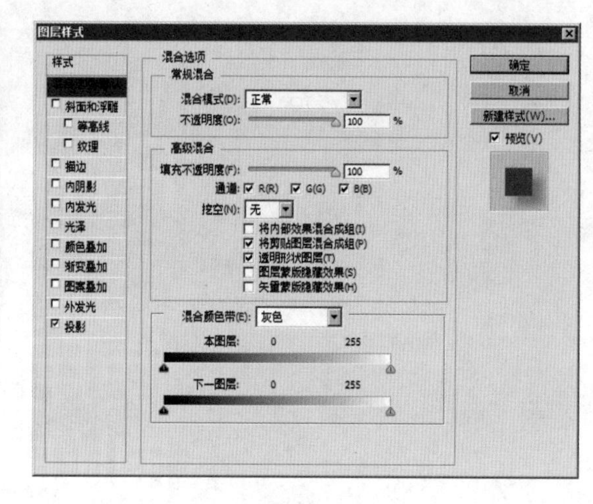

混合选项

单击“图层”面板中的“添加图层样式”按钮，在弹出的菜单中选择“混合选项”命令，弹出“图层样式”对话框，如图所示。该对话框中各选项的功能如下所示。

常规混合设置：在“常规混合”选项组中，有“混合模式”和“不透明度”两个选项，选项的功能与设置方法，与“图层”面板的对应选项相同。

高级混合设置：“高级混合”选项可以支持用户自定义图层样式以及混合从多个图层中选中的内容，并可以分别针对图像的通道进行更详细的图层混合设置。

混合颜色带：该选项组用于设置图层上图像像素的色阶显示范围，或是设置该图层下面的图像被覆盖像素的色阶显示范围。

投影效果

“投影”样式可以给图层内容背后添加阴影，使平面的图像从视觉上产生立体感。选中图层，单击“图层”面板中的“添加图层样式”按钮，在弹出的菜单中选择“投影”命令，弹出“图层样式”对话框，如图所示。在此可以进行该效果的设置。

内阴影效果

“内阴影”样式用于在图像的内部添加阴影效果。其选项功能和设置方法与“投影”基本相同，只是“扩展”选项变成了“阻塞”选项。在“图层样式”对话框的左侧列表框中选择“内阴影”选项，该对话框中的选项如图所示。在此可以进行该效果的设置。

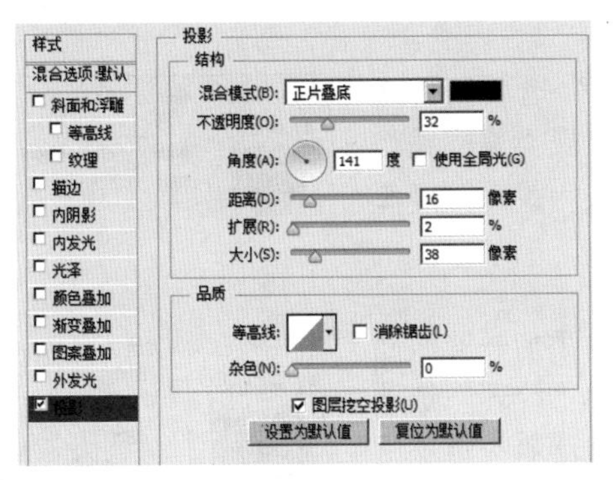

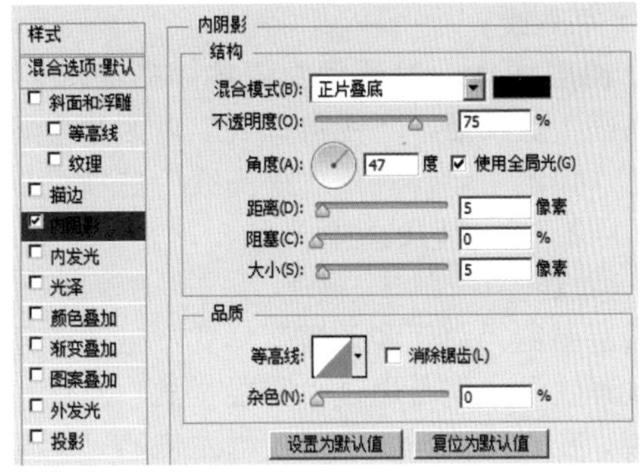

外发光效果

“外发光”样式是指在图像外缘产生的光晕效果。在“图层样式”对话框的左侧列表框中选择“外发光”选项，该对话框中的选项如图所示。

在该对话框中可以分别对“外发光”颜色的“混合模式”、“不透明度”及“杂色”等各项进行设置，并可以选择光晕的颜色，以及使用单色光晕方式或是渐变光晕方式。只要单击对应的颜色块或渐变条，即可选择或编辑适合的渐变颜色。

内发光效果

“内发光”样式用于在图层像素的内部产生光晕效果。其选项功能和设置方法与“外发光”基本相同，只是“扩展”选项变成了“阻塞”选项，并增加了“源”选项。在“图层样式”对话框的左侧列表框中选择“内发光”选项，该对话框中的选项如图所示。在此可以进行该效果的设置。

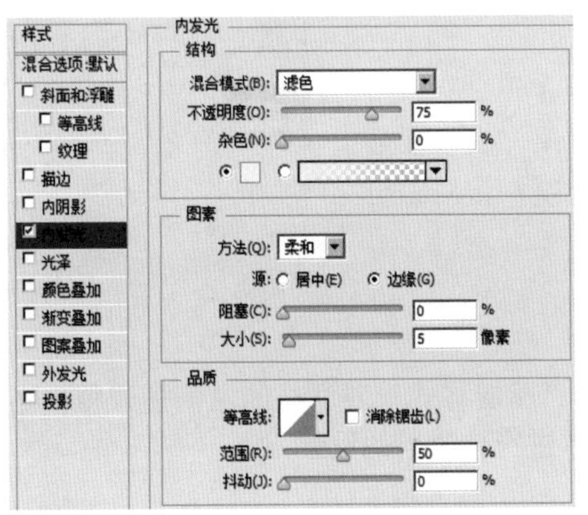

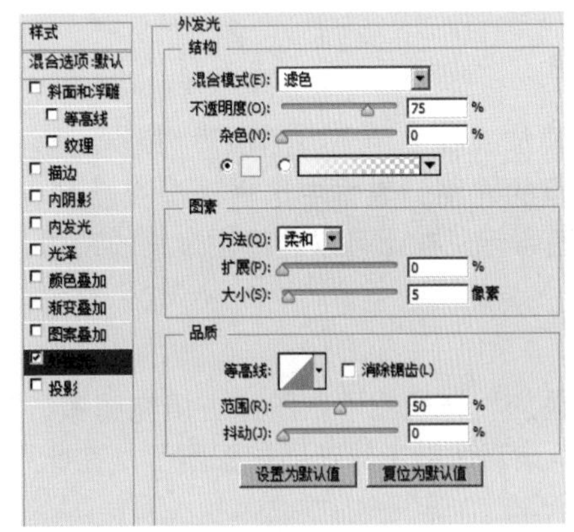

斜面和浮雕效果

“斜面和浮雕”样式用于在图层上产生多种立体的效果，以便让图像看起来更有立体感。在其选项组中还包括等高线和纹理选项的设置。选中某图层，在“图层样式”对话框的左侧列表框中选择“斜面和浮雕”选项，该对话框中的选项如图所示。在此可以进行该效果的设置。

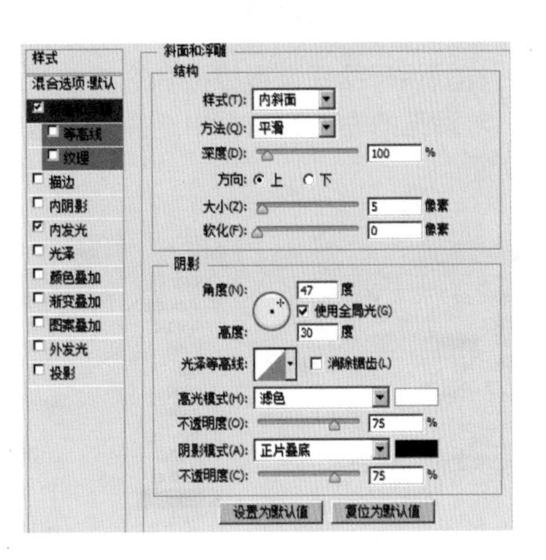

（1）等高线

在“图层样式”对话框左侧的“斜面和浮雕”选项下面选择“等高线”选项后，“图层样式”对话框中将出现“等高线”选项设置，如图所示。利用“等高线”选项可以进一步控制产生“斜面和浮雕”效果时的斜面形状。

（2）纹理

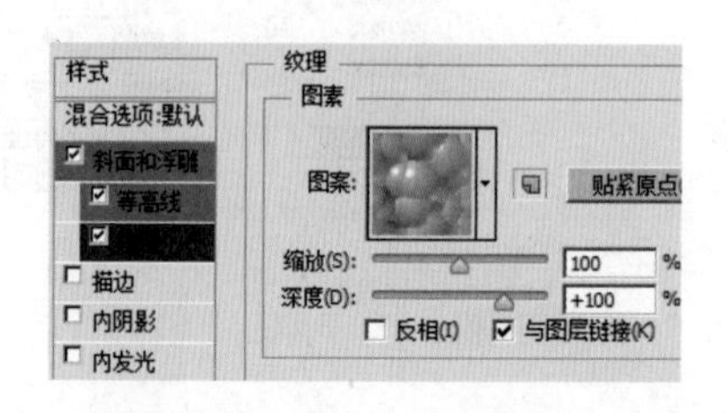

如果想要给“斜面和浮雕”样式产生的效果中添加一些凹凸的材质纹理效果，则可通过“图层样式”对话框的“纹理”选项进行设置。在“图层样式”对话框左侧的“斜面和浮雕”选项下面选择“纹理”选项后．“图层样式”对话框中将出现“纹理”选项设置，如图所示。在此可以进行该效果的设置。

光泽效果

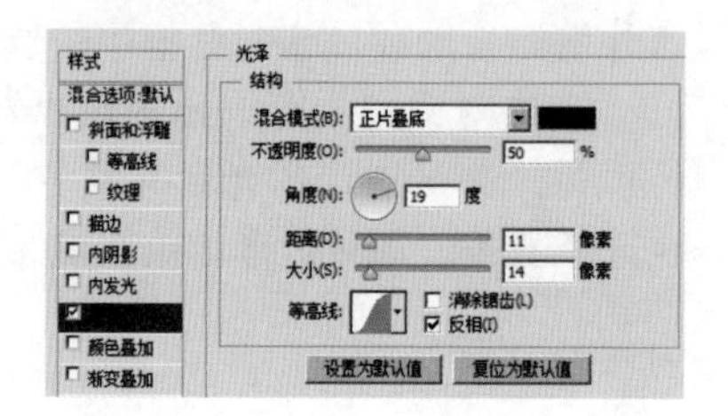

“光泽”样式用于在图层图像的表面添加某个单色，使图像产生一种表面光泽变化或暗纹效果，用来衬托物体的质感。在“图层样式”对话框的左侧列表框中选择“光泽”选项，该对话框中的选项如图所示。在此可以进行该效果的设置。

颜色叠加效果

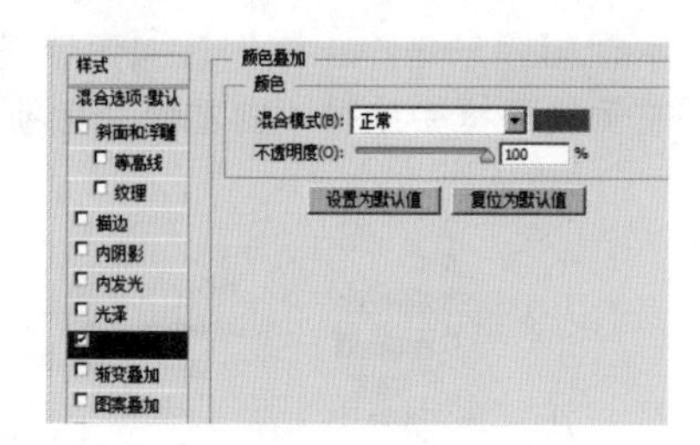

“颜色叠加”样式用于直接在图像上填充单一颜色。在“图层样式”对话框的左侧列表框中选择“颜色叠加”选项，该对话框中的选项如图所示。在此可以进行该效果的设置。

渐变叠加效果

“渐变叠加”样式用于为图像添加渐变颜色效果。在“图层样式”对话框的左侧列表框中选择“渐变叠加”选项，该对话框中的选项如图所示。在此可以进行该效果的设置。

图案叠加效果

“图案叠加”样式用于在图像上填充图案。在“图层样式”对话框的左侧列表框中选择“图案叠加”选项，该对话框中的选项如图所示。在此可以进行该效果的设置。

描边效果

“描边”样式用于给图像边缘添加边框效果，边框可以是单一的颜色、渐变色或者是图案。在“图层样式”对话框的左侧列表框中选择“描边”选项，该对话框中的选项如图所示。在此可以进行该效果的设置。

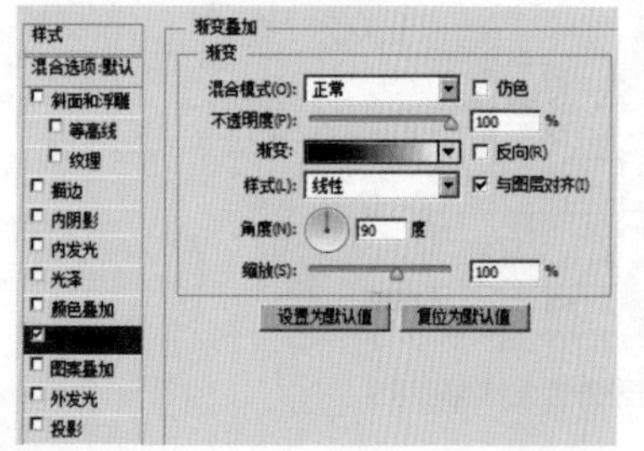

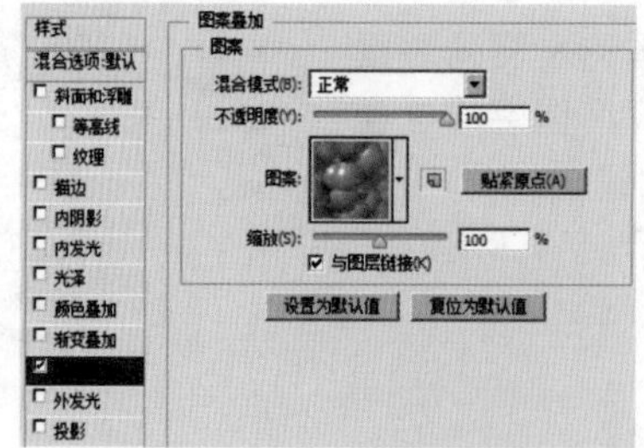

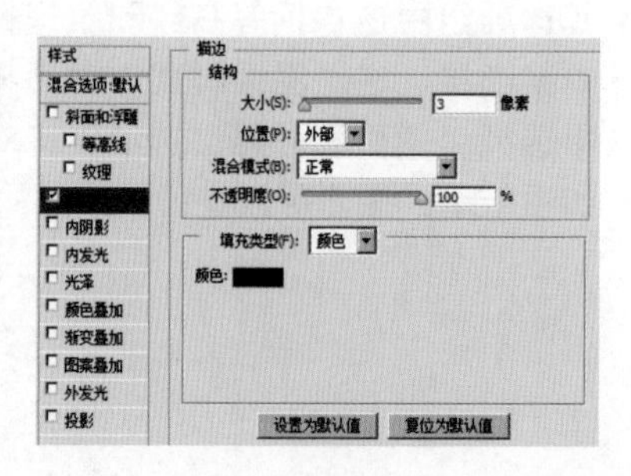

15.2 实例应用

难度程度：★★★☆☆ 总课时：1.5小时
素材位置：15\实例应用\制作PSP产品造型

演练时间：90分钟

使用图层样式制作PSP产品造型

◉ 实例目标

本例由2部分组成：第1部分，使用“钢笔工具”绘制PSP造型；第2部分，不同的图层使用图层样式，调整不同的效果，最终达到产品造型的完整效果。

◉ 技术分析

本例将通过图层样式和形状工具制作一款PSP产品造型，其中PSP产品中按钮的立体效果和产品的质感都是用图层样式表现出来的。希望读者通过本例能够体会使用图层样式制作立体效果这一特色功能的重要作用。

制作步骤

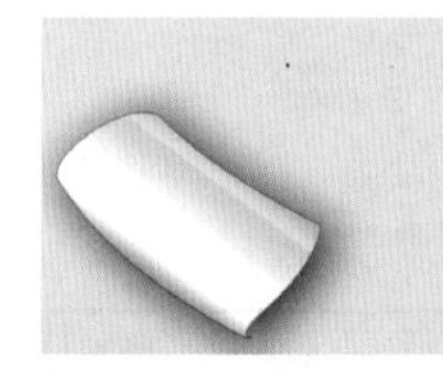

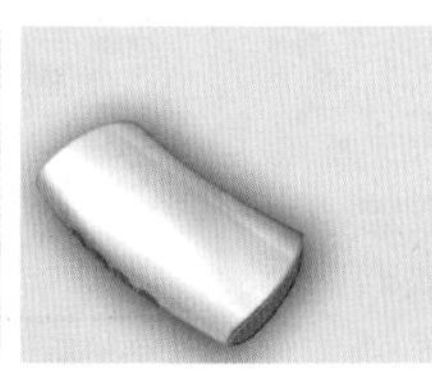

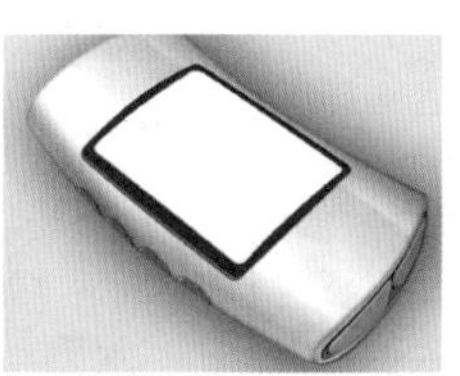

01 新建文档。执行菜单“文件”→“新建”命令(或按【Ctrl+N】快捷键），设置弹出的“新建”对话框，如图所示，单击“确定”按钮，即可创建一个新的空白文档。

新建

名称(N):	未标题-1		确定
预设(P):	自定		取消
大小(I):			存储预设(S)...
宽度(W):	1000	像素	删除预设(D)...
高度(H):	750	像素	
分辨率(R):	72	像素/英寸	
颜色模式(M):	RGB 颜色	8 位	
背景内容(C):	白色		图像大小: 2.15M
高级			

02 设置前景色的颜色值为（R:239 G:239 B:239），按【Alt+Delete】快捷键用前景色填充“背景”图层，得到如图所示的效果。

03 设置前景色为白色，选择“钢笔工具”，在工具选项栏中单击“形状”按钮，在文件中绘制一个“PSP”外形形状，得到图层“形状 1”，如图所示。

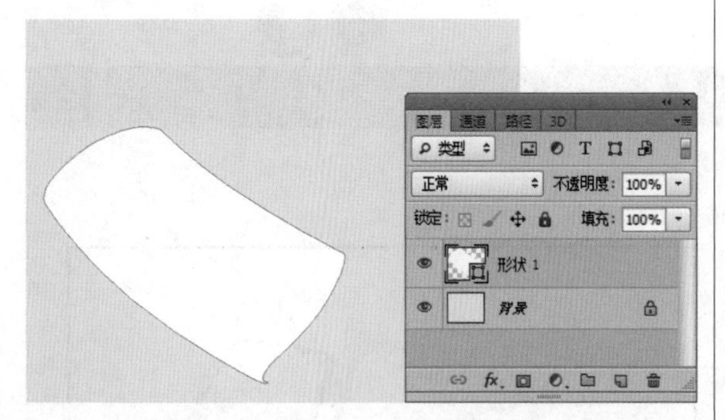

04 选择图层“形状 1”，单击“添加图层样式”按钮，在弹出的菜单中选择“投影”命令，设置弹出的“图层样式”对话框的“投影”选项后，继续选择“内发光”、“渐变叠加”选项，在右侧的对话框中进行参数设置，具体设置如图所示。

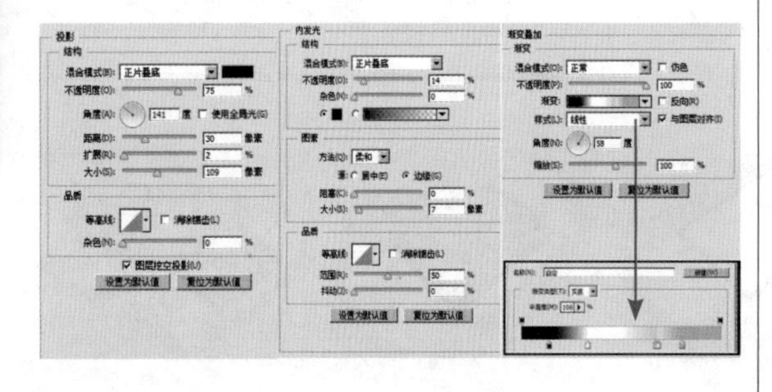

05 设置完“图层样式”对话框后，单击“确定”按钮，即可得到如图所示的效果。

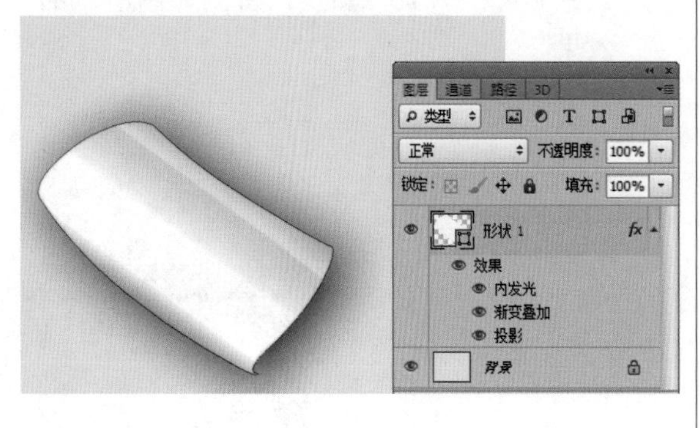

06 选择“形状 1”，按住【Alt】键，在“图层”面板上将选中的图层拖动到所有图层的上方，以复制图层，得到图层“形状 1 副本”，然后将其图层样式删除，如图所示。

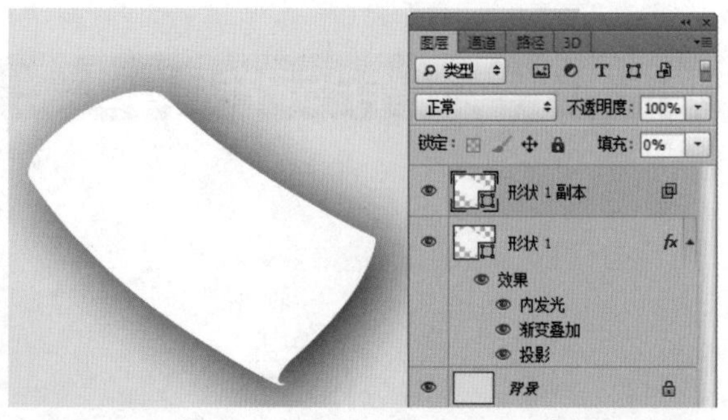

07 选择图层“形状 1 副本”，单击“添加图层样式”按钮，在弹出的菜单中选择“混合选项”命令，在打开的“图层样式”对话框的“混合选项”选项中，勾选“图层蒙版隐藏效果”选项，之后单击该对话框中的“渐变叠加”选项，然后设置弹出的“渐变叠加”选项参数，具体设置如图所示。

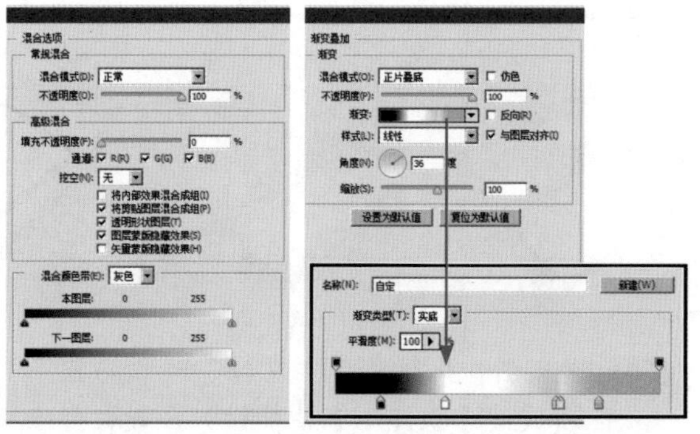

08 设置完“图层样式”对话框后，单击“确定”按钮，然后设置“形状 1 副本”的图层填充值为“0%”即可得到如图所示的效果。

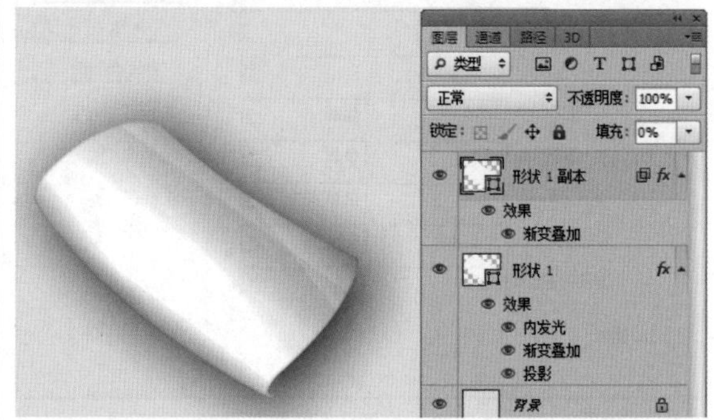

09 单击“添加图层蒙版”按钮，为“形状1副本”添加图层蒙版，设置前景色为黑色。选择“画笔工具”，设置适当的画笔大小和透明度后，在图层蒙版中涂抹，将不需要的部分隐藏起来，即可得到如图所示的效果。

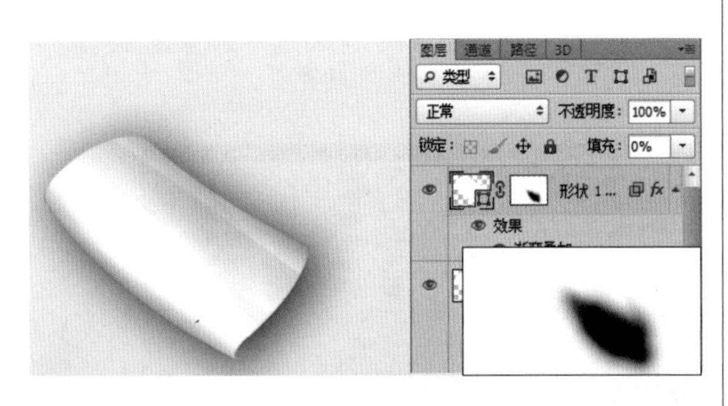

10 选择“形状1”，按住【Alt】键，在“图层”面板上将选中的图层拖动到所有图层的上方，以复制图层，得到图层“形状1副本2”，然后将其图层样式删除，如图所示。

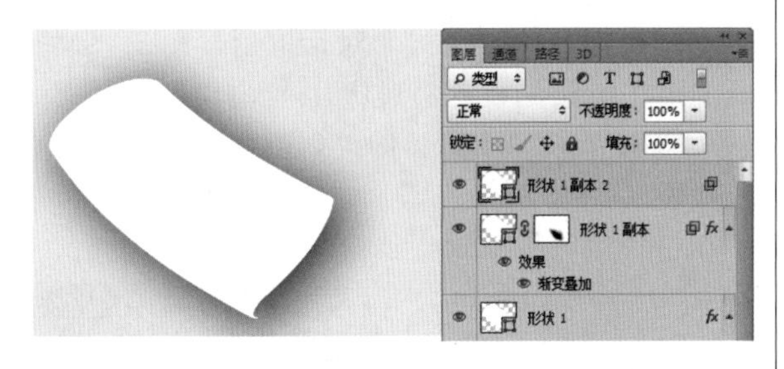

11 选择图层“形状1副本2”，单击“添加图层样式”按钮，在弹出的菜单中选择“混合选项”命令，在打开的“图层样式”对话框的“混合选项”选项中，勾选“图层蒙版隐藏效果”选项，之后单击该对话框中的“内阴影”选项，然后设置弹出的“内阴影”选项参数，具体设置如图所示。

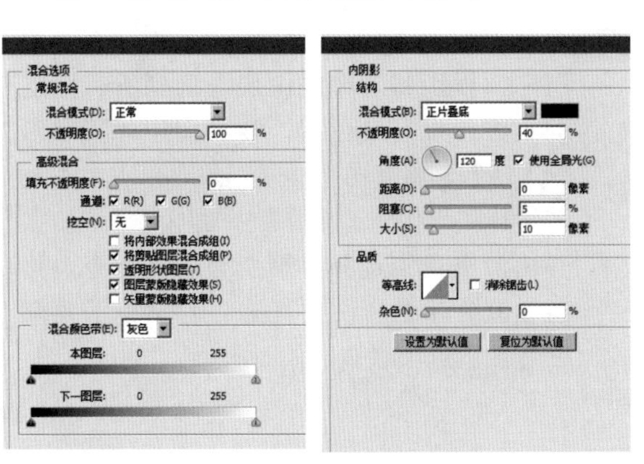

12 设置完“图层样式”对话框后，单击“确定”按钮，设置“形状1副本2”的图层填充值为“0%”即可得到如图所示的效果。

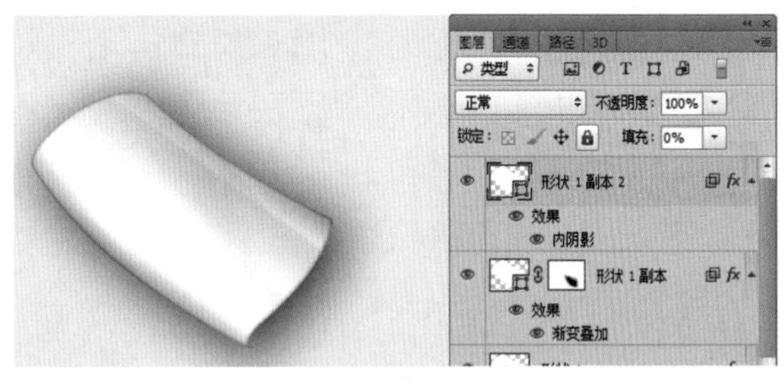

13 单击“添加图层蒙版”按钮，为“形状1副本2”添加图层蒙版，设置前景色为黑色。选择“画笔工具”，设置适当的画笔大小和透明度后，在图层蒙版中涂抹，将不需要的部分隐藏起来，即可得到如图所示的效果。

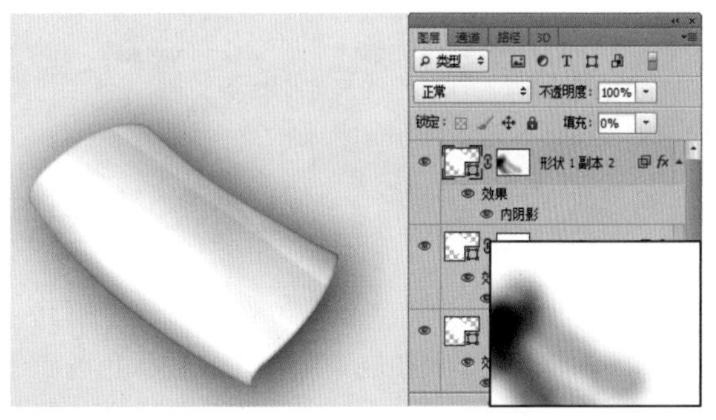

14 选择“形状1”，按住【Alt】键，在“图层”面板上将选中的图层拖动到所有图层的上方，以复制图层，得到图层“形状1副本3”，将其图层样式删除。单击“添加图层样式”按钮，重新添加图层样式，在弹出的菜单中选择“混合选项”命令，在打开的“图层样式”对话框的“混合选项”选项中，勾选“图层蒙版隐藏效果”选项，之后单击“内阴影”选项，然后设置弹出的“内阴影”选项参数，具体设置如图所示。

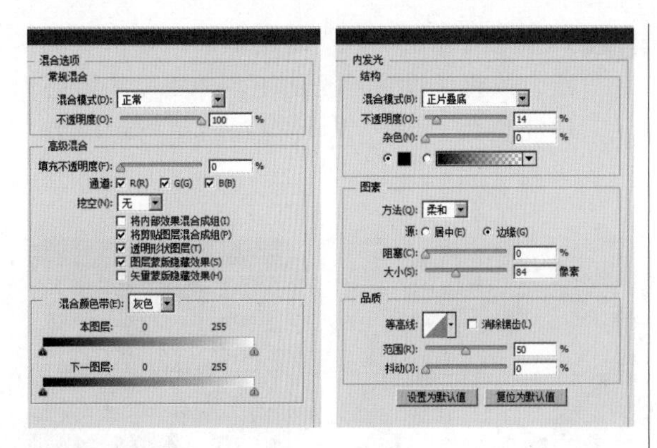

15 设置完“图层样式”对话框后，单击“确定”按钮，设置“形状 1 副本 3”的图层填充值为“0%”，即可得到如图所示的效果。

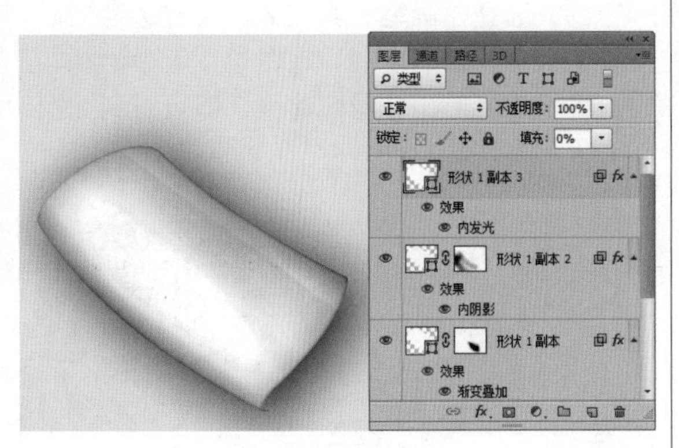

16 单击“添加图层蒙版”按钮，为“形状 1 副本 3”添加图层蒙版，设置前景色为黑色。选择“画笔工具”，设置适当的画笔大小和透明度后，在图层蒙版中涂抹，将不需要的部分隐藏起来，即可得到如图所示的效果。

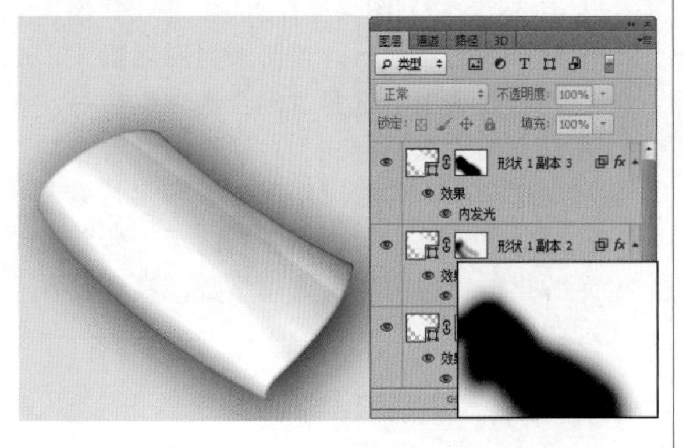

17 选择“形状 1”，按住【Alt】键，在“图层”面板上将选中的图层拖动到所有图层的上方，以复制图层，得到图层“形状 1 副本 4”，将其图层样式删除。单击“添加图层样式”按钮，重新添加图层样式，在弹出的菜单中选择“渐变叠加”命令，然后设置弹出的“图层样式”对话框的“渐变叠加”选项，如图所示。

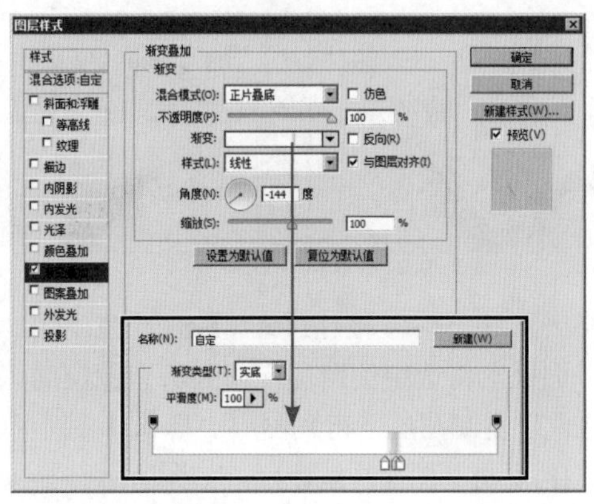

18 设置完“图层样式”对话框后，单击“确定”按钮，设置“形状 1 副本 4”的图层填充值为“0%”，即可得到如图所示的效果。

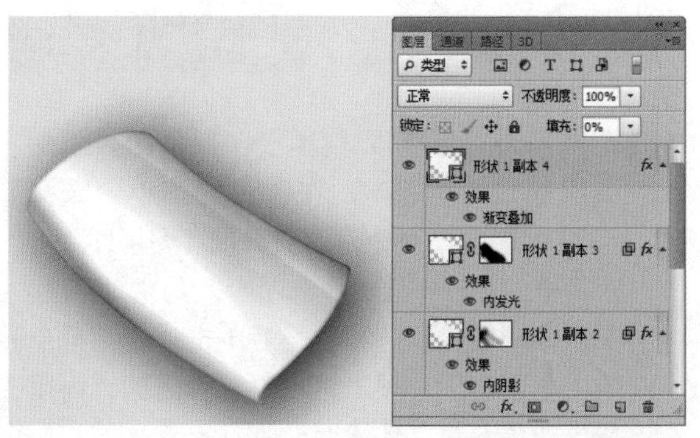

19 选择“形状 1”，按住【Alt】键，在“图层”面板上将选中的图层拖动到所有图层的上方，以复制图层，得到图层“形状 1 副本 5”，将其图层样式删除。单击“添加图层样式”按钮，重新添加图层样式，在弹出的菜单中选择“渐变叠加”命令，然后设置弹出的“图层样式”对话框的“渐变叠加”选项参数，如图所示。

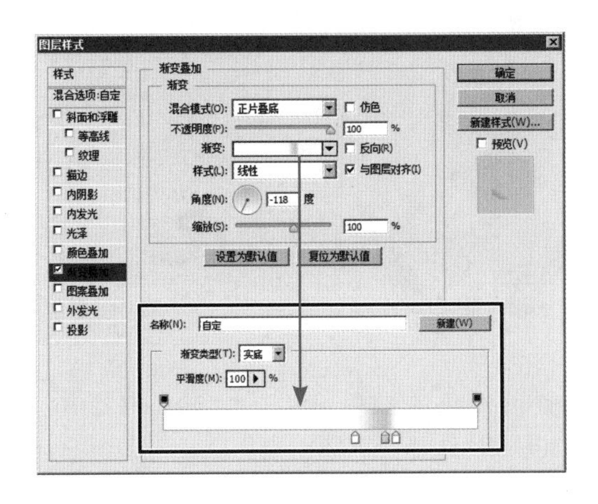

20 设置完“图层样式”对话框后，单击“确定”按钮，设置“形状 1 副本 5”的图层填充值为“0%”，即可得到如图所示的效果。

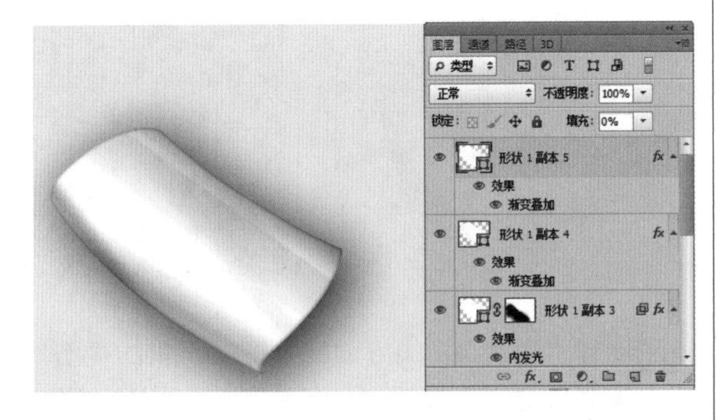

21 设置前景色的颜色值为（R:248 G:139 B:0），选择“钢笔工具”，在工具选项栏中单击“形状”按钮，在文件中绘制4个按钮形状，得到图层“形状 2”，如图所示。

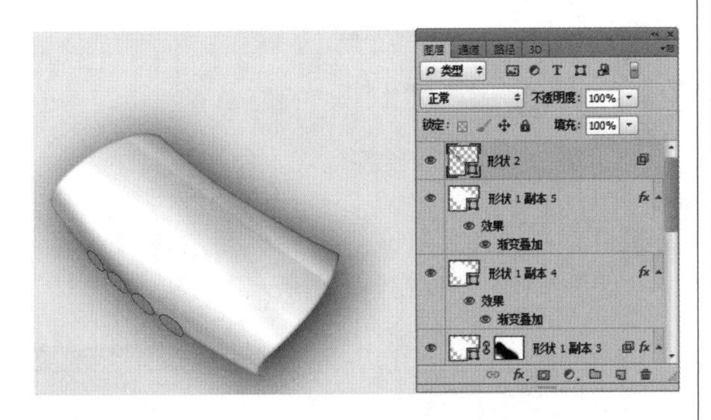

22 按住【Ctrl】键单击“形状 1”的图层缩览图，载入其选区。单击“添加图层蒙版”按钮，为“形状 2”添加图层蒙版，此时选区以外的图像就被隐藏起来了，如图所示。

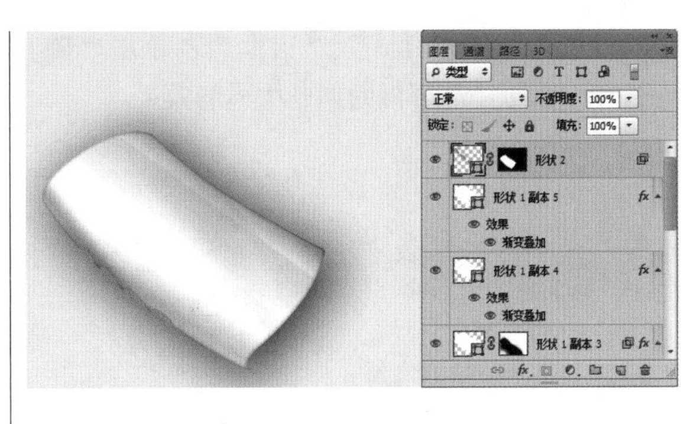

23 选择图层“形状 2”，单击“添加图层样式”按钮，在弹出的菜单中选择“混合选项”命令，之后在打开的“图层样式”对话框中进行设置，继续选择“投影”、“光泽”、“内阴影”、“颜色叠加”、“斜面和浮雕”和“描边”选项，并对其进行参数设置，具体设置如图所示。

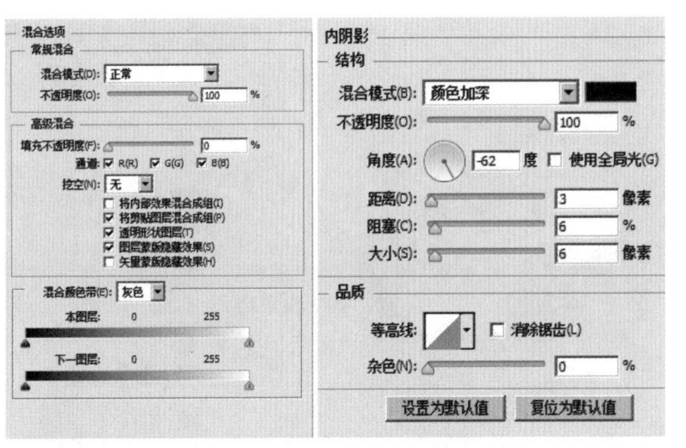

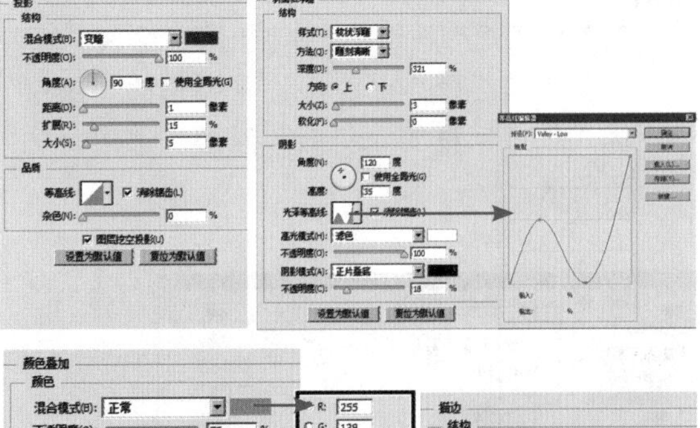

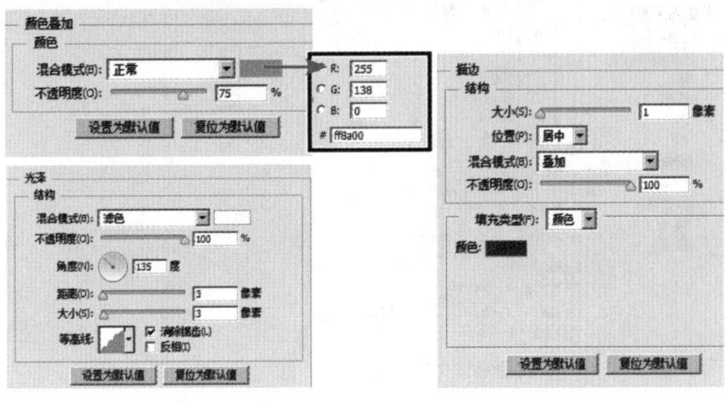

24 设置完“图层样式”对话框后，单击“确定”按钮，即可得到如图所示的效果。

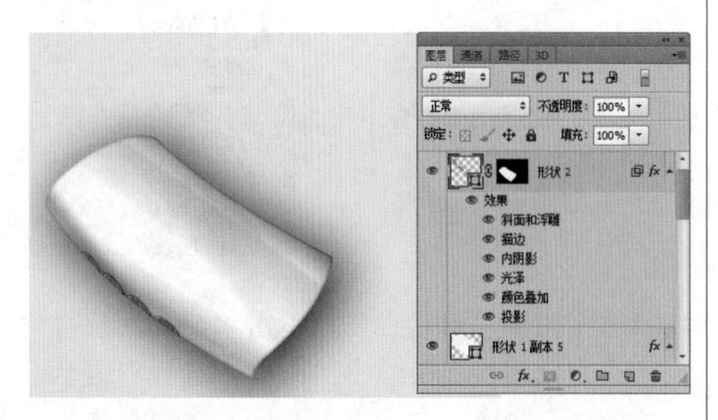

25 设置前景色的颜色值为（R:248 G:139 B:0），选择“钢笔工具”，在工具选项栏中单击“形状”按钮，绘制“PSP”侧面的形状，得到图层“形状3”，如图所示。

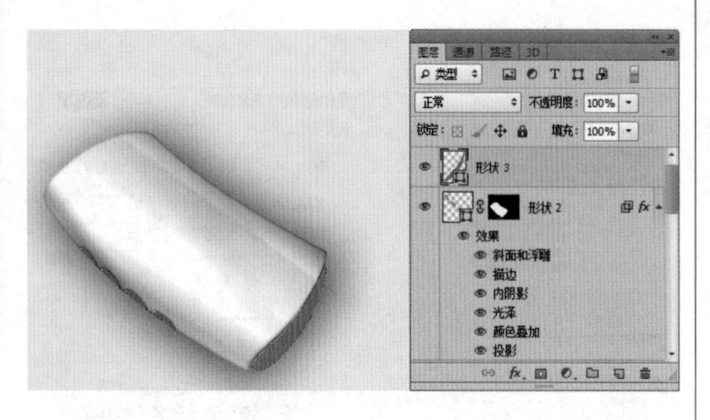

26 选择“形状 3”上方的文字图层，单击“添加图层样式”按钮，在弹出的菜单中选择“斜面和浮雕”命令，设置弹出的“图层样式”对话框的“斜面和浮雕”选项，如图所示。

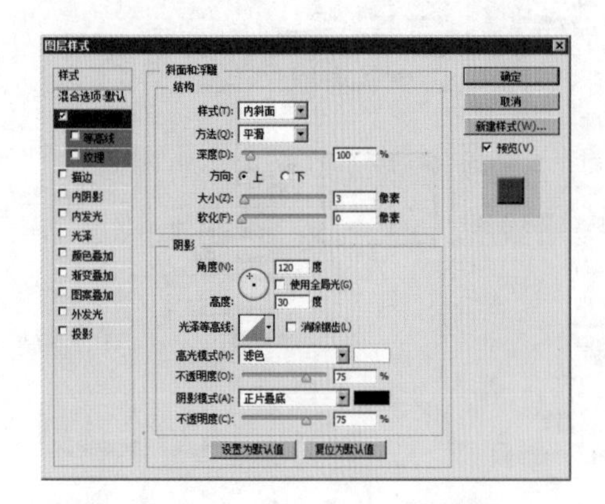

27 设置完“图层样式”对话框后，单击“确定”按钮，即可得到如图所示的效果。

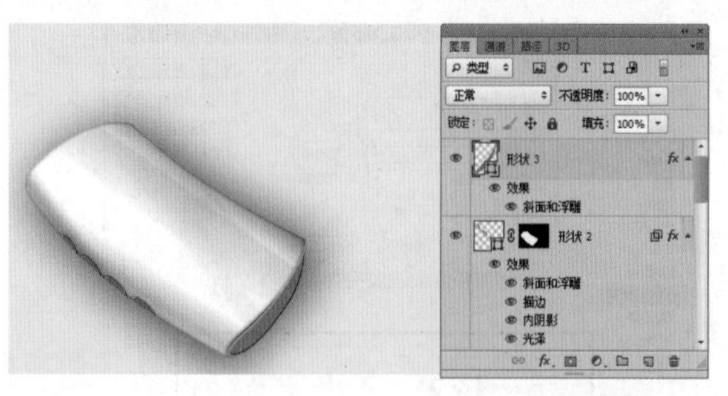

28 设置前景色的颜色值为（R:206 G:206 B:206），选择“钢笔工具”，在工具选项栏中单击“形状”按钮，绘制“PSP”侧面的形状，得到图层“形状 4”，如图所示。

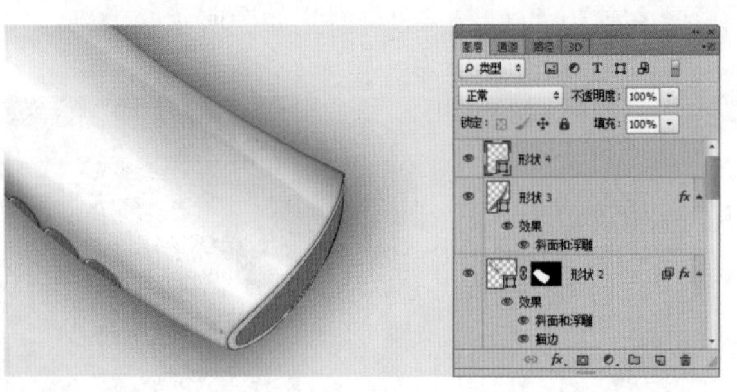

29 选择“形状 4”上方的文字图层，单击“添加图层样式”按钮，在弹出的菜单中选择“投影”命令，设置弹出的“图层样式”对话框的“投影”选项，如图所示。

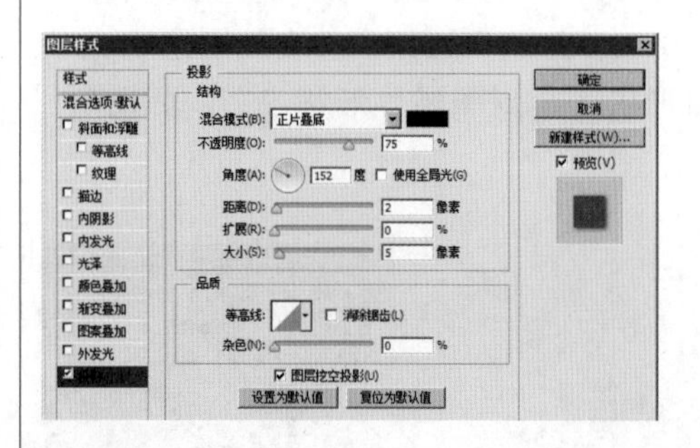

30 设置完“图层样式”对话框后，单击“确定”按钮，即可得到如图所示的效果。

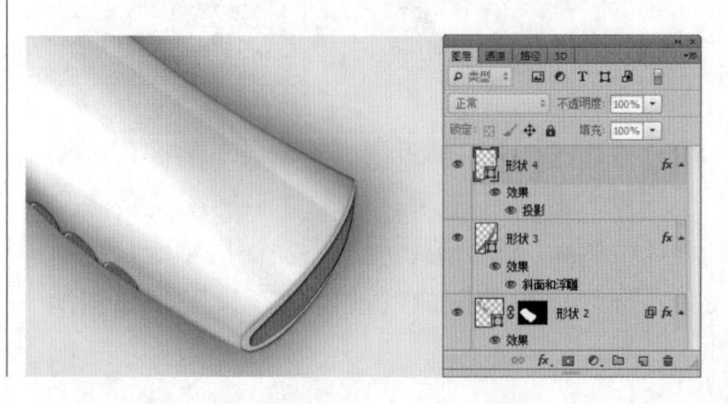

31 设置前景色为黑色，新建一个图层，得到"图层 1"。按【Ctrl+Alt+G】快捷键，执行"创建剪贴蒙版"操作，选择"画笔工具"，设置适当的画笔大小和透明度后，在"图层 1"中进行涂抹，绘制"PSP"侧面形状的暗部，如图所示。

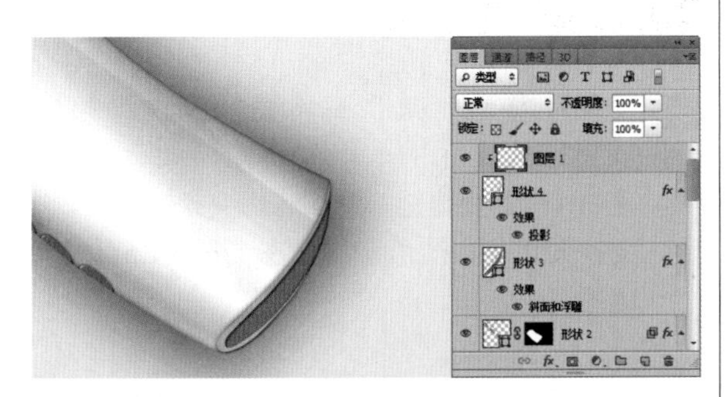

32 设置前景色的颜色值为（R:161 G:161 B:161），选择"钢笔工具"，在工具选项栏中单击"形状"按钮，绘制"PSP"侧面的按钮形状，得到图层"形状 5"，如图所示。

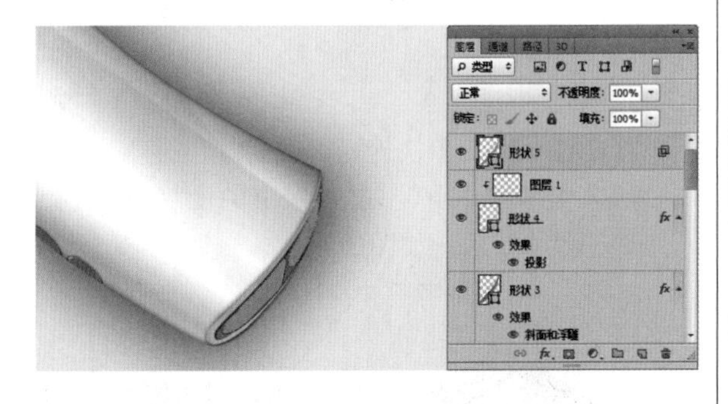

33 选择图层"形状 2"，单击"添加图层样式"按钮，在弹出的菜单中选择"混合选项"命令，在打开的"图层样式"对话框的右侧框中进行参数设置，继续选择"投影"、"光泽"、"内阴影"、"斜面和浮雕"、"颜色叠加"和"渐变叠加"选项，并在该对话框的右侧进行参数设置，具体设置如图所示。

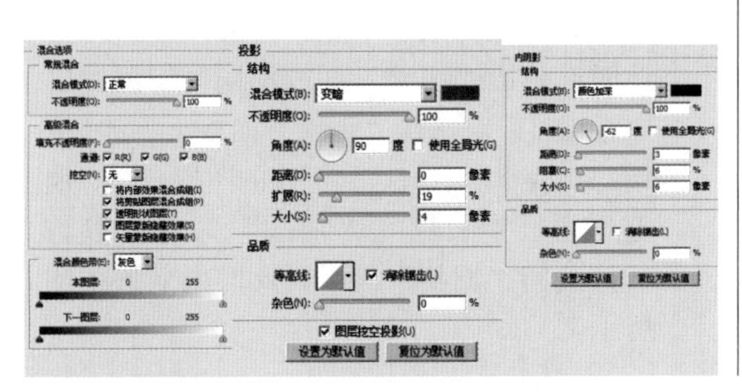

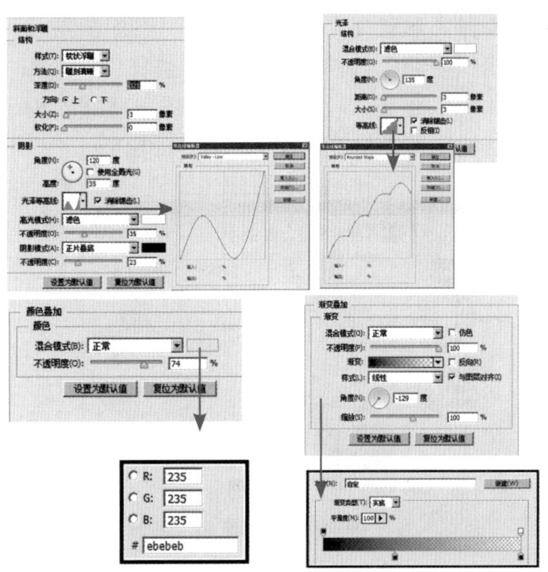

34 设置完"图层样式"对话框后，单击"确定"按钮，即可得到如图所示的效果。

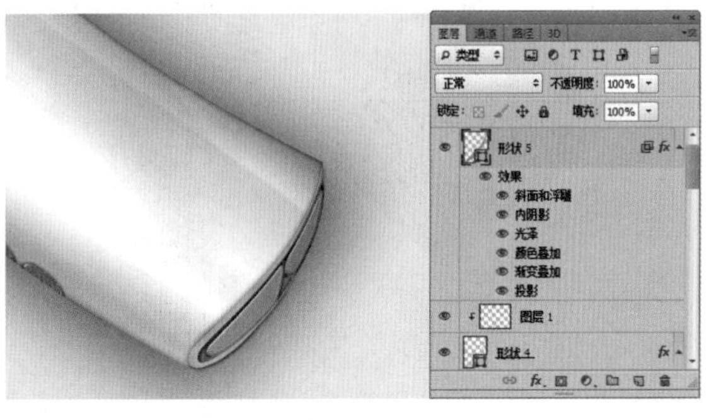

35 设置前景色的颜色值为（R:69 G:69 B:68），选择"钢笔工具"，在工具选项栏中单击"形状"按钮，绘制"PSP"上方屏幕的边缘形状，得到图层"形状6"，如图所示。

36 选择“形状 6”图层，单击“添加图层样式”按钮，在弹出的菜单中选择“斜面和浮雕”命令，设置弹出的“图层样式”对话框的“斜面和浮雕”选项，如图所示。

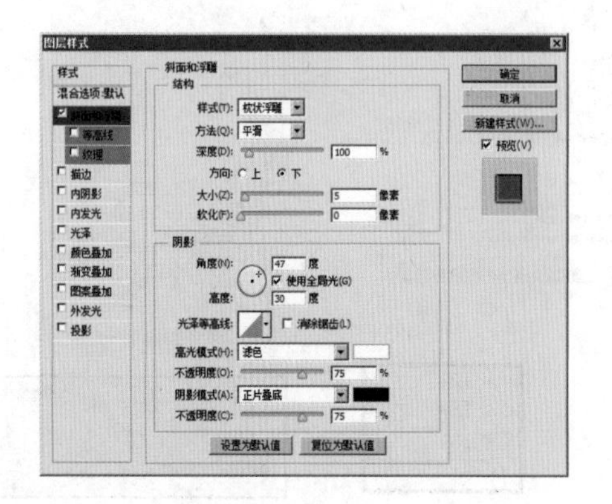

37 设置完“图层样式”对话框后，单击“确定”按钮，即可得到如图所示的效果。

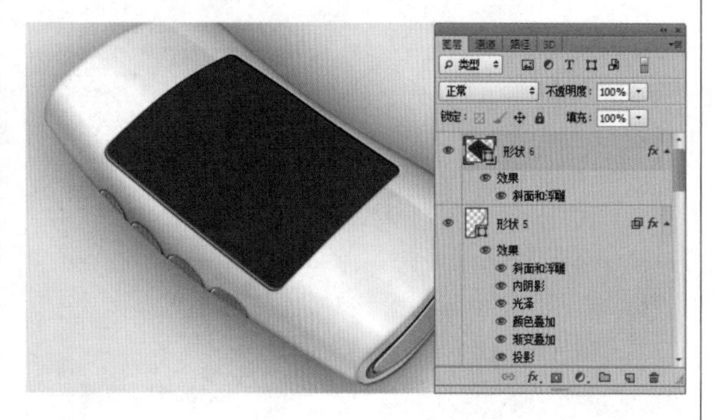

38 设置前景色为白色，选择“钢笔工具”，在工具选项栏中单击“形状”按钮，绘制“PSP”上方屏幕的形状，得到图层“形状 7”，如图所示。

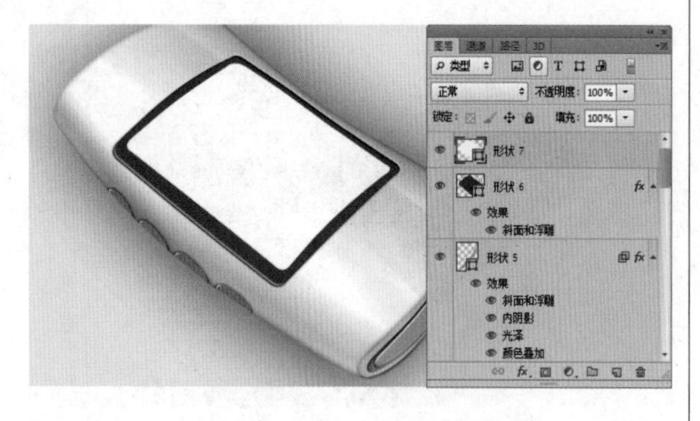

39 打开随书光盘中的“素材 1”图像文件，此时的图像效果和“图层”面板如图所示。

40 使用“移动工具”将图像拖动到第1步新建的文件中，得到“图层 2”。按【Ctrl+T】快捷键，调出自由变换控制框，变换图像到如图所示的状态，按【Enter】键确认操作。

41 选择“图层 2”为当前操作图层，按【Ctrl+Alt+G】快捷键，执行“创建剪贴蒙版”操作，将“图层 2”中的图像限定在“形状 7”内，如图所示。

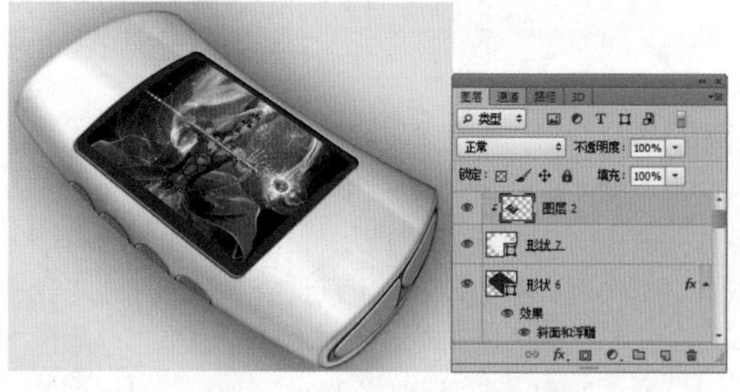

42 单击“创建新的填充或调整图层”按钮，在弹出的菜单中选择“曲线”命令，此时在弹出“调整”面板的同时得到图层“曲线 1”。单击“调整”面板下方的按钮，将调整影响剪切到下方的图层。在“调整”面板中设置完“曲线”命令的参数后，关闭“调整”面板。此时的效果如图所示。

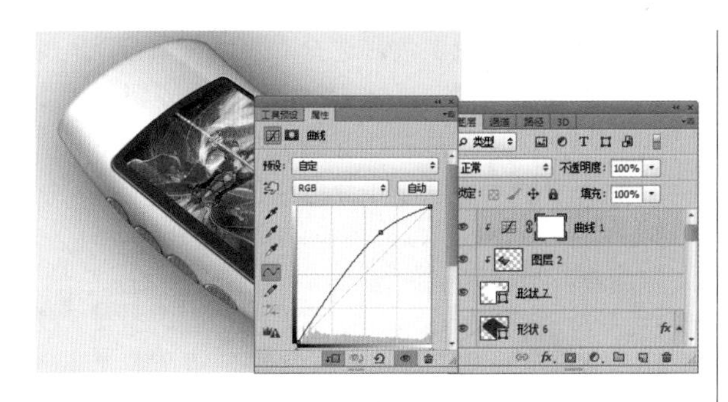

43 设置前景色的颜色值为（R:253 G:253 B:253），选择“钢笔工具”，在工具选项栏中单击“形状”按钮，绘制“PSP”屏幕下方的形状，得到图层“形状 8”，如图所示。

44 选择“形状 8”，单击“添加图层样式”按钮，在弹出的菜单中选择“投影”命令，设置弹出的“图层样式”对话框的“投影”选项，如图所示。

45 设置完“图层样式”对话框后，单击“确定”按钮，即可得到如图所示的效果。

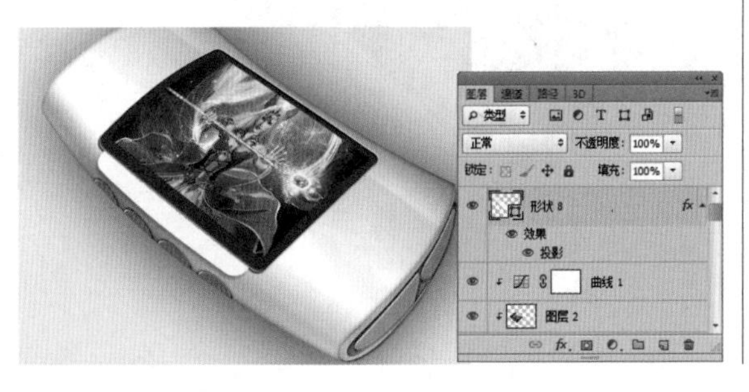

46 设置前景色的颜色值为（R:253 G:253 B:253），使用“椭圆工具”，在工具选项栏中单击“形状”按钮，在“PSP”屏幕旁边绘制一个圆形形状，得到图层“形状 9”，如图所示。

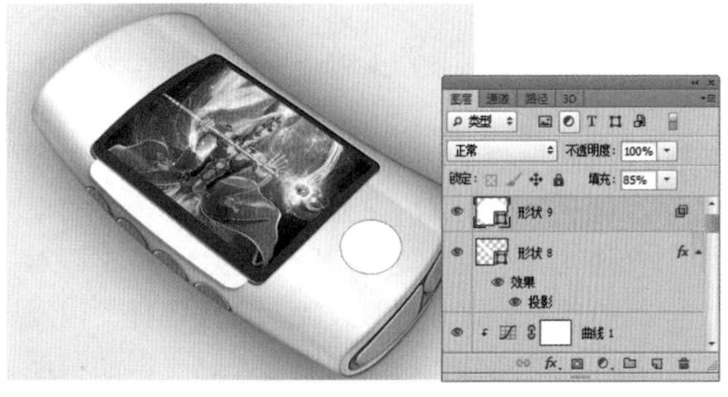

47 选择“形状 9”，单击“添加图层样式”按钮，在弹出的菜单中选择“斜面和浮雕”命令，设置弹出的“图层样式”对话框的“斜面和浮雕”选项，如图所示。

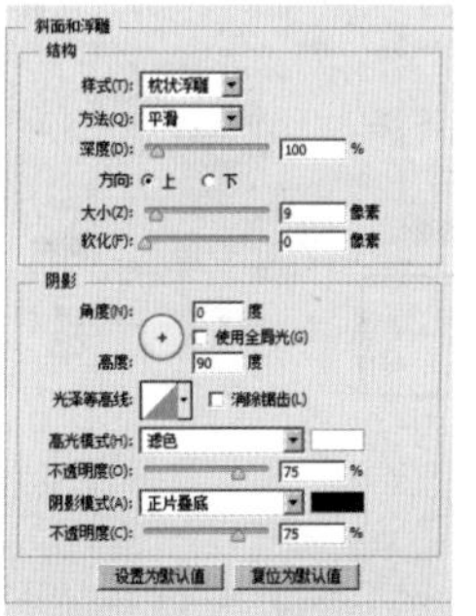

48 设置完“图层样式”对话框后，单击“确定”按钮，即可得到如图所示的效果。

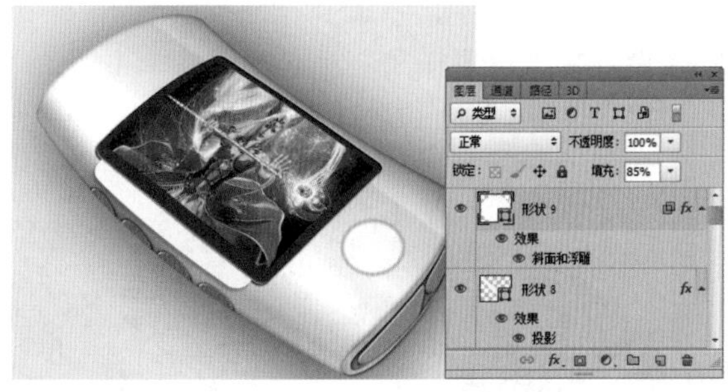

49 选择“形状 9”，按【Ctrl+J】快捷键，复制“形状 9”，得到“形状 9 副本”。设置其图层填充值为“85%”，如图所示。

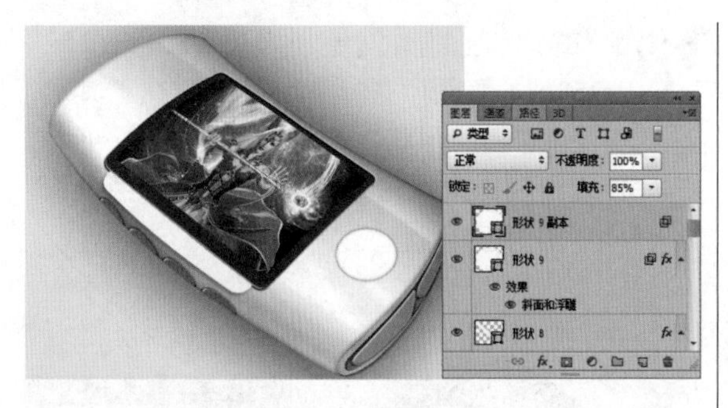

50 选择图层“形状 9 副本”，单击“添加图层样式”按钮，在弹出的菜单中选择“混合选项”命令，在打开的“图层样式”对话框的右侧进行参数设置，继续选择“内发光”、“光泽”、“内阴影”、“斜面和浮雕”及“颜色叠加”选项，并在该对话框的右侧进行参数设置，具体设置如图所示。

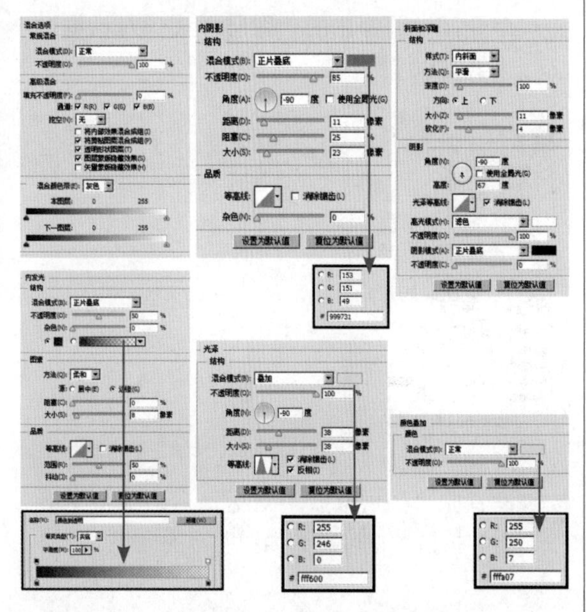

51 设置完“图层样式”对话框后，单击“确定”按钮，即可得到如图所示的效果。

52 设置前景色为黑色，选择“钢笔工具”，在工具选项栏中单击“形状”按钮，在“PSP”屏幕的下方绘制两个三角形形状，得到图层“形状 10”，如图所示。

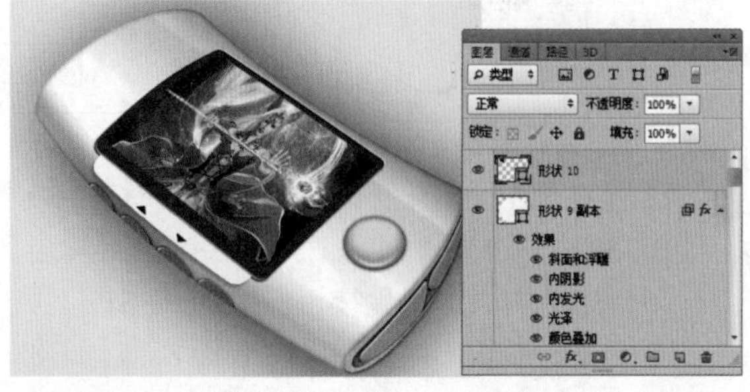

53 设置前景色为黑色，选择“横排文字工具”，设置适当的字体和字号，在画面中输入文字，得到相应的文字图层，再结合自由变换命令，变换文字到如图所示的效果。

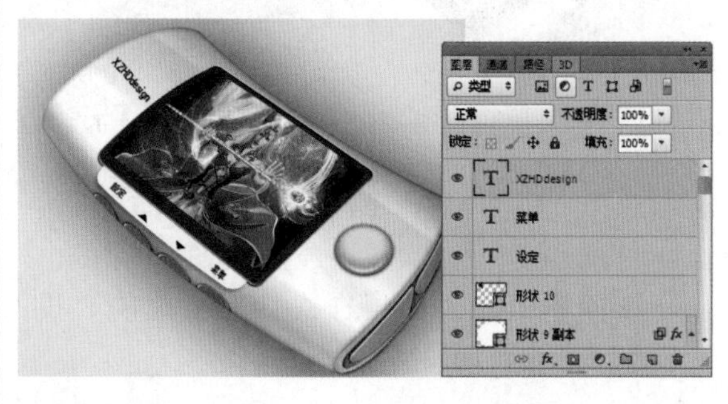

54 用前面讲述的方法，在已绘制的“PSP”的右上方再继续绘制一个“PSP”图像，即可得到本例的最终效果，如图所示。

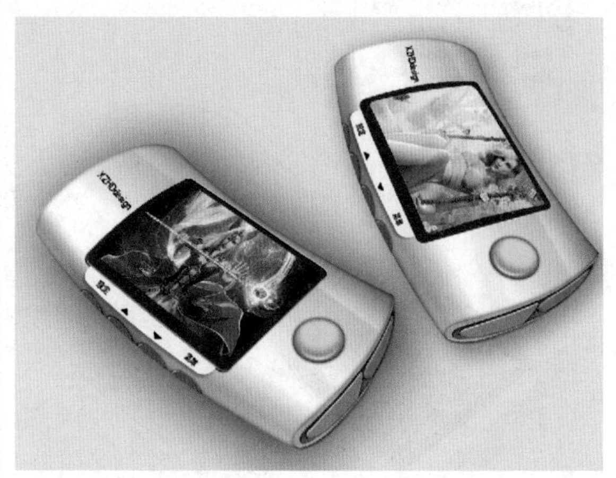

Part 16（31-32小时）

使用图层蒙版合成图像

【图层蒙版：60分钟】

图层蒙版的建立与编辑	30分钟
图层蒙版的停用与启用	30分钟

【实例应用：60分钟】

使用图层蒙版制作图像合成效果	60分钟

16.1 图层蒙版

难度程度：★★★☆☆ 总课时：1小时
素材位置：16\图层蒙版\示例图

图层蒙版是Photoshop图层的精华，更是混合图像时的首选技术。使用图层蒙版可以创建出多种梦幻般的图像。图层蒙版相当于一个8位灰阶的Alpha通道。在图层蒙版中，蒙版是黑色的，表示全部蒙住，图层中的图像不显示；蒙版是白色的，表示图像全部显示；不同程度的灰色蒙版表示图像以不同程度的透明度进行显示。使用图层蒙版的优点是只对图层蒙版做编辑，而不影响图层的像素。当对蒙版所做的效果不满意时，可以随时去掉蒙版，即可恢复到图像原来的样子。

16.1.1 图层蒙版的建立与编辑

学习时间：30分钟

使用蒙版来隐藏部分图层并显示下面的部分图层是非破坏性的，这表示以后可以返回并重新编辑蒙版，而不会丢失蒙版隐藏的像素。在“图层” 面板中，图层蒙版和矢量蒙版都显示为图层缩览图右边的附加缩览图。对于图层蒙版，此缩览图代表添加图层蒙版时创建的灰度通道。也可以编辑图层蒙版，以便向蒙版区域中添加内容或从中减去内容。

建立图层蒙版

选中要加蒙版的图层，在“图层”面板上单击“添加图层蒙版”按钮，当前图层的后面就会显示蒙版图标，如图所示，这样就建立了图层蒙版。

建立图层蒙版也可以通过执行“图层”→“图层蒙版”命令中相应的命令操作，如图所示。如果选择“图层蒙版”→“显示全部”命令，生成的是白色蒙版；如果执行“图层蒙版”→“隐藏全部”命令，生成的就是黑色蒙版。当在图层中有选择范围时，可将“显示选区”和“隐藏选区”两项选中。

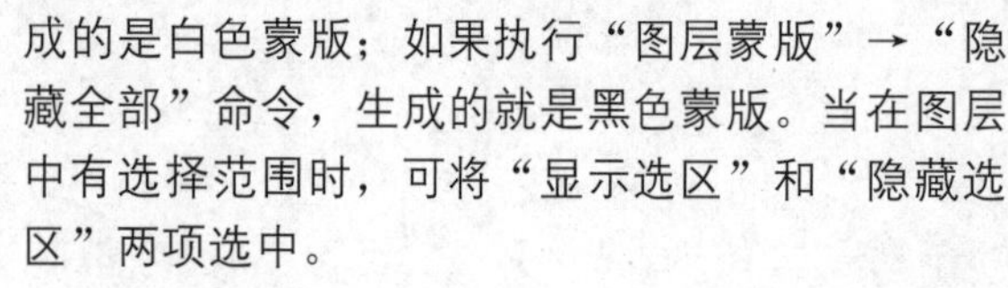

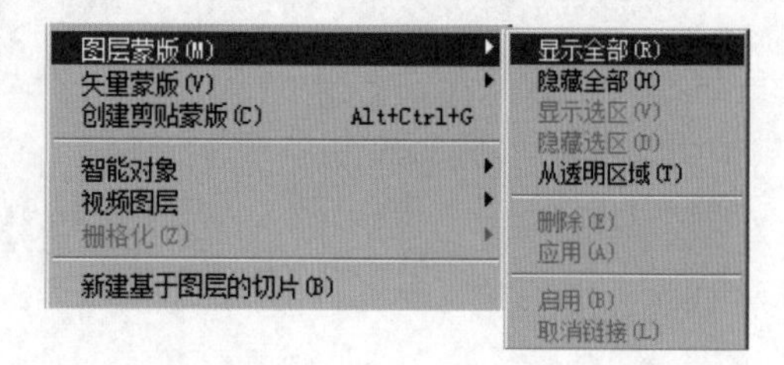

编辑图层蒙版

在图层的蒙版内进行编辑时，可以使用工具箱中的各种绘图工具，例如毛笔、喷枪、铅笔、油漆桶和渐变等工具。

下面以渐变工具为例来进行编辑。通过渐变工具在所选图层的蒙版区域进行编辑，使用黑白渐变，黑色渐变就会将图层内的像素遮住，这样就会将下面一个图层内的部分内容显示出来。细节部分可以用画笔绘制。大面积的部分使用大笔触进行绘制，然后在“画笔”面板内将笔触缩小，进行细部描绘。下图分别为对蒙版区域进行编辑前后的效果图。

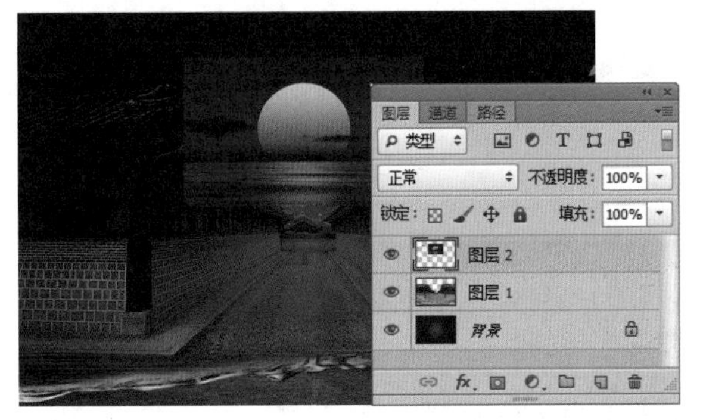

技巧提示

要在背景图层中创建图层蒙版，应首先将此图层转换为常规图层（可选择“图层”→“新建”→“图层背景”命令）。

16.1.2 图层蒙版的停用与启用

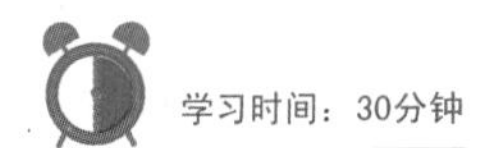

停用和重新启用蒙版

在介绍停用和重新启用蒙版前，先讲一下蒙版的表示方法。双击“图层”面板上的蒙版图标，此时弹出如图所示的对话框。该对话框可以设定蒙版的表示方法，默认是用50%的红色来表示。你可以根据自己的需要来改变颜色，这些操作对图像没有任何影响。

在操作时，如果想暂时关闭蒙版，可以执行菜单“图层”→“停用图层蒙版”命令，或按住【Shift】键的同时单击“图层”面板中的图层蒙版缩览图，此时图层蒙版上就会出现一个红叉，并且图层恢复到原来的状态，效果如图所示。

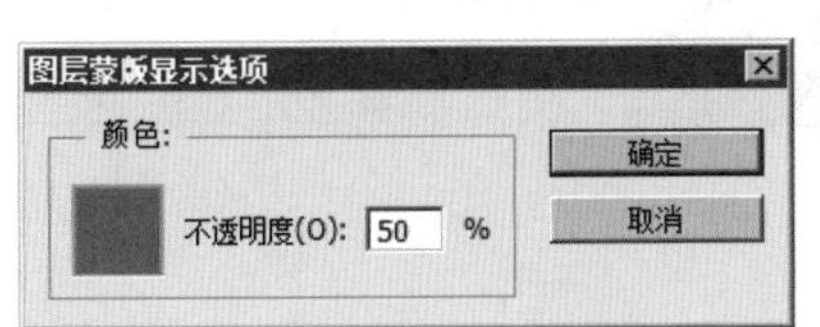

继续按住【Shift】键，用鼠标在红叉上单击，或执行“图层”→“图层蒙版”→“启用”命令，就可使红叉消失，此时就会自动恢复蒙版状态。

删除蒙版

如果对所做的蒙版不喜欢，可以将其删除。执行“图层”→“图层蒙版”→“删除”命令，就可以完全删除。若执行“图层”→“图层蒙版”→“应用”命令，则会将蒙版效果合并到图层上。

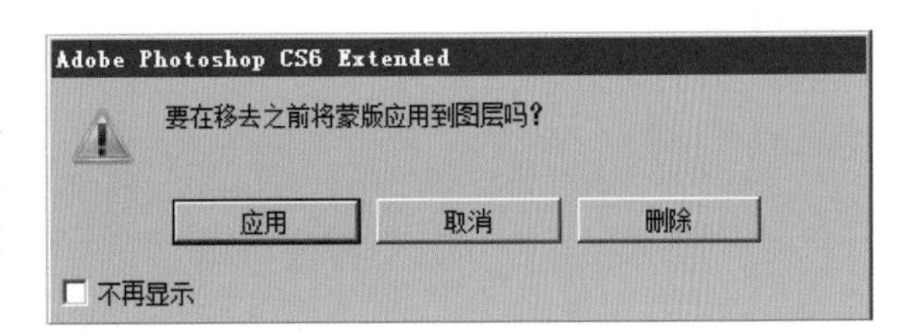

另一种删除蒙版的方法是选中被蒙版的图层，然后将其拖到“图层”面板的垃圾桶图标上；或选中“图层”面板中的蒙版图标后，直接单击垃圾桶图标，此时会弹出如上页图所示的对话框。若单击“应用”按钮，蒙版效果就会应用到图层内；若单击“取消”按钮，当前操作会被取消；若单击“删除”按钮，蒙版效果就会被删除。

图层与图层蒙版的链接

在系统默认下，图层与图层蒙版是被链接在一起的，因此图层与图层蒙版可以同时移动或变形。在“图层”面板中，图层与图层蒙版之间出现链接图标，表示两者已被链接。单击链接图标，可以取消链接，如图所示，这样我们就可以分别编辑图层与图层蒙版。如图所示为单独移动图层蒙版后的效果。若要恢复链接，则可再单击图层与图层蒙版之间的链接图标，此时图层与图层蒙版又会被链接在一起了。

我们一定要注意是选中了图层还是蒙版，当选中蒙版时，所有的操作都是针对蒙版进行的，对原图像毫无损失。

技巧提示

在图像蒙版的编辑过程中，最快捷方便的方法是先用选择工具将要修改的部分选中，然后确认选中蒙版，再填充相应的灰阶。

16.2 实例应用

难度程度：★★★☆☆ 总课时：1小时
素材位置：16\实例应用\使用图层蒙版

演练时间：60分钟

使用图层蒙版制作图像合成效果

◉ 实例目标

本例由2部分组成：第1部分，导入素材图形，组合画面；第2部分，使用图层蒙版，调整每个图层与画面之间的融合，最终达到画面的完整效果。

◉ 技术分析

本例是将一辆汽车和人物的腿部巧妙地结合在一起，而制作的一幅创意类型的汽车广告作品。在将人物腿部和汽车融合到一起的过程中，充分地应用了图层蒙版功能进行图像的混合，希望读者能掌握这一功能。

制作步骤

01 新建文档。执行菜单“文件”→“新建”命令(或按【Ctrl+N】快捷键)，设置弹出的“新建”对话框，如图所示，单击“确定”按钮，即可创建一个新的空白文档。

新建
名称(N)：未标题-1
预设(P)：自定
大小(I)：
宽度(W)：1403 像素
高度(H)：992 像素
分辨率(R)：120 像素/英寸
颜色模式(M)：RGB 颜色 8位
背景内容(C)：白色
高级
确定
取消
存储预设(S)...
删除预设(D)...
图像大小：
3.98M

02 打开图片。打开随书光盘中的“素材 1”图像文件，此时的图像效果和“图层”面板如图所示。

03 使用“移动工具”将图像拖动到第1步新建的文件中，得到“图层 1”。按【Ctrl+T】快捷键，调出自由变换控制框，变换图像到如图所示的状态，按【Enter】键确认操作。

04 打开图片。打开随书光盘中的“素材 2”图像文件，此时的图像效果和“图层”面板如图所示。

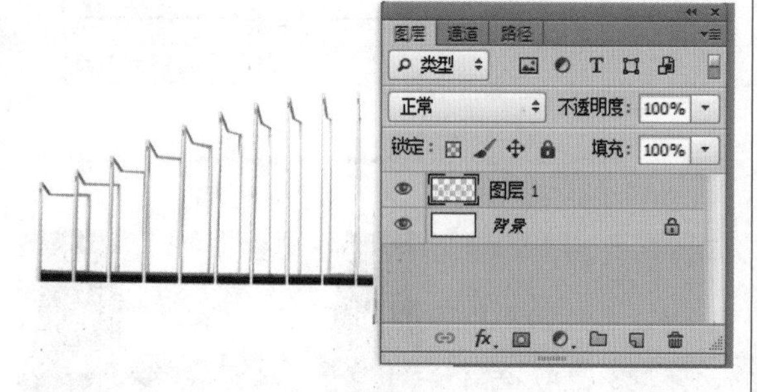

05 使用“移动工具”将图像拖动到第1步新建的文件中，得到“图层 2”。按【Ctrl+T】快捷键，调出自由变换控制框，变换图像到如图所示的状态，按【Enter】键确认操作。

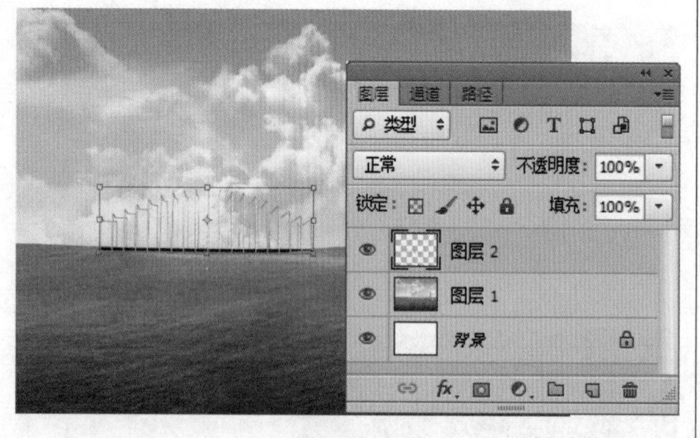

06 选择“图层 2”为当前操作图层。按【Ctrl+J】快捷键，复制“图层 2”，得到“图层 2 副本”。按【Ctrl+T】快捷键，调出自由变换控制框，变换图像到如图所示的状态，按【Enter】键确认操作。

07 单击“锁定透明像素”按钮，设置前景色的颜色值为黑色，按【Alt+Delete】快捷键，用前景色填充“图层2副本”，如图所示。

08 单击“添加图层蒙版”按钮，为“图层 2 副本”添加图层蒙版，设置前景色为黑色，背景色为白色。使用“渐变工具”设置渐变类型为从前景色到背景色，在图层蒙版中从下往上绘制渐变，添加渐变图层蒙版后的图像效果如图所示。

09 设置前景色为白色，选择“钢笔工具”，在工具选项栏中单击“形状图层”按钮，在画面中绘制形状，得到图层“形状 1”，如图所示。

10 选择“形状 1 ”为当前操作图层，设置其图层的不透明度为28%，此时的效果如图所示。

11 设置前景色为白色，选择“钢笔工具”，在工具选项栏中单击“形状图层”按钮，在画面中绘制形状，得到图层“形状 2”，如图所示。

12 选择“形状 2”为当前操作图层，设置其图层的不透明度为35%，此时的效果如图所示。

13 设置前景色为白色，选择“钢笔工具”，在工具选项栏中单击“形状图层”按钮，在画面中绘制形状，得到图层“形状 3”，如图所示。

14 选择“形状 3”为当前操作图层，设置其图层的不透明度为19%，此时的效果如图所示。

15 设置前景色为白色，使用“横排文字工具”，设置适当的字体和字号，在画面上输入文字“1”。按【Ctrl+T】快捷键，调出自由变换控制框，变换文字到画面的左侧，按【Enter】键确认操作，设置其图层的不透明度为50%，此时的效果如图所示。

16 继续使用“横排文字工具”，在画面上输入文字“2”和“3”。结合自由变换命令将文字调整到画面的左侧，设置两个文字图层的图层不透明度为50%，此时的效果如图所示。

17 打开图片。打开随书光盘中的“素材 3”图像文件，此时的图像效果和“图层”面板如图所示。

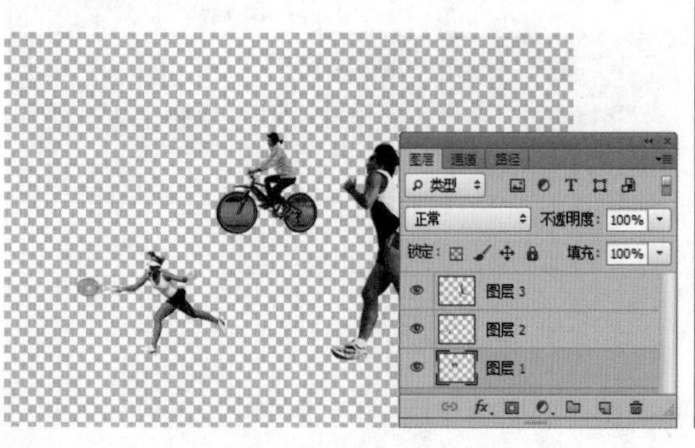

18 使用“移动工具”，将第17步打开的素材图像中的“图层 1”拖动到第1步新建的文件中，得到“图层 3”。按【Ctrl+T】快捷键，调出自由变换控制框，变换图像到如图所示的状态，按【Enter】键确认操作。

19 选择“图层 3”为当前操作图层，按【Ctrl+J】快捷键，复制“图层 3”，得到“图层 3 副本”。按【Ctrl+T】快捷键，调出自由变换控制框，变换图像到如图所示的状态，按【Enter】键确认操作。

20 单击“锁定透明像素”按钮，设置前景色的颜色值为黑色，按【Alt+Delete】快捷键，用前景色填充“图层3副本”，如图所示。

21 单击“添加图层蒙版”按钮，为“图层3 副本”添加图层蒙版，设置前景色为黑色，背景色为白色。使用“渐变工具”设置渐变类型为从前景色到背景色，在图层蒙版中从下往上绘制渐变，添加渐变图层蒙版后的图像效果如图所示。

22 使用“移动工具”，将第17步打开的素材图像中的“图层 2”拖动到第1步新建的文件中，得到“图层 4”。按【Ctrl+T】快捷键，调出自由变换控制框，变换图像到如图所示的状态，按【Enter】键确认操作。

23 选择“图层 4”为当前操作图层，按【Ctrl+J】快捷键，复制“图层 4”，得到“图层 4 副本”。按【Ctrl+T】快捷键，调出自由变换控制框，变换图像到如图所示的状态，按【Enter】键确认操作。

24 单击“锁定透明像素”按钮，设置前景色的颜色值为黑色，按【Alt+Delete】快捷键，用前景色填充“图层 4 副本”，如图所示。

25 单击“添加图层蒙版”按钮，为“图层4 副本”添加图层蒙版，设置前景色为黑色，背景色为白色。使用“渐变工具”设置渐变类型为从前景色到背景色，在图层蒙版中从下往上绘制渐变，添加渐变图层蒙版后的图像效果如图所示。

26 使用“移动工具”，将第17步打开的素材图像中的“图层 3”拖动到第1步新建的文件中，得到“图层 5”。按【Ctrl+T】快捷键，调出自由变换控制框，变换图像到如图所示的状态，按【Enter】键确认操作。

27 选择“图层 5”为当前操作图层，按【Ctrl+J】快捷键，复制“图层 5”，得到“图层 5 副本”。按【Ctrl+T】快捷键，调出自由变换控制框，变换图像到如图所示的状态，按【Enter】键确认操作。

28 单击“锁定透明像素”按钮，设置前景色为黑色，按【Alt+Delete】快捷键，用前景色填充“图层 5 副本”，如图所示。

29 单击“添加图层蒙版”按钮，为“图层 5 副本”添加图层蒙版，设置前景色为黑色，背景色为白色。使用“渐变工具”设置渐变类型为从前景色到背景色，在图层蒙版中从下往上绘制渐变，添加渐变图层蒙版后的图像效果如图所示。

30 打开图片。打开随书光盘中的“素材 4”图像文件，此时的图像效果和“图层”面板如图所示。

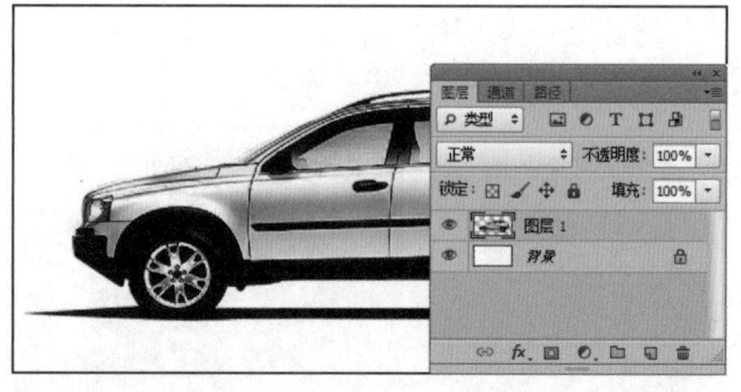

31 使用“移动工具”将图像拖动到第1步新建的文件中，得到“图层 6”。按【Ctrl+T】快捷键，调出自由变换控制框，变换图像到如图所示的状态，按【Enter】键确认操作。

32 打开图片。打开随书光盘中的“素材 5”图像文件，此时的图像效果和“图层”面板如图所示。

33 使用“移动工具”将图像拖动到第1步新建的文件中，得到“图层 7”。按【Ctrl+T】快捷键，调出自由变换控制框，变换图像到如图所示的状态，按【Enter】键确认操作。

34 单击“添加图层蒙版”按钮，为“图层7”添加图层蒙版，设置前景色为黑色。选择“画笔工具”，设置适当的画笔大小和透明度后，在图层蒙版中涂抹，将不需要的部分隐藏起来，即可得到如图所示的效果。

35 单击“添加图层样式”按钮，在弹出的菜单中选择“投影”命令，设置弹出的“图层样式”对话框的“投影”选项参数，参数如图所示。

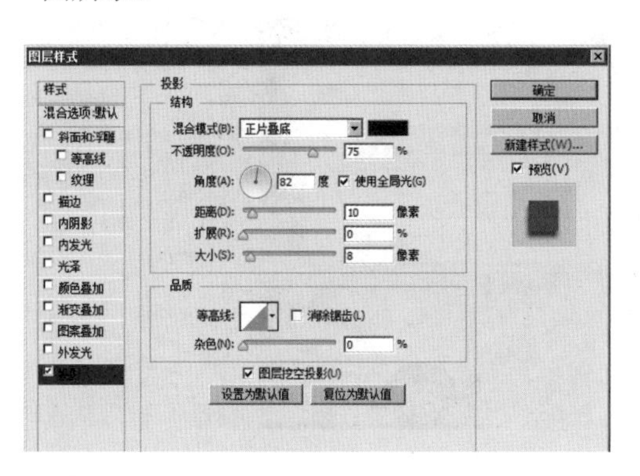

36 设置完图层样式后，单击“确定”按钮，得到效果如图所示。

37 打开图片。打开随书光盘中的“素材 6”图像文件，此时的图像效果和“图层”面板如图所示。

38 使用“移动工具”将图像拖动到第1步新建的文件中，得到“图层 8”。按【Ctrl+T】快捷键，调出自由变换控制框，变换图像到如图所示的状态，按【Enter】键确认操作。

39 选择“图层 8”，单击“添加图层样式”按钮，在弹出的菜单中选择“外发光”命令，设置弹出的“图层样式”对话框的“外发光”选项后，单击“渐变叠加”选项，然后设置弹出的“图层样式”对话框的“渐变叠加”选项参数，具体设置如图所示。

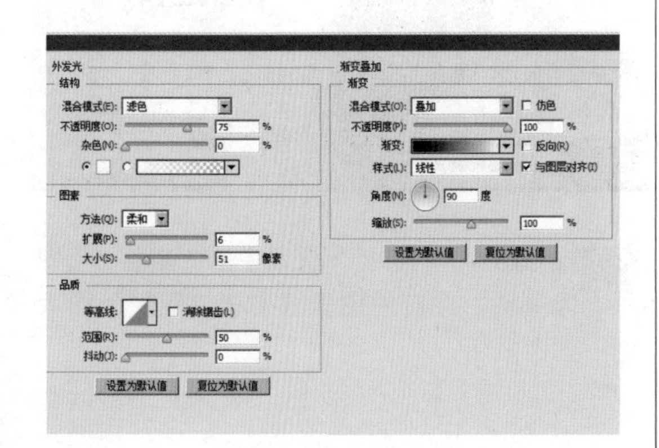

40 设置完“图层样式”对话框后，单击“确定”按钮，即可得到如图所示的效果。

41 设置前景色的颜色值为（R:0 G:15 B:107），选择“横排文字工具”，设置适当的字体和字号，在标志的右下方输入文字，得到相应的文字图层，如图所示。

42 选择文字图层，单击“添加图层样式”按钮，在弹出的菜单中选择“外发光”命令，设置弹出的“图层样式”对话框的“外发光”选项参数，如图所示。

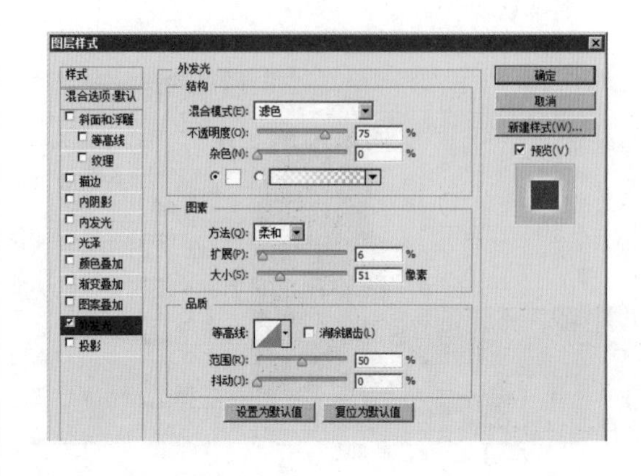

43 设置完图层样式后，单击“确定”按钮，得到效果如图所示。

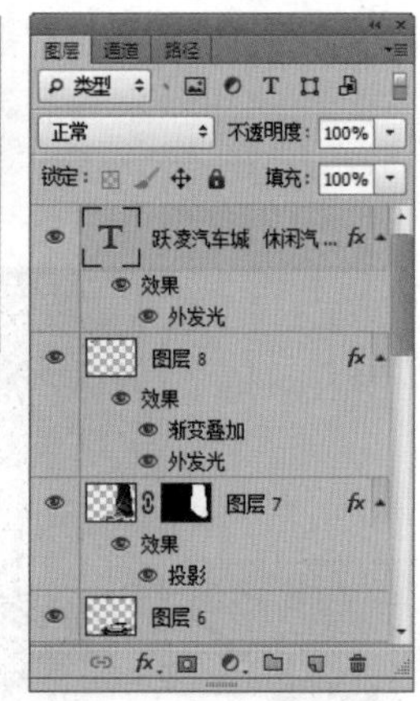

44 设置前景色的颜色值为（R:0 G:15 B:107），选择“横排文字工具”，设置的适当字体和字号，在画面中输入其他信息文字，得到相应的文字图层，如图所示。

Part 17（33-34小时）

通过剪贴蒙版混合图像

【剪贴蒙版：30分钟】

【实例应用：90分钟】

使用剪贴蒙版制作图像合成效果　90分钟

17.1 剪贴蒙版

难度程度：★★★☆☆ 总课时：0.5小时
素材位置：17\剪贴蒙版\示例图

在图层与图层之间，Photoshop提供了“创建剪贴蒙版”功能。当图像文件有多个图层时，也可形成一组具有剪贴关系的图层。剪贴组中最下面的一个图层可成为它上面的一个或多个图层的“蒙版”。剪贴组必须是连续的图层才能有作用。

下面就以“图层 1”和“图层 2”这两个图层为例来进行“创建剪贴蒙版”的操作。在图层剪贴组的操作中，最简单的方法是利用快捷键。具体操作是在按住【Alt】键时，将鼠标移到“图层”面板中两个图层之间的细线处，此时鼠标变为形状，单击鼠标后，两图层之间的细线变为虚线，并在“图层 2”下出现一条横线，此时“图层 2”和“图层 1”这两个图层形成了剪贴的关系，如图所示。若想取消剪贴组的关系，可以在按住【Alt】键的同时将鼠标移到虚线处，当鼠标变成形状时，单击鼠标就会取消剪贴组的关系。

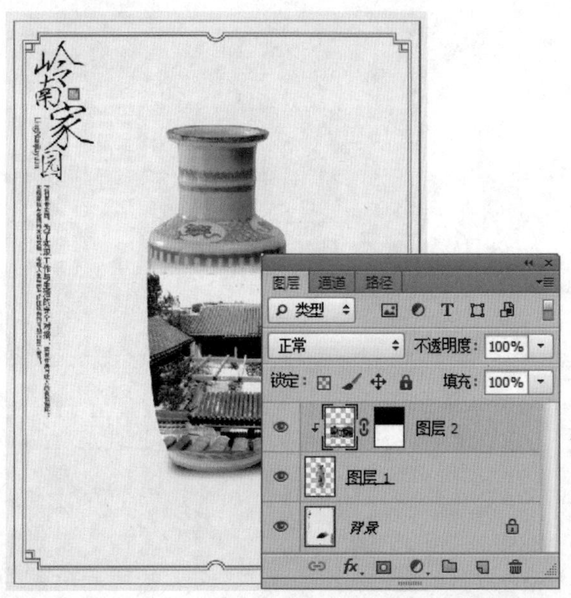

当然，我们也可以通过菜单命令来实现剪贴组的操作：首先选中被剪贴的图层，执行“图层”→“创建剪贴蒙版”命令，即可使两图层之间形成剪贴关系。若想取消两图层间的剪贴关系，在“图层”菜单下选择“释放剪贴蒙版”命令即可。

现在我们已经了解了对两个图层进行剪贴的过程，接下来讲解如何对多图层建立剪贴组关系。

首先打开想要剪贴的多图层图像，在要发生剪贴关系的图层中任意选定一个图层，然后把要剪贴的多个图层链接起来。

执行“图层”→“创建剪贴蒙版”命令，就可以使链接的图层呈现剪贴效果，如图所示。

在图层形成剪贴关系后，我们可以取消图层的链接状态、移动图层的位置、调整图层的不透明度，以达到图像合成的最佳效果。

技巧提示

要实现图层剪贴组的功能，需要有几个前提条件：

●要有一个做蒙版的外形图层，也就是说此图层一定要有透明区域，输入文字外形或是物体的外形均可，并且处在所有要有剪贴关系图层的最下方。

● 在执行剪贴命令前，一定要先选择作为蒙版的外形图层。

17.2 实例应用

难度程度：★★★☆☆ 总课时：1.5小时
素材位置：17\实例应用\使用剪贴蒙版

演练时间：90分钟

使用剪贴蒙版制作图像合成效果

◎ 实例目标

本例由2部分组成：第1部分，导入多张建筑图像；第2部分，使用“剪贴蒙版”命令，使每个导入的图像，和风车的图形结合在一起，最终制作出一幅旅游主题的广告创意设计作品。

◎ 技术分析

本例将一个风车和多张建筑图像通过剪贴蒙版结合在一起，制作出一幅旅游主题的广告创意设计作品。在本例的制作过程中，充分展示了剪贴蒙版合成图像的特点，希望读者通过本例能够体会剪贴蒙版这一特色功能的重要作用。

制作步骤

01 新建文档。执行菜单“文件”→“新建”命令(或按【Ctrl+N】快捷键)，设置弹出的“新建”对话框，如图所示，单击“确定”按钮，即可创建一个新的空白文档。

新建
名称(N): 未标题-1
预设(P): 自定
大小(I):
宽度(W): 1000 像素
高度(H): 1379 像素
分辨率(R): 280 像素/英寸
颜色模式(M): RGB 颜色 8 位
背景内容(C): 白色
高级
确定
取消
存储预设(S)...
删除预设(D)...
图像大小:
3.95M

02 打开图片。打开随书光盘中的“素材 1”图像文件，使用“移动工具”将图像拖动到第1步新建的文件中，得到“图层 1”。按【Ctrl+T】快捷键，变换图像到如图所示的状态。

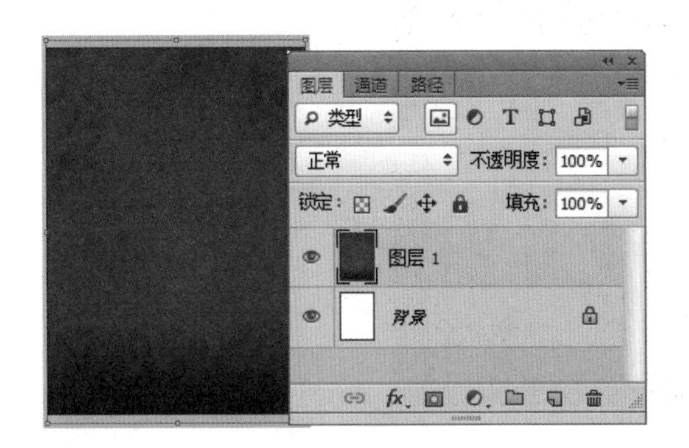

03 单击“创建新的填充或调整图层”按钮，在弹出的菜单中选择“曲线”命令，此时在弹出“调整”面板的同时得到图层“曲线 1”。在“调整”面板中设置“曲线”命令的参数，如图所示。

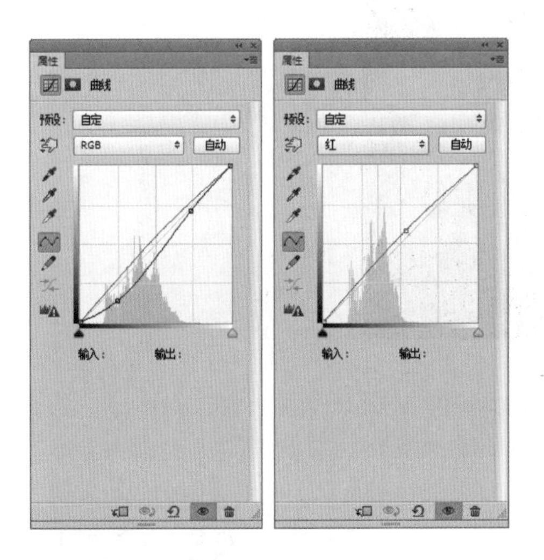

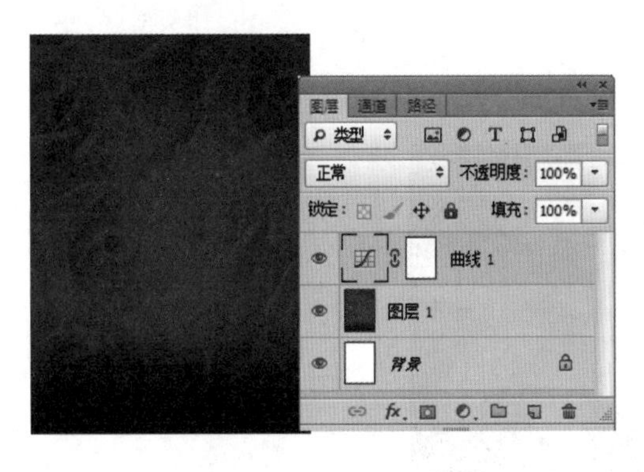

04 单击“创建新的填充或调整图层”按钮，在弹出的菜单中选择“色相/饱和度”命令，此时在弹出“调整”面板的同时得到图层“色相/饱和度 1”。在“调整”面板中设置完“色相/饱和度”命令的参数后，关闭“调整”面板。此时的效果如图所示。

05 打开图片。打开随书光盘中的“素材 2”图像文件，此时的图像效果和“图层”面板如图所示。

06 使用“移动工具”将图像拖动到第1步新建的文件中，得到“图层 2”。按【Ctrl+T】快捷键，调出自由变换控制框，变换图像到如图所示的状态，按【Enter】键确认操作。

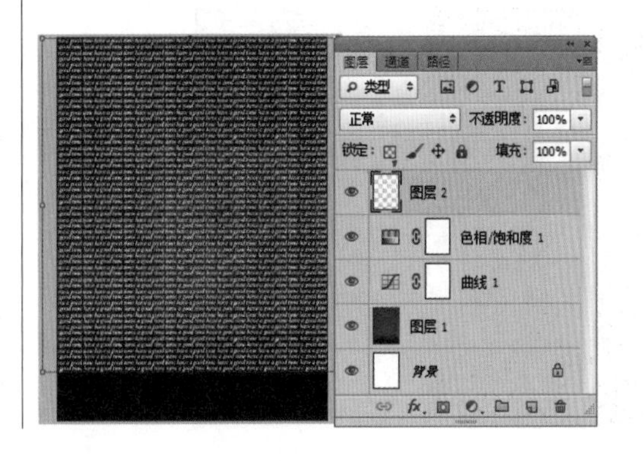

07 设置图层混合模式。设置“图层 2”的图层不透明度为30%，图层混合模式为“柔光”，如图所示。

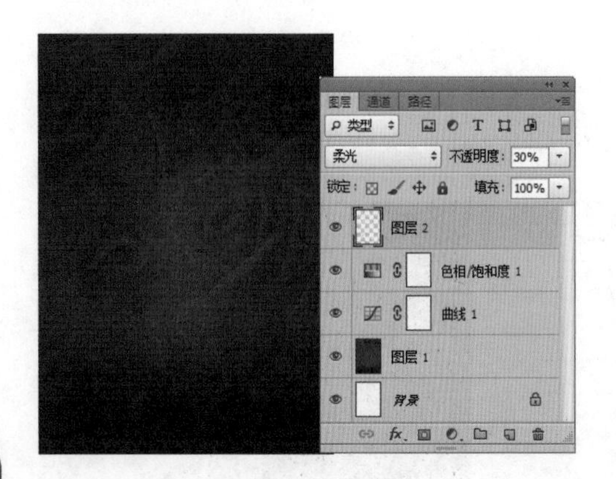

08 打开图片。打开随书光盘中的“素材 3”图像文件，使用“移动工具”将图像拖动到第1步新建的文件中，得到“图层 3”、“图层 4”、“图层 5”和“图层 6”。将新得到的图层选中，按【Ctrl+T】快捷键，变换图像到如图所示的状态。

09 设置图层混合模式。设置“图层 3”的图层混合模式为“叠加”，得到如图所示的效果。

10 设置前景色为白色，选择“钢笔工具”，在工具选项栏中单击“形状图层”按钮，在画面中绘制形状，得到图层“形状 1”，如图所示。

11 选择“形状 1”为当前操作图层，按【Ctrl+J】快捷键，复制“形状 1”，得到“形状 1 副本”。按【Ctrl+T】快捷键，变换图像到如图所示的状态。

12 选择“形状 1 副本”为当前操作图层，按【Ctrl+J】快捷键，复制“形状 1 副本”，得到“形状 1 副本 2”。按【Ctrl+T】快捷键，变换图像。继续复制“形状 1”的副本图层，结合自由变换命令，制作如图所示的效果。

13 打开图片。选择“形状 1”为当前操作图层，打开随书光盘中的“素材 4”图像文件，使用“移动工具”将图像拖动到第1步新建的文件中，得到“图层 7”。按【Ctrl+Alt+G】快捷键，执行“创建剪贴蒙版”操作，按【Ctrl+T】快捷键，变换图像到如图所示的状态。

14 打开图片。选择“形状 1 副本”为当前操作图层，打开随书光盘中的“素材 5”图像文件，使用“移动工具”将图像拖动到第1步新建的文件中，得到“图层 8”。按【Ctrl+Alt+G】快捷键，执行“创建剪贴蒙版”操作，按【Ctrl+T】快捷键，变换图像到如图所示的状态。

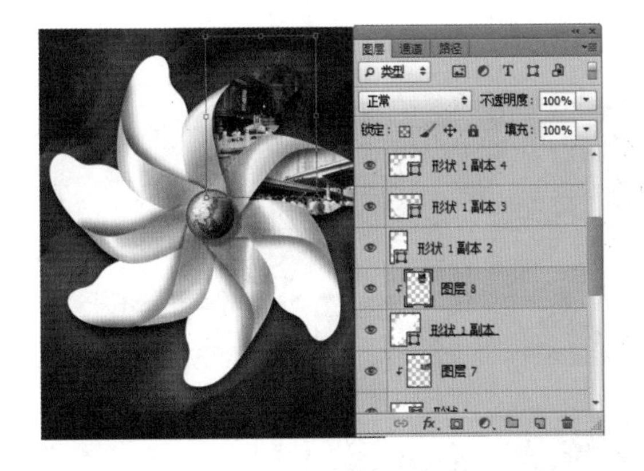

15 打开图片。选择“形状 1 副本 2”为当前操作图层，打开随书光盘中的“素材 6”图像文件，使用“移动工具”将图像拖动到第1步新建的文件中，得到“图层 9”。按【Ctrl+Alt+G】快捷键，执行“创建剪贴蒙版”操作，按【Ctrl+T】快捷键，变换图像到如图所示的状态。

16 按照上面同样的方法，依次选择不同的图层，打开随书光盘中的“素材 8”、“素材 9”、“素材 10”图像文件，使用“移动工具”将图像拖动到第1步新建的文件中，按【Ctrl+Alt+G】快捷键，执行“创建剪贴蒙版”操作，按【Ctrl+T】快捷键，变换图像，得到效果如图所示。

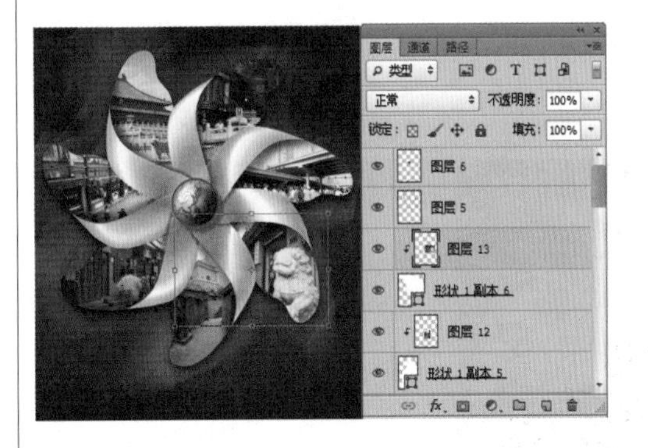

17 选择“图层 7”，单击“创建新的填充或调整图层”按钮，在弹出的菜单中选择“渐变映射”命令，此时在弹出“调整”面板的同时得到图层“渐变映射 1”。单击“调整”面板下方的按钮，将调整影响剪切到下方的图层，然后设置“渐变映射”的颜色，编辑渐变映射的颜色。

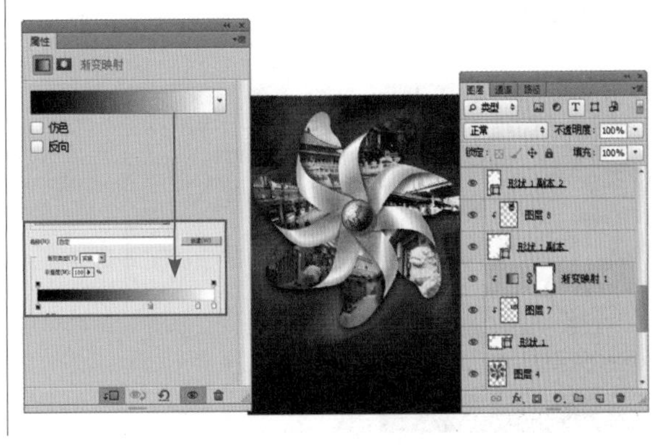

18 选择“渐变映射 1”，按住【Alt】键，在“图层”面板上将选中的图层拖动到“图层 8”的上方，以复制和调整图层顺序，得到图层“渐变映射 1 副本”。按【Ctrl+Alt+G】快捷键，执行“创建剪贴蒙版”操作，如图所示。

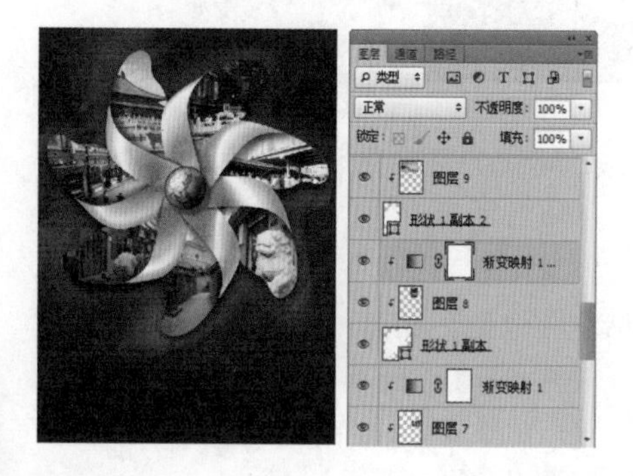

19 继续复制“渐变映射 1”到“图层 9”至“图层 13”的上方并创建图层剪贴蒙版，为这5个图层调色，得到如图所示的效果。

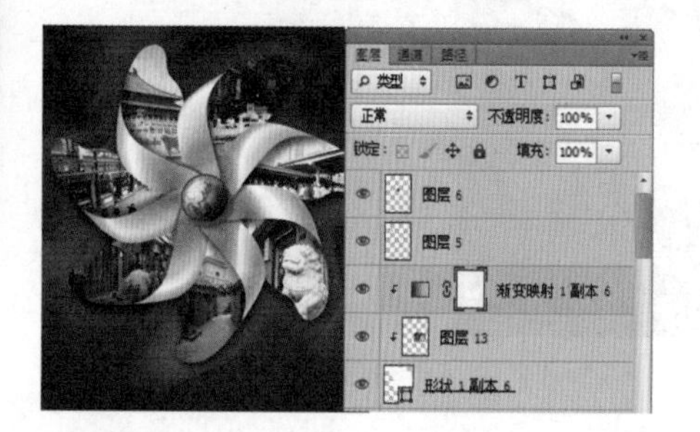

20 打开图片。选择“图层 6”为当前操作图层，打开随书光盘中的“素材 11”文字图像文件。使用“移动工具”将图像拖动到第1步新建的文件中，得到“图层 14”。按【Ctrl+T】快捷键，变换图像,设置“图层 14”的图层混合模式为“叠加”，效果如图所示。

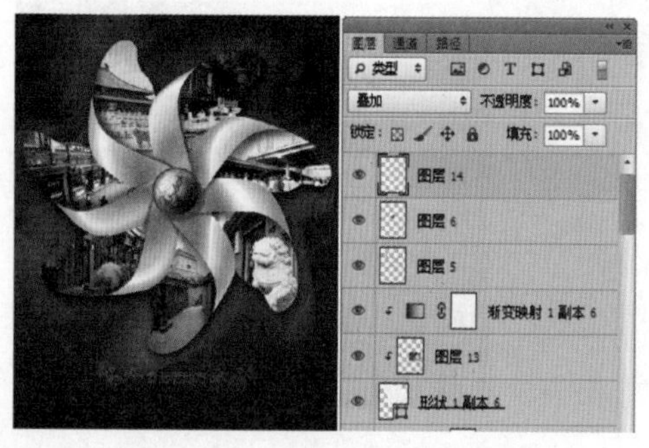

21 新建图层，得到“图层15”，设置前景色的颜色值为（R:123 G:49 B:26），选择“矩形工具”，在工具选项栏中单击“路径图层”按钮，并在工具选项栏中单击“减去顶层形状”按钮，在画面的中间绘制如图所示的两个矩形，单击工具选项栏中的“形状”按钮，此时文件名自动改为“矩形1”，效果如图所示。

22 打开图片。打开随书光盘中的“素材 12”文字图像文件。使用“移动工具”将图像拖动到第1步新建的文件中，得到“图层 15”。按【Ctrl+T】快捷键，变换图像到画面的下方，按【Enter】键确认操作，得到如图所示的效果。

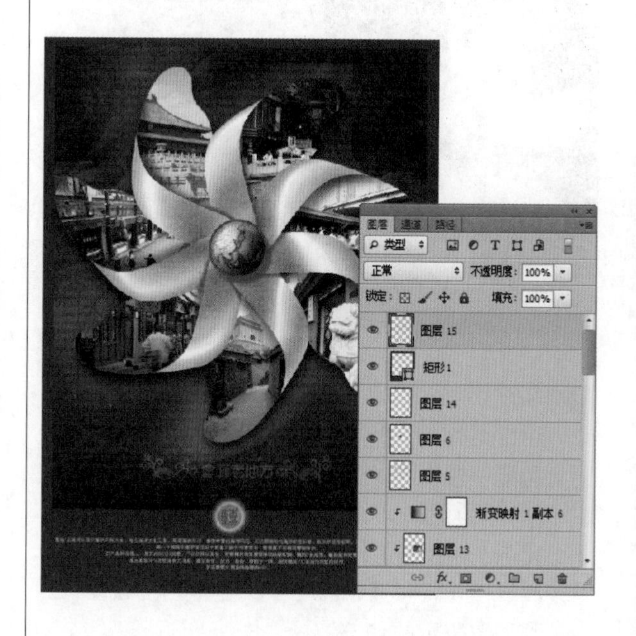

Part 18（35-36小时）

使用通道提取图像技巧

【通道：30分钟】

【实例应用：90分钟】

使用通道提取透明的玻璃图像　　90分钟

18.1 通道

难度程度：★★★☆☆ 总课时：0.5小时
素材位置：18\通道\示例图

利用通道可以得到各种复杂的形状和透明度的选区。在提取一些形状和透明度复杂的图像时，利用通道可以使操作更容易；同时对于提取具有复杂透明度层次的图像，利用通道操作会更容易得到所需的图像内容。

在Photoshop中，图像本身就具有颜色；同时，可以通过多种操作方式来创建Alpha通道。用户可以利用选区来创建Alpha通道，也可以在“通道”面板中绘制Alpha通道。无论是颜色通道还是Alpha通道，都可以用来创建选区。

将颜色通道转换为选区

图像的颜色模式决定了其颜色通道属性的数量。用户可以利用这些颜色通道来生成一些具有特定的形状和透明度的选区。在“通道”面板中选中某个颜色通道（非复合通道），然后单击面板中的“将通道作为选区载入”按钮，或者按住【Ctrl】键单击颜色通道的缩略图，即可以用颜色通道的灰度层次来生成选区。

例如，打开一个图像文件。打开“通道”面板，选中其中的“红”通道，然后单击“将通道作为选区载入”按钮，生成选区，效果如图所示。选择颜色复合通道，返回到“图层”面板中，新建一个空白图层并填充白色，效果如图所示。

将Alpha通道转换为选区

如果在图像中已经创建了Alpha通道，则可以随时将Alpha通道转换为选区。例如，打开一个图像文件，绘制一个选区范围，如图所示。在“通道”面板中，单击“将选区存储为通道”按钮，将其存储为Alpha通道，如图所示。选择Alpha1通道，执行“滤镜”→“扭曲”→“玻璃”命令，为其添加一个玻璃滤镜，修改Alpha通道的效果，如图所示。

然后按住【Ctrl】键单击该Alpha通道，载入选区。返回到“图层”面板中，创建新图层并填充白色，效果如图所示。

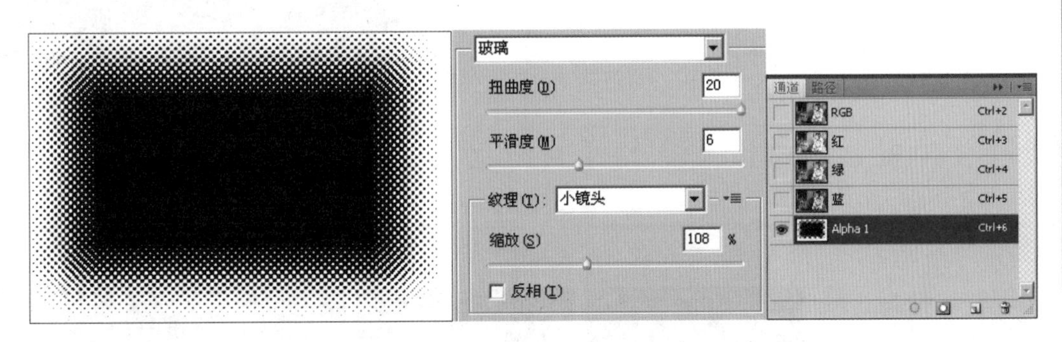

18.2 实例应用

难度程度：★★★☆☆ 总课时：1.5小时
素材位置：18\实例应用\使用通道

演练时间：90分钟

使用通道提取透明的玻璃图像

◉ 实例目标

本例由2部分组成：第1部分，将素材文件组合在画面上；第2部分，使用通道提取透明的玻璃图像，最终达到完整效果。

◉ 技术分析

在本例中，将一张普通的玻璃杯和玻璃瓶照片，通过使用Photoshop中的通道功能提取出来，并为提取出来的图像重新更换一个背景。希望读者通过本例能够体会通道提取透明图像这一特色功能的重要作用。

制作步骤

01 打开图片。打开随书光盘中的“素材 1”图像文件，此时的图像效果和“图层”面板如图所示。

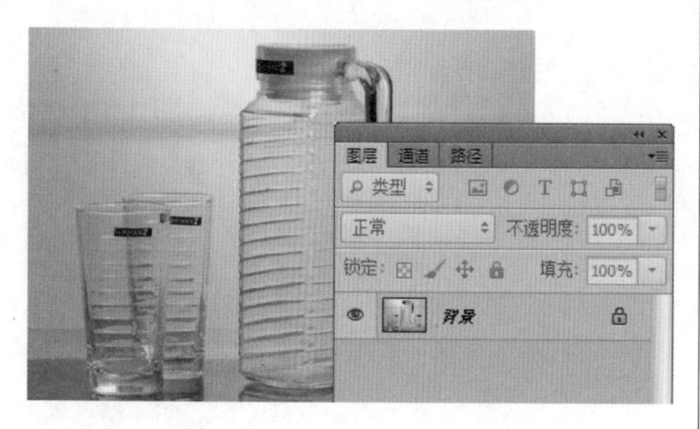

02 切换到“路径”面板，新建一个路径，得到“路径 1”。选择“钢笔工具”，在工具选项栏中单击“路径”按钮，沿玻璃器具的轮廓绘制一条路径，如图所示。

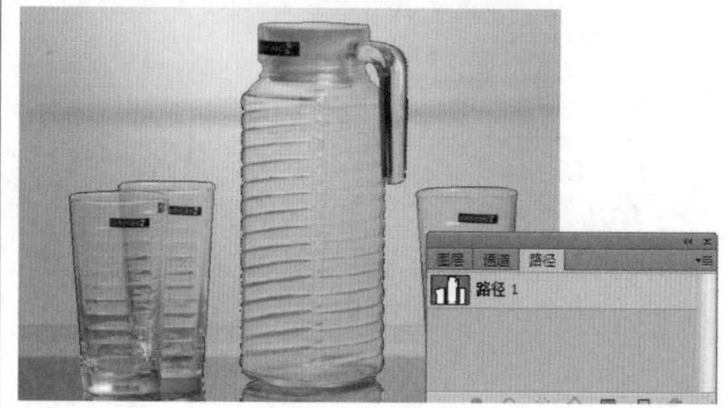

03 选择“图像”→“复制”命令，在弹出的对话框中进行复制文件的设置，单击“确定”按钮，即可复制文件。将文件进行保存，文件名为“素材 1 副本”。按【Ctrl+Enter】快捷键，将路径转换为选区，如图所示。

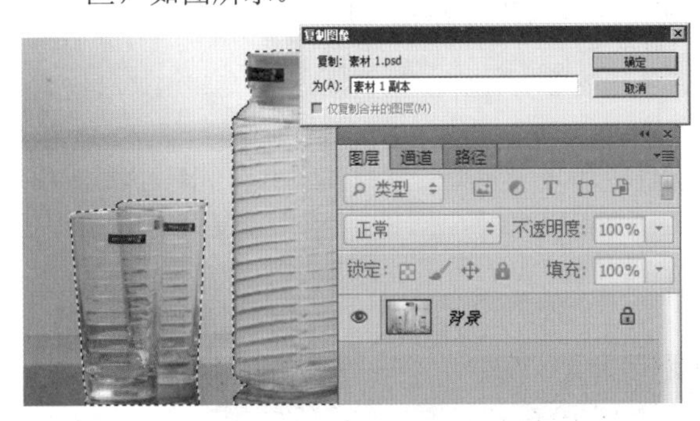

04 按【Ctrl+Shift+I】快捷键执行“反选”操作，设置前景色为白色，按【Alt+Delete】快捷键用前景色填充选区，按【Ctrl+D】快捷键取消选区，得到如图所示的效果。

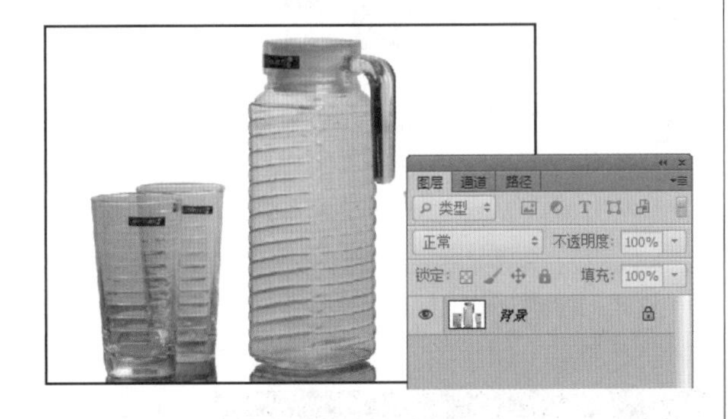

05 切换到第1步打开的“素材 1”文件中。按【Ctrl+Enter】快捷键，将路径转换为选区。切换到“通道”面板，单击“绿”通道，将其拖动到面板底部的“创建新通道”按钮上，以复制通道，得到“绿 副本”通道，如图所示。

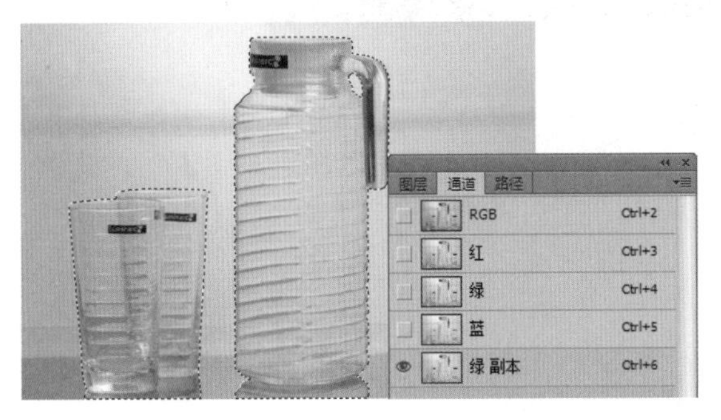

06 按【Ctrl+Shift+I】快捷键执行“反选”操作，设置前景色为黑色，按【Alt+Delete】快捷键用前景色填充选区，得到如图所示的效果。

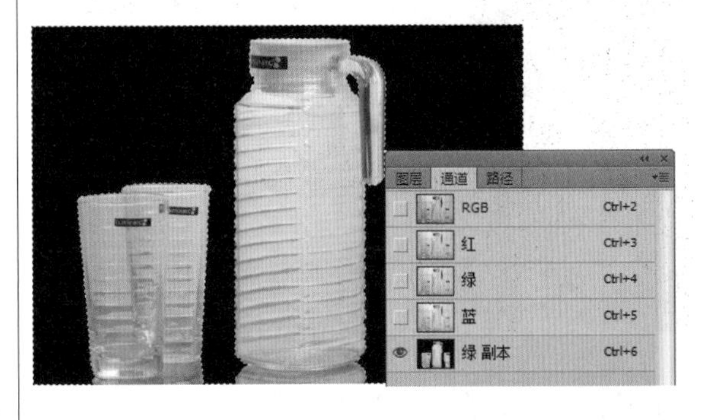

07 单击“绿 副本”通道，将其拖动到面板底部的“创建新通道”按钮上，以复制通道，得到“绿 副本 2”通道。按【Ctrl+Shift+I】快捷键执行“反选”操作，执行“图像”→“调整”→“色阶”命令或按【Ctrl+L】快捷键，调出“色阶”对话框，在该对话框中进行参数设置，如图所示。

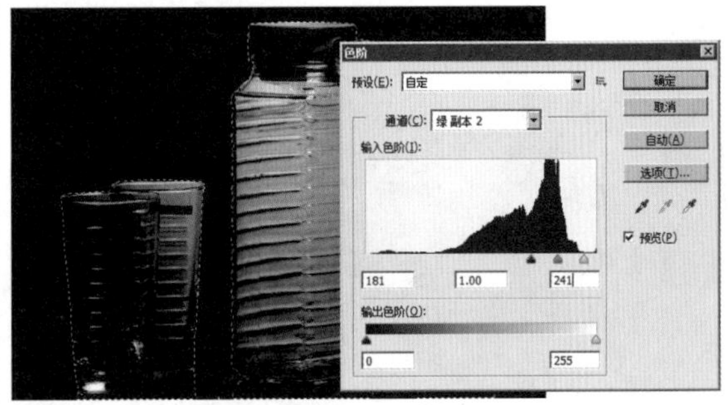

08 选择“绿 副本”通道，按【Ctrl+I】快捷键，执行“反相”操作，得到如图所示的效果。

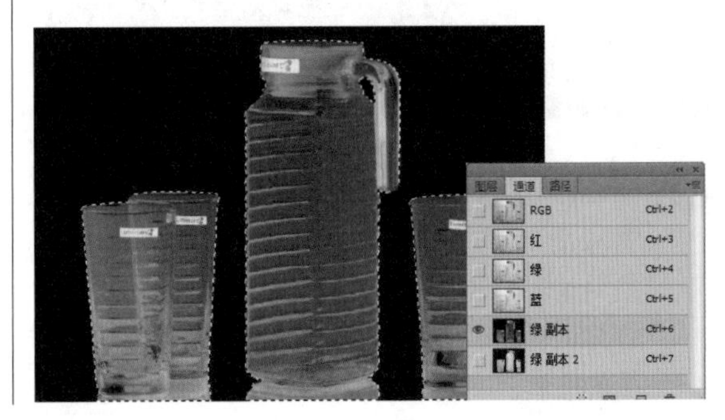

09 执行“图像”→“调整”→“色阶”命令或按【Ctrl+L】快捷键，调出“色阶”对话框，在该对话框中进行参数设置，如图所示。

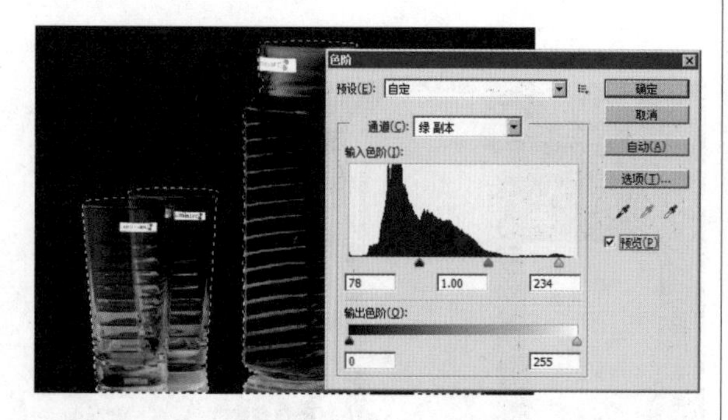

10 切换到“图层”面板，新建一个图层，得到“图层 1”。设置前景色为白色。按【Alt+Delete】快捷键用前景色填充选区，按【Ctrl+D】快捷键取消选区，得到如图所示的效果。

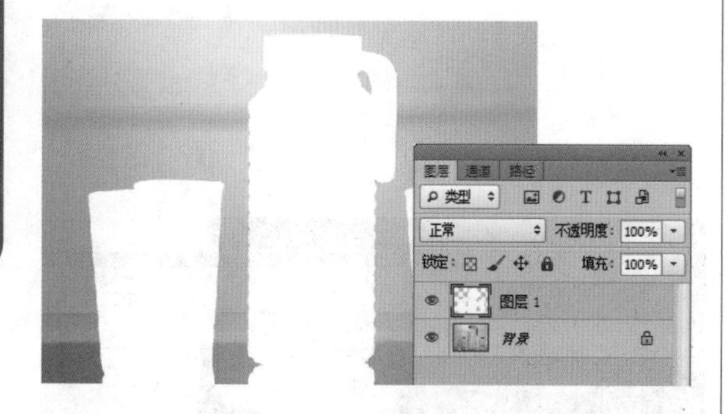

11 设置“图层 1”的图层不透明度为“20%”，得到如图所示的效果。

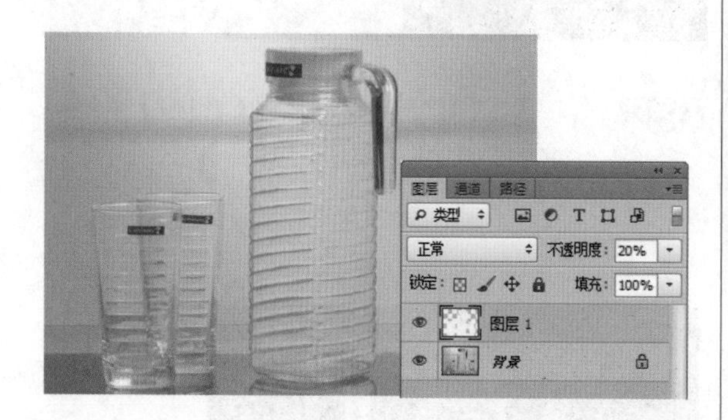

12 打开图片。打开随书光盘中的“素材 2”图像文件，使用“移动工具”将图像拖动到第1步新建的文件中，得到“图层 2”。将其调整到“图层 1”的下方，然后调整图像的位置到如图所示的效果。

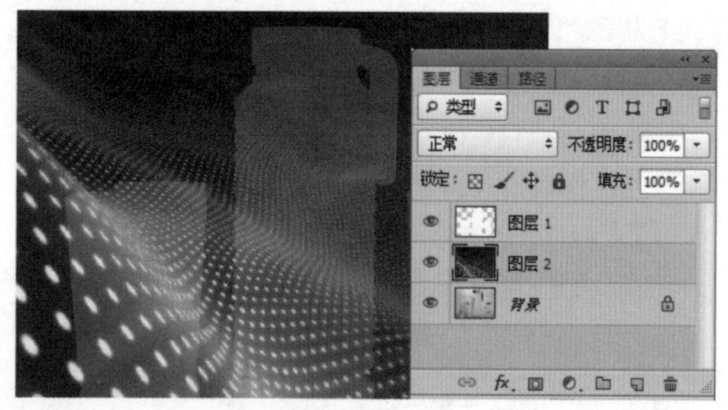

13 切换到“通道”面板，按住【Ctrl】键，单击通道“绿 副本”的通道缩览图，载入其选区，如图所示。

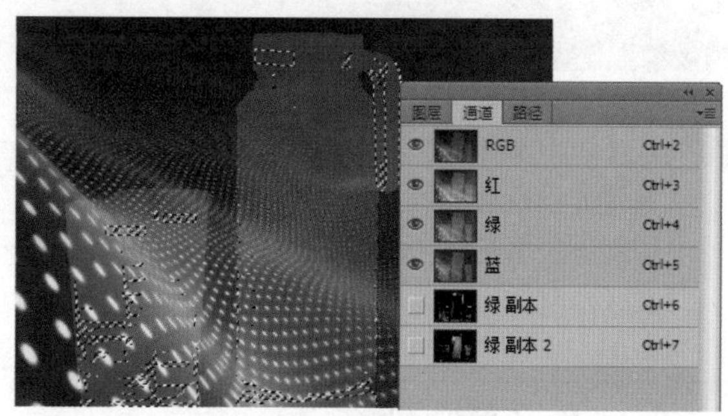

14 切换到“图层”面板，在“图层 1”的上方新建一个图层，得到“图层 3”，设置前景色为黑色。按【Alt+Delete】快捷键用前景色填充选区，按【Ctrl+D】快捷键取消选区，得到如图所示的效果。

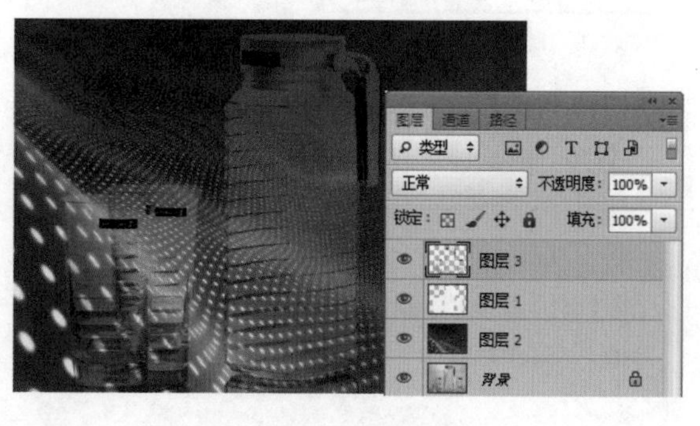

15 选择“图层 3”，按【Ctrl+J】快捷键，复制“图层 3”，得到“图层 3 副本”。设置其图层的不透明度为“30%”，得到如图所示的效果。

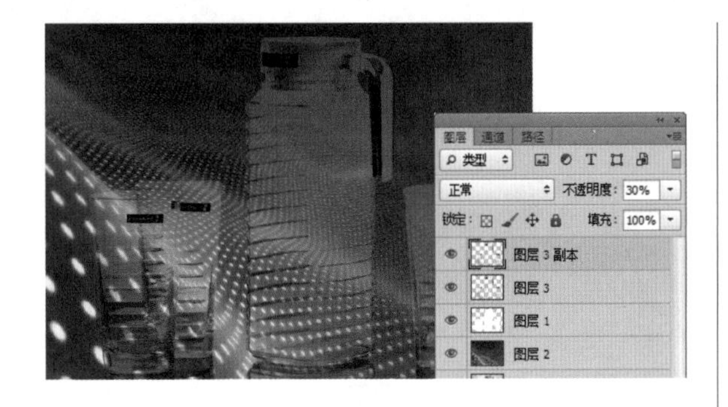

16 切换到“通道”面板，按住【Ctrl】键，单击通道“绿 副本 2”的通道缩览图，载入其选区，如图所示。

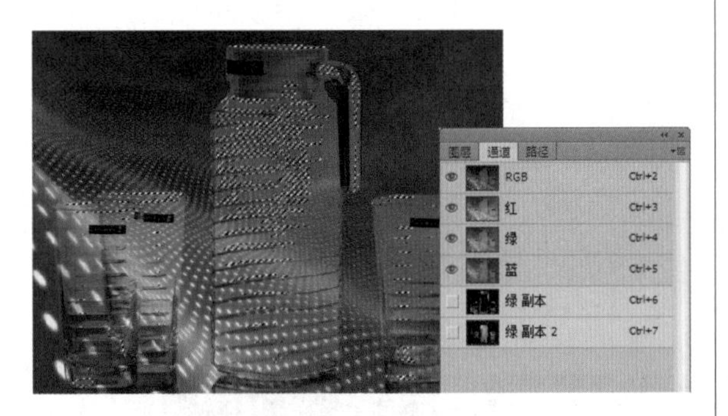

17 切换到“图层”面板，新建一个图层，得到“图层 4”，设置前景色为白色。按【Alt+Delete】快捷键用前景色填充选区，按【Ctrl+D】快捷键取消选区，得到如图所示的效果。

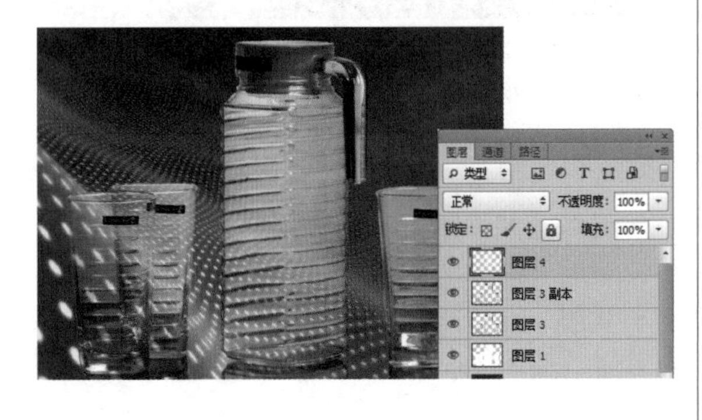

18 选择“图层 4”，按【Ctrl+J】快捷键，复制“图层 4”，得到“图层 4 副本”，得到如图所示的效果。

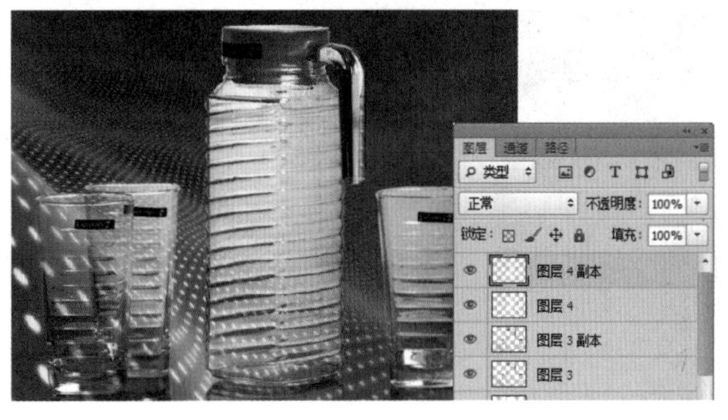

19 单击“添加图层蒙版”按钮，为“图层 4 副本”添加图层蒙版，设置前景色为黑色。选择“画笔工具”，设置适当的画笔大小和透明度后，在图层蒙版中涂抹，将不需要的部分隐藏起来，即可得到如图所示的效果。

20 按住【Ctrl】键单击“图层 1”的图层缩览图，载入其选区，选择“背景”图层，如图所示。

21 按【Ctrl+J】快捷键，复制选区内的图像，得到“图层 5”，然后将“图层 5”调整到所有图层的最上方，如图所示。

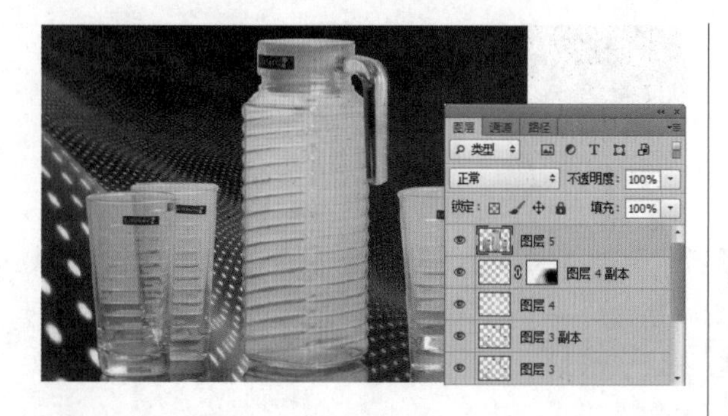

22 单击“添加图层蒙版”按钮，为“图层5”添加图层蒙版，设置前景色为黑色。选择“画笔工具”，设置适当的画笔大小和透明度后，在图层蒙版中涂抹，将不需要的部分隐藏起来，即可得到如图所示的效果。

23 选择“图层 2”上方的所有图层，按【Ctrl+Alt+E】快捷键，执行“盖印”操作，将得到的新图层重命名为“图层 6”。隐藏“图层 6”与“图层 2”之间的图层，如图所示。

24 单击“创建新的填充或调整图层”按钮，在弹出的菜单中选择“通道混合器”命令，此时在弹出“调整”面板的同时得到图层“通道混合器 1”。单击“调整”面板下方的按钮，将调整影响剪切到下方的图层，然后在“调整”面板中设置“通道混合器”命令的参数，如图所示。

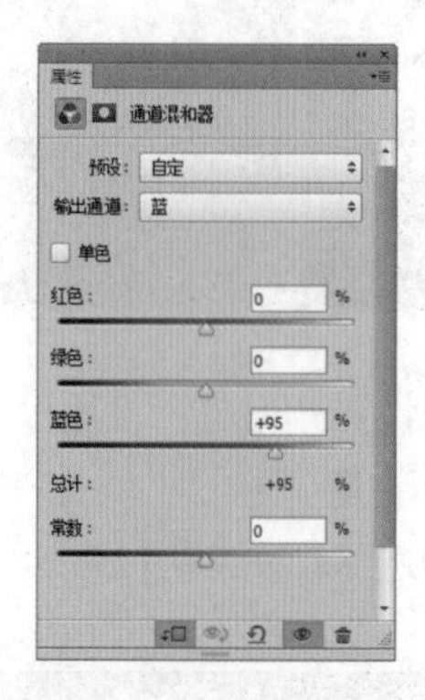

25 选择“图层 2”，按【Ctrl+J】快捷键，复制“图层 2”，得到“图层 2 副本”。执行“滤镜”→“扭曲”→“玻璃”命令，单击按钮，载入前面存储的“素材 1 副本”文件，设置参数，得到如图所示的效果。

26 使用“移动工具”，将“图层 2 副本”中的图像移动，使扭曲的效果和玻璃器具重合。按住【Ctrl】键单击“图层 1”的图层缩览图，载入其选区。单击“添加图层蒙版”按钮，为“图层 2 副本”添加图层蒙版，此时选区以外的图像就被隐藏起来了，如图所示。

Part 19（37-38小时）

使用“计算”命令提取图像

【使用“计算”命令提取图像：30分钟】

【实例应用：90分钟】

使用“计算”命令提取图像制作婚纱艺术照　90分钟

19.1 使用“计算”命令提取图像

难度程度：★★★☆☆ 总课时：0.5小时

素材位置：19\使用“计算”命令提取图像\示例图

使用“计算”命令可以将同一图像中的两个通道或不同图像中的两个通道进行合成。合成后的结果可以保存到一个新的图像或新通道中，也可以直接将合成后的结果转换成选取范围。

“计算”命令的使用方法与“应用图像”命令基本相同，但“计算”命令可将运算的结果放置到通道内。而“ 应用图像”命令产生的运算结果则体现在图层上。打开一个图像文件，执行“图像”→“计算”命令，打开“计算”对话框，如图所示。该对话框中各选项的功能如下所示。

源：可以从中选择一幅图像作为参与计算的源图像。在其下拉列表中，会列出当前已经打开的符合条件的图像文件名称，此项的默认设置为当前编辑的图像文件。

图层：用于设置使用源文件中的哪一个层或“合并图层”来进行运算。如果图像中只有背景图层，则只能选取背景层；如果有多个层，则该选项的下拉列表中会列出源文件中的各个图层。此时会显示“合并图层”选项，选择该选项表示是选定源文件的所有图层来作为混合计算图层。

计算
源 1(S): 19-1.JPG
图层(L): 背景
通道(C): 红 反相(I)
确定
取消
预览(P)
源 2(U): 19-1.JPG
图层(Y): 背景
通道(H): 红 反相(V)
混合(B): 正片叠底
不透明度(O): 100 %
蒙版(K)...
结果(R): 新建通道

通道：该选项指定使用源文件中的哪一个通道来进行计算，默认为复合通道（RGB）。选择“反相”复选项，可以将选择的通道反相处理后再进行计算。

混合：该选项的下拉列表中列出了可以用于混合图像的运算模式，与图层混合模式的工作原理相同。

不透明度：设置运算结果对源文件的影响程度，与“图层”面板中的“不透明度”选项功能相同，默认为100%。

蒙版：选择该复选项后，对话框中会显示蒙版的设置选项。在“图像”选项中可以选择用做蒙版的图像文件。

混合栏中的“图层”选项的功能及设置与源文件的设置相同。在该栏的“通道”选项中除了可以选择文件的颜色通道外，还可以选择“灰度”选项来控制图像的整体亮度。

结果：用于设置运算结果是保存在一个新建文档中，还是在当前编辑图像中新建通道来保存，或者将合成的结果直接转换成选区。

例如，打开一个图像文件。执行“图像”→“计算”命令，在弹出的“计算”对话框中进行设置，如图所示。单击“确定”按钮，将运算结果生成新通道，如图所示。将通道载入选区，将其填充渐变色并设置图层混合模式，效果如图所示。

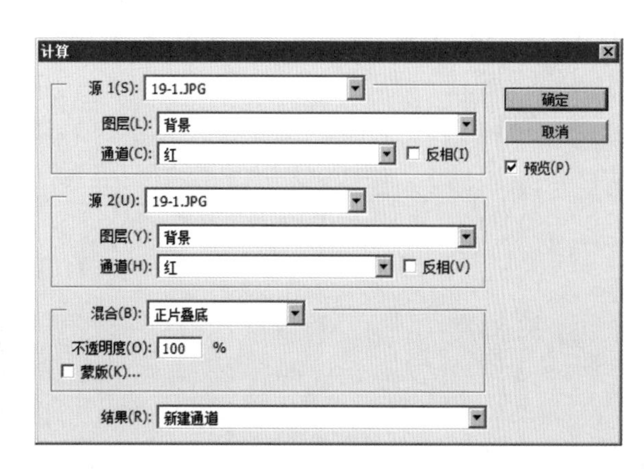

技巧提示

用于“计算”命令的图像也必须具有相同的图像尺寸、色彩模式及分辨率大小。在应用“计算”命令合成图像时，“源1”和“源2”选项组中的顺序安排，将会影响图像最终的合成效果，这是由于Photoshop计算时用“源2”和“源1”后，再进行其他的运算处理。

19.2 实例应用

难度程度：★★★☆☆ 总课时：1.5小时
素材位置：19\实例应用\制作婚纱艺术照

演练时间：90分钟

使用“计算”命令提取图像制作婚纱艺术照

◎ 实例目标

本例由2部分组成：第1部分，将素材文件组合在画面上；第2部分，使用“计算”命令提取图像制作婚纱艺术照。

◎ 技术分析

在本例中，将一张普通的人物婚纱照片，通过使用Photoshop中的“计算”命令功能将婚纱人物图像提取出来，并将提取出来的图像结合其他的素材图像制作出艺术照的效果。希望读者通过本例能够体会“计算”命令提取图像这一特色功能的重要作用。

制作步骤

01 打开图片。打开随书光盘中的“素材 1”图像文件，此时的图像效果和“图层”面板如图所示。

02 选择“画笔工具”，按【F5】键调出“画笔”面板。分别在“画笔”面板中设置“画笔笔尖形状”、“形状动态”及“散布”等选项，如图所示。

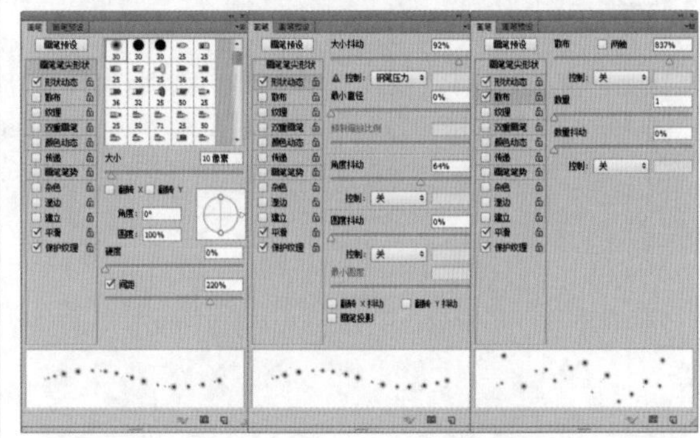

03 新建一个图层，得到“图层1”。选择“画笔工具”，设置前景色为白色，在画面下方绘制虚圆点，如图所示。

04 打开图片。打开随书光盘中的“素材 2”图像文件，使用“移动工具”将图像拖动到第1步打开的文件中，得到“图层 2”。按【Ctrl+T】快捷键，变换图像到如图所示的状态。

05 单击“添加图层蒙版”按钮，为“图层2”添加图层蒙版，设置前景色为黑色。选择“画笔工具”，设置适当的画笔大小和透明度后，在图层蒙版中涂抹，将不需要的部分隐藏起来，效果如图所示。

06 设置“图层 2”的图层混合模式为“强光”，得到如图所示的效果。

07 选择“图层 1”，单击“创建新的填充或调整图层”按钮，在弹出的菜单中选择“色相/饱和度”命令，此时在弹出“调整”面板的同时得到图层“色相/饱和度1”。在“调整”面板中设置完“色相/饱和度”命令的参数后，关闭“调整”面板。此时的效果如图所示。

08 选择“图层 2”，单击“创建新的填充或调整图层”按钮，在弹出的菜单中选择“色相/饱和度”命令，此时在弹出“调整”面板的同时得到图层“色相/饱和度 2”。单击“调整”面板下方的按钮，将调整影响剪切到下方的图层。在“调整”面板中设置完“色相/饱和度”命令的参数后，关闭“调整”面板。此时的效果如图所示。

09 打开图片。打开随书光盘中的“素材 3”图像文件,使用“移动工具”将图像拖动到第1步打开的文件中，得到“图层 3”。按【Ctrl+Alt+G】快捷键，执行“释放剪贴蒙版”操作，按【Ctrl+T】快捷键，变换图像到如图所示的状态。

10 设置“图层 3”的图层混合模式为“线性加深”，得到如图所示的效果。

11 打开图片。打开随书光盘中的“素材 4”图像文件,使用“移动工具”将图像拖动到第1步打开的文件中，得到“图层4”。按【Ctrl+T】快捷键，变换图像到如图所示的状态。

12 设置“图层 4”的图层混合模式为“滤色”，得到如图所示的效果。

13 打开图片。打开随书光盘中的“素材 5”图像文件，此时的图像效果和“图层”面板如图所示。

14 切换到“通道”面板，执行“图像”→“计算”命令，在弹出的“计算”对话框中进行参数设置，如图所示。

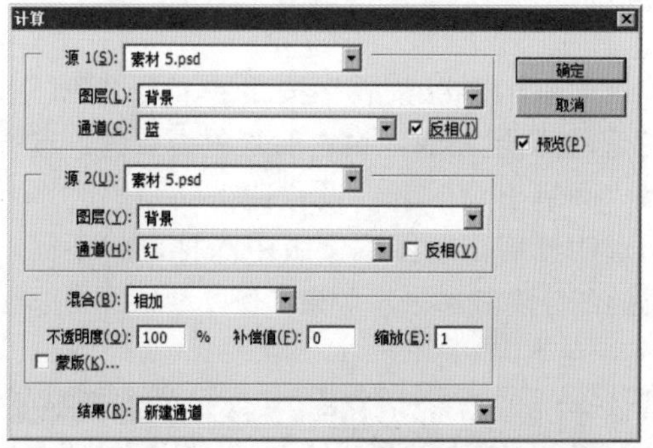

15 设置完“计算”对话框中的参数后，单击“确定”按钮，得到“Alpha 1”通道。通道中的效果和“通道”面板如图所示。

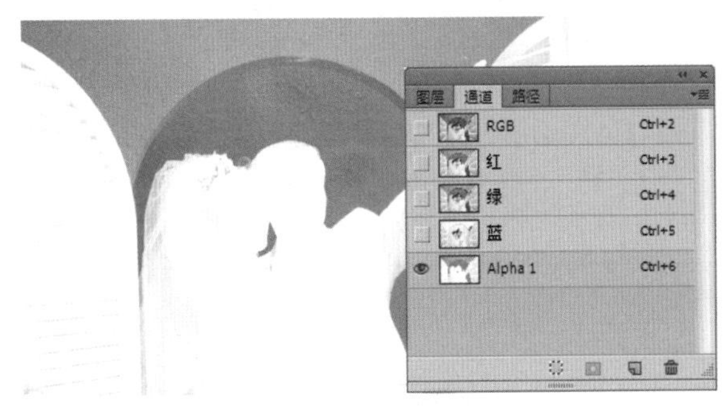

16 执行“图像”→“计算”命令，在弹出的“计算”对话框中进行参数设置，如图所示。

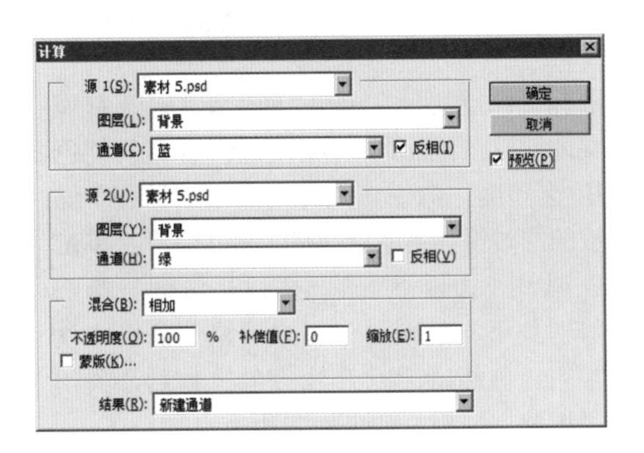

17 设置完“计算”对话框中的参数后，单击“确定”按钮，得到“Alpha 2”通道。通道中的效果和“通道”面板如图所示。

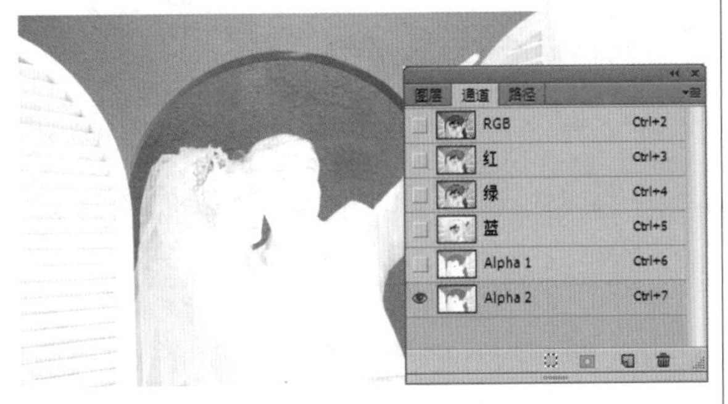

18 执行“图像”→“计算”命令，在弹出的“计算”对话框中进行参数设置，如图所示。

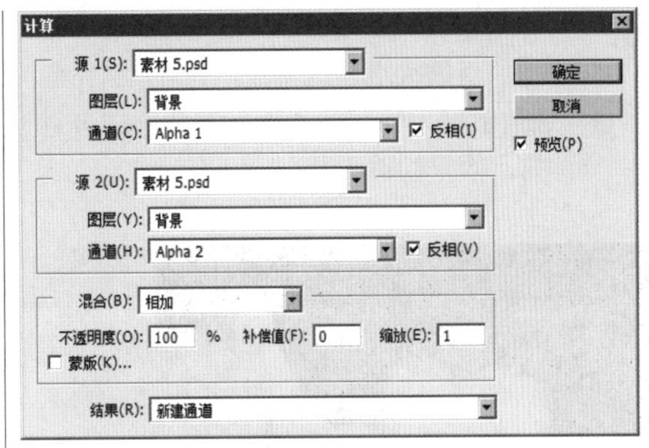

19 设置完“计算”对话框中的参数后，单击“确定”按钮，得到“Alpha 3”通道。通道中的效果和“通道”面板如图所示。

20 选择“Alpha 3”通道，按【Ctrl+I】快捷键，执行“反相”操作，将通道中黑白图像的颜色进行颠倒（即将图像中的颜色变成该颜色的补色），如图所示。

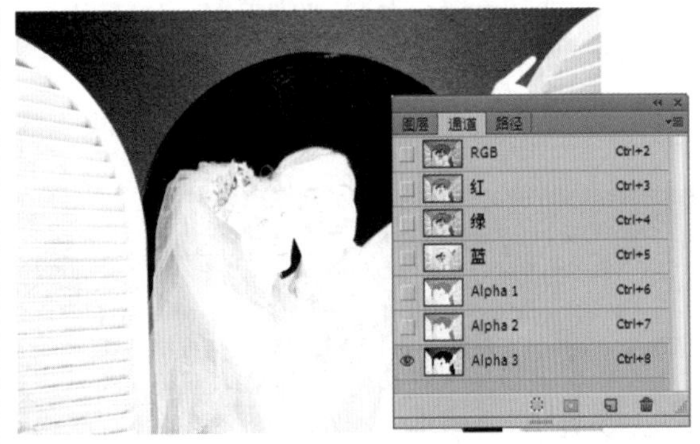

21 设置前景色为黑色，选择“画笔工具”，设置适当的画笔大小和透明度后，在“Alpha 3”通道中将人物图像周围不需要的部分进行涂抹，效果如图所示。

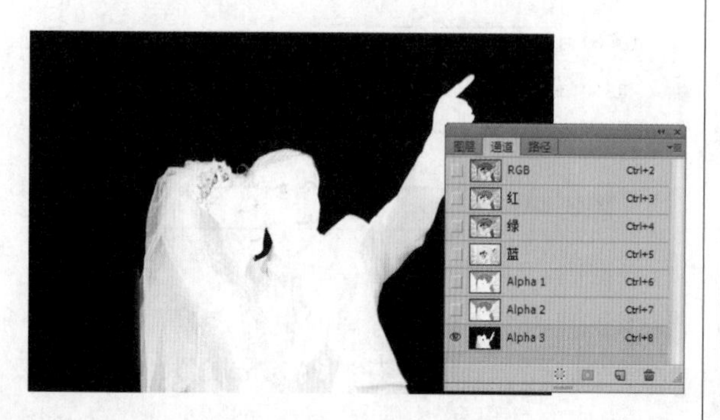

22 设置前景色为白色，选择“画笔工具”，设置适当的画笔大小和透明度后，在“Alpha 3”通道中将人物图像内部需要选择的部分进行涂抹，效果如图所示。

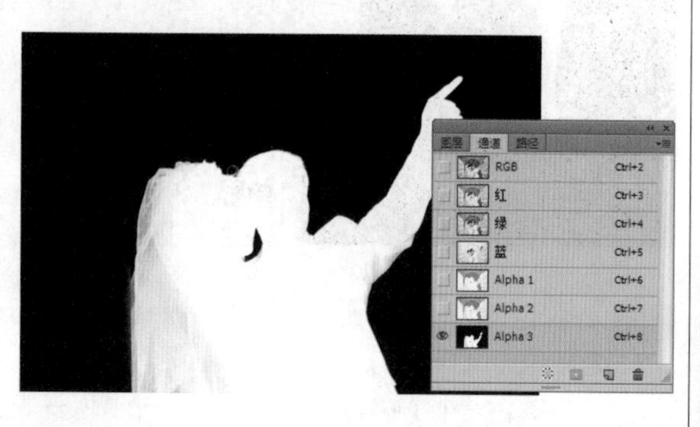

23 按住【Ctrl】键单击通道“Alpha 3”的通道缩览图，载入其选区。切换到“图层”面板，选择“背景”图层，按【Ctrl+J】快捷键，复制选区内的图像，得到“图层 1”，如图所示。

24 在“背景”图层的上方新建一个图层，得到“图层 2”，设置前景色为白色。按【Alt+Delete】快捷键，用前景色填充“图层 2”，得到如图所示的效果。

25 选择“图层 1”，单击“创建新的填充或调整图层”按钮，在弹出的菜单中选择“色相/饱和度”命令，此时在弹出“调整”面板的同时得到图层“色相/饱和度 1”。单击“调整”面板下方的按钮，将调整影响剪切到下方的图层。在“调整”面板中设置完“色相/饱和度”命令的参数后，关闭“调整”面板，效果如图所示。

26 选择“图层 1”和“色相/饱和度 1”，按【Ctrl+Alt+E】快捷键，执行“盖印”操作，将得到的新图层重命名为“图层 3”，如图所示。

27 使用“移动工具”，将“素材 5”文件中的“图层 3”图像拖动到第1步打开的文件中，得到“图层 5”。按【Ctrl+T】快捷键，变换图像到如图所示的状态。

28 单击“添加图层蒙版”按钮，为“图层 5”添加图层蒙版，设置前景色为黑色。选择“画笔工具”，设置适当的画笔大小和透明度后，在图层蒙版中涂抹，将不需要的部分隐藏起来，效果如图所示。

29 单击“创建新的填充或调整图层”按钮，在弹出的菜单中选择“通道混合器”命令，此时在弹出“调整”面板的同时得到图层“通道混合器 1”。单击“调整”面板下方的按钮，将调整影响剪切到下方的图层，然后在“调整”面板中设置“通道混合器”命令的参数，如图所示。

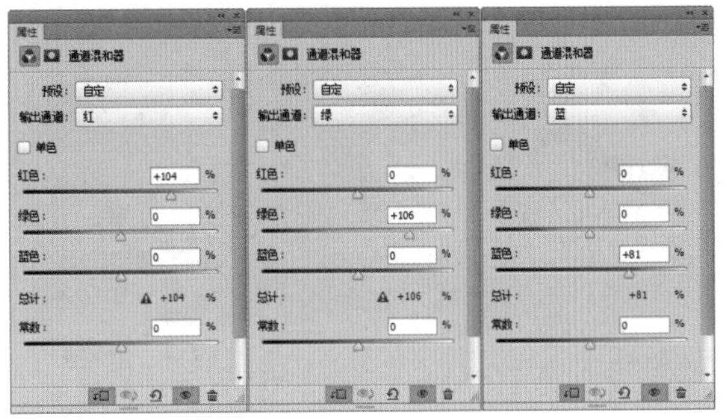

30 在“调整”面板中设置完“通道混合器”命令的参数后，关闭“调整”面板。此时的图像效果和“图层”面板如图所示。

31 选择“图层 5”和“通道混合器 1”，按【Ctrl+Alt+E】快捷键，执行“盖印”操作，将得到的新图层重命名为“图层 6”。按住【Alt】键，在“图层”面板上拖动“图层 6”到“图层 5”的下方，以复制和调整图层顺序，得到“图层 6 副本”。按【Ctrl+T】快捷键，变换图像到如图所示的状态。

32 设置“图层 6 副本”的图层混合模式为“明度”，设置其图层的不透明度为“15%”，得到如图所示的效果。

33 按住【Ctrl】键单击“图层 6 副本”的图层缩览图，载入其选区。选择“图层 4”，按住【Alt】单击“添加图层蒙版”按钮，选择“画笔工具”，设置适当的画笔大小和透明度后，在图层蒙版中进行编辑，即可得到如图所示的效果。

34 选择“图层 6”，执行“滤镜”→“模糊”→“高斯模糊”命令，设置弹出对话框中的参数后。设置“图层 6”的图层混合模式为“柔光”，得到如图所示的效果。

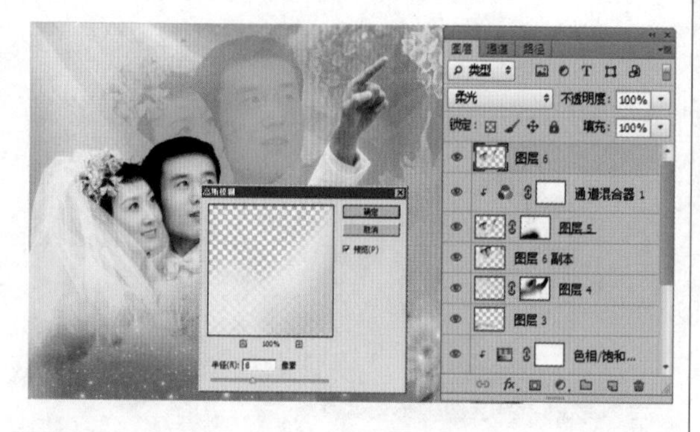

35 按住【Ctrl】键单击“图层 6”的图层缩览图，载入其选区，此时的选区效果如图所示。

36 切换到“通道”面板，单击面板底部的“创建新通道”按钮，新建一个通道“Alpha 1”，设置前景色为白色。按【Alt+Delete】快捷键用前景色填充选区，按【Ctrl+D】快捷键取消选区，得到如图所示的效果。

37 执行“滤镜”→“模糊”→“高斯模糊”命令，设置弹出对话框中的参数后，单击“确定”按钮，得到如图所示的效果。

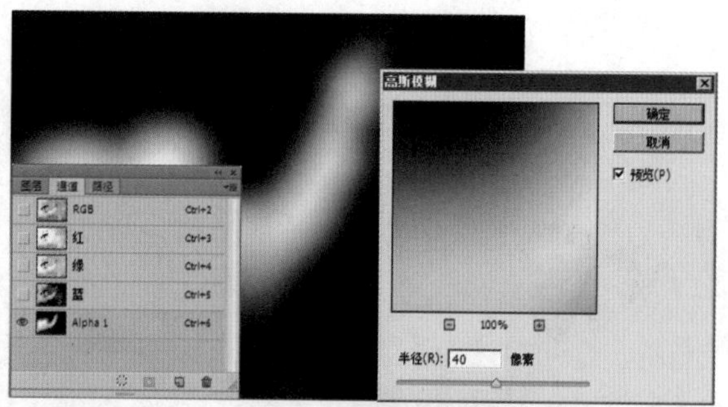

38 单击“Alpha 1”通道，将其拖动到面板底部的“创建新通道”按钮上，以复制通道，得到“Alpha 1 副本”通道。按【Ctrl+I】快捷键，执行“反相”操作，将通道中黑白图像的颜色进行颠倒，如图所示。

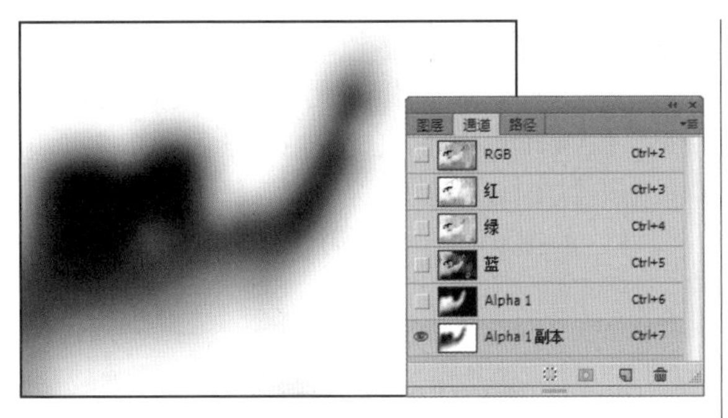

39 执行“滤镜”→“像素化”→“彩色半调”命令，设置弹出对话框中的参数后，单击“确定”按钮，得到如图所示的效果。

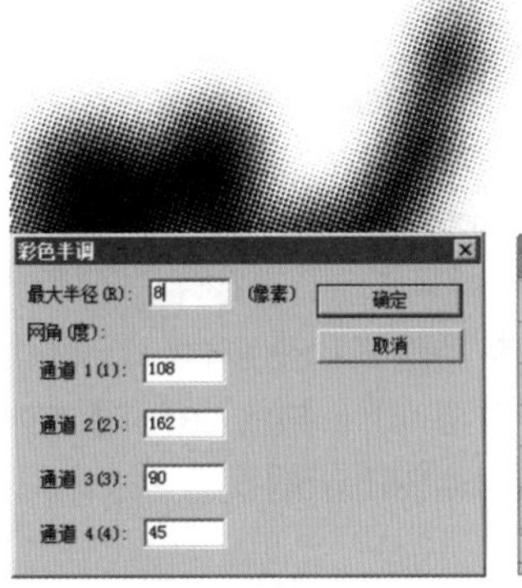

40 按【Ctrl+I】快捷键，执行“反相”操作，将通道中黑白图像的颜色进行颠倒，如图所示。

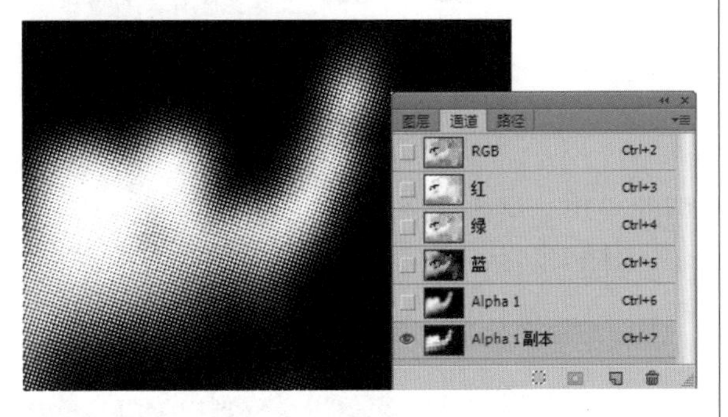

41 按住【Ctrl】键单击通道“Alpha 1 副本”的通道缩览图，载入其选区，切换到“图层”面板，效果如图所示。

42 在“图层 4”的上方新建一个图层，得到“图层 7”，设置前景色为白色。按【Alt+Delete】快捷键用前景色填充选区，按【Ctrl+D】快捷键取消选区。设置“图层 7”的图层混合模式为“叠加”，得到如图所示的效果。

43 切换到“通道”面板，选择“Alpha 1”通道，按【Ctrl+I】快捷键，执行“反相”操作，将通道中黑白图像的颜色进行颠倒，如图所示。

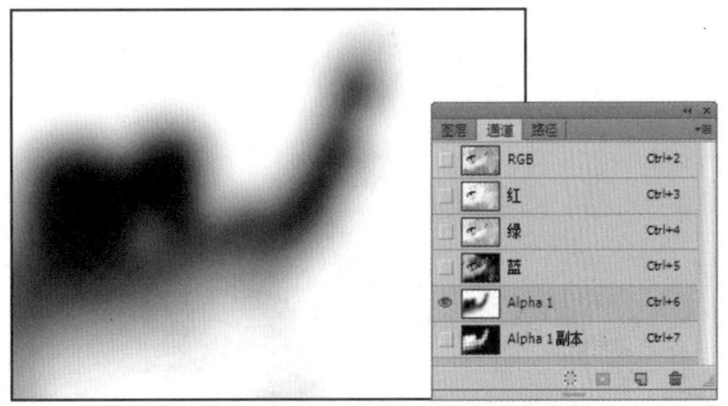

44 执行“滤镜”→“像素化”→“彩色半调”命令，设置弹出对话框中的参数后，得到如图所示的效果。

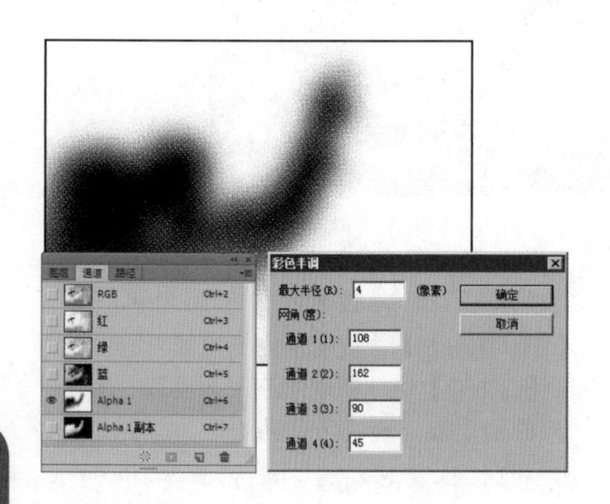

45 按【Ctrl+I】快捷键，执行“反相”操作，将通道中黑白图像的颜色进行颠倒，如图所示。

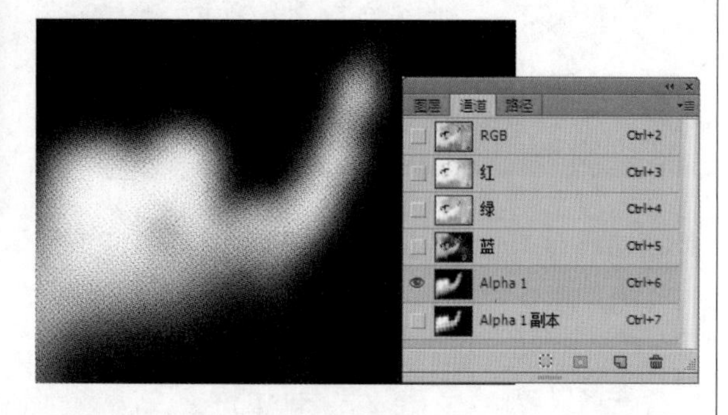

46 按住【Ctrl】键单击通道“Alpha 1”的通道缩览图，载入其选区，切换到“图层”面板，效果如图所示。

47 在“图层 7”的上方新建一个图层，得到“图层 8”，设置前景色为白色。按【Alt+Delete】快捷键用前景色填充选区，按【Ctrl+D】快捷键取消选区。设置“图层 8”的图层混合模式为“叠加”，得到如图所示的效果。

48 选择“图层 6”为当前操作图层，打开随书光盘中的“素材 6”图像文件，使用“移动工具”将图像拖动到第1步打开的文件中，得到“图层 9”。按【Ctrl+T】快捷键，变换图像到如图所示的状态。

49 使用“直排文字工具”，设置适当的字体和字号，在“纯爱”文字的下方输入文字，得到相应的文字图层，如图所示。

Part 20（39-40小时）

制作模拟3D效果

【模拟3D效果：30分钟】

【实例应用：90分钟】

使用3D功能制作食品包装盒　90分钟

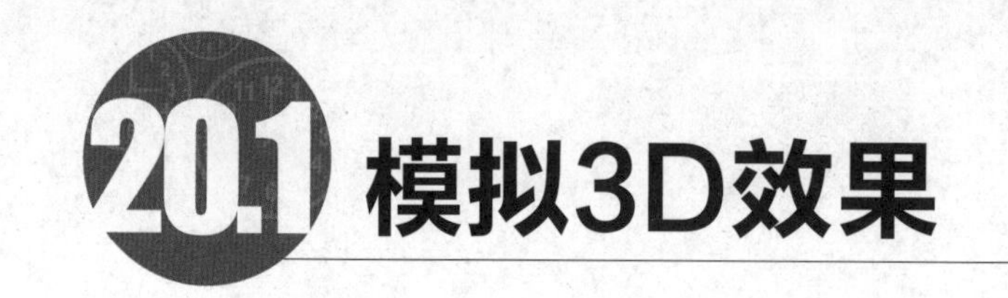

20.1 模拟3D效果

难度程度：★★★☆☆ 总课时：0.5小时
素材位置：20\模拟3D效果\示例图

在 Photoshop中，可以创建一些简单的三维立体图像，例如立方体、球面、圆柱、锥形或金字塔，也可以创建3D明信片。同时，Photoshop CS4还可以处理和合并现有的3D对象，创建新的3D对象，编辑和创建3D纹理，以及组合 3D 对象与 2D 图像。

选定3D图层时，会激活 3D工具。使用3D对象工具可更改3D模型的位置或大小；使用3D相机工具可更改场景视图。如果系统支持OpenGL，用户还可以使用3D轴来操控3D模型。

3D对象工具

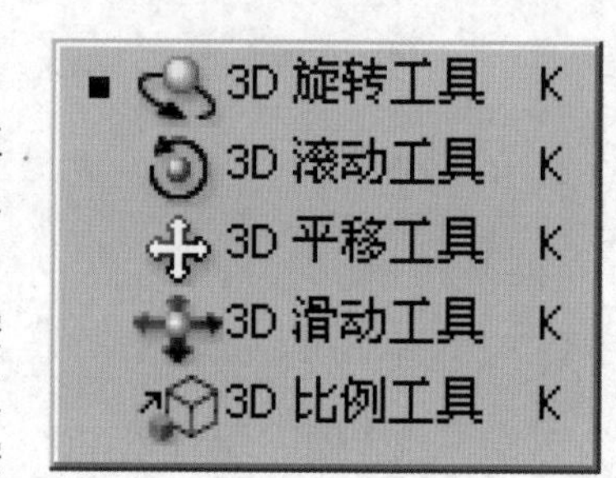

可以使用 3D对象工具来旋转、缩放模型或者调整模型的位置。当操作 3D模型时，相机视图保持固定。3D 对象工具组菜单如图所示，其工具选项栏如图所示。

工具选项栏左侧的工具按钮分别与“工具”菜单中的工具按钮相对应。读者可以通过工具选项栏来选择切换工具，也可以直接在“工具”菜单中选择，其功能完全相同。工具选项栏中各按钮的功能如下所示。

返回到初始对象位置：可返回到模型的初始状态。

旋转3D对象：上下拖动光标可将模型围绕其X轴旋转；向两侧拖动可将模型围绕其Y轴旋转；按住【Alt】键的同时进行拖移可滚动模型。

滚动3D对象：向两侧拖动鼠标可以使模型绕Z轴旋转。

拖动3D对象：向两侧拖动可沿水平方向移动模型；上下拖动则可沿垂直方向移动模型；按住【Alt】键的同时进行拖移可沿$X \rightarrow Z$方向移动。

滑动3D对象：向两侧拖动可沿水平方向移动模型；上下拖动可将模型移近或移远；按住【Alt】键的同时进行拖移可沿$X \rightarrow Y$方向移动。

缩放3D对象：上下拖动可将模型放大或缩小；按住【Alt】键的同时进行拖移可沿Z方向进行缩放。

位置下拉列表框：单击该选项右侧的视图名称，可以在弹出的下拉列表中选择一种视图方式。

存储当前视图：使用3D对象工具将3D对象放置到所需的位置，然后单击选项栏中的“存储当前视图”按钮，添加自定视图。

删除当前视图：选择自定的视图状态后，单击该按钮，即可删除该视图。

方向: X: 0 Y: 0 Z: 0：显示3D对象在 X、Y 和 Z 轴上的位置，也可以手动编辑这些值。

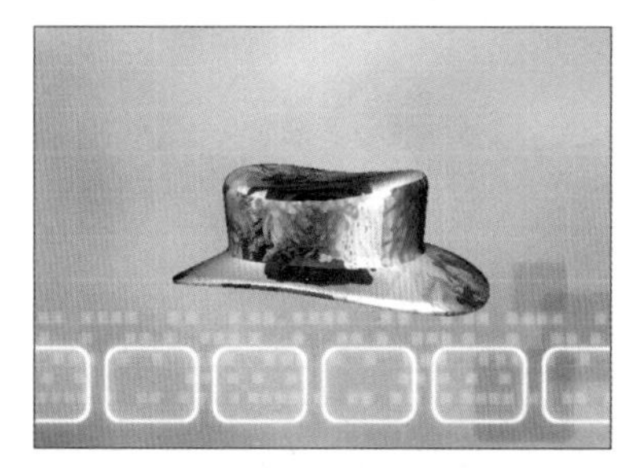 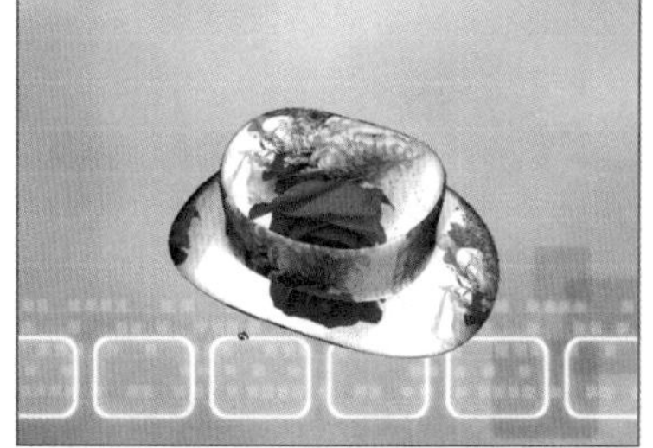 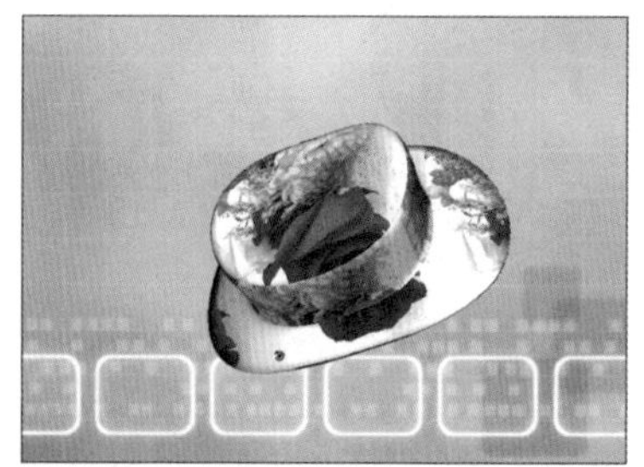

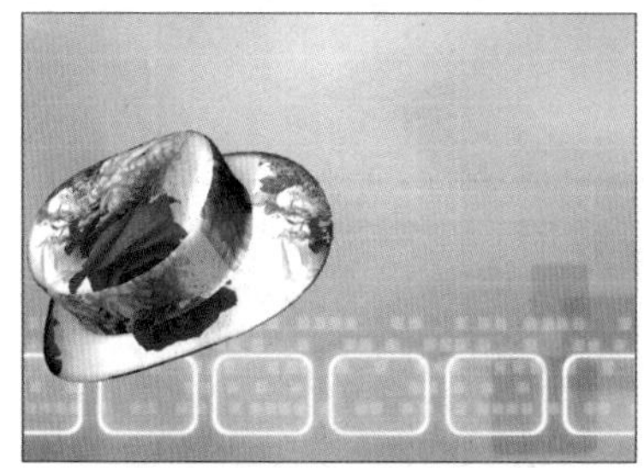 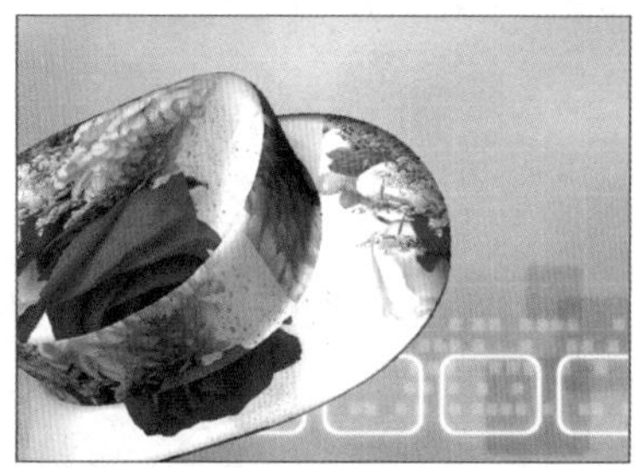 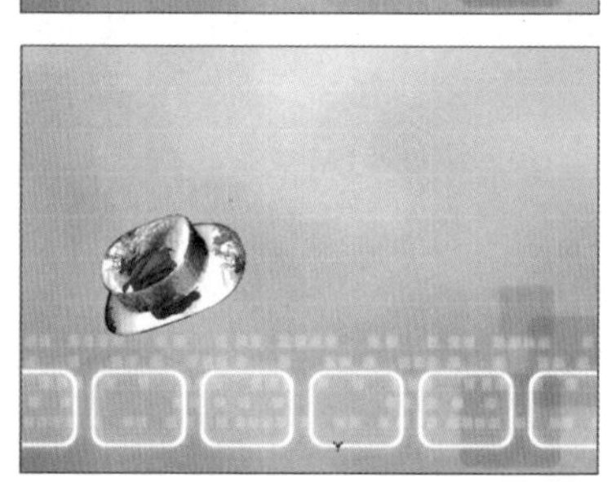

3D相机工具

使用3D相机工具可以移动相机视图，同时保持3D对象的位置固定不变。用户也可以在工具选项栏右侧输入精确的数值，来调整3D相机的位置，旋转或缩放角度。3D对象工具组菜单如图所示，3D相机工具的工具选项栏如图所示。其中各按钮的功能如下所示。

返回到初始相机位置：可返回到默认的相机视图。

视图: 默认视图 标准视角: 46.21 毫米镜头

3D 环绕工具 N
3D 滚动视图工具 N
3D 平移视图工具 N
3D 移动视图工具 N
3D 缩放工具 N

环绕移动3D相机：拖动以将相机沿*X*或*Y*方向环绕移动。按住【Ctrl】键的同时进行拖移可滚动相机。

滚动3D相机：拖动以滚动相机。

用3D相机拍摄全景：拖动以将相机沿*X*或*Y*方向平移。按住【Ctrl】键的同时进行拖移可沿*X* 或*Z*方向平移。

与3D相机一起移动：拖动以步进相机（*Z* 转换和 *Y*旋转）。按住【Ctrl】键的同时进行拖移可沿 *Z*→*X*方向步览（*Z*平移和 *X*旋转）。

变焦3D相机：拖动以更改3D相机的视角。最大视角为180°。

透视相机——使用视角：显示汇聚成消失点的平行线。

正交相机——使用视角：保持平行线不相交。在精确的缩放视图中显示模型，而不会出现任何透视扭曲。

视图下拉列表框：单击右侧的视图名称，可以在弹出的下拉列表中选择模型的预设相机视图，如图所示。

存储当前视图：使用3D相机工具将3D相机放置到所需的位置，然后单击工具选项栏中的“存储当前视图”按钮，添加自定视图。

删除当前视图：选择自定的视图状态后，单击该按钮，即可删除该视图。

方向: X: -101.23 Y: 0 Z: -112.48：显示3D相机在*X*、*Y*和*Z*轴上的位置。也可以手动编辑这些值，从而调整相机视图。

20.2 实例应用

难度程度：★★★☆☆ 总课时：1.5小时
素材位置：20\实例应用\制作食品包装盒

演练时间：60分钟

使用3D功能制作食品包装盒

◎ 实例目标

本例主要使用“3D”功能制作出包装的立体效果图。其中，包装立体效果图中的每一个面都是通过“3D”功能中的贴图表现出来的，最终完成整个食品包装盒的效果。

◎ 技术分析

本例将一组包装的平面图像，通过Photoshop中的“3D”功能制作出包装的立体效果图。其中，包装立体效果图中的每一个面都是通过“3D”功能中的贴图表现出来的，希望读者通过本例能够体会使用“3D”功能制作立体效果这一特色功能的重要作用。

制作步骤

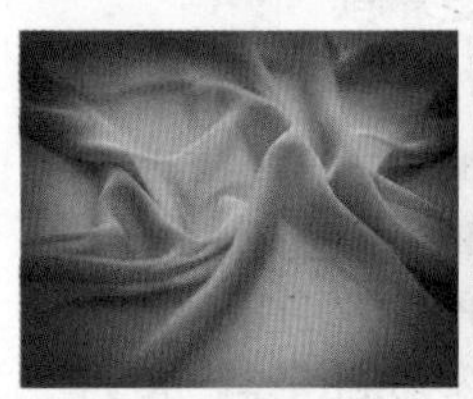

01 打开随书光盘中的“背景”图像文件，此时的图像效果和“图层”面板如图所示。

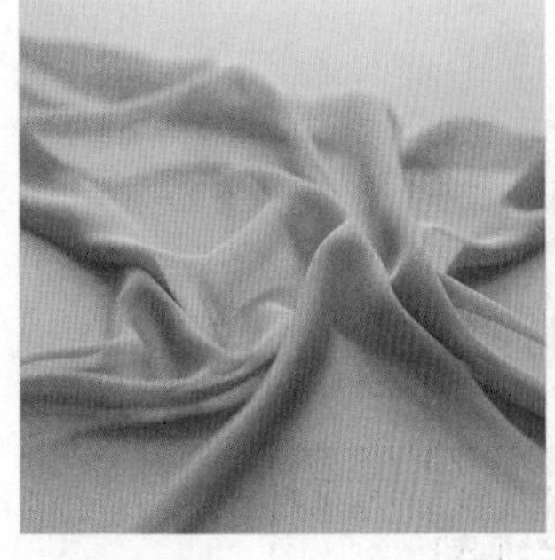
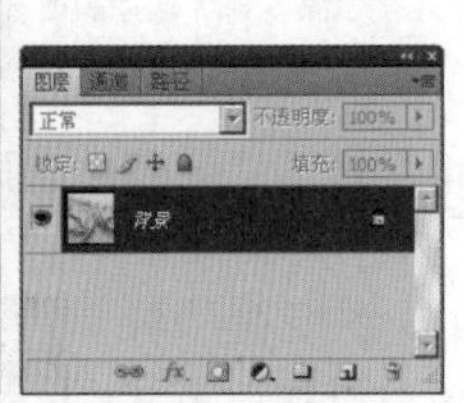

02 单击“创建新的填充或调整图层”按钮，在弹出的菜单中选择“曲线”命令，此时在弹出“调整”面板的同时得到图层“曲线 1”。然后在“调整”面板中设置“曲线”命令的参数，如图所示。

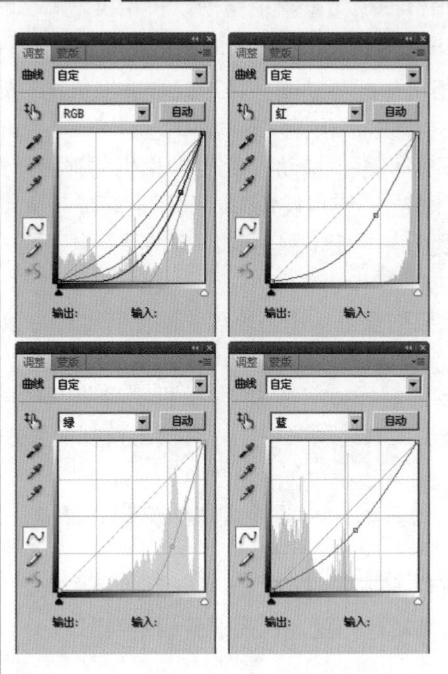

03 在“调整”面板中设置完“曲线”命令的参数后，关闭“调整”面板。此时的图像效果和“图层”面板如图所示。

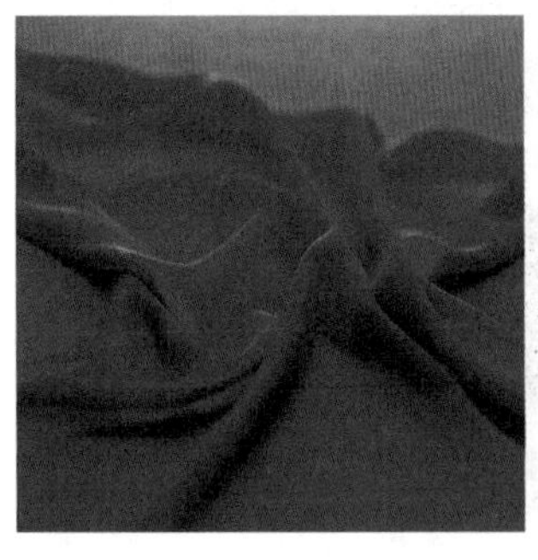

04 单击“曲线 1”的图层蒙版缩览图，设置前景色为黑色，选择“画笔工具”，设置适当的画笔大小和透明度后，在图层蒙版中涂抹，得到如图所示的效果。

05 单击“创建新的填充或调整图层”按钮，在弹出的菜单中选择“色阶”命令，此时在弹出“调整”面板的同时得到图层“色阶 1”。然后在“调整”面板中设置“色阶”命令的参数，如图所示。

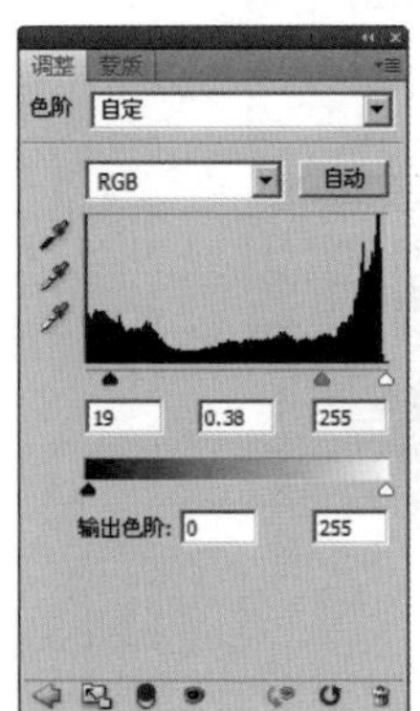

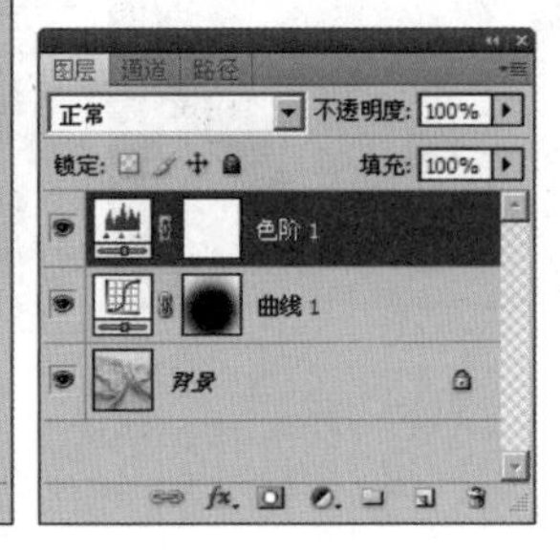

06 在“调整”面板中设置完“色阶”命令的参数后，关闭“调整”面板。此时的图像效果如图所示。

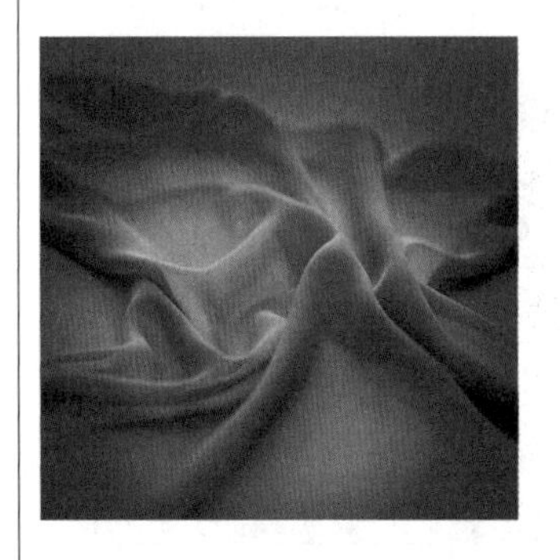

07 单击“色阶 1”的图层蒙版缩览图，设置前景色为黑色，选择“画笔工具”，设置适当的画笔大小和透明度后，在图层蒙版中涂抹，得到如图所示的效果。

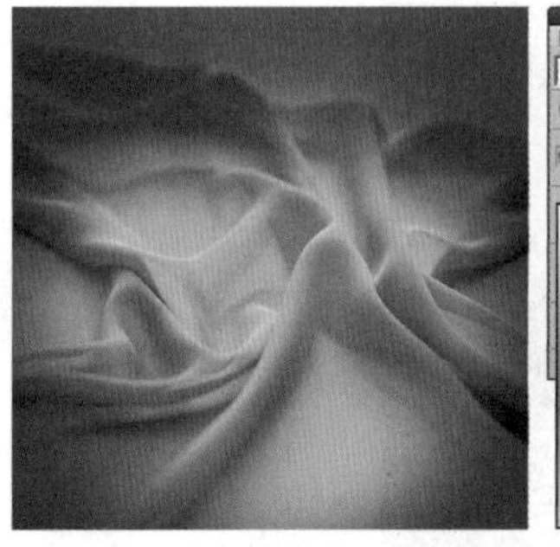

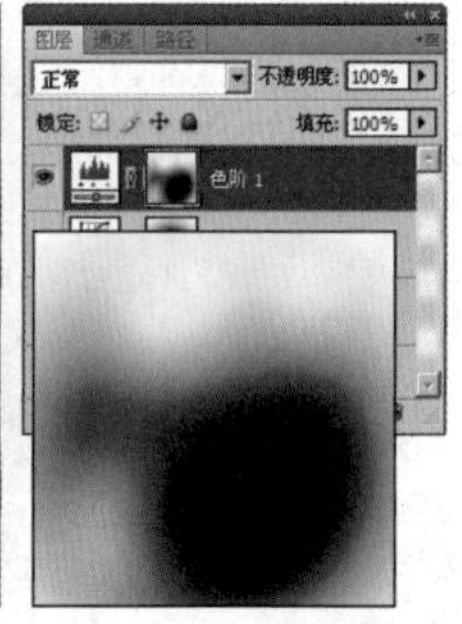

08 新建一个图层，得到“图层 1”。执行“3D”→“从图层新建形状”→“立方体”命令，得到如图所示的立方体效果。

09 选择“3D比例工具”，在其工具选项栏中进行参数设置，将立方体压扁，得到如图所示的效果。

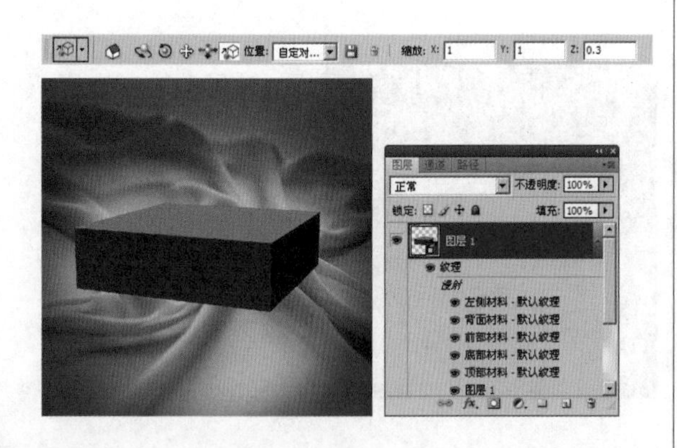

10 选择“3D环绕工具”，在其工具选项栏中进行参数设置，将立方体的角度进行旋转，得到如图所示的效果。

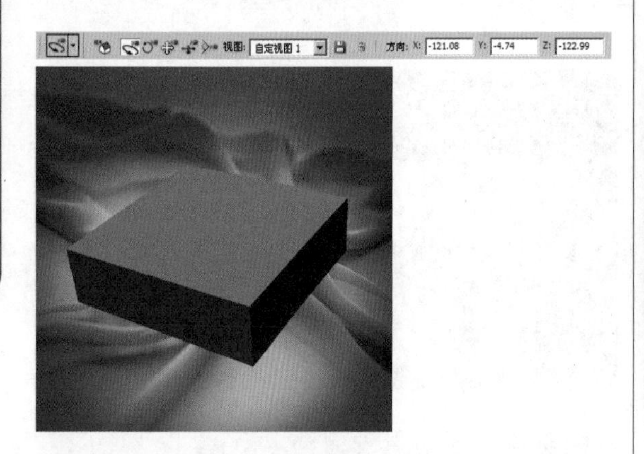

11 选择“3D平移视图工具”，在其工具选项栏中进行参数设置，调整立方体的位置，得到如图所示的效果。

12 双击“图层 1”的图层缩览图，调出“3D”面板，在该面板中将3个默认的“无限光”光源删除，得到如图所示的效果。

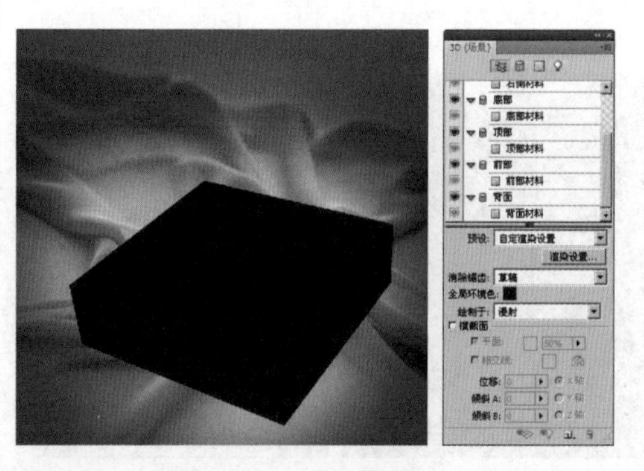

13 单击“创建新光源”按钮，在弹出的菜单中选择“新建点光”，得到“点光 1”。在图像中调整光源的位置，即可得到如图所示的效果。

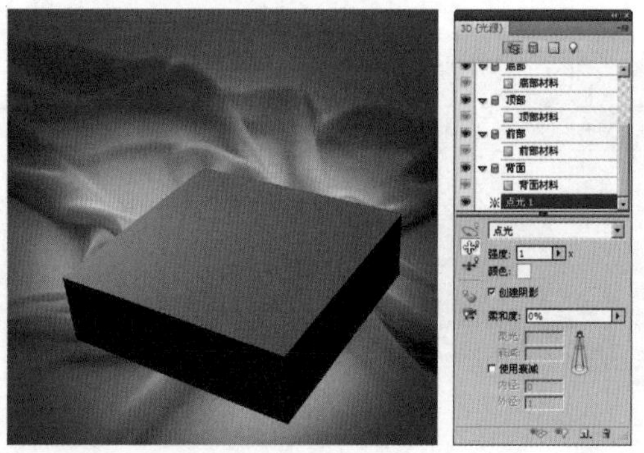

14 单击“创建新光源”按钮，在弹出的菜单中选择“新建点光”，得到“点光 2”。在图像中调整光源的位置，即可得到如图所示的效果。

15 单击“创建新光源”按钮，在弹出的菜单中选择“新建点光”，得到“点光 3”。在图像中调整光源的位置，即可得到如图所示的效果。

16 单击“创建新光源”按钮，在弹出的菜单中选择“新建聚光灯”，得到“聚光灯 1”。在图像中调整光源的位置，即可得到如图所示的效果。

17 用鼠标在“3D”面板中选择“背面材料”，然后设置其参数，在“漫射”名称后面的按钮上单击，在弹出的菜单中选择“载入纹理”命令，在弹出的对话框中选择本例目录下的“素材 1”文件，即可得到如图所示的效果。

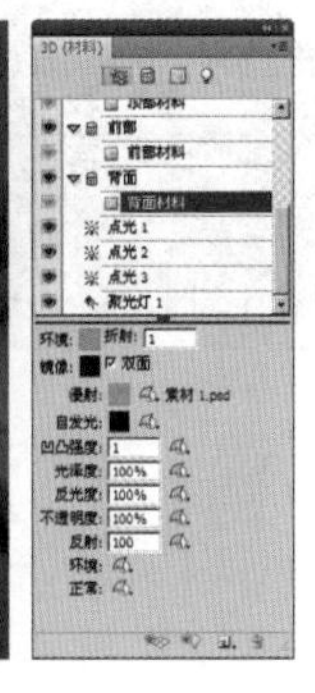

18 在“3D”面板中设置完漫射纹理和其他参数后，分别在环绕和漫射后面的颜色块上单击，设置其颜色为白色，如图所示。

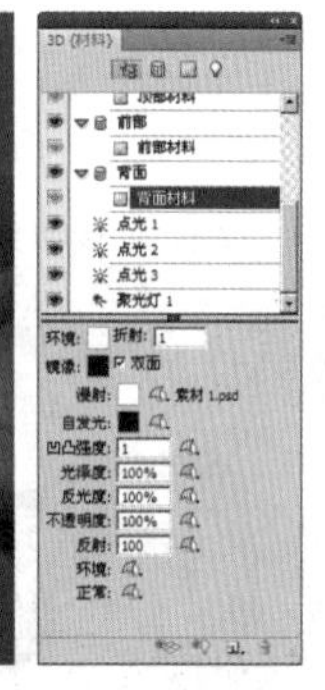

19 用鼠标在“3D”面板中选择“右侧材料”，然后设置其参数，在“漫射”名称后面的按钮上单击，在弹出的菜单中选择“载入纹理”命令，在弹出的对话框中选择本例目录下的“素材 2”文件，即可得到如图所示的效果。

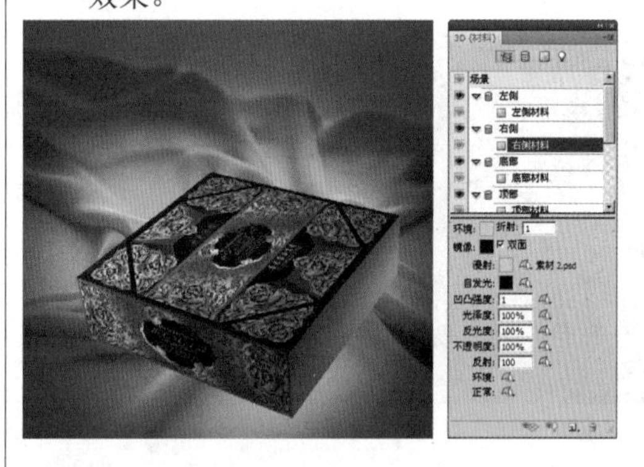

20 在“3D”面板中设置完漫射纹理和其他参数后，分别在环绕和漫射后面的颜色块上单击，设置其颜色为白色，如图所示。

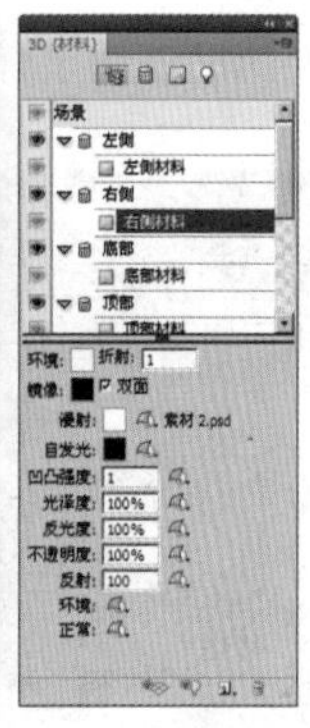

21 用鼠标在“3D”面板中选择“底部材料”，然后设置其参数，在“漫射”名称后面的按钮上单击，在弹出的菜单中选择“载入纹理”命令，在弹出的对话框中选择本例目录下的“素材 3”文件，即可得到如图所示的效果。

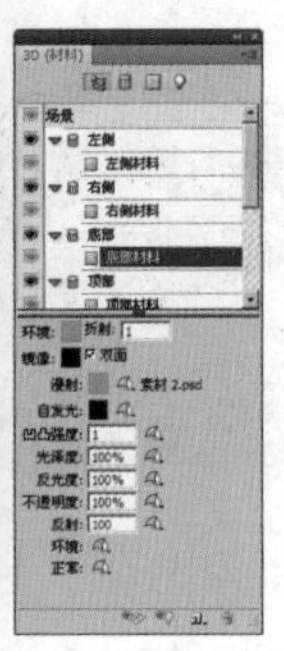

22 在“3D”面板中设置完漫射纹理和其他参数后，分别在环绕和漫射后面的颜色块上单击，设置其颜色为白色，如图所示。

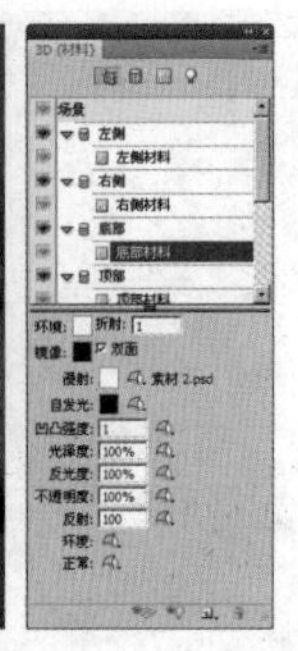

23 设置前景色为黑色，新建一个图层，得到“图层 3”。按【Ctrl+Alt+G】快捷键，执行“创建剪贴蒙版”操作，选择“画笔工具”，设置适当的画笔大小和透明度后，在“图层 3”中进行涂抹，绘制包装盒侧面的暗部，如图所示。

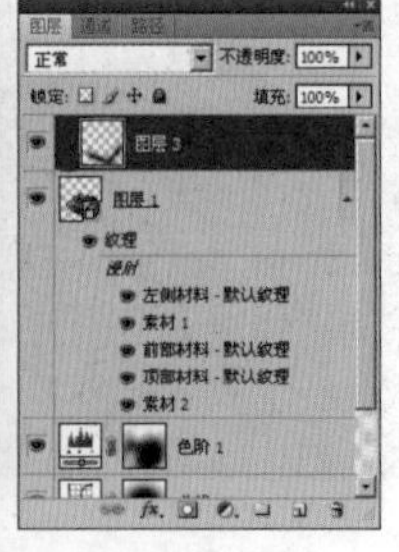

24 设置“图层 3”的图层混合模式为“颜色加深”，图层的不透明度为“60%”，得到如图所示的效果。

25 设置前景色为黑色，在“色阶 1”的上方新建一个图层，得到“图层 4”。选择“画笔工具”，设置适当的画笔大小和透明度后，在“图层 4”中进行涂抹，绘制包装盒下方的阴影，如图所示。

26 设置前景色为黑色，新建一个图层，得到“图层 5”。选择“画笔工具”，设置适当的画笔大小和透明度后，在“图层 5”中继续绘制包装盒的阴影，得到如图所示的最终效果。

Part 21（41-42小时）

使用“光照效果”滤镜创建立体图像

【“光照效果”命令：30分钟】

【实例应用：90分钟】

使用“光照效果”滤镜制作立体标志　90分钟

21.1 “光照效果”命令

难度程度：★★★☆☆ 总课时：0.5小时
素材位置：21\“光照效果”命令\示例图

“光照效果”滤镜可以创建多种灯光照射的效果，还可以通过通道模拟三维纹理的效果。该滤镜共有17种光照样式、3种光照类型和4组光照属性，可以组合出各种各样的光照效果。

利用“光照效果”对话框中的通道选项设置，可以为图像添加立体的纹理效果。打开一个图像文件，执行“滤镜”→“光照效果”命令，打开“光照效果”对话框，如图所示。

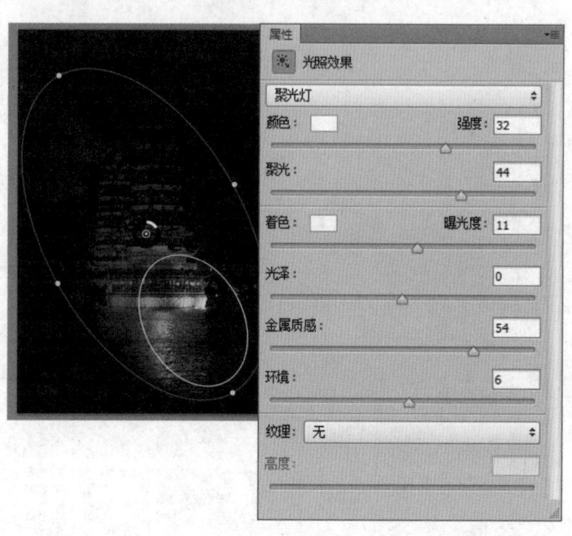

在该对话框中可以通过“光照类型”、“纹理通道”和“属性”选项组的设置，来为图像添加各种光照效果，也可以在左侧预览框中手动调整光照的角度、大小以及焦点等属性设置。在“纹理通道”选项组中，可以选择图像色彩模式对应的颜色通道来作为纹理通道，从而使图像产生立体的纹理效果。当然，也可以选择已有的Alpha通道作为纹理通道，这样可以制作出具有特殊形状的立体纹理效果。

设置纹理通道后，则可在“高度”选项中设置“平滑”或“凸起”选项的值，从而控制纹理立体效果的强度。

例如，打开一个图像，如图所示。执行“滤镜”→“渲染”→“光照效果”命令，打开“光照效果”对话框，设置“纹理通道”选项为“红”，并对其余选项进行适当的调整，单击“确定”按钮，图像效果及对话框设置如图所示。

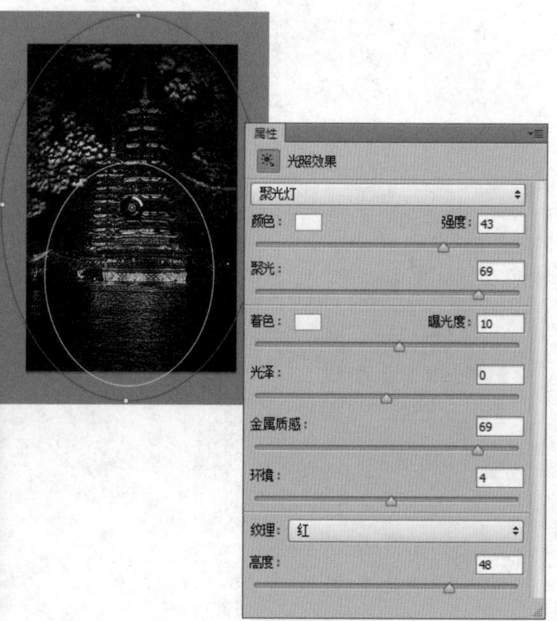

21.2 实例应用

难度程度：★★★☆☆ 总课时：1.5小时
素材位置：21\实例应用\制作立体标志

演练时间：90分钟

使用“光照效果”滤镜制作立体标志

◉ 实例目标

本例由2部分组成：第1部分，绘制标志的图形；第2部分，使用“光照效果”滤镜标志的立体效果，最终立体标志的完整效果。

◉ 技术分析

本例是通过“光照效果”滤镜设计的一款立体标志。其中，标志背景的凹凸立体效果都是用“光照效果”滤镜表现出来的，希望读者通过本例能够体会使用“光照效果”滤镜制作立体效果这一特色功能的重要作用。

制作步骤

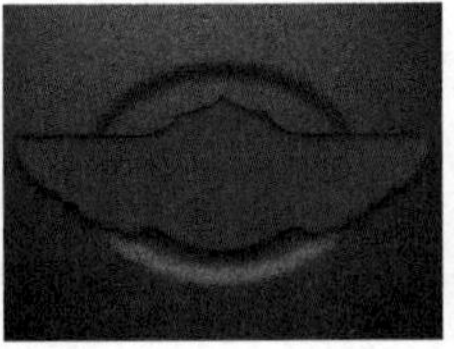

01 新建文档。执行菜单“文件”→“新建”命令(或按【Ctrl+N】快捷键），设置弹出的“新建”对话框，如图所示，单击“确定”按钮，即可创建一个新的空白文档。

新建
名称(N)：未标题-1
预设(P)：自定
大小(I)：
宽度(W)：1600 像素
高度(H)：1600 像素
分辨率(R)：72 像素/英寸
颜色模式(M)：RGB 颜色 8 位
背景内容(C)：白色
高级
确定
取消
存储预设(S)...
删除预设(D)...
图像大小：
7.32M

02 切换到“通道”面板，单击面板底部的“创建新通道”按钮，新建一个通道“Alpha 1”，如图所示。

图层 通道 路径
RGB Ctrl+2
红 Ctrl+3
绿 Ctrl+4
蓝 Ctrl+5
Alpha 1 Ctrl+6

03 执行“滤镜”→“杂色”→“添加杂色”命令，设置弹出对话框中的参数后，单击“确定”按钮，得到如图所示的效果。

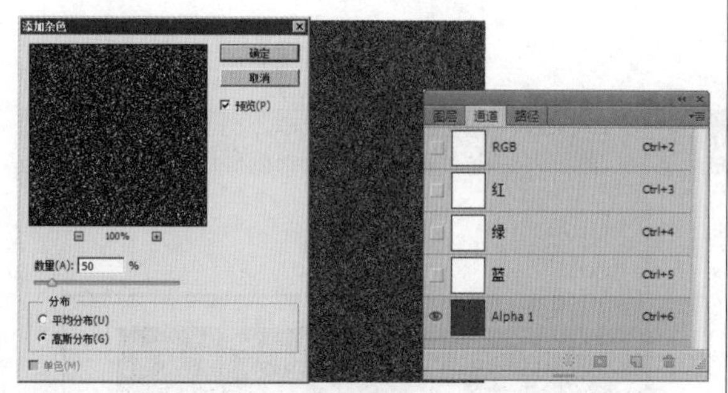

04 执行“滤镜”→“模糊”→“高斯模糊”命令，设置弹出对话框中的参数后，单击“确定”按钮，得到如图所示的效果。

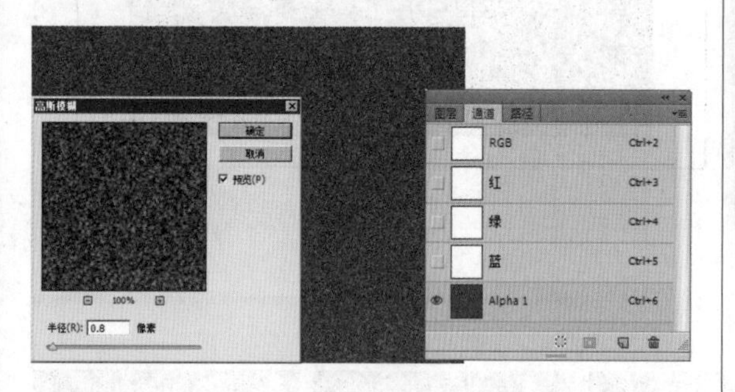

05 切换到“图层”面板，选择“背景”图层，按【Ctrl+J】快捷键，复制“背景”，得到“图层 1 ”。执行“滤镜”→“渲染”→“光照效果”命令，设置弹出的“光照效果”对话框，如图所示。

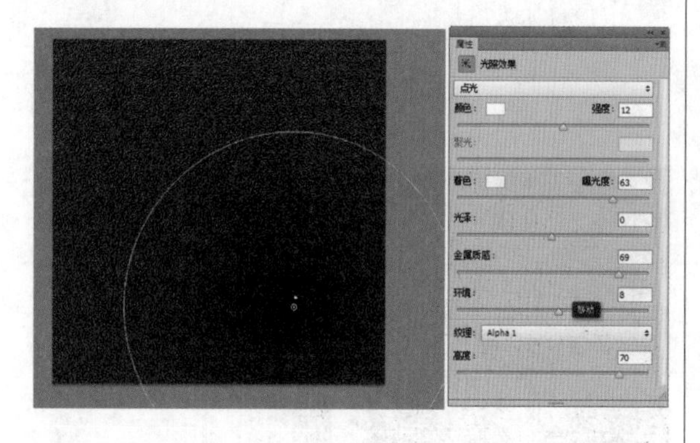

06 设置完“光照效果”对话框中的参数后，单击“确定”按钮，即可得到如图所示的效果。

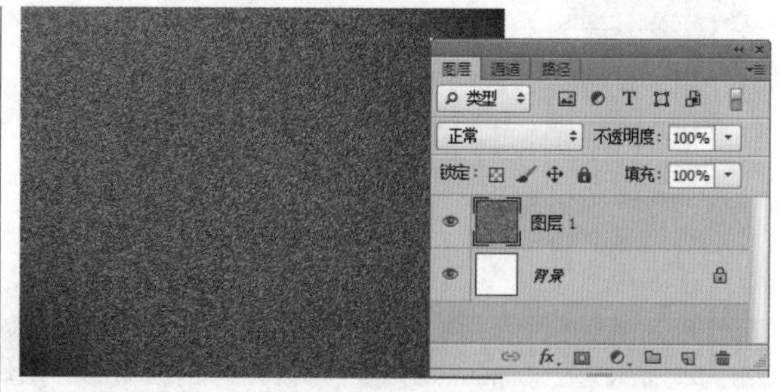

07 切换到“通道”面板，单击面板底部的“创建新通道”按钮，新建一个通道“Alpha 2”。选择“椭圆选框工具”，在画面的中间绘制椭圆形选区，如图所示。

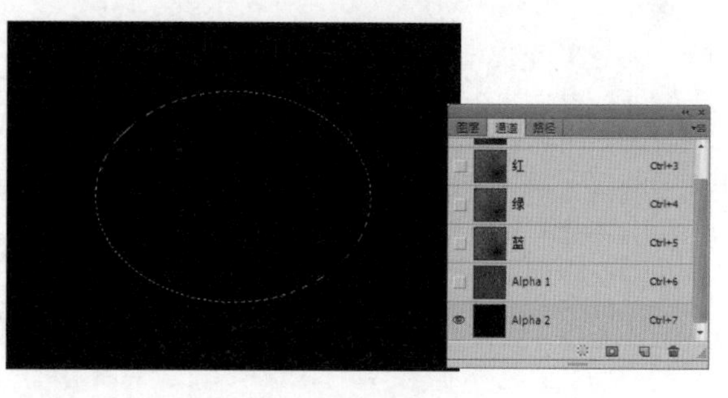

08 按【Ctrl+Shift+I】快捷键执行“反选”操作，设置前景色为白色，按【Alt+Delete】快捷键用前景色填充选区，按【Ctrl+D】快捷键取消选区，得到如图所示的效果。

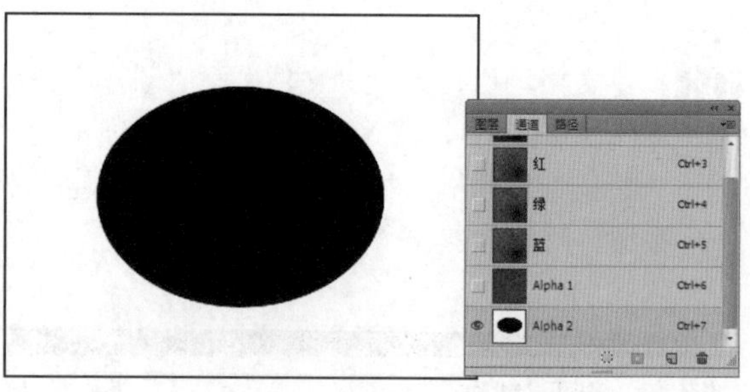

09 执行“滤镜”→“模糊”→“高斯模糊”命令，设置弹出对话框中的参数后，单击“确定”按钮，得到如图所示的效果。

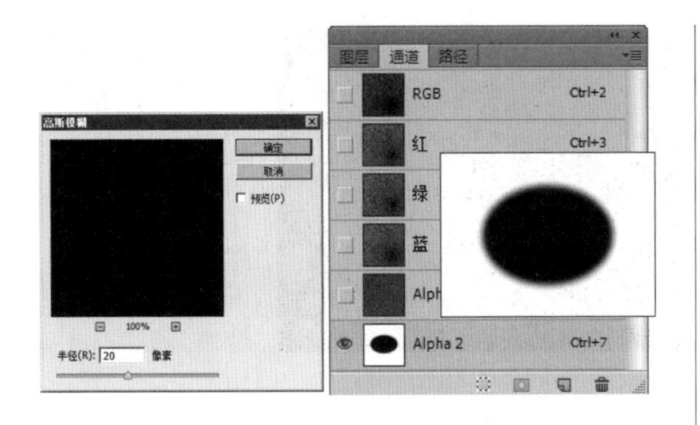

10 切换到“图层”面板，选择“图层 1”图层，执行“滤镜”→“渲染”→“光照效果”命令，设置弹出的“光照效果”对话框，如图所示。

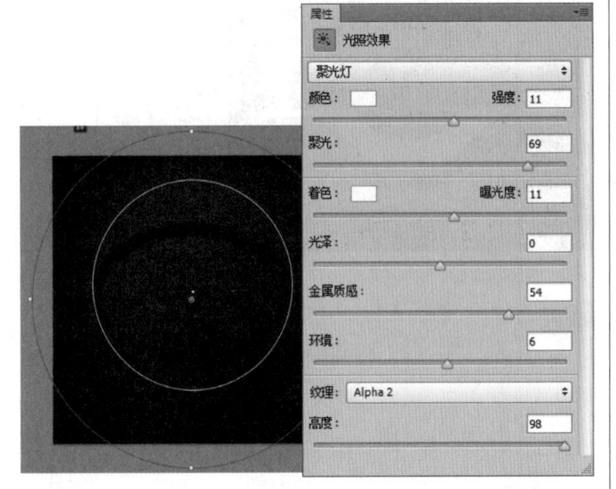

11 设置完“光照效果”对话框中的参数后，单击“确定”按钮，即可得到如图所示的立体效果。

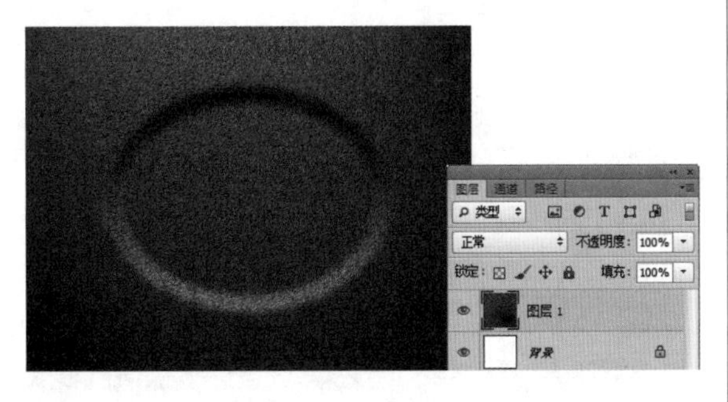

12 设置前景色的颜色值为（R:66 G:66 B:66），选择“钢笔工具”，在工具选项栏中单击“形状”按钮，在画面的中间绘制如图所示的形状，得到图层“形状 1”。

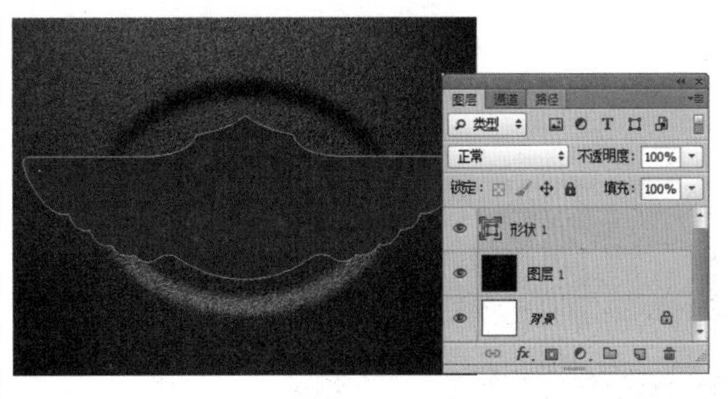

13 在“形状 1”的图层名称上单击鼠标右键，在弹出的菜单中选择“栅格化图层”命令，然后执行“滤镜库”→“纹理”→“纹理化”命令，设置弹出对话框中的参数后，单击“确定”按钮，得到如图所示的效果。

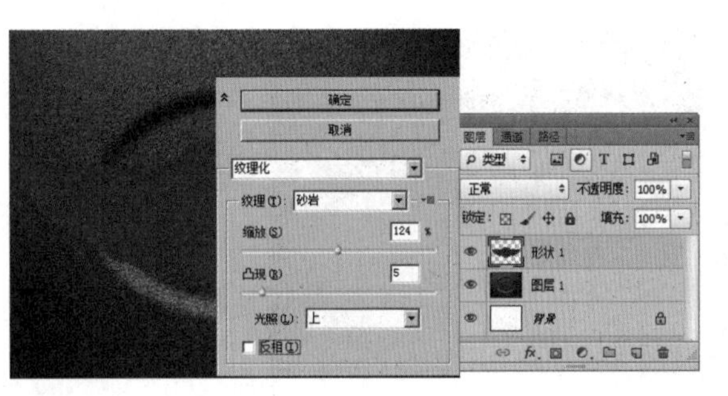

14 选择“形状 1”，单击“添加图层样式”按钮，在弹出的菜单中选择“投影”命令，设置弹出的“图层样式”对话框的“投影”选项后，继续选择“内阴影”选项，在该对话框的右侧进行参数设置，具体设置如图所示。

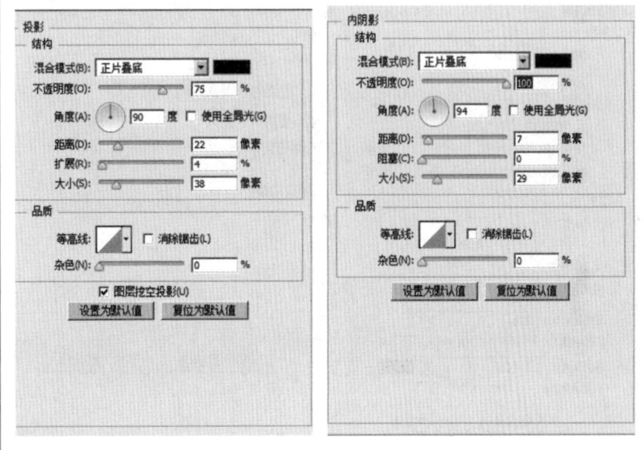

15 设置完“图层样式”对话框后，单击“确定”按钮，即可得到如图所示的效果。

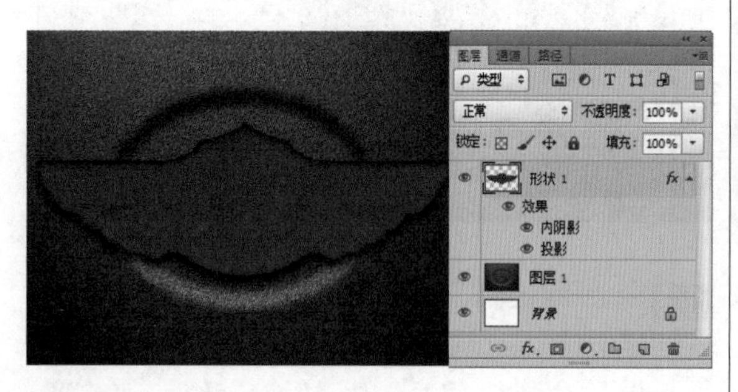

16 选择“形状 1”，按【Ctrl+J】快捷键，复制“形状 1”，得到“形状 1 副本”。设置其图层填充值为“0%”，如图所示。

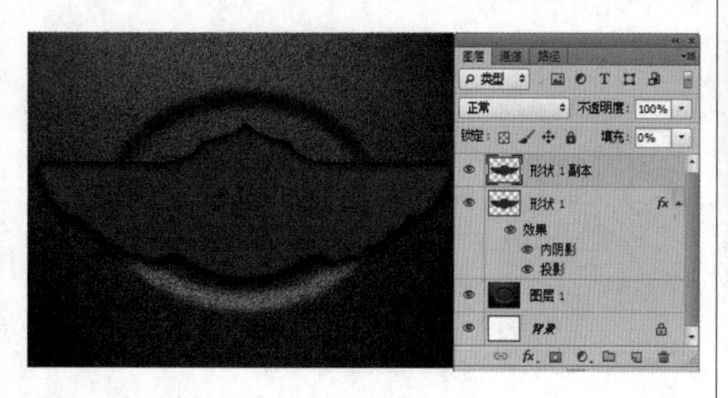

17 选择“形状 1 副本”，单击“添加图层样式”按钮，在弹出的菜单中选择“斜面和浮雕”命令，设置弹出的“图层样式”对话框的“斜面和浮雕”选项后，继续选择“描边”选项，在该对话框的右侧进行参数设置，具体设置如图所示。

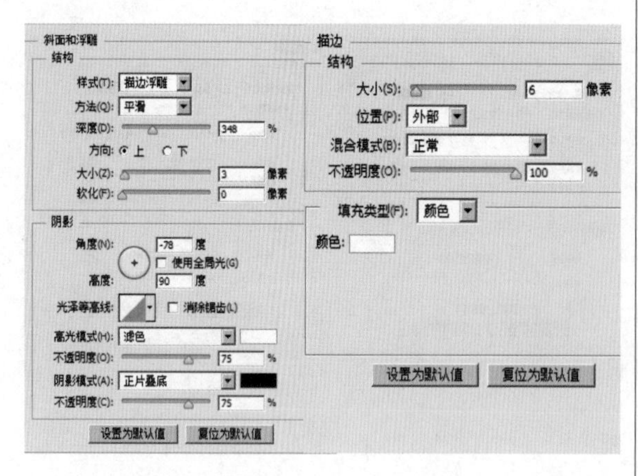

18 设置完“图层样式”对话框后，单击“确定”按钮，即可得到如图所示的效果。

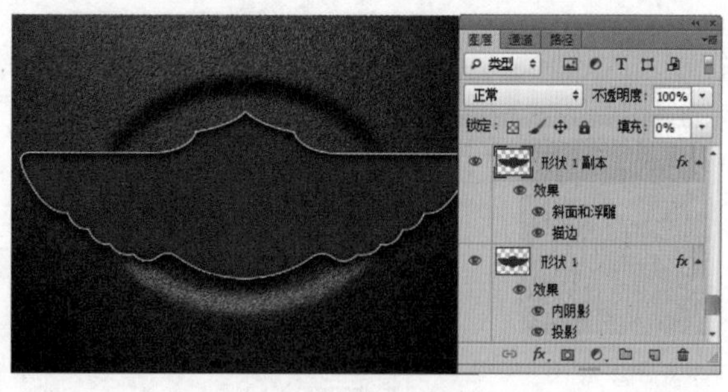

19 设置前景色为白色，选择“钢笔工具”，在工具选项栏中单击“形状”按钮，在画面的中间绘制如图所示的形状，得到图层“形状 2”。

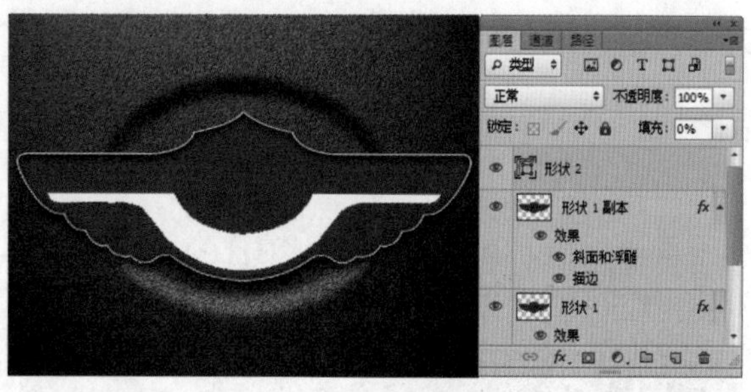

20 选择“形状 2”，单击“添加图层样式”按钮，在弹出的菜单中选择“斜面和浮雕”命令，设置弹出的“图层样式”对话框的“斜面和浮雕”选项后，继续选择“渐变叠加”选项，在该对话框的右侧进行参数设置，具体设置如图所示。

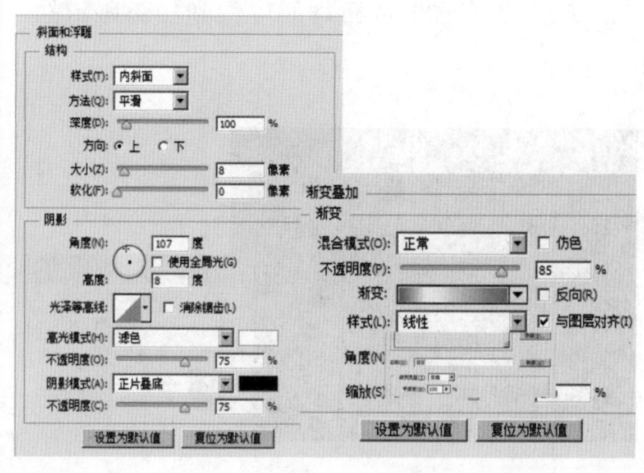

21 设置完“图层样式”对话框后，单击“确定”按钮，设置图层填充值为“0%”，即可得到如图所示的效果。

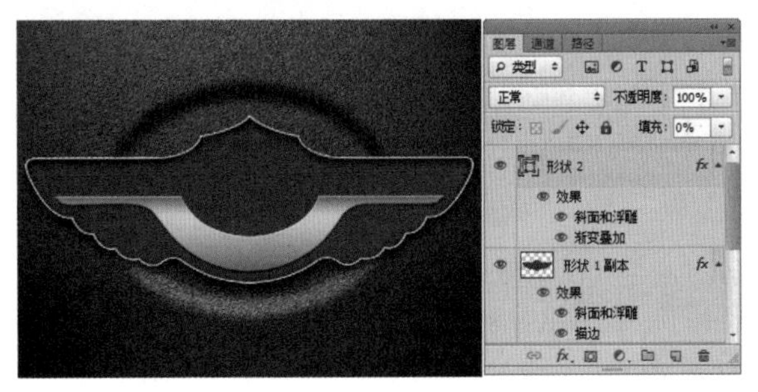

22 设置前景色的颜色值为（R:166 G:166 B:166），选择“钢笔工具”，在工具选项栏中单击“形状”按钮，在画面标志的左侧绘制如图所示的形状，得到图层“形状 3”。

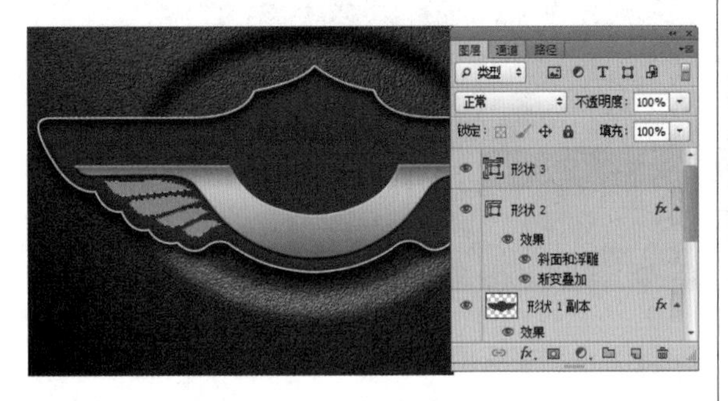

23 使用“路径选择工具”选择“形状 3”矢量蒙版中的路径，按【Ctrl+Alt+T】快捷键，调出自由变换复制框，将图像水平翻转调整到如图所示的位置。

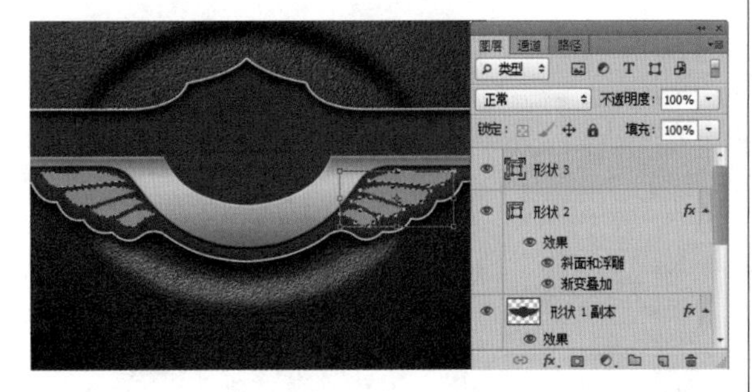

24 选择“形状 3”，单击“添加图层样式”按钮，在弹出的菜单中选择“斜面和浮雕”命令，设置弹出的“图层样式”对话框的“斜面和浮雕”选项后，继续选择“渐变叠加”选项，在该对话框的右侧进行参数设置，具体设置如图所示。

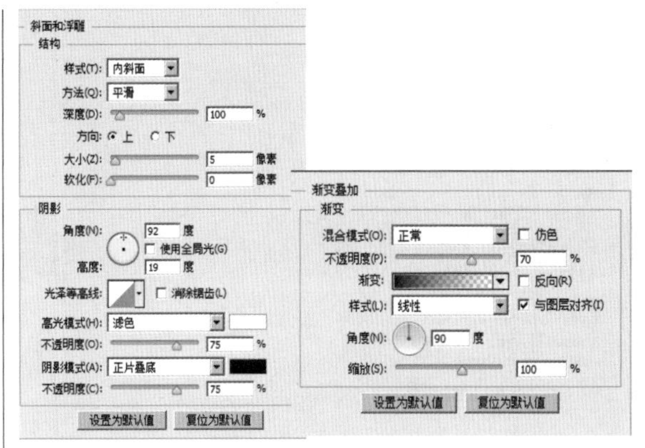

25 设置完“图层样式”对话框后，单击“确定”按钮，即可得到如图所示的效果。

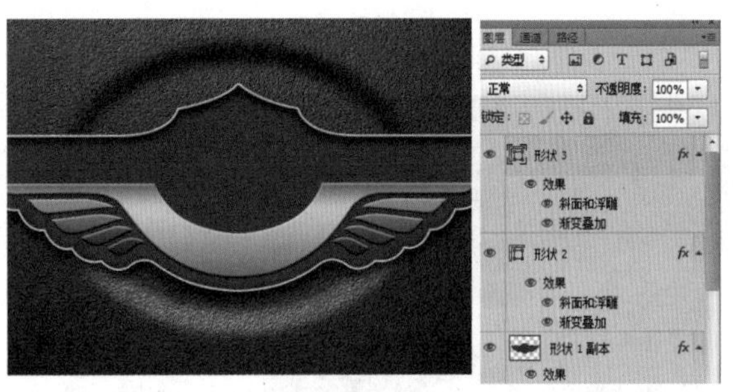

26 设置前景色的颜色值为（R:56 G:56 B:56），选择“钢笔工具”，在工具选项栏中单击“形状”按钮，在画面标志的中间绘制如图所示的形状，得到图层“形状 4”。

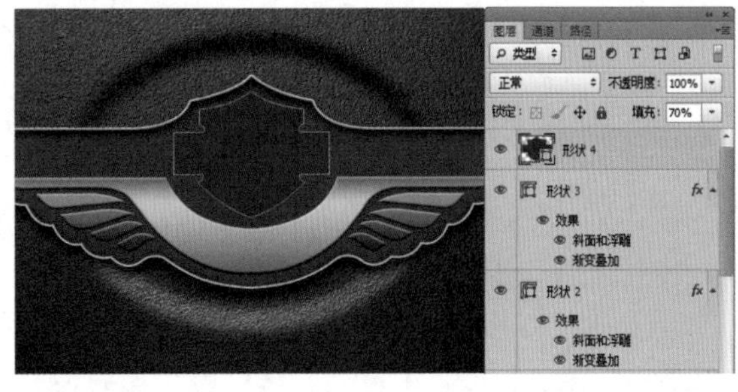

27 选择“形状 4”，单击“添加图层样式”按钮，在弹出的菜单中选择“斜面和浮雕”命令，设置弹出的“图层样式”对话框的“斜面和浮雕”选项，如图所示，并设置图层填充值为“70%”。

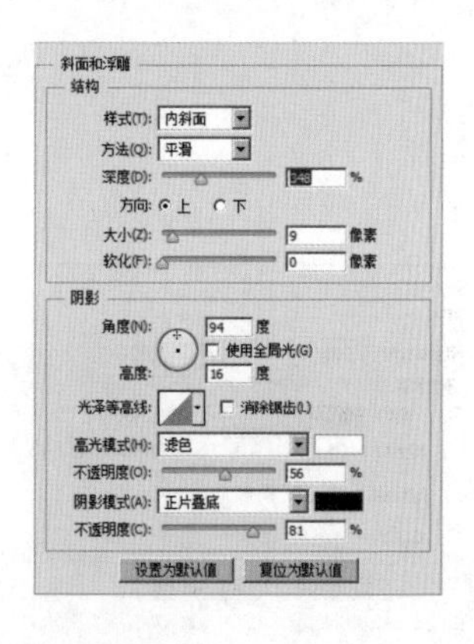

28 选择“形状 4”，按【Ctrl+J】快捷键，复制“形状 4”，得到“形状 4 副本”。将其图层样式删除，设置图层填充值为“0%”，如图所示。

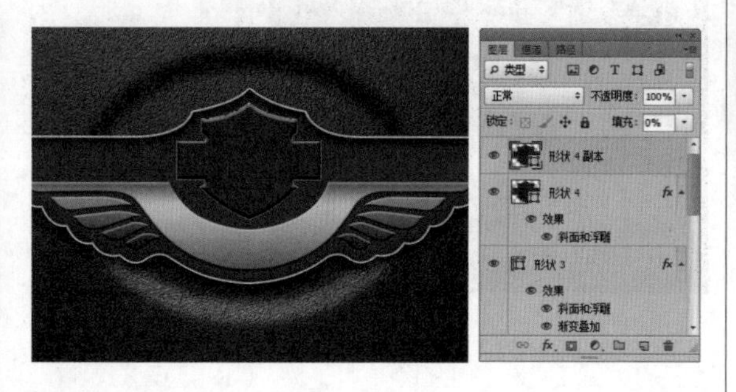

29 选择“形状 4 副本”，单击“添加图层样式”按钮，在弹出的菜单中选择“斜面和浮雕”命令，设置弹出的“图层样式”对话框的“斜面和浮雕”选项后，继续选择“描边”选项，在该对话框的右侧进行参数设置，具体设置如图所示。

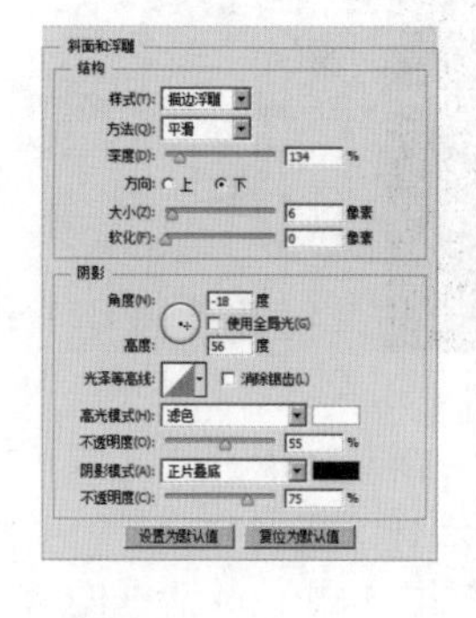

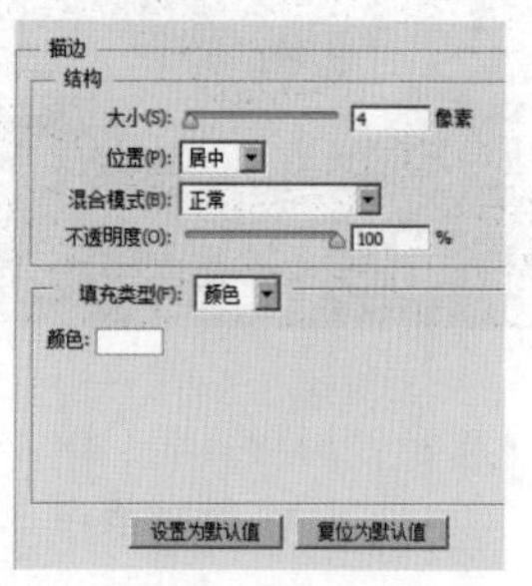

30 设置前景色的颜色值为（R:236 G:236 B:236），选择“钢笔工具”，在工具选项栏中单击“形状”按钮，在画面中绘制如图所示的形状，得到图层“形状 5”。

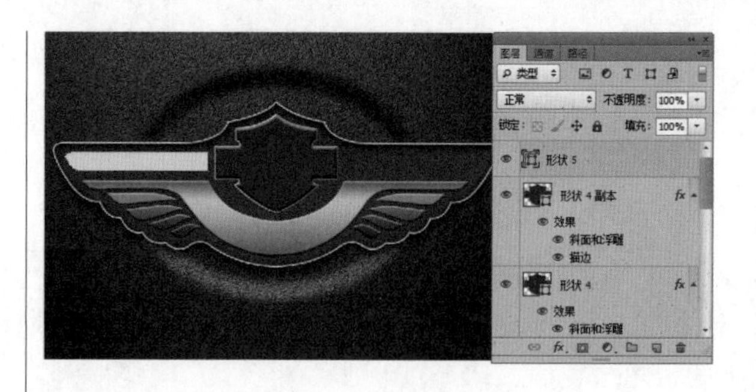

31 使用“路径选择工具”选择“形状 5”矢量蒙版中的路径，按【Ctrl+Alt+T】快捷键，调出自由变换复制框，将图像水平翻转调整到如图所示的位置。

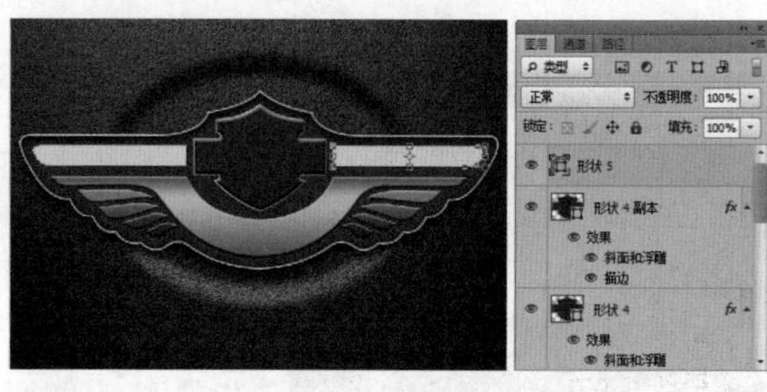

32 选择“形状 5”，单击“添加图层样式”按钮，在弹出的菜单中选择“投影”命令，设置弹出的“图层样式”对话框的“投影”选项后，继续选择“斜面和浮雕”、“渐变叠加”选项，进行参数设置，具体设置如图所示，并设置图层填充值为“0%”。

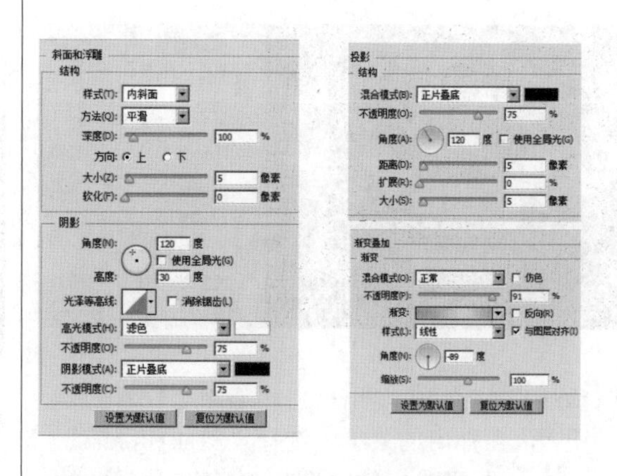

33 设置前景色的颜色值为（R:227 G:138 B:38），选择“钢笔工具”，在工具选项栏中单击“形状”按钮，在画面中绘制如图所示的形状，得到图层“形状 6”。

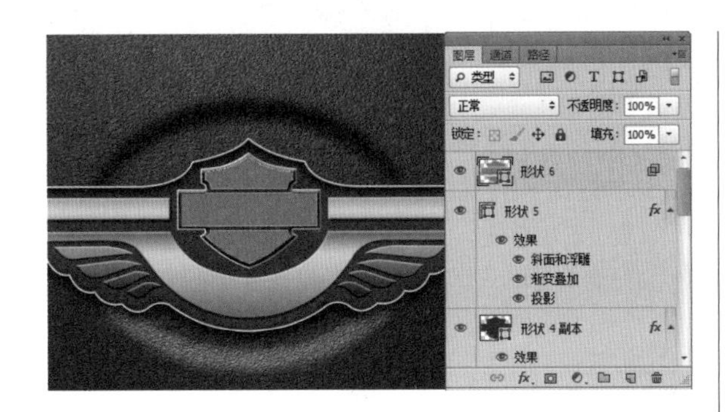

34 选择“形状 6”，单击“添加图层样式”按钮，在弹出的菜单中选择“混合选项”命令，在打开的“图层样式”对话框中勾选“图层蒙版隐藏效果”选项，继续选择“斜面和浮雕”、“描边”选项，进行参数设置，具体设置如图所示，并设置图层填充值为“0%”。

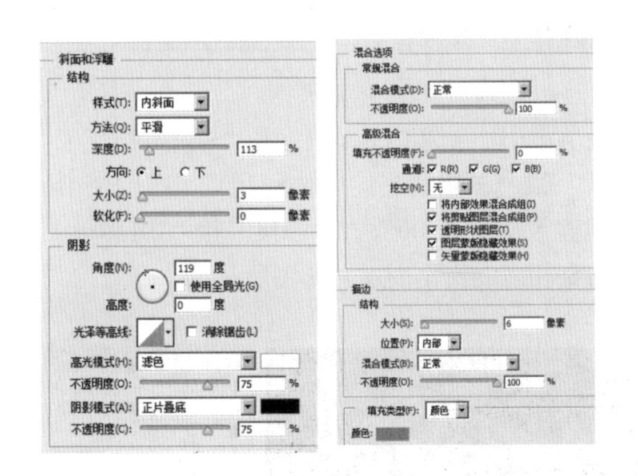

35 按住【Alt】键单击“添加图层蒙版”按钮，为“形状 6”添加图层蒙版，此时选区部分的图像就被隐藏起来了，如图所示。

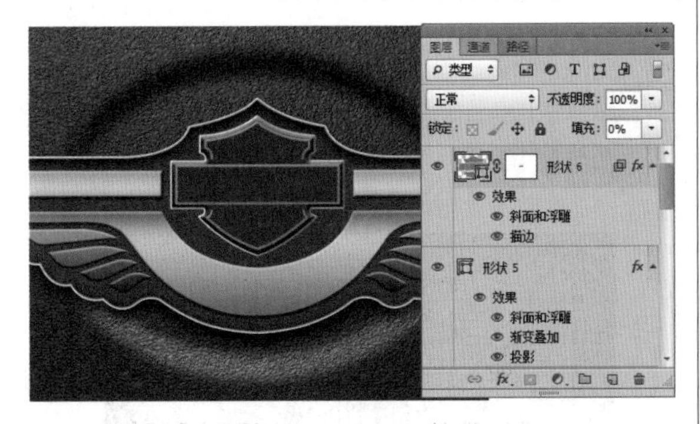

36 设置前景色为白色，使用“横排文字工具”，设置适当的字体和字号，在“形状 6”的图像中间输入文字，得到相应的文字图层，如图所示。

37 选择“形状 6”，单击“添加图层样式”按钮，在弹出的菜单中选择“斜面和浮雕”命令，设置弹出的“图层样式”对话框的“斜面和浮雕”选项，如图所示。

38 设置前景色的颜色值为（R:227 G:138 B:38），使用“横排文字工具”，设置适当的字体和字号，在图像中间输入文字，得到相应的文字图层，如图所示。

39 在上一步输入的文字图层名称上单击鼠标右键，在弹出的菜单中选择“转换为形状”命令，按【Ctrl+T】快捷键，变换图像到如图所示的状态。

40 单击“添加图层样式”按钮，在弹出的菜单中选择“斜面和浮雕”命令，设置弹出的“图层样式”对话框的“斜面和浮雕”选项，如图所示。

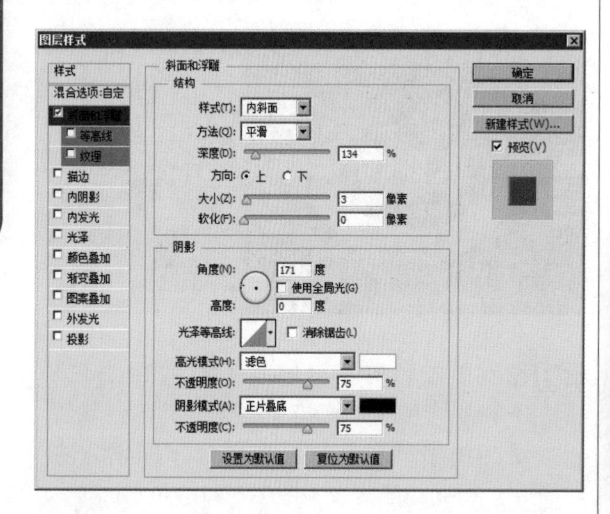

41 用同样的方法制作下半部分文字，效果如图所示。

42 选择“形状 7”，单击“添加图层样式”按钮，在弹出的菜单中选择“斜面和浮雕”命令，设置弹出的“图层样式”对话框的“斜面和浮雕”选项后，继续选择“渐变叠加”选项，在该对话框的右侧进行参数设置，具体设置如图所示。

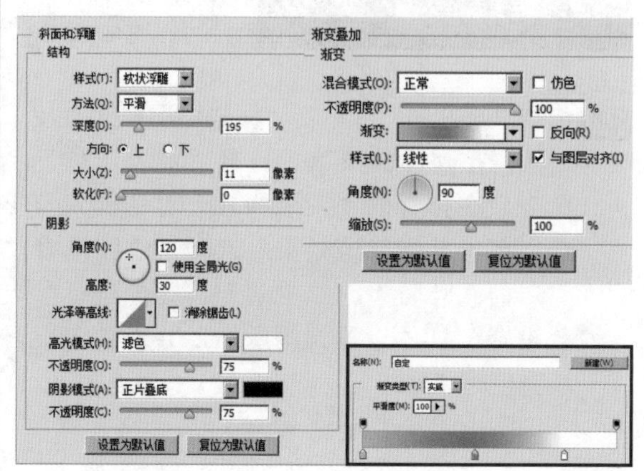

43 设置前景色为白色，使用“横排文字工具”，设置适当的字体和字号，在图像中间输入文字“100”、“1914”和“2014”，得到相应的文字图层，如图所示。

44 为文字样式设置“内阴影”、“斜面和浮雕”和“颜色叠加”，即可得到如图所示的最终效果。

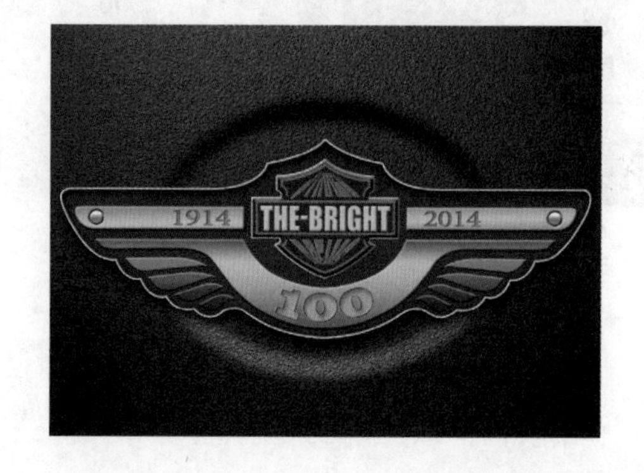

Part 22（43-44小时）

使用滤镜直接在图层中创建特效

【滤镜效果：30分钟】

【实例应用：90分钟】

使用滤镜在图层中制作水晶特效　90分钟

22.1 滤镜效果

难度程度：★★★☆☆ 总课时：0.5小时
素材位置：22\滤镜效果\示例图

利用Photoshop中的滤镜功能，可以为图像添加艺术、绘画、纹理、模糊、立体等各种特殊效果。

Photoshop中常用的滤镜有模糊、锐化、扭曲、杂色、风格化、纹理以及艺术效果等。下面介绍几种滤镜效果。

模糊滤镜效果

“模糊”滤镜可以柔化选区或使图像中的线条降低清晰边缘的像素对比度，使图像变得柔和。该滤镜有“高斯模糊”、“镜头模糊”、“动感模糊”、“径向模糊”及“特殊模糊”等几种常用类型，各滤镜效果如图所示。

原图

动感模糊

高斯模糊

径向模糊

镜头模糊

特殊模糊

锐化滤镜效果

“锐化”滤镜通过增加相邻像素的对比度来聚焦模糊的图像，使图像变得比较清晰。该滤镜通常用于增强扫描图像的轮廓。该滤镜有“USM锐化”和“智能锐化”两种常用类型，各滤镜效果如图所示。

原图

USM锐化

智能锐化

扭曲滤镜效果

“扭曲”滤镜可以用来产生各种不同的扭曲效果，包括各种波纹、几何变形及坐标变换等。该滤镜有“玻璃”、“极坐标”、“波纹”、“切变”、“旋转扭曲”和“水波”等几种常用类型，各滤镜效果如图所示。

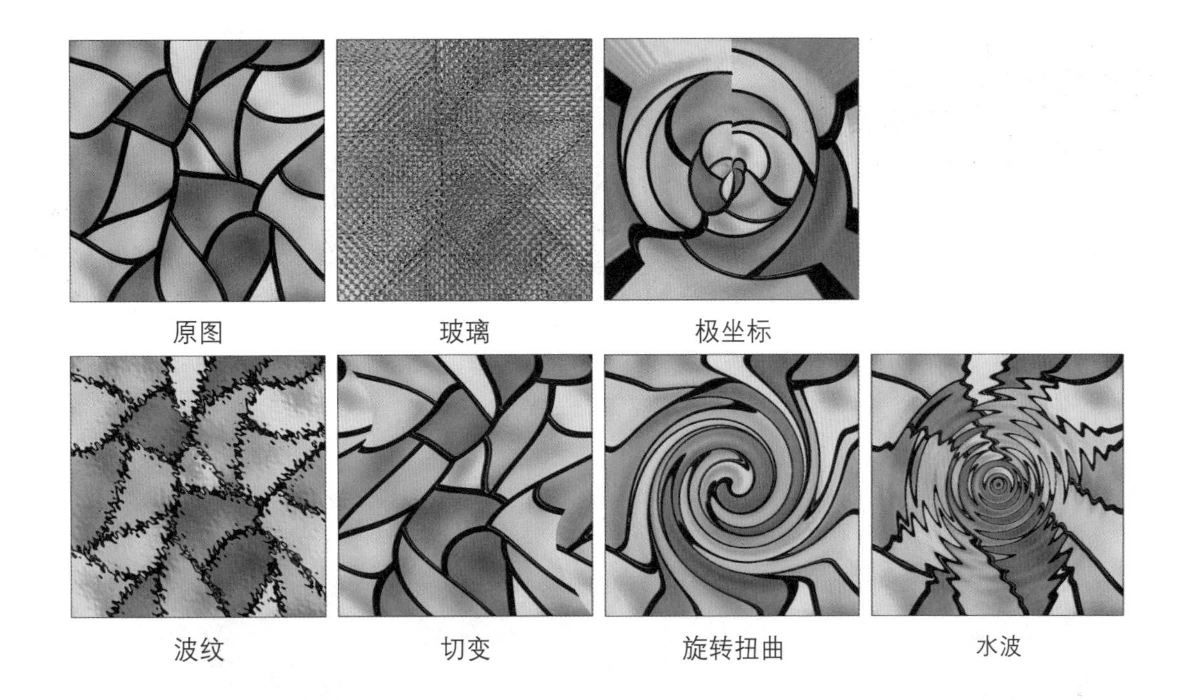
原图　玻璃　极坐标
波纹　切变　旋转扭曲　水波

杂色滤镜效果

“杂色”滤镜可以在图像中添加或者移去杂色或带有随机分布色阶的像素，使杂色与周围像素自然混合。该滤镜经常用于创建各种纹理效果，或移去图像中有问题的区域，如灰尘和划痕等。该滤镜有“添加杂色”和“蒙尘与划痕”两种常用类型，各滤镜效果如图所示。

原图

添加杂色

蒙尘与划痕

渲染滤镜效果

“渲染”滤镜可以在图像中创建云彩图案、折射图案、模拟光线反射，以及纤维材质等效果。另外，还可以利用灰度文件创建纹理填充以及各种光照效果。该滤镜有“云彩”、“分层云彩”、“镜头光晕”和“光照效果”等几种常用类型，各滤镜效果如图所示。

原图

云彩

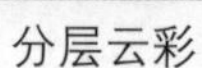
分层云彩

镜头光晕

光照效果

风格化滤镜效果

“风格化”滤镜通过置换像素并查找和增加图像中的对比度，在图像上产生如同印象派或其他画派的艺术效果。该滤镜有“浮雕效果”和“风”两种常用类型，各滤镜效果如图所示。

原图

浮雕效果

风

22.2 实例应用

难度程度：★★★☆☆ 总课时：1.5小时
素材位置：22\实例应用\制作水晶特效

演练时间：90分钟

使用滤镜在图层中制作水晶特效

◉ 实例目标

本例由2部分组成，第1部分，将素材文件组合在画面上；第2部分，运用了多种滤镜进行处理，最终达到整张招贴的完整效果。

◉ 技术分析

本例将通过滤镜对图层中的素材文件进行处理，制作出水晶苹果的特殊效果。本例中运用了多种滤镜进行处理，希望读者通过本例能够体会使用滤镜在图层中制作特殊效果这一特色功能的重要作用。

制作步骤

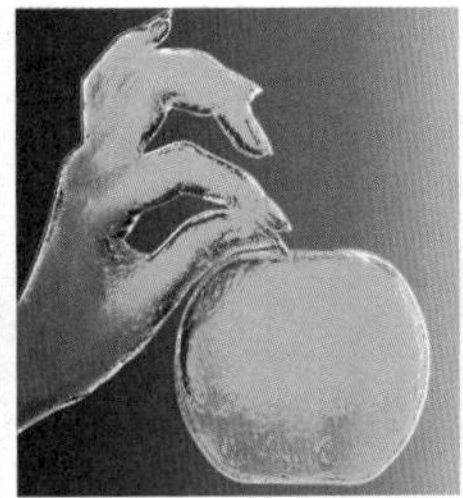

01 新建文档。执行菜单“文件”→“新建”命令（或按【Ctrl+N】快捷键），设置弹出的“新建”对话框，设置前景色为黑色，按【Alt+Delete】快捷键，用前景色填充“背景”图层，得到如图所示的效果。

新建
名称(N): 未标题-1
预设(P): 自定
大小(I):
宽度(W): 1500 像素
高度(H): 1500 像素
分辨率(R): 72 像素/英寸
颜色模式(M): RGB 颜色 8位
背景内容(C): 白色
高级
确定
取消
存储预设(S)...
删除预设(D)...
图像大小:
6.44M

02 打开随书光盘中的“素材1”图像文件，使用“移动工具”将图像拖动到第1步新建的文件中，得到“图层 1”。按【Ctrl+T】快捷键，变换图像到如图所示的状态。

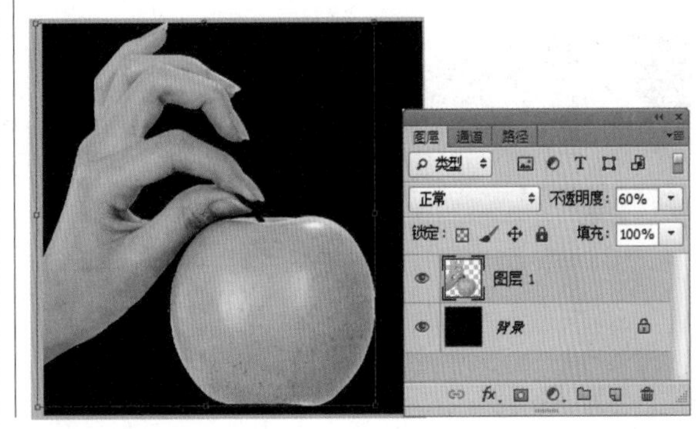

03 按【Ctrl+Shift+Alt+E】快捷键，执行“盖印”操作，得到“图层 2”。选择“图像”→“调整”→“去色”命令或按【Ctrl+Shift+U】快捷键，执行“去色”命令，将图像中的色彩去除，使其变为黑白图像，如图所示。

04 选择“图像”→“复制”命令，在弹出的对话框中进行复制文件的设置，如图所示，单击“确定”按钮，即可复制文件。然后将复制的文件进行保存，文件名为“纹理”。

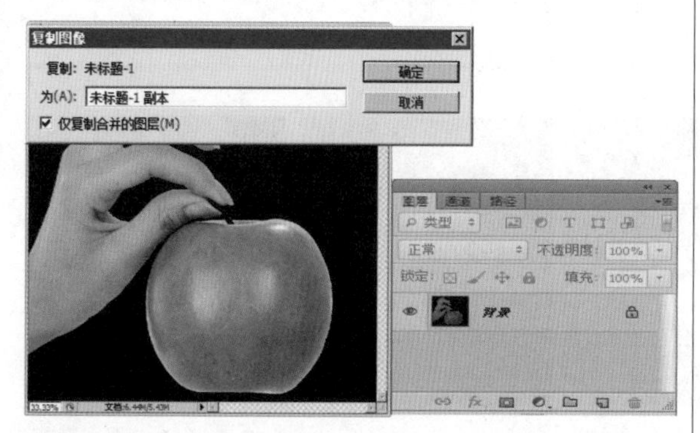

05 选择第1步新建的文件中的“图层 2”，按【Ctrl+J】快捷键，复制“图层 2”，得到“图层 2 副本”。执行“滤镜”→“模糊”→“高斯模糊”命令，设置弹出对话框中的参数后，得到如图所示的效果。

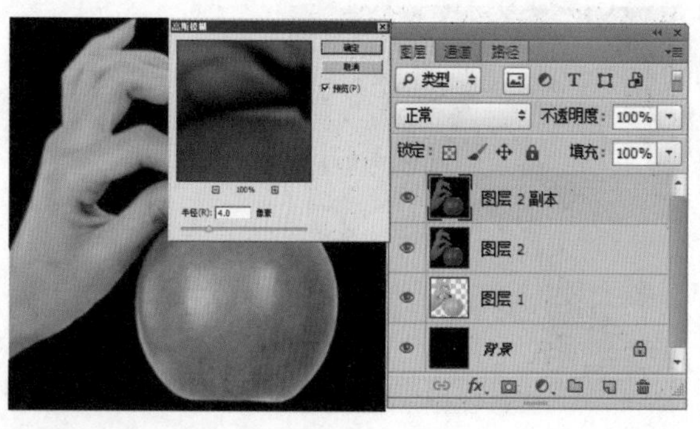

06 执行“滤镜库”→“扭曲”→“玻璃”命令，设置弹出对话框中的参数后，单击“确定”按钮，得到如图所示的效果。

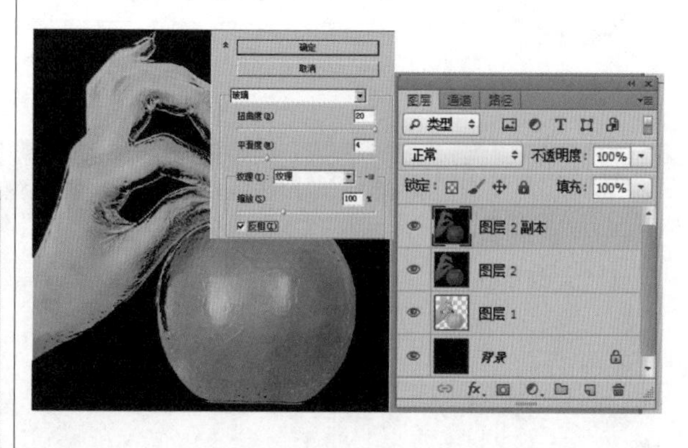

07 单击“创建新的填充或调整图层”按钮，在弹出的菜单中选择“渐变”命令，设置弹出的对话框，如图所示。编辑渐变的颜色。

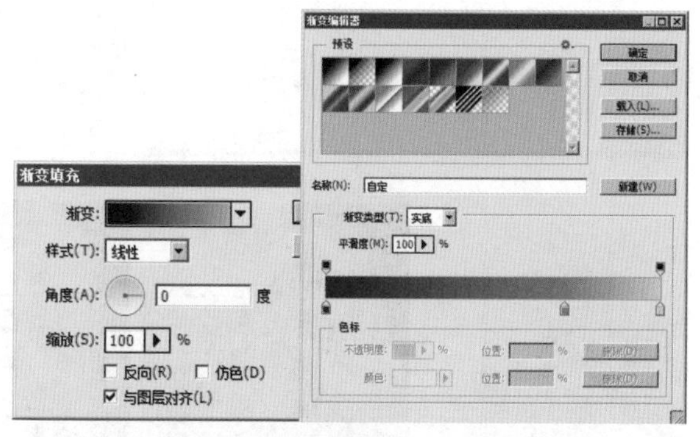

08 将“图层 2 副本”调整到图层的最上方，按住【Ctrl】键单击“图层 1”的图层缩览图，载入其选区。单击“添加图层蒙版”按钮，为“图层 2 副本”添加图层蒙版，此时选区以外的图像就被隐藏起来了，如图所示。

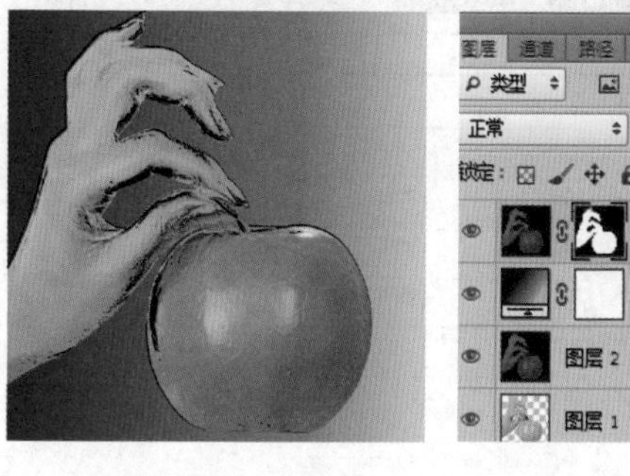

09 设置“图层 2 副本”的图层混合模式为“叠加”，将图像融入到背景中，得到如图所示的效果。

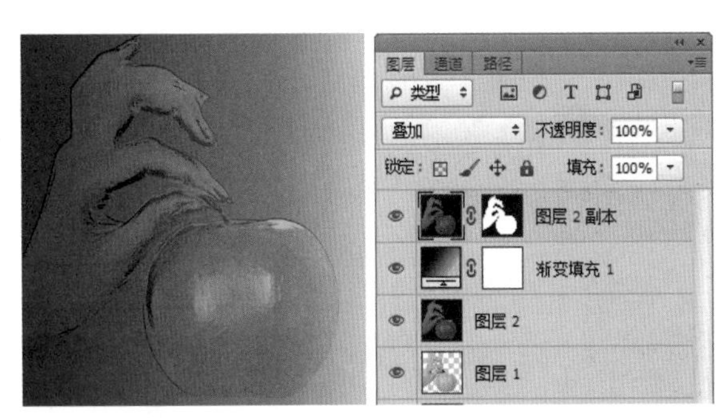

10 选择“图层 2 副本”，按【Ctrl+J】快捷键，复制“图层 2 副本”，得到“图层 2 副本 2”。执行“滤镜”→“扭曲”→“玻璃”命令，设置弹出对话框中的参数后，得到如图所示的效果。

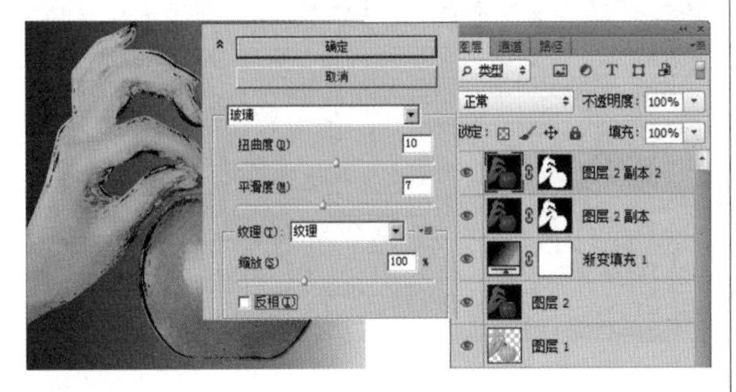

11 执行“滤镜”→“艺术效果”→“塑料包装”命令，设置弹出对话框中的参数后，得到如图所示的效果。

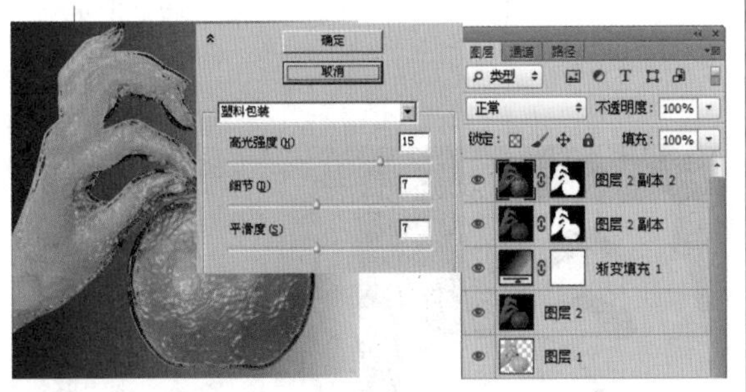

12 设置“图层 2 副本 2”的图层混合模式为“颜色减淡”，效果如图所示。

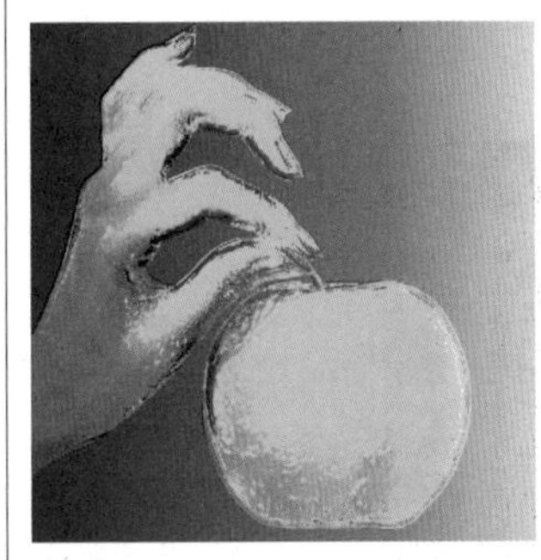

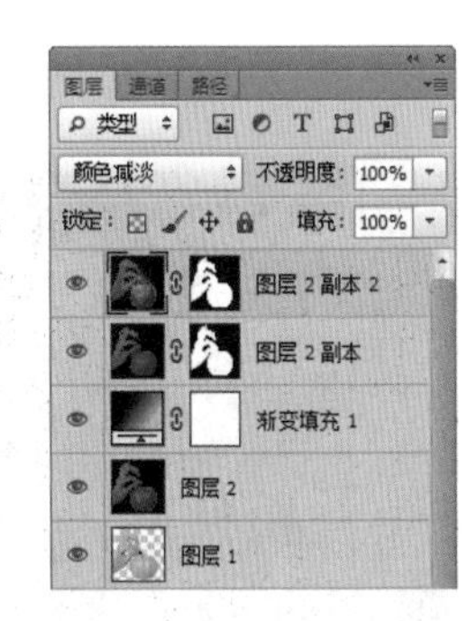

13 选择“图层 1”，按住【Ctrl】键单击“图层 1”的图层缩览图，载入其选区。按【Ctrl+C】快捷键，执行“复制”操作。切换到“通道”面板，单击面板底部的“创建新通道”按钮，新建一个通道“Alpha 1”。按【Ctrl+V】快捷键，执行“粘贴”操作，按【Ctrl+D】快捷键取消选区，如图所示。

14 执行“滤镜”→“风格化”→“查找边缘”命令，将图像以线的形式表现，得到如图所示的效果。

15 按【Ctrl+I】快捷键，执行“反相”操作，将通道中黑白图像的颜色进行颠倒（将图像中的颜色变成该颜色的补色），如图所示。

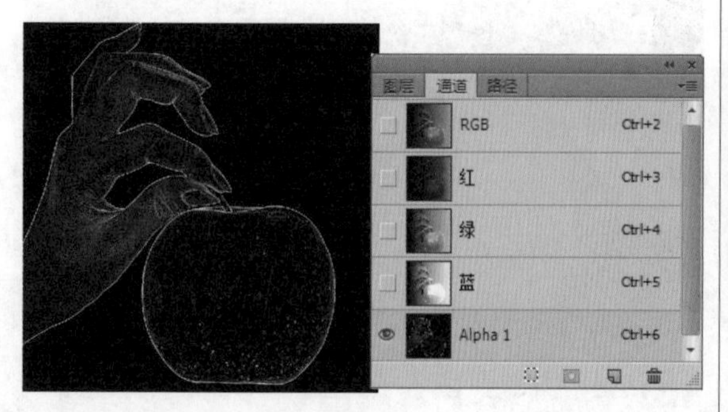

16 选择“图像”→“调整”→“色阶”命令或按【Ctrl+L】快捷键，调出“色阶”对话框。设置完该对话框后，即可得到如图所示的效果。

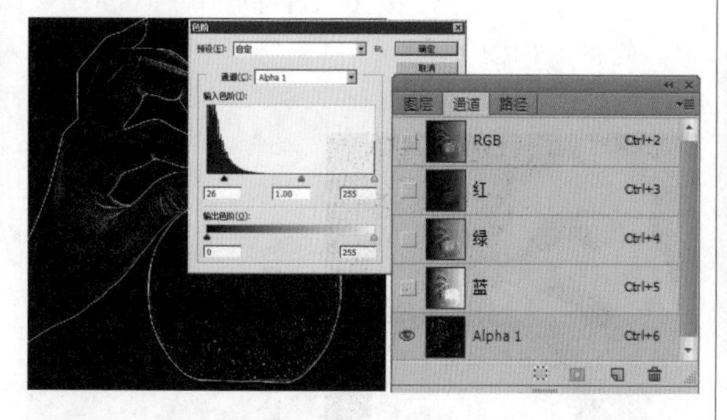

17 按住【Ctrl】键单击通道“Alpha 1”的通道缩览图，载入其选区。切换到“图层”面板，在“渐变填充 1”的上方新建一个图层“图层 3”，设置前景色为白色。按【Alt+Delete】快捷键用前景色填充选区，按【Ctrl+D】快捷键取消选区，得到如图所示的效果。

18 设置“图层 3”的图层混合模式为“叠加”，将图像与背景混合，得到如图所示的效果。

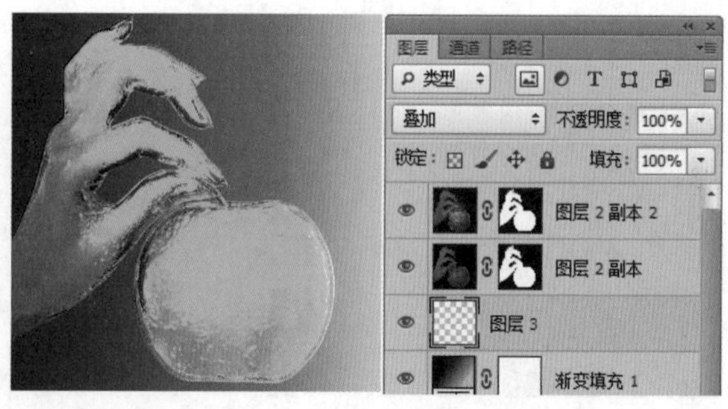

19 选择“图层 3”，按【Ctrl+J】快捷键，复制“图层 3”，得到“图层 3 副本”。执行“滤镜”→“模糊”→“高斯模糊”命令，设置弹出对话框中的参数后，得到如图所示的效果。

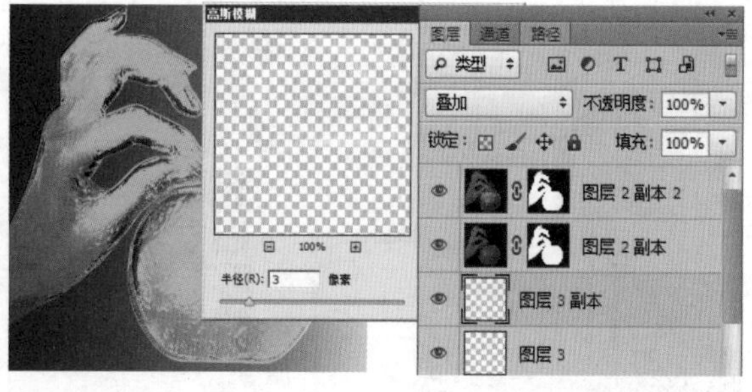

20 按住【Ctrl】键单击“图层 1”的图层缩览图，载入其选区。切换到“通道”面板，单击面板底部的“创建新通道”按钮，新建一个通道“Alpha 2”，设置前景色为白色。用前景色填充选区，得到如图所示的效果。

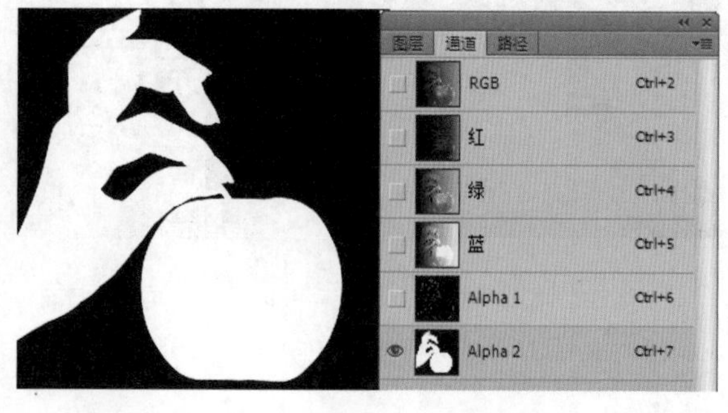

21 执行“滤镜”→“模糊”→“高斯模糊”命令，设置弹出对话框中的参数后，单击“确定”按钮，得到如图所示的效果。

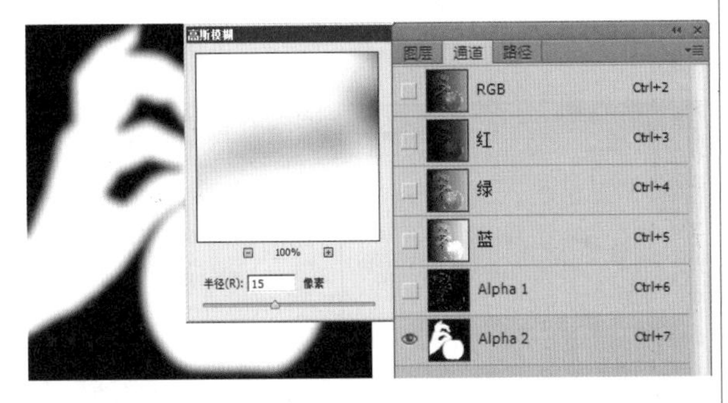

22 切换到“图层”面板，按住【Ctrl】键单击“图层 1”的图层缩览图，载入其选区。切换到“通道”面板，按【Ctrl+Shift+I】快捷键执行“反选”操作，设置前景色为黑色，按【Alt+Delete】快捷键用前景色填充选区，得到如图所示的效果。

按【Ctrl+Shift+I】快捷键执行“反选”操

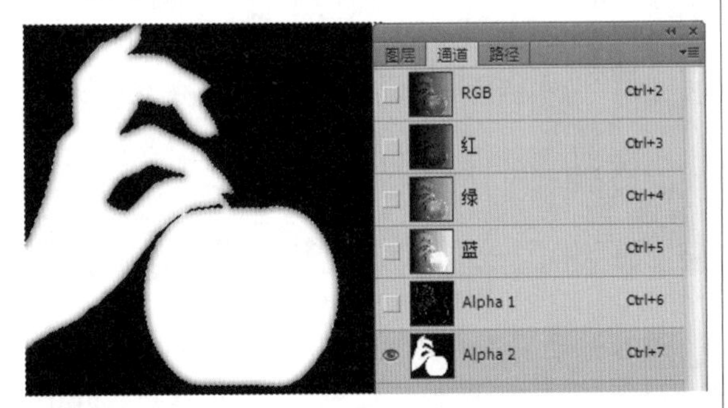

23 作，按【Ctrl+I】快捷键执行“反相”操作，按【Ctrl+D】快捷键取消选区，得到如图所示的效果。

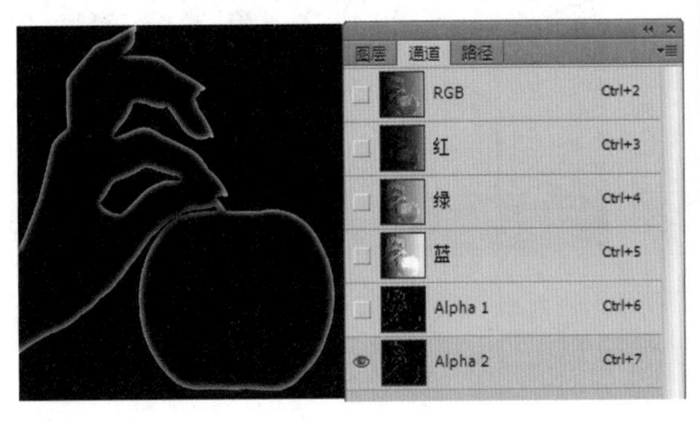

24 按住【Ctrl】键单击通道“Alpha 2”的通道缩览图，载入其选区。切换到“图层”面板，在“图层 3 副本”的上方新建一个图层“图层 4”，设置前景色为白色。用前景色填充选区，取消选区，效果如图所示。

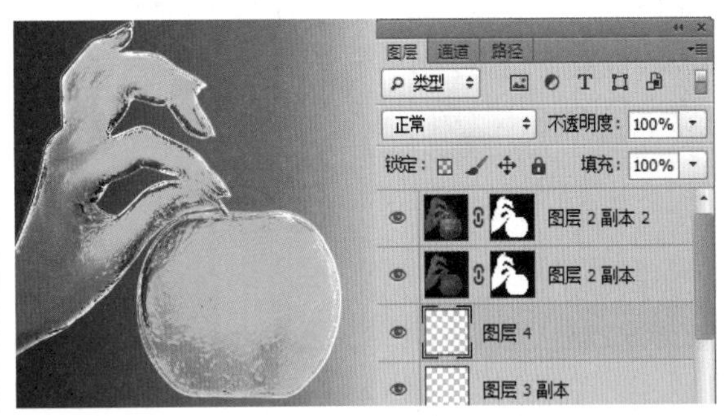

25 设置“图层 4”的图层混合模式为“叠加”，将图像与背景混合，得到如图所示的效果。

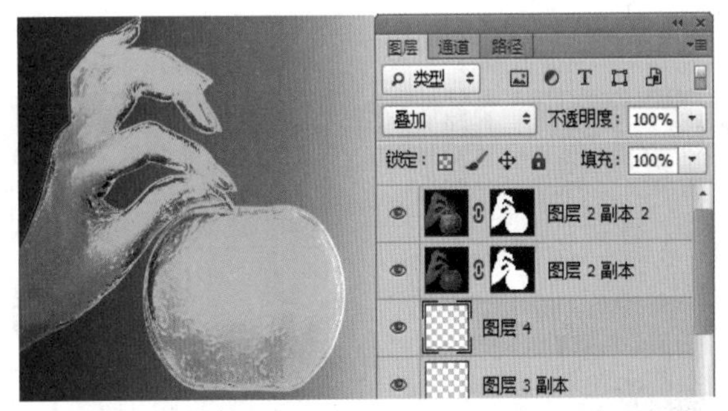

26 选择“图层 2 副本 2”，单击“创建新的填充或调整图层”按钮，在弹出的菜单中选择“色阶”命令，此时在弹出“调整”面板的同时得到图层“色阶 1”。单击“调整”面板下方的按钮，将调整影响剪切到下方的图层。在“调整”面板中设置完“色阶”命令的参数后，关闭“调整”面板。此时的效果如图所示。

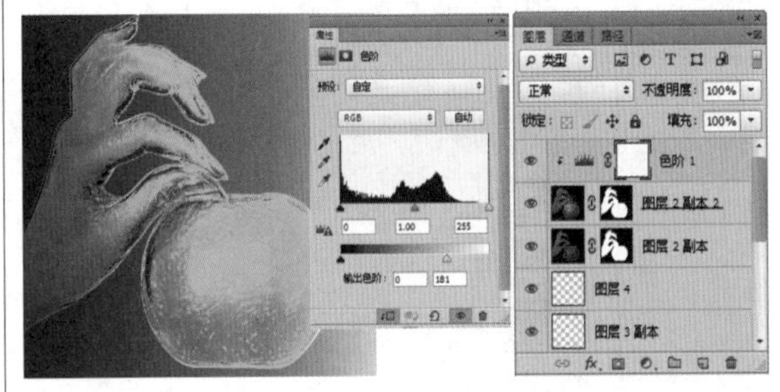

27 单击“色阶 1”的图层蒙版缩览图，设置前景色为黑色，选择“画笔工具”，设置适当的画笔大小和透明度后，在图层蒙版中涂抹，得到如图所示的效果。

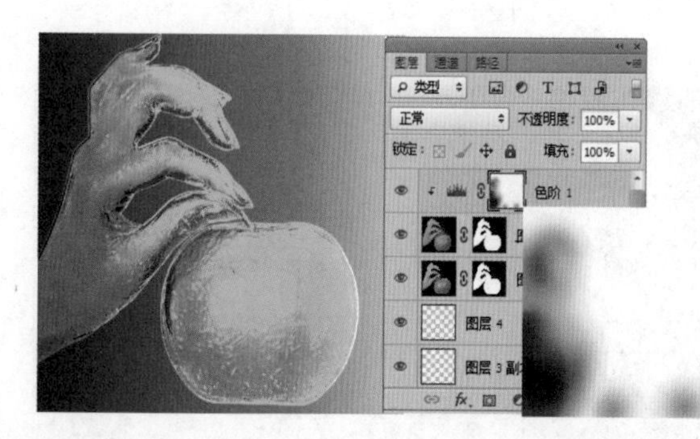

28 按住【Ctrl】键单击“图层 1”的图层缩览图，载入其选区。按【Shift+Ctrl+C】快捷键，执行“合并复制”操作，按【Ctrl+V】快捷键，执行“粘贴”操作，得到“图层 5”，如图所示。

29 选择“渐变填充 1”，按【Ctrl+J】快捷键，复制“渐变填充 1”，得到“渐变填充 1 副本”。在“渐变填充 1 副本”的图层名称上单击鼠标右键，在弹出的菜单中选择“栅格化图层”命令，如图所示。

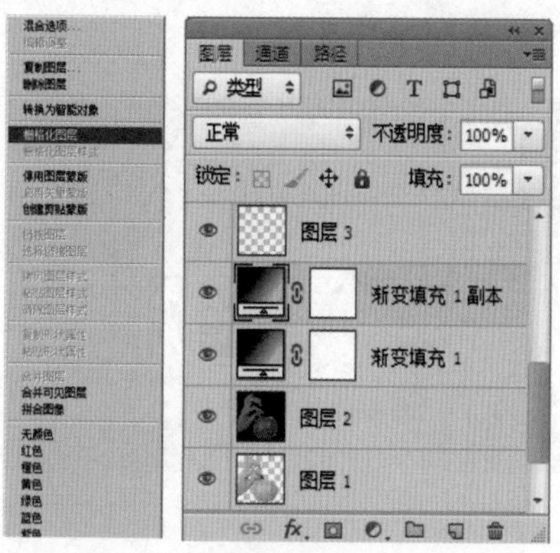

30 设置前景色的颜色值为（R:5 G:27 B:171），背景色为白色。执行“滤镜”→“纹理”→“染色玻璃”命令，设置弹出对话框中的参数后，效果如图所示。

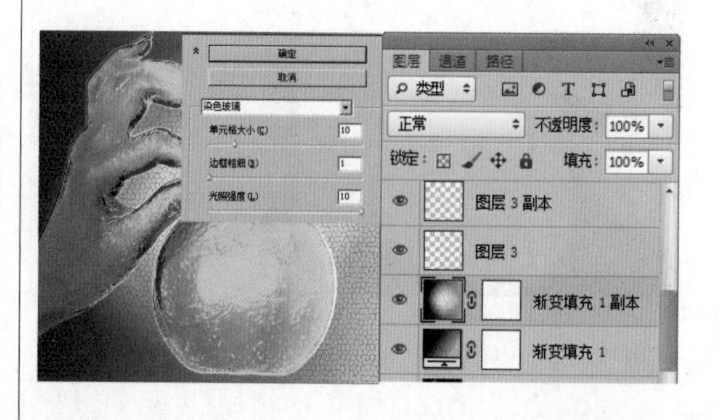

31 设置“渐变填充 1 副本”的图层不透明度为“25%”，得到如图所示的效果。

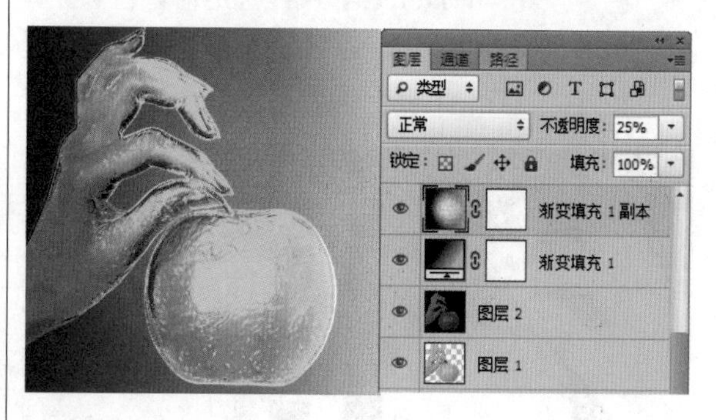

32 打开随书光盘中的“素材 2”图像文件，使用“移动工具”将图像拖动到第1步新建的文件中，得到“图层 6”。按【Ctrl+T】快捷键，变换图像到如图所示的状态。

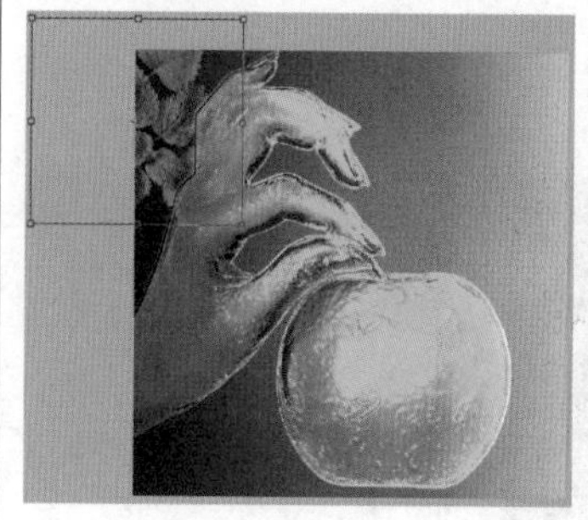

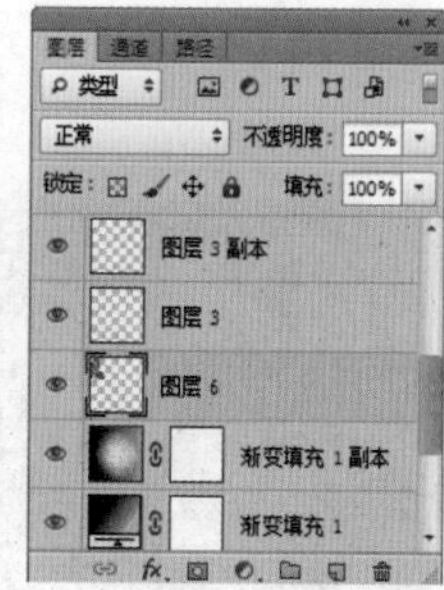

33 单击“创建新的填充或调整图层”按钮，在弹出的菜单中选择“色相/饱和度”命令，此时在弹出“调整”面板的同时得到图层“色相/饱和度 1”。单击“调整”面板下方的按钮，将调整影响剪切到下方的图层。在“调整”面板中设置完“色相/饱和度”命令的参数后，关闭“调整”面板。此时的效果如图所示。

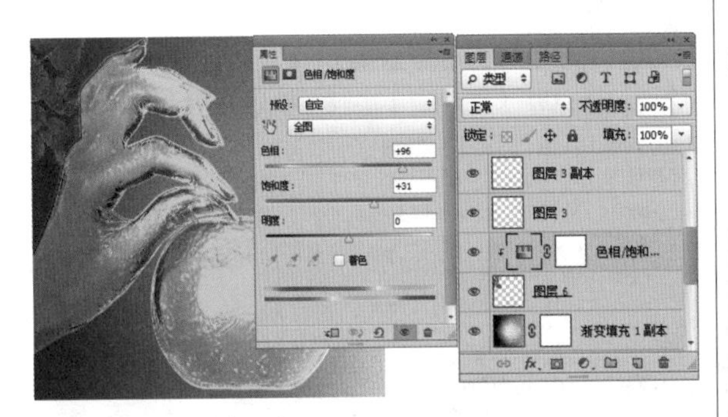

34 打开图片。打开随书光盘中的“素材 3”图像文件，使用“移动工具”将图像拖动到第1步新建的文件中，得到“图层 7”。按【Ctrl+Alt+G】快捷键，执行“释放剪贴蒙版”操作，按【Ctrl+T】快捷键，变换图像到如图所示的状态。

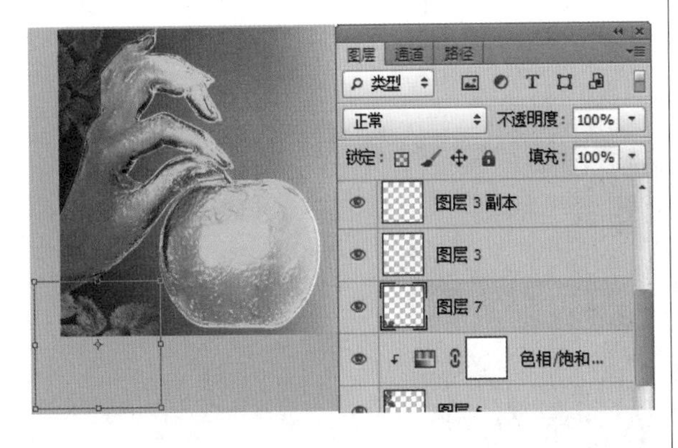

35 选择“色相/饱和度 1”，按住【Alt】键，在“图层”面板上将选中的图层拖动到“图层 7”的上方，以复制和调整图层顺序，得到图层“色相/饱和度 1 副本”。按【Ctrl+Alt+G】快捷键，执行“创建剪贴蒙版”操作，如图所示。

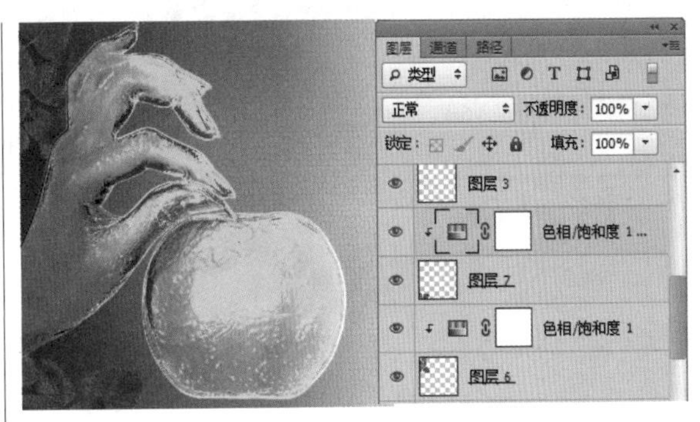

36 打开图片。打开随书光盘中的“素材 4”图像文件，此时的图像效果和“图层”面板如图所示。

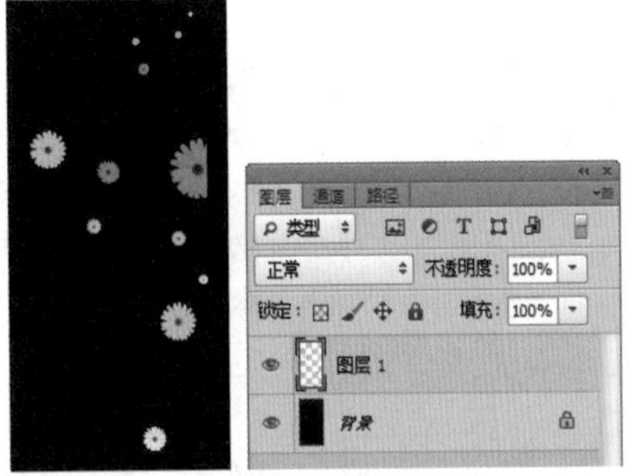

37 使用“移动工具”将图像拖动到第1步新建的文件中，得到“图层 8”。按【Ctrl+Alt+G】快捷键，执行“释放剪贴蒙版”操作，按【Ctrl+T】快捷键，变换图像到如图所示的状态。

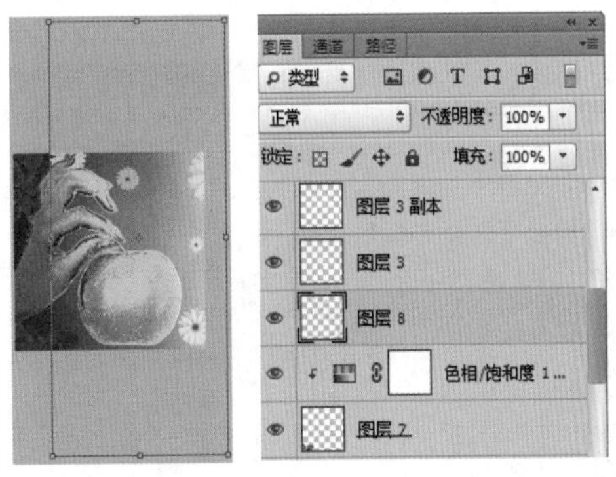

38 设置“图层 8”的图层混合模式为“柔光”，将图像与背景混合，得到如图所示的效果。

39 设置前景色为白色，使用“横排文字工具”T，设置适当的字体和字号，在画面的右上方输入文字，得到相应的文字图层，如图所示。

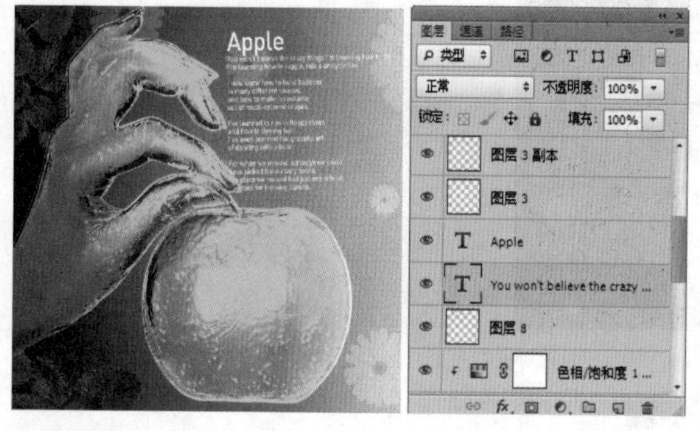

40 在“图层”面板上选中输入的文字图层，按【Ctrl+T】快捷键，调出自由变换控制框，变换图像到如图所示的状态，按【Enter】键确认操作。

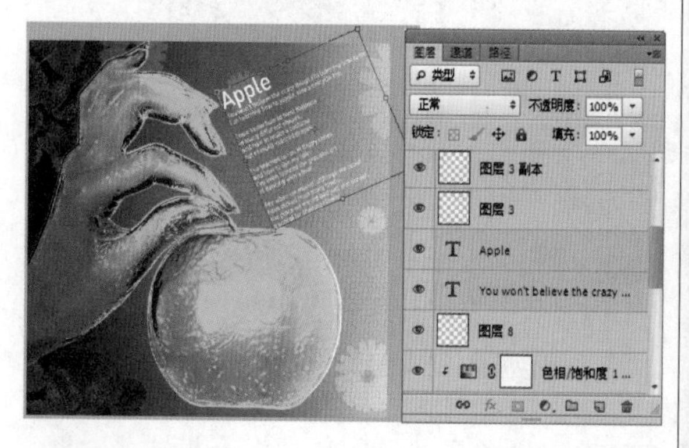

41 选择“图层 8”上方的文字图层，单击“添加图层样式”按钮fx，在弹出的菜单中选择“投影”命令，设置弹出的“图层样式”对话框的“投影”选项后，得到如图所示的效果。

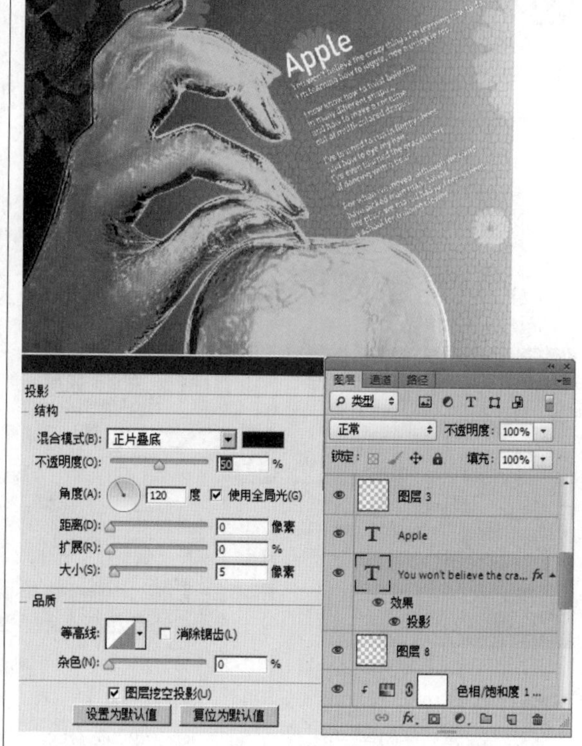

42 在“图层 8”上方的文字图层的图层名称上单击鼠标右键，在弹出的菜单中选择“拷贝图层样式”命令，然后用鼠标右键单击“图层 3”下方的文字图层的图层名称，在弹出的菜单中选择“粘贴图层样式”命令，得到如图所示的最终效果。

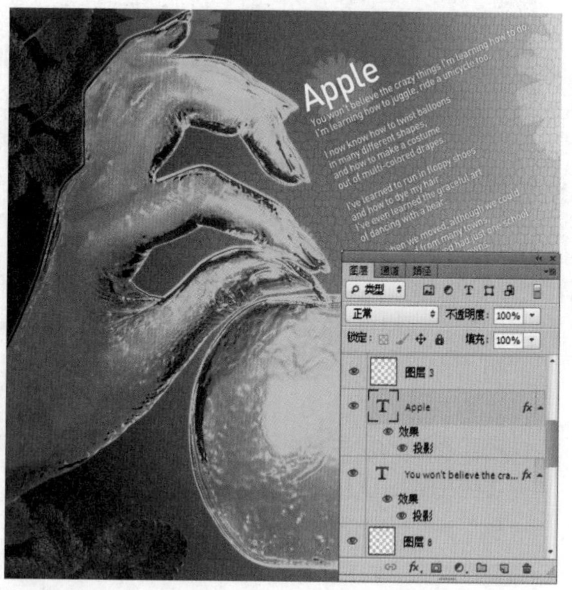

Part 23（45-46小时）

使用滤镜在通道中创建特效选区

【Alpha通道：30分钟】

【实例应用：90分钟】

使用滤镜在通道中制作炫光特效　90分钟

23.1 Alpha通道

难度程度：★★★☆☆ 总课时：0.5小时
素材位置：23\Alpha通道\示例图

在Photoshop中，利用通道可以制作出各种形状和透明度特性的选区，这对于制作一些比较复杂的选区更为有用。同时，通道配合相关的命令，可以制作出很多特殊的图像效果。

在“通道”面板中，可以显示并编辑图像中的颜色通道、专色通道及Alpha通道。可执行“窗口”→“通道”命令，打开“通道”面板，如图所示。单击面板右上方的按钮，即可弹出如图所示的菜单。

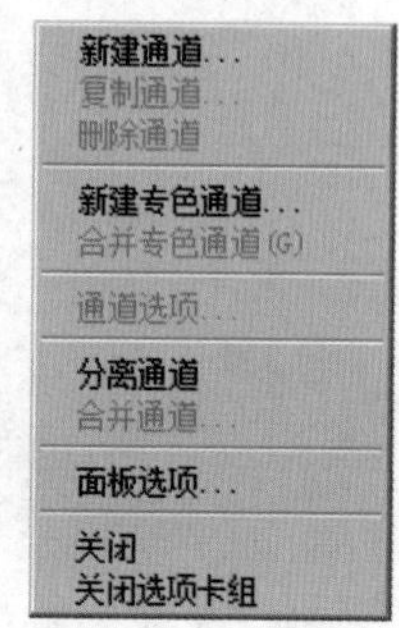

创建Alpha通道

01 创建空白的Alpha通道

如果要创建一个新的空白的Alpha通道，可以单击“通道”面板中的“创建新通道”按钮，这样就会自动创建一个以“Alpha”加数字序号命名的通道，如图所示。

也可按住【Alt】键再单击“通道”面板中的“创建新通道”按钮，或在面板弹出菜单中选择“新建通道”命令，打开“新建通道”对话框以创建新通道，如图所示。其中各选项的含义如下所示。

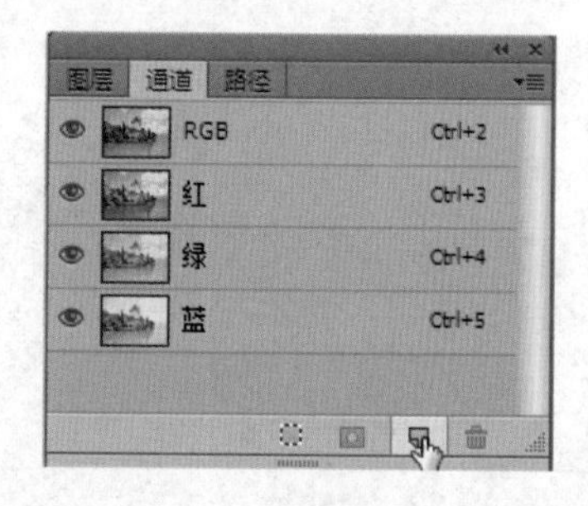

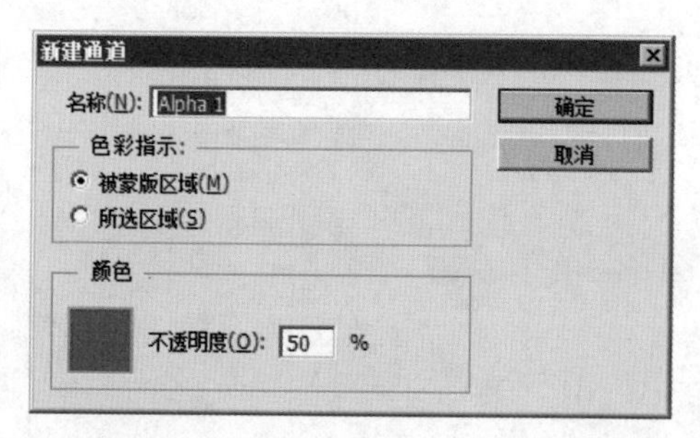

名称：用户可以为新通道命名，默认通道名称为“Alpha”加数字序号。

色彩指示：用于设置Alpha通道显示颜色的方式。选择“被蒙版区域”选项，表示新建通道中白色区域为选取范围，黑色区域则代表被遮挡的范围；选择“所选区域”选项，表示新建通道中白色区域为未选取范围（被遮挡的部分），而黑色区域则代表选取范围。默认选择“被蒙版区域”选项。

颜色：用于设置蒙版的颜色和不透明度。单击颜色框可以打开“拾色器”对话框，可以从中选择用于显示蒙版的颜色色值。默认为不透明度是50%的红色。蒙版颜色的设定主要是用来方便用户辨认蒙版上选取范围和非选取范围之间区别的，对图像色彩没有任何影响。

02 将选区存储为Alpha通道

例如，在图像中已经制作了一个选取范围，如图所示。单击“通道”面板下方的“将选区转换为通道”按钮，即可将选区转换为Alpha通道，并存储起来，该通道会被自动命名为Alpha加数字序号，如图所示。如果是按住【Alt】键的同时单击“将选区转换为通道”按钮，则可以调出“新建通道”对话框进行设置。

在图像中制作选取范围后，也可以执行“选择”→“存储选区”命令，在弹出的“存储选区”对话框中，设置“名称”选项后，单击“确定”按钮，创建出新的Alpha通道，如图所示。

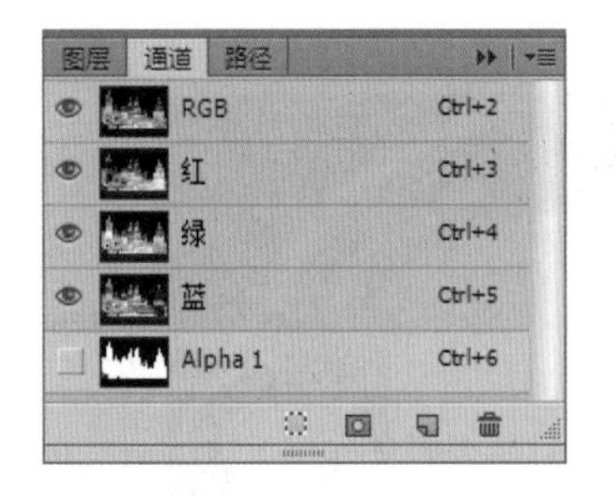

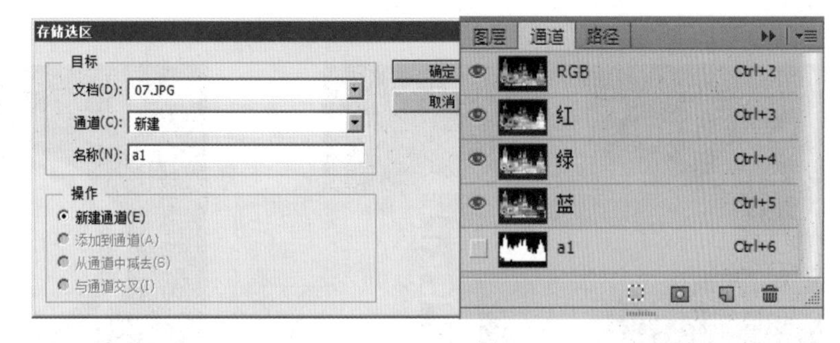

复制通道

选中要复制的通道，将其拖到“通道”面板的“创建新通道”按钮上，即可复制该通道，如图所示。

也可以在选中通道后，选择“通道”面板弹出菜单中的“复制通道”命令，弹出“复制通道”对话框，如图所示。在“目标”选项组的“文档”下拉列表框中选择“新建”选项，可将所选择的通道复制到新文件中，同时在“名称”文本框中可以为新建文件进行命名。如果选择本文件，则单击“确定”按钮后，在“通道”面板中就会显示一个复制的通道。默认情况下，在名称后面会带有“副本”字样，如图所示。

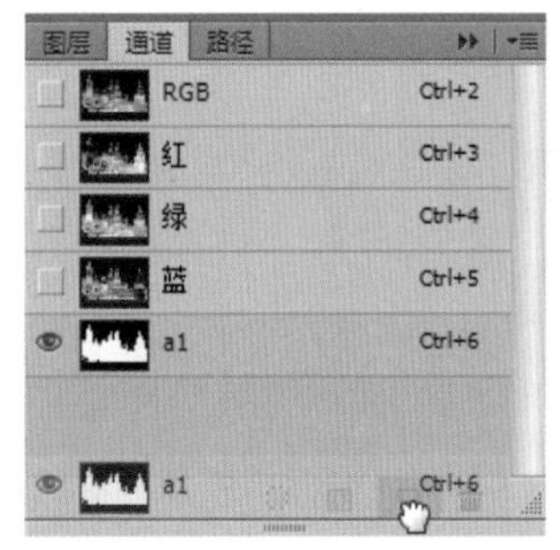

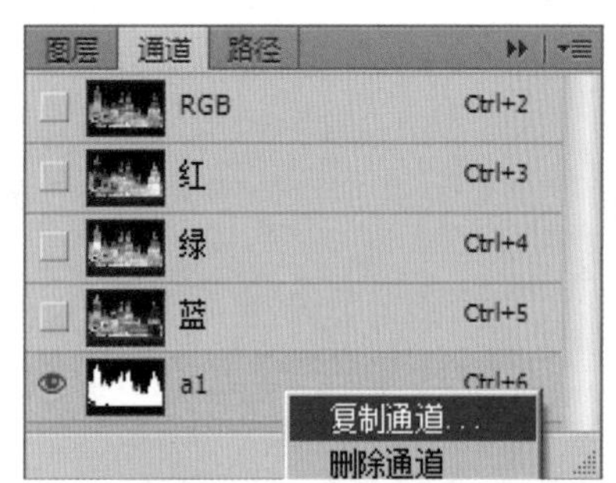

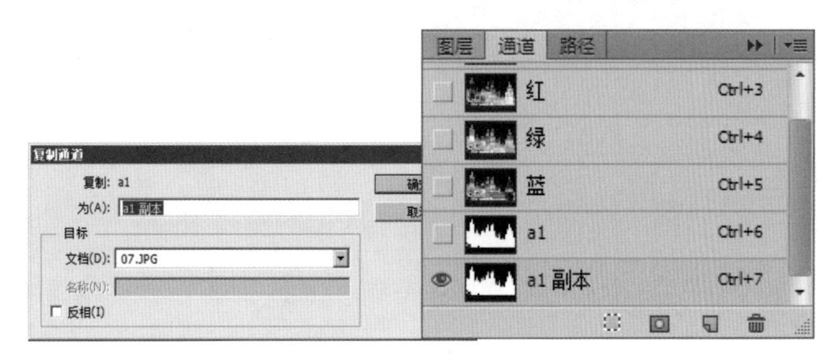

删除通道

将通道直接拖到“删除当前通道”按钮上，即可删除该通道。也可以选中通道后，选择“通道”面板弹出菜单中的“删除通道”命令进行删除。

编辑Alpha通道

在Alpha通道中，可以像普通图像那样进行编辑，可以执行绘制选区、应用部分滤镜、用绘图工具进行绘制，以及填充颜色等操作。其操作方法与灰度图相同。例如，在Alpha通道中绘制选区，如图所示。将其填充白色，如图所示。应用扭曲滤镜，如图所示。

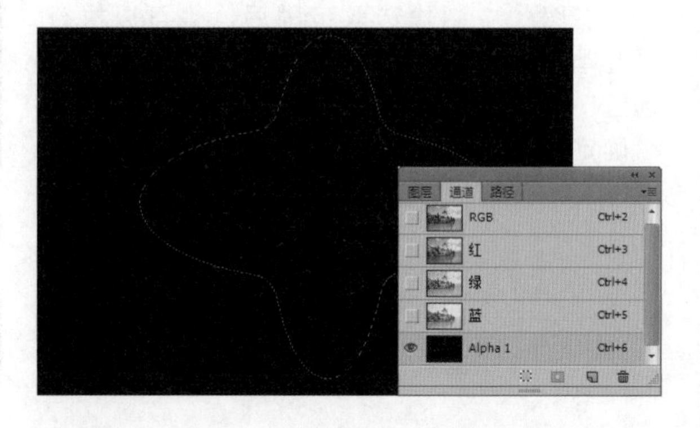

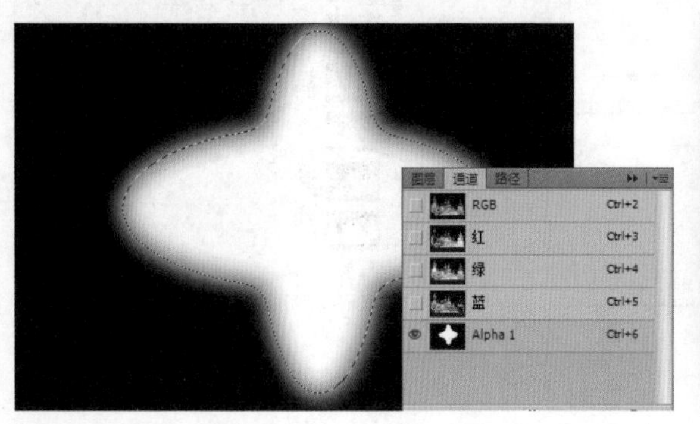

23.2 实例应用

难度程度：★★★☆☆ 总课时：1.5小时
素材位置：23\实例应用\制作炫光特效

演练时间：90分钟

使用滤镜在通道中制作炫光特效

◉ 实例目标

本例由2部分组成：第1部分，将素材文件组合在画面上，做成招贴的效果；第2部分，使用“滤镜工具”，结合“图层样式”命令，在通道中制作炫光特效，最终达到整张招贴的完整效果。

◉ 技术分析

本例通过滤镜在通道中编辑特殊的选区效果，然后再通过“变形”命令，制作出炫光特效。希望读者通过本例能够体会使用滤镜在通道中编辑特殊的选区效果这一特色功能的重要作用。

制作步骤

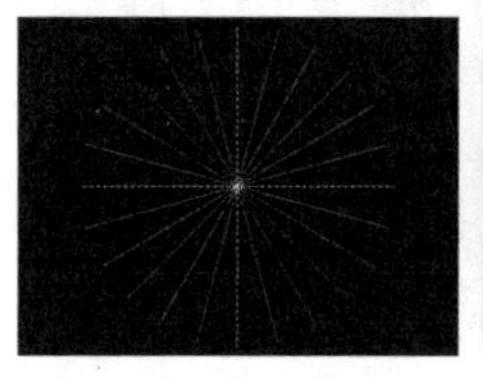

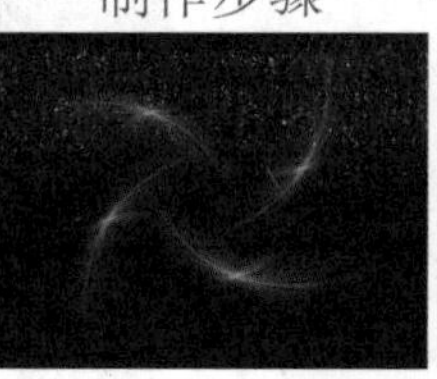

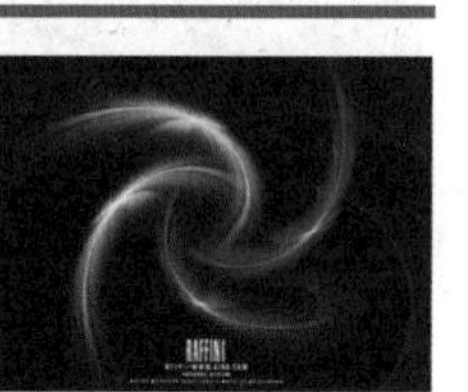

01 新建文档。执行菜单“文件”→“新建”命令（或按【Ctrl+N】快捷键），设置弹出的“新建”对话框，设置前景色为黑色，按【Alt+Delete】快捷键用前景色填充“背景”图层，得到如图所示的效果。

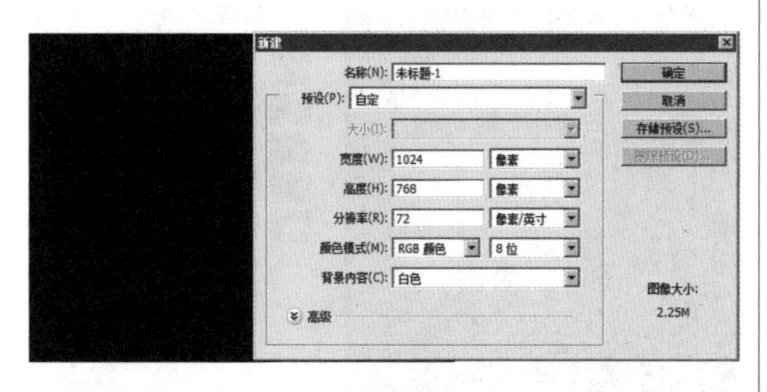

02 新建一个图层，得到“图层 1”。选择铅笔工具，设置适当的画笔大小和透明度后，在“图层 1”中按住【Shift】键从上往下绘制一条直线，效果如图所示。

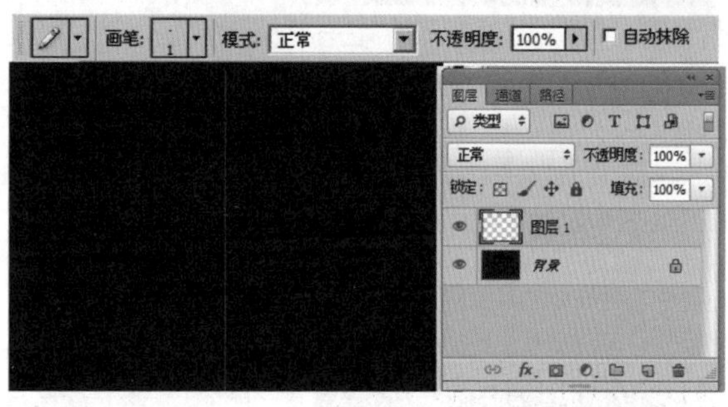

03 选择“图层 1”，按【Ctrl+J】快捷键，复制“图层 1”，得到“图层 1 副本”。按【Ctrl+T】快捷键，变换图像到如图所示的状态。

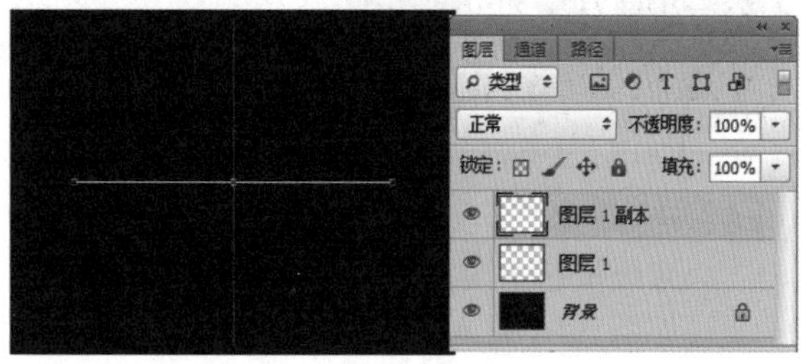

04 按【Ctrl+Shift+Alt+E】快捷键，执行“盖印”操作，得到“图层 2”。按【Ctrl+T】快捷键，变换图像到如图所示的状态。

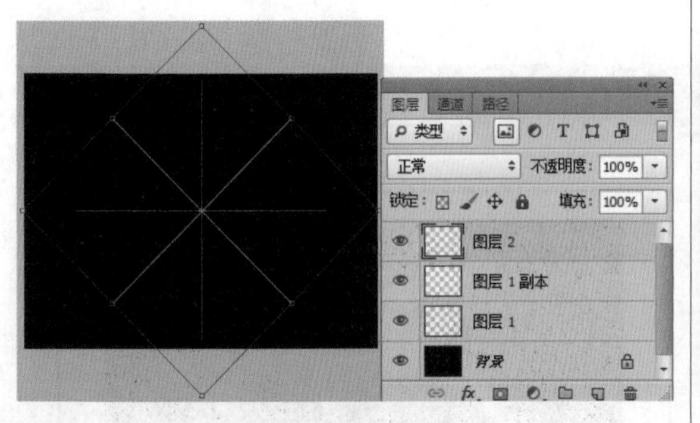

05 用上一步相同的方法，得到“图层 3”，效果如图所示。

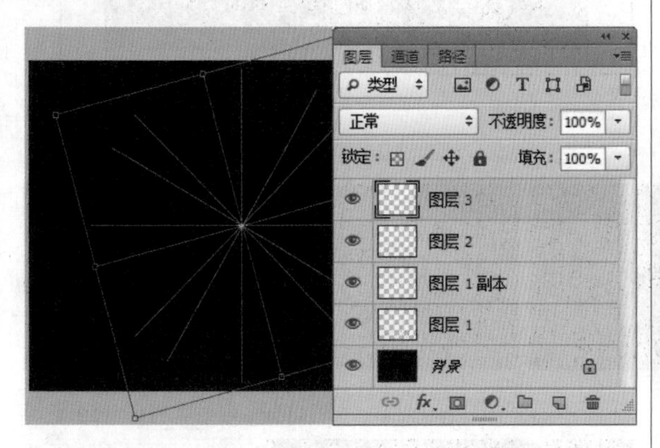

06 选择“图层 3”，按【Ctrl+J】快捷键，复制“图层 3”，得到“图层 3 副本”。按【Ctrl+T】快捷键，变换图像到如图所示的状态。

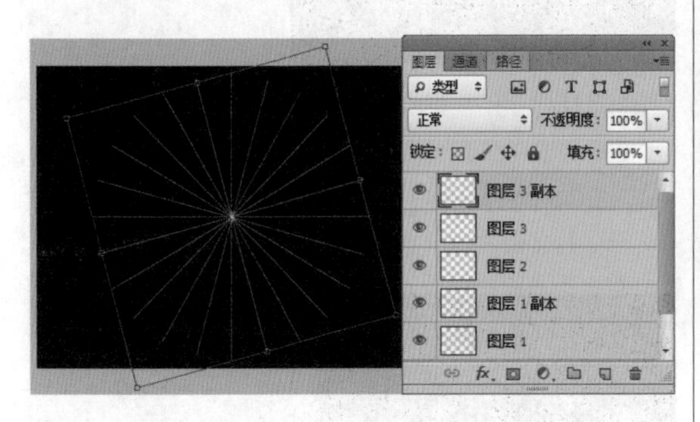

07 切换到“图层”面板，按住【Ctrl+Shift】快捷键依次单击除“背景”以外的其他图层缩览图，载入选区。切换到“通道”面板，单击面板底部的“创建新通道”按钮，新建一个通道“Alpha 1”，按【Alt+Delete】快捷键用前景色填充选区，得到如图所示的效果。

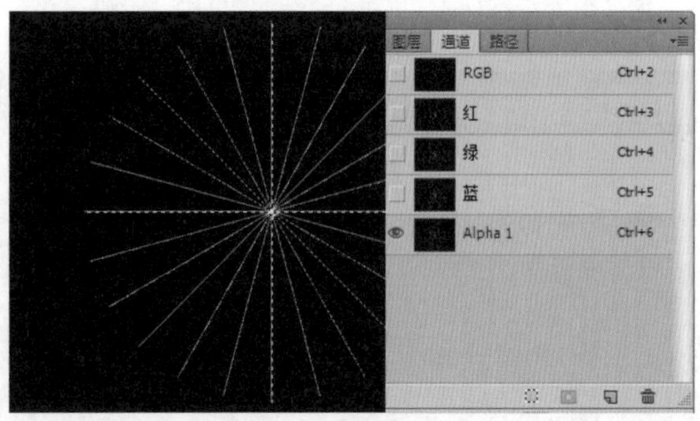

08 按【Ctrl+Alt+T】快捷键，调出自由变换复制框，然后将图像调整到如图所示的状态，按【Enter】键确认操作。

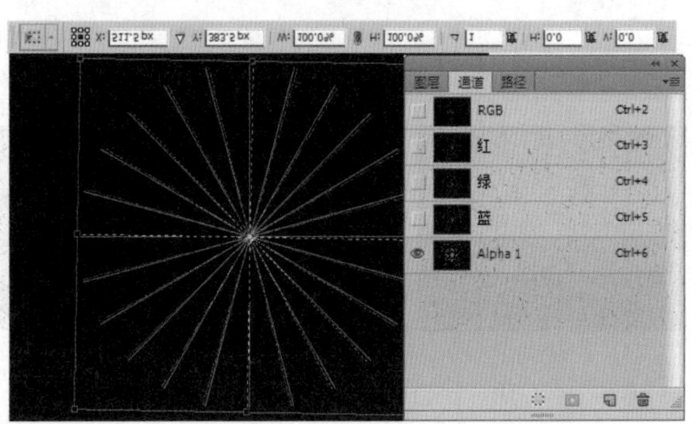

09 按【Ctrl+Shift+Alt+T】快捷键多次，将线条复制并变换到如图所示的状态。

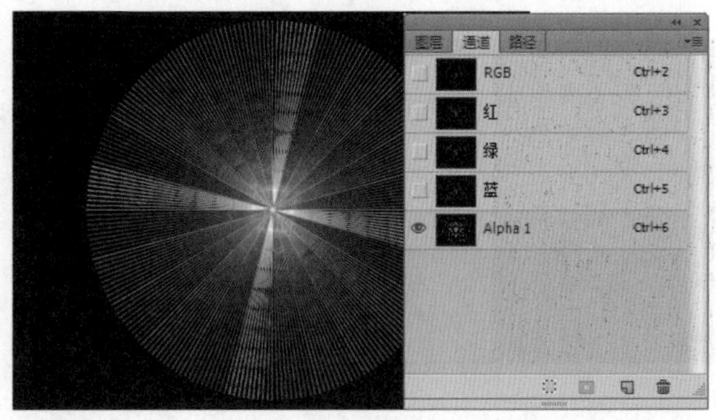

10 按【Ctrl+T】快捷键，调出自由变换控制框，变换图像到如图所示的状态，按【Enter】键确认操作。

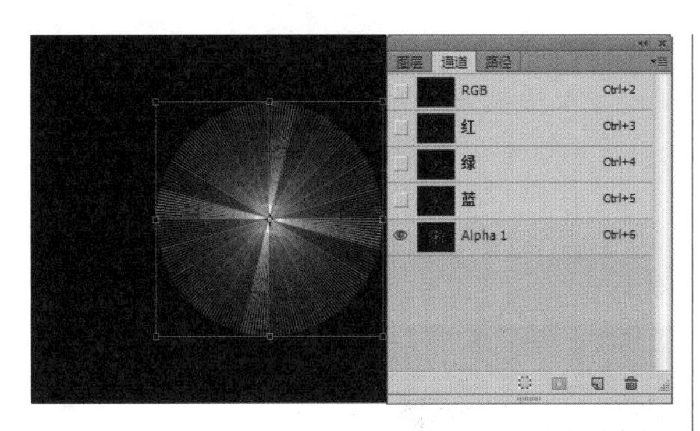

11 执行“滤镜”→“模糊”→“径向模糊”命令，设置弹出对话框中的参数后，得到如图所示的效果。

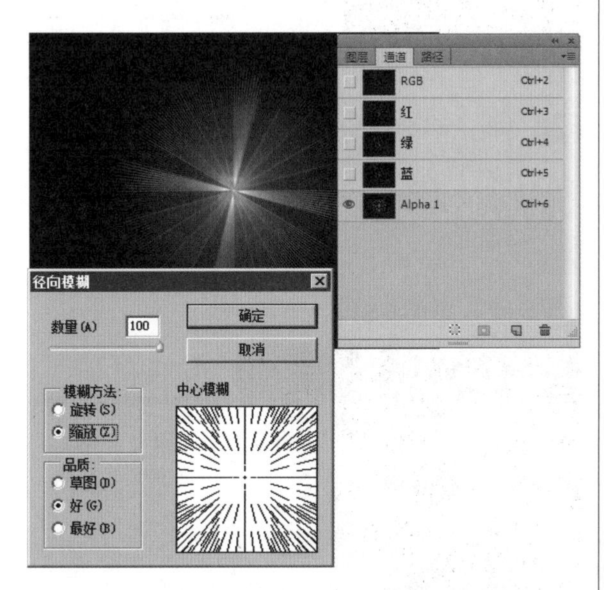

12 按【Ctrl+F】快捷键两次，重复运用径向模糊命令，得到类似如图所示的效果。

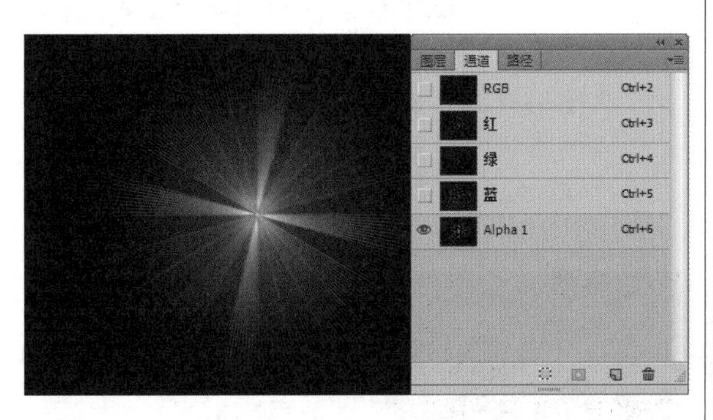

13 执行“编辑”→“变换”→“变形”命令，调出变形控制框，变换图像到如图所示的状态，按【Enter】键确认操作。

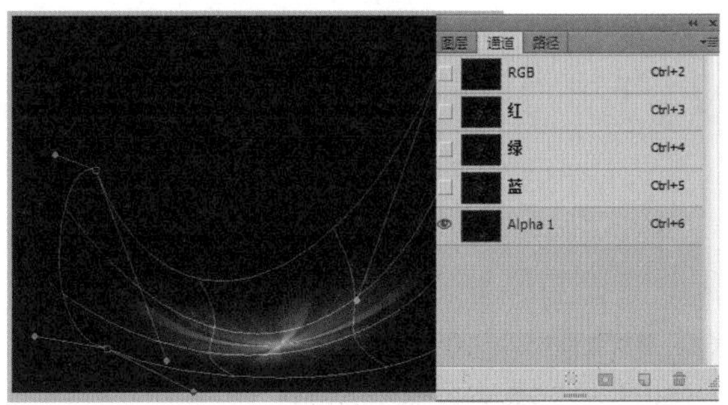

14 按住【Ctrl】键单击通道“Alpha 1”的通道缩览图，载入其选区。切换到“图层”面板，在“图层 3 副本”的上方新建一个图层“图层 4”，设置前景色为白色。按【Alt+Delete】快捷键用前景色填充选区，按【Ctrl+D】快捷键取消选区，将“背景”图层和“图层 4”之间的图层隐藏起来，按【Ctrl+T】快捷键，调出自由变换控制框，变换图像到如图所示的状态，按【Enter】键确认操作。

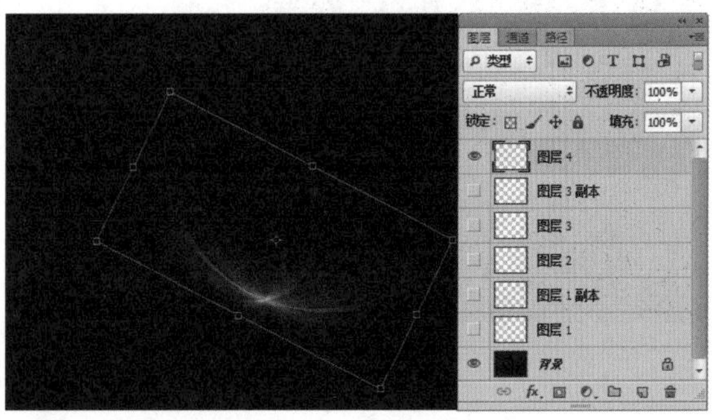

15 选择“图层 4”，按【Ctrl+J】快捷键，复制“图层 4”，得到“图层 4 副本”。按【Ctrl+T】快捷键，调出自由变换控制框，变换图像到如图所示的状态，按【Enter】键确认操作。

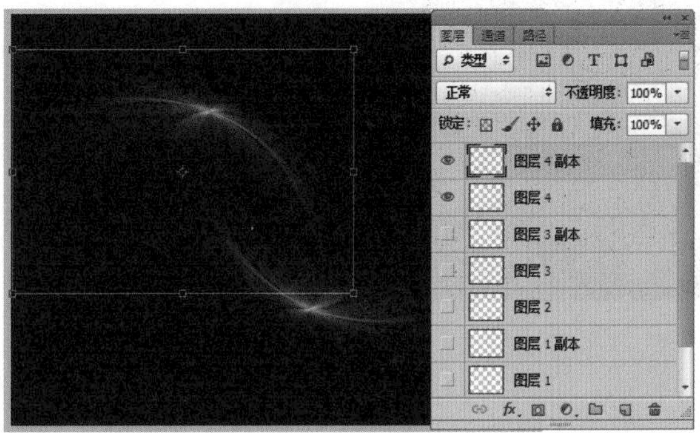

16 选择“图层 4 副本”，按【Ctrl+J】快捷键，复制“图层 4 副本”，得到“图层 4 副本 2”。按【Ctrl+T】快捷键，变换图像到如图所示的状态。

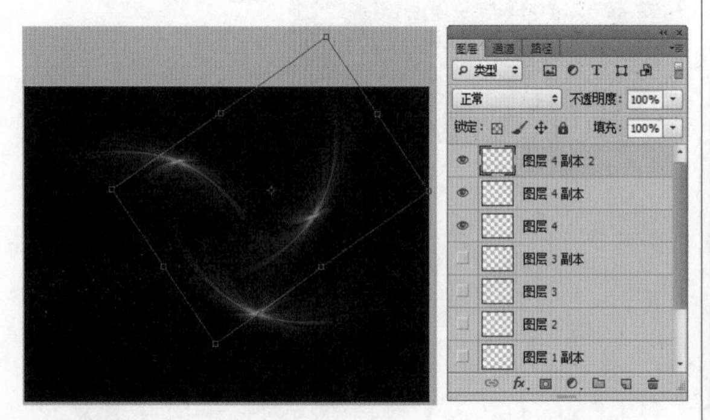

17 选择“图层 4 副本2”，按【Ctrl+J】快捷键，复制“图层 4 副本 2”，得到“图层 4 副本 3”。按【Ctrl+T】快捷键，变换图像到如图所示的状态。

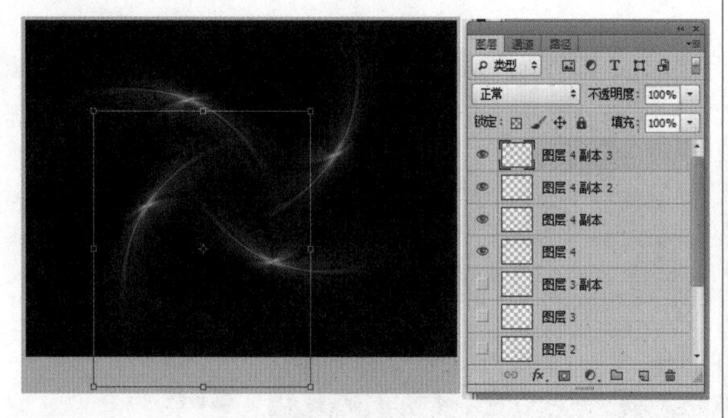

18 单击“添加图层样式”按钮，在弹出的菜单中选择“外发光”命令，设置弹出的“图层样式”对话框的“外发光”选项，如图所示，设置外发光的颜色值为（R:255 G:0 B:0）。

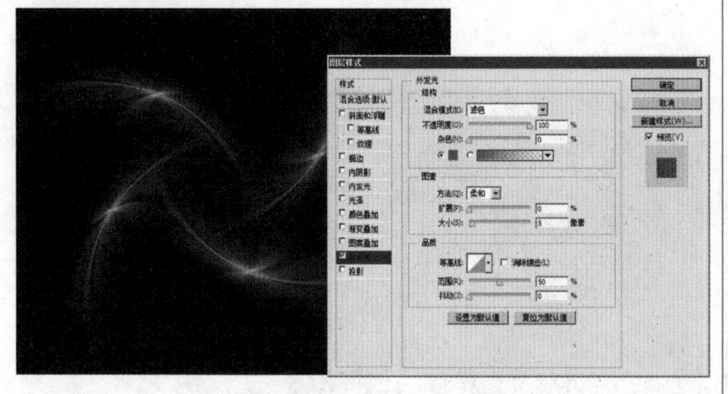

19 单击“添加图层样式”按钮，在弹出的菜单中选择“外发光”命令，设置弹出的“图层样式”对话框的“外发光”选项，如图所示，设置外发光的颜色值为（R:42 G:255 B:0），效果如图所示。

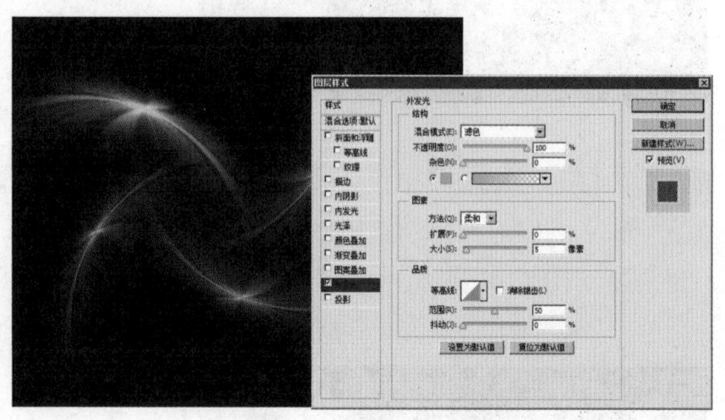

20 单击“添加图层样式”按钮，在弹出的菜单中选择“外发光”命令，设置弹出的“图层样式”对话框的“外发光”选项，如图所示，设置外发光的颜色值为（R:24 G:0 B:255），得到蓝色发光效果。

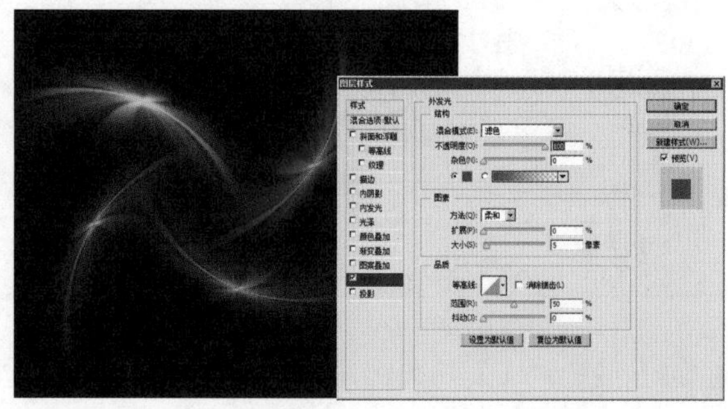

21 单击“添加图层样式”按钮，在弹出的菜单中选择“外发光”命令，设置弹出的“图层样式”对话框的“外发光”选项，如图所示，设置外发光的颜色值为（R:255 G:168 B:0），得到橙色发光效果。

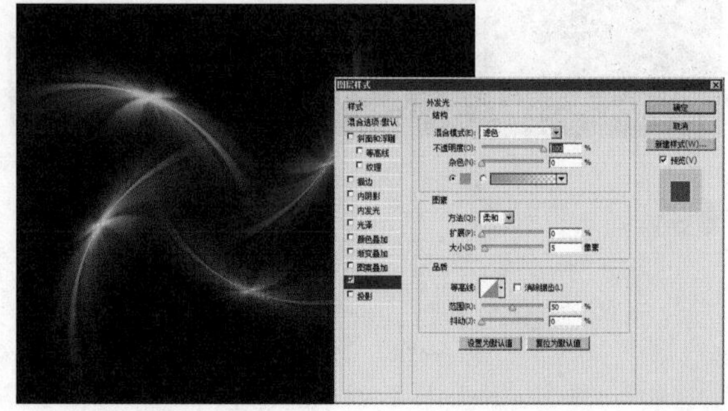

22 选择“图层 4”及其副本图层，按【Ctrl+Shift+Alt+E】快捷键，执行“盖印”操作，得到“图层 5”。然后隐藏“图层 4”及其副本图层，如图所示。

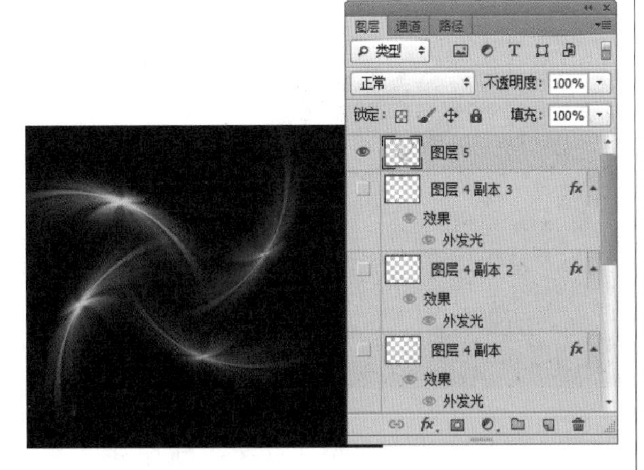

23 执行“滤镜”→“扭曲”→“旋转扭曲”命令，设置弹出对话框中的参数后，单击“确定”按钮，得到如图所示的效果。

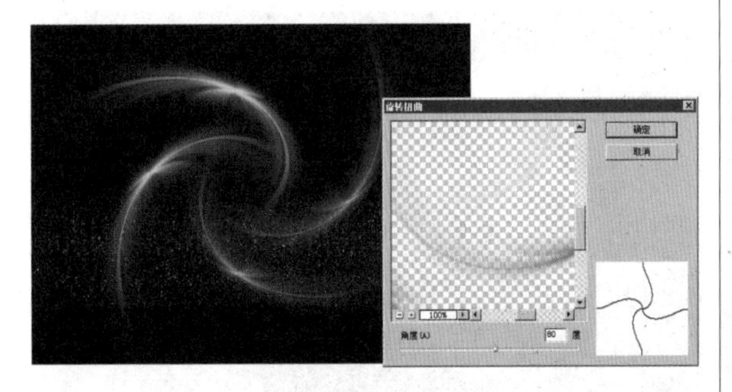

24 选择“图层 5”，按【Ctrl+J】快捷键，复制“图层 5”，得到“图层 5 副本”。设置其图层混合模式为“滤色”，得到如图所示的效果。

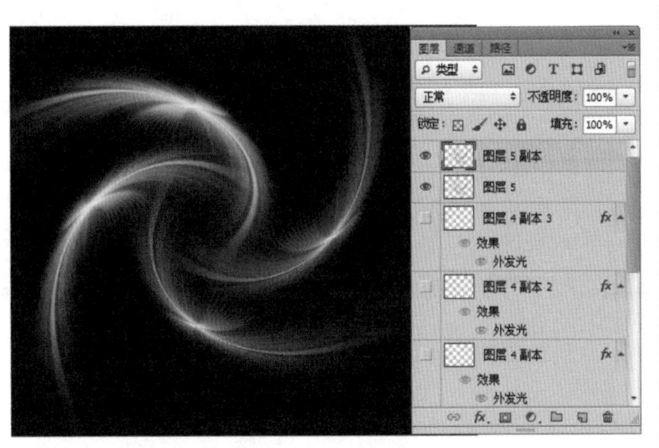

25 选择“图层 5”，单击“创建新的填充或调整图层”按钮，在弹出的菜单中选择“色阶”命令，此时在弹出“调整”面板的同时得到图层“色阶 1”。单击“调整”面板下方的按钮，将调整影响剪切到下方的图层。然后在“调整”面板中设置“色阶”命令的参数，如图所示。

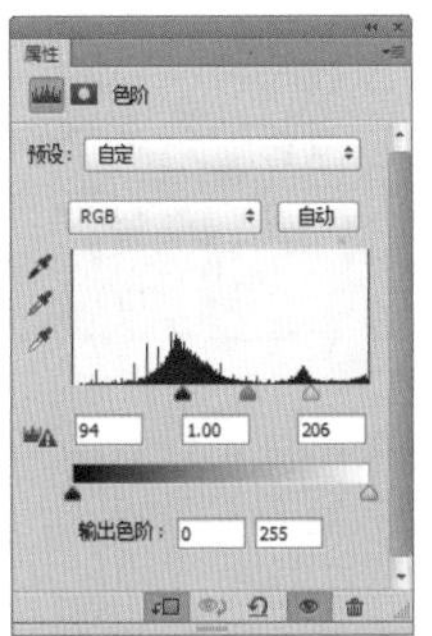

26 在“调整”面板中设置完“色阶”命令的参数后，关闭“调整”面板。此时的图像效果如图所示。

27 切换到“路径”面板，单击面板底部的“创建新路径”按钮，新建一个路径，得到“路径 1”。选择“钢笔工具”，在工具选项栏中单击“路径”按钮，在图像中绘制3条路径，如图所示。

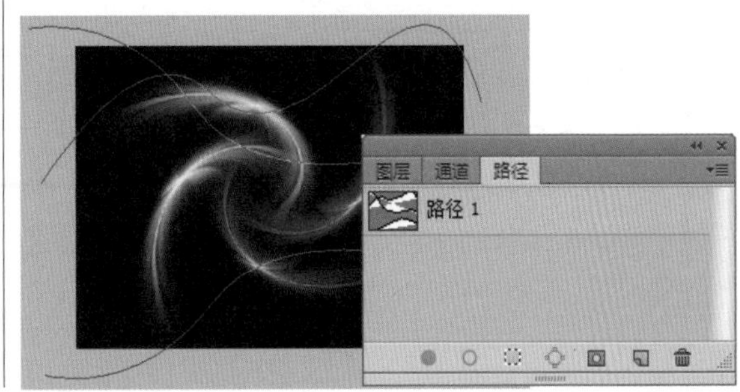

28 使用“路径选择工具” 选择所绘制的路径，按【Ctrl+Alt+T】快捷键，调出自由变换复制框，然后将图像调整到如图所示的状态，按【Enter】键确认操作。

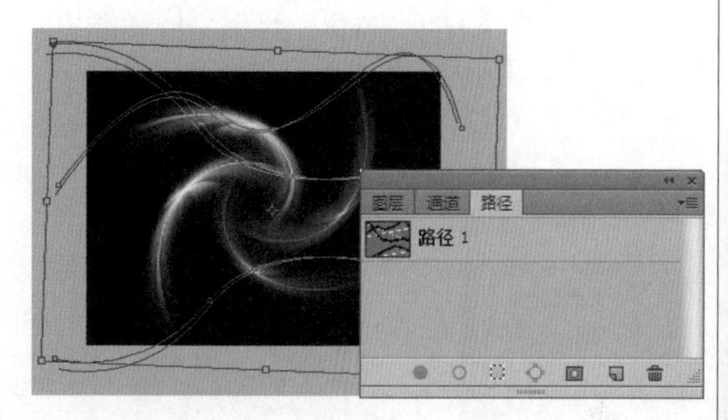

29 按【Ctrl+Shift+Alt+T】快捷键多次，将路径复制并变换到如图所示的状态。

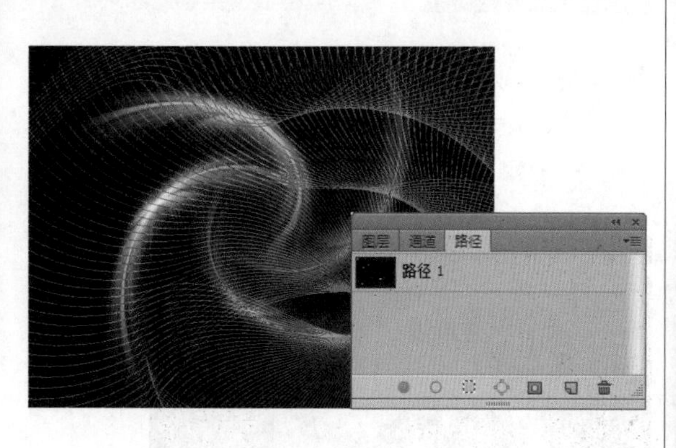

30 切换到“图层”面板，在“图层 5”的下方新建一个图层“图层 6”，设置前景色的颜色值为（R:41 G:41 B:41）。选择“画笔工具” ，按【Enter】键描边路径，得到如图所示的效果。

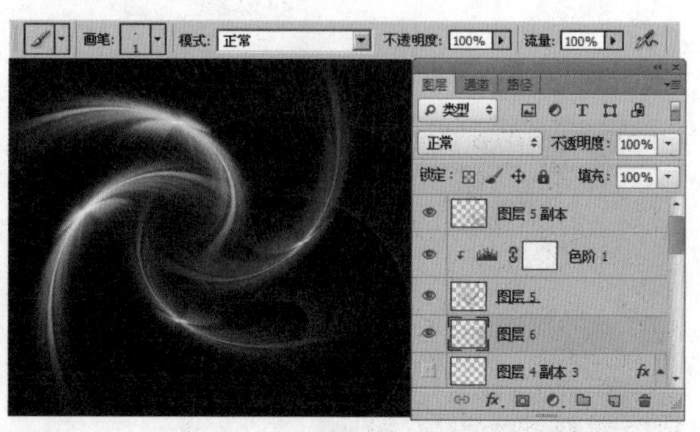

31 设置前景色为白色，使用“横排文字工具” ，设置适当的字体和字号，在画面下方输入文字，得到相应的文字图层，如图所示。

Part 24（47-48小时）

使用滤镜在图层蒙版中创建特效选区

【图层蒙版创建特效选区：30分钟】

【实例应用：90分钟】

使用滤镜在图层蒙版中制作宇宙空间　　90分钟

24.1 图层蒙版创建特效选区

难度程度：★★★☆☆ 总课时：0.5小时
素材位置：24\图层蒙版创建特效选区\示例图

图层蒙版是一种通过不同的灰度颜色来控制图层不透明度的蒙版。当业主图像中创建了图层蒙版后，就可以通过绘图和编辑工具对图层蒙版的灰度进行编辑，从而得到不同的透明度效果。

在图层蒙版中，不同的灰度颜色会产生不同的透明度效果。默认情况下，图层蒙版中白色的区域为不透明部分，黑色区域为完全透明部分，灰度区域为半透明度部分。选中图层蒙版后，在“通道”面板中会产生对应的临时Alpha通道来存储图层蒙版的内容。

创建和编辑图层蒙版

选中图层，单击“图层”面板中的“添加图层蒙版”按钮，为图层添加空白的图层蒙版，如图所示。也可以在选中图层后，执行“图层”→“图层蒙版”命令，弹出子菜单，进行以下相关操作，如图所示。

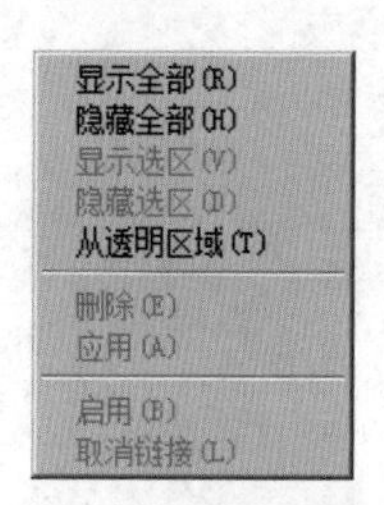

例如，选择“显示全部”命令时，添加图层蒙版后，“图层 1”处于完全显示状态，如图所示。选择“隐藏全部”命令时，添加图层蒙版后，“图层 1”处于完全隐藏状态，如图所示。

当在图层中添加了图层蒙版后，可以使用绘图工具或其他图像编辑工具对图层蒙版进行编辑。选择“画笔工具”，设置前景色为黑色，在“图层”面板中选中“图层 1”的图层蒙版缩览图，然后在图像窗口中进行涂抹，可以看到被黑色涂抹过的图像区域变成了透明状态，如图所示。如果选择的是“硬度”值较低的笔尖设置，则会看到图像中半透明的过渡状态，如图所示。

如果在图像中已经绘制了选区，如图所示，也可以在选中图层后，执行“图层”→“图层蒙版”→“显示选区”命令，添加的图层蒙版如图所示。如果选择的是“隐藏选区”命令，则添加的图层蒙版如图所示。

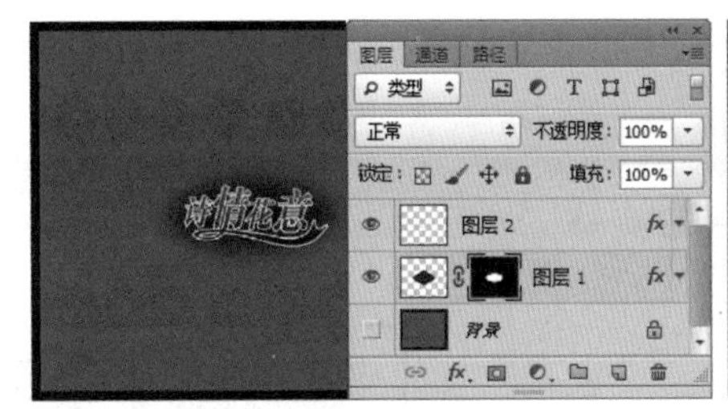

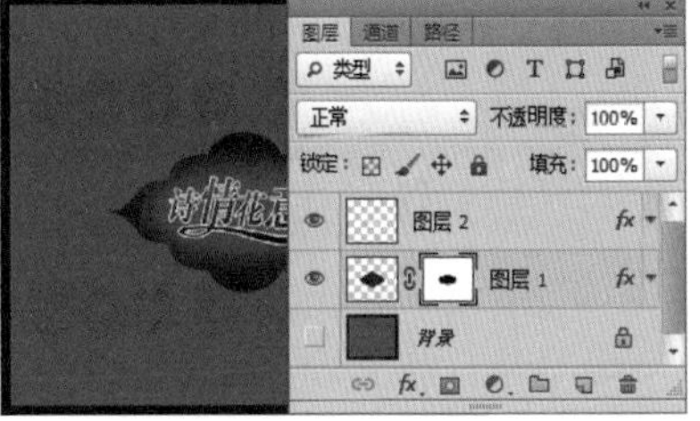

删除和应用图层蒙版

如果要删除图层中的图层蒙版，则可以在“图层”面板中单击并拖动图层蒙版缩览图到“删除图层”按钮上，随后会弹出提示对话框，如图所示，单击“删除”按钮，该图层蒙版就会被删除，而图层本身没有任何改变，如图所示。单击“应用”按钮，图层蒙版也会被删除，但是图层中的图像也会随之改变，如图所示。

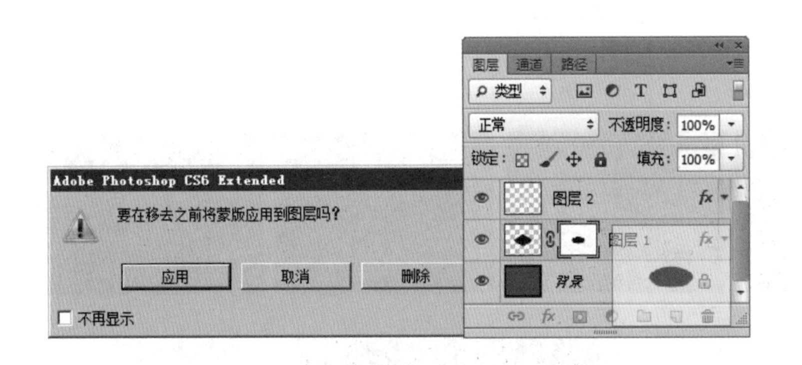

停用/启用图层蒙版

如果想暂时不显示图层蒙版控制的效果，则可以在选中图层蒙版后，执行“图层”→“图层蒙版”→“停用”命令，或按【Shift】键单击图层蒙版缩览图，图层蒙版效果就会被隐藏，在“图层”面板中的图层蒙版缩览图上会出现一个红色的叉，如图所示。想要显示时可执行“图层”→“图层蒙版”→“启用”命令，或直接单击图层即可。

24.2 实例应用

难度程度：★★★☆☆ 总课时：1.5小时
素材位置：24\实例应用\制作宇宙空间

演练时间：90分钟

使用滤镜在图层蒙版中制作宇宙空间

◉ 实例目标

本例由2部分组成：第1部分，用“形状工具”绘制图形；第2部分，通过滤镜对图层蒙版进行编辑，最终达到整张招贴的完整效果。

◉ 技术分析

本例将通过滤镜对图层蒙版进行编辑，创造出特殊的蒙版，从而制作出宇宙空间的特殊效果。希望读者通过本例能够体会使用滤镜在图层蒙版中制作特殊效果这一特色功能的重要作用。

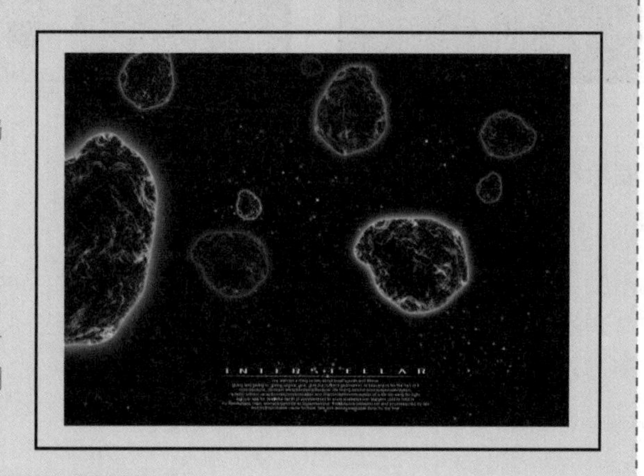

制作步骤

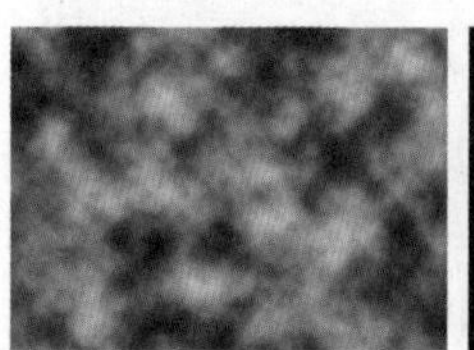
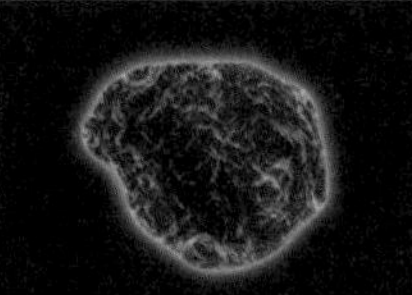
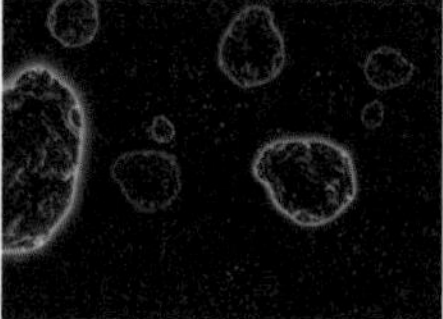
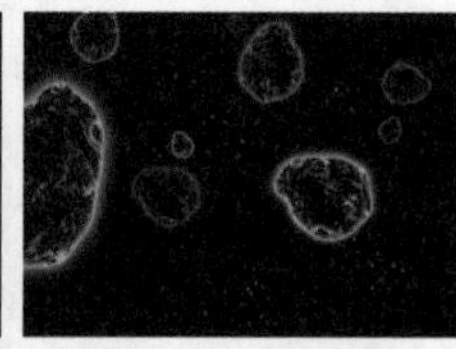
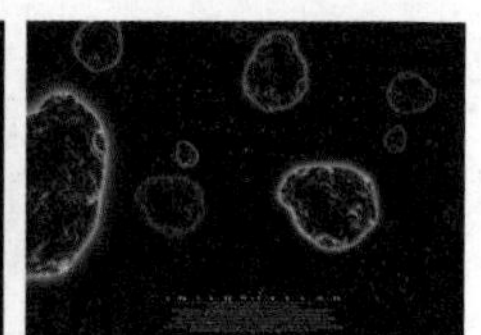

01 新建文档。执行菜单“文件”→“新建”命令（或按【Ctrl+N】快捷键），设置弹出的“新建”对话框，如图所示，单击“确定”按钮，即可创建一个新的空白文档。

新建

名称(N)：未标题-1　　确定
预设(P)：自定　　取消
大小(I)：　　存储预设(S)...
宽度(W)：1300　毫米　　删除预设(D)...
高度(H)：935　毫米
分辨率(R)：72　像素/英寸
颜色模式(M)：RGB 颜色　8 位
背景内容(C)：白色　　图像大小：27.9M
高级

02 设置前景色为黑色，按【Alt+Delete】快捷键用前景色填充“背景”图层，得到如图所示的效果。

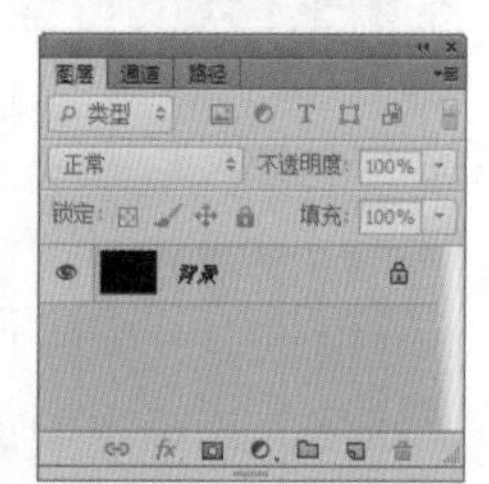

03 新建一个图层，得到“图层 1”，将前景色设置为黑色，背景色设置为白色。选择“滤镜”→“渲染”→“云彩”命令，按【Ctrl+F】快捷键多次，重复运用云彩命令，得到类似如图所示的效果。

04 执行“滤镜”→“风格化”→“查找边缘”命令，设置弹出对话框中的参数后，单击“确定”按钮，得到如图所示的效果。

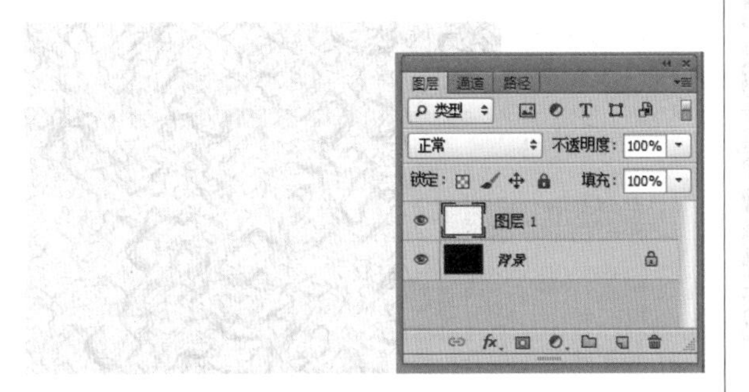

05 选择“椭圆选框工具”，按住【Shift】键，在画面的中央位置绘制圆形选区，如图所示。

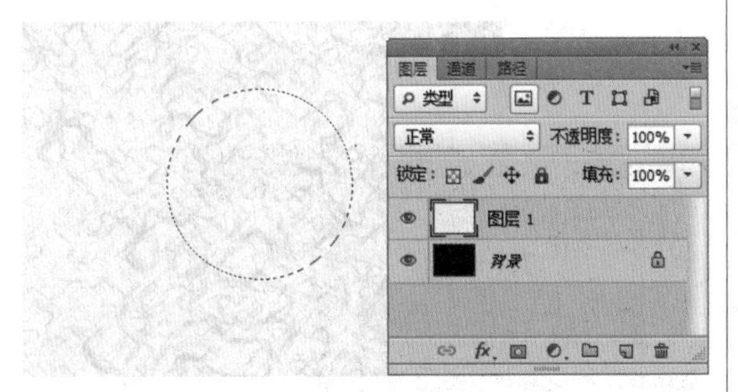

06 执行“滤镜”→“扭曲”→“球面化”命令，设置弹出对话框中的参数后，单击“确定”按钮，得到如图所示的效果。

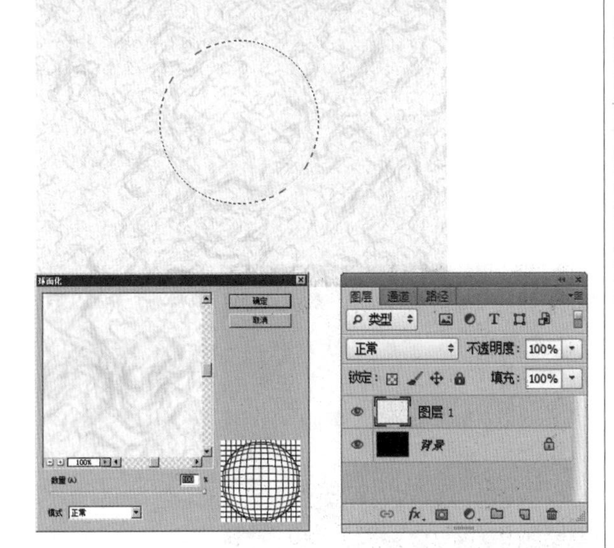

07 使用“套索工具”，在画面的中央位置绘制类似如图所示的不规则选区。

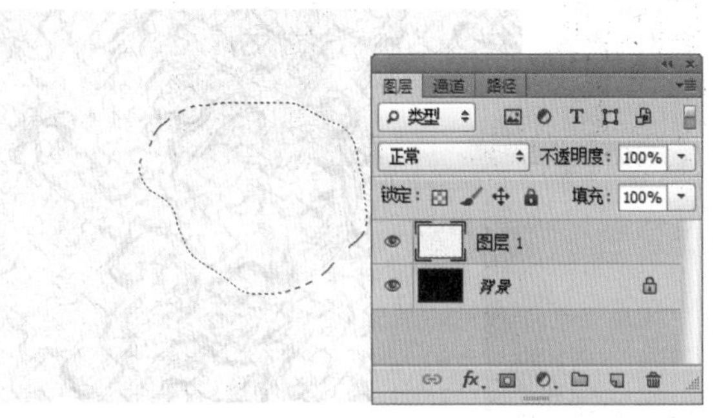

08 单击“添加图层蒙版”按钮，为“图层1”添加图层蒙版，此时选区以外的图像就被隐藏起来了，如图所示。

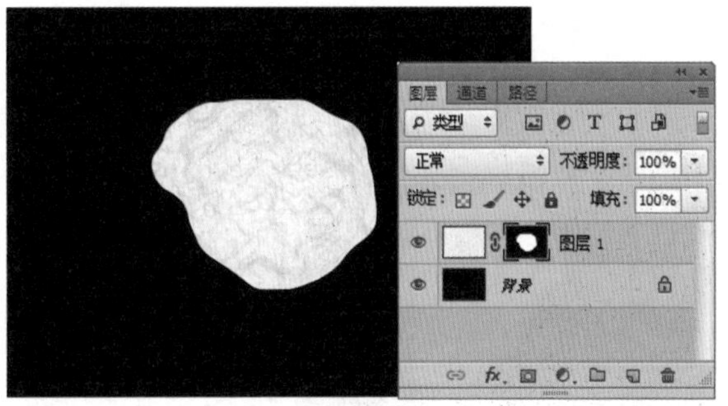

09 按住【Alt】键的同时单击“图层 1”的图层蒙版缩览图，显示“图层 1”图层蒙版中的状态，如图所示。

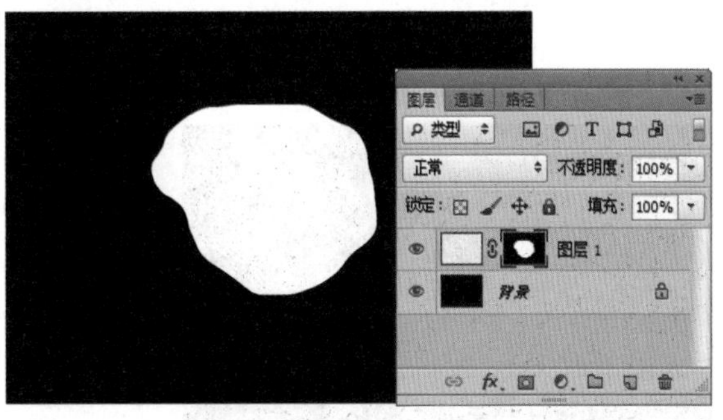

10 执行“滤镜”→“模糊”→“高斯模糊”命令，设置弹出对话框中的参数后，单击“确定”按钮，得到如图所示的效果。

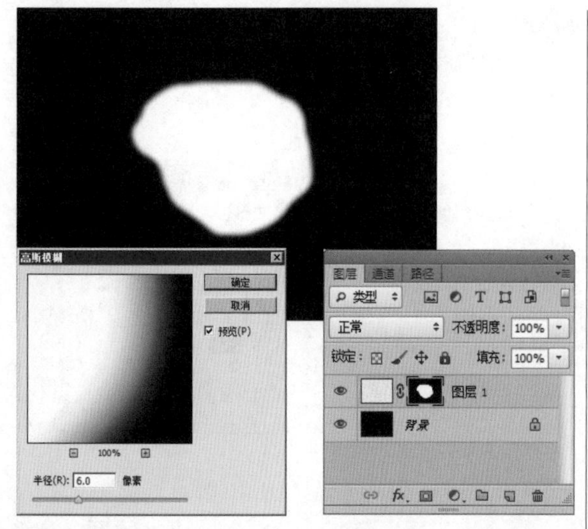

11 按住【Alt】键的同时单击“图层 1”的图层蒙版缩览图，恢复显示图像效果，如图所示。

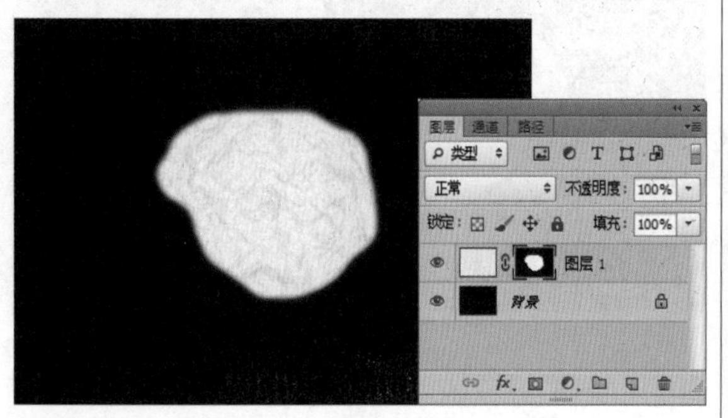

12 选择“图层 1”，按【Ctrl+I】快捷键，执行“反相”操作，将通道中图像的颜色进行颠倒（将图像中的颜色变成该颜色的补色），如图所示。

13 选择“图层 1”，单击“添加图层样式”按钮，在弹出的菜单中选择“外发光”命令，设置弹出的“图层样式”对话框的“外发光”选项后，单击“内发光”选项，然后设置弹出的“内发光”选项参数，具体设置如图所示。

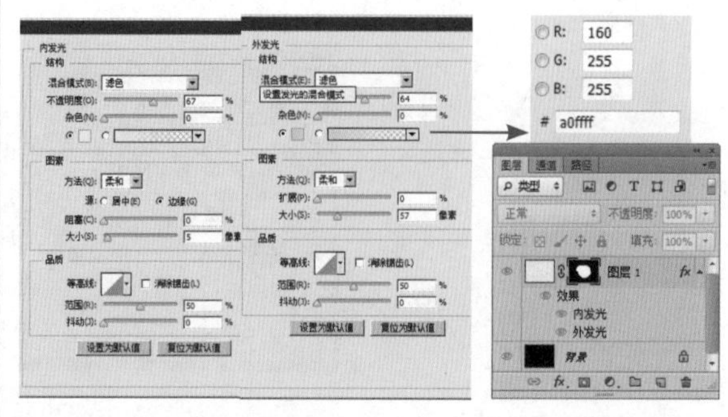

14 按住【Ctrl】键的同时单击“图层 1”的图层蒙版缩览图，载入其选区。按【Ctrl+Shift+I】快捷键执行“反选”操作，按【Delete】键将选区内的图像删除，按【Ctrl+D】快捷键取消选区，如图所示。

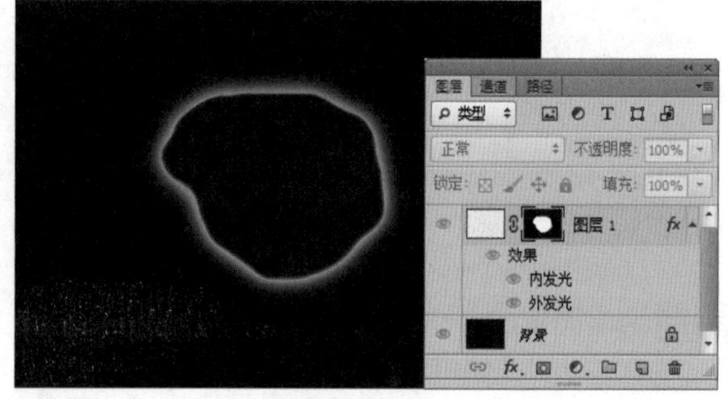

15 单击“创建新的填充或调整图层”按钮，在弹出的菜单中选择“色阶”命令，此时在弹出“调整”面板的同时得到图层“色阶 1”。单击“调整”面板下方的按钮，将调整影响剪切到下方的图层。然后在“调整”面板中设置“色阶”命令的参数，如图所示。

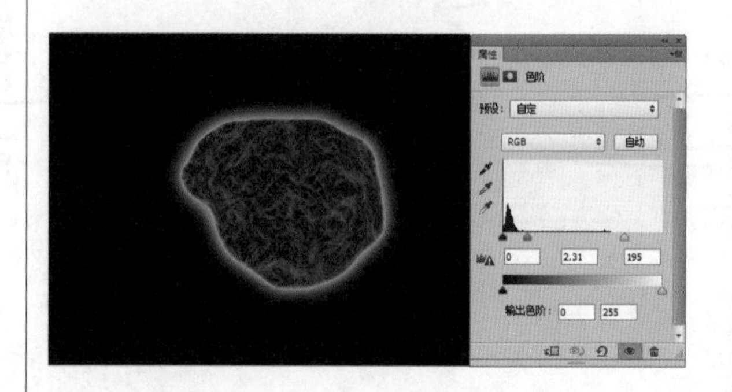

16 反复上一步操作，同时得到“色阶2”，并对其“色阶”参数进行调整，如图所示。

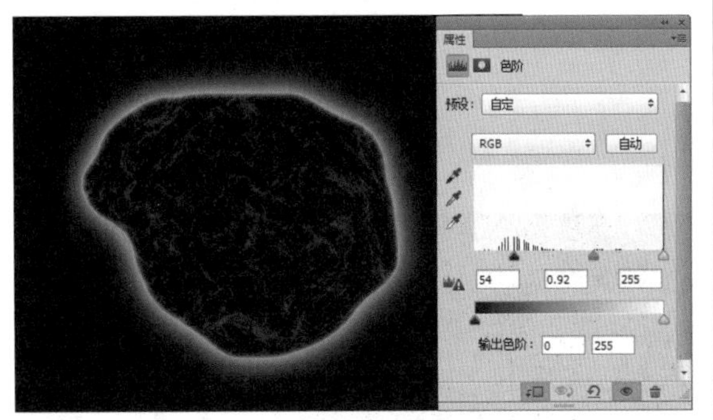

17 单击“色阶 2”的图层蒙版缩览图，设置前景色为黑色，选择“画笔工具”，设置适当的画笔大小和透明度后，在图层蒙版中涂抹，得到如图所示的效果。

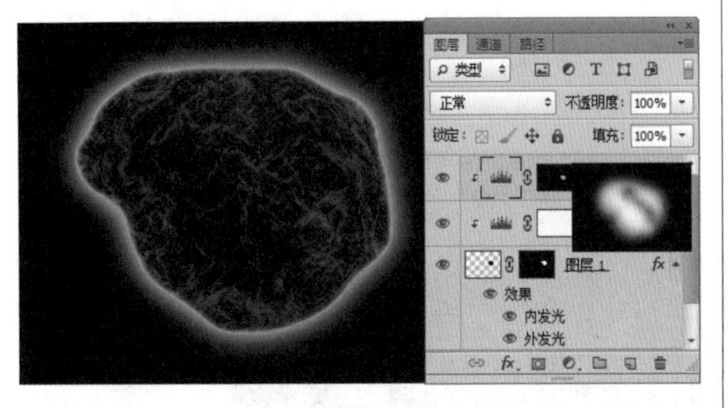

18 反复第15步的操作，同时得到图层“色阶3”，并对其“色阶”参数进行调整，如图所示。

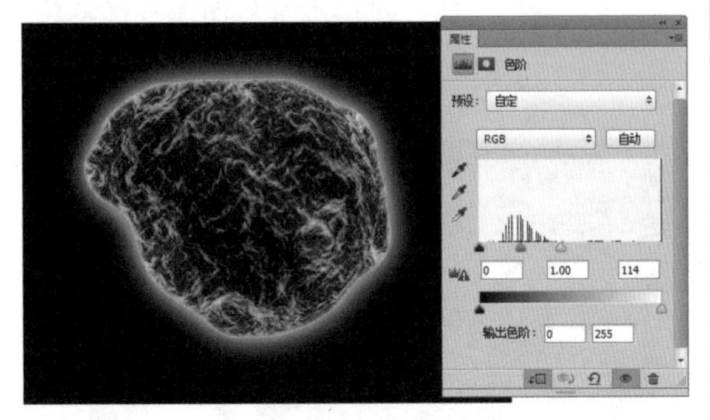

19 单击“创建新的填充或调整图层”按钮，在弹出的菜单中选择“色彩平衡”命令，此时在弹出“调整”面板的同时得到图层“色彩平衡 1”。单击“调整”面板下方的按钮，将调整影响剪切到下方的图层。然后在“调整”面板中设置“色彩平衡”命令的参数，如图所示。

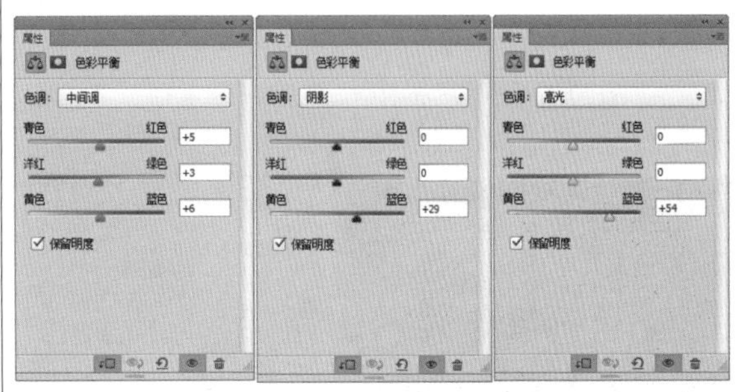

20 选择“图层 1”及其上方的调整图层，按【Ctrl+Alt+E】快捷键，执行“正片叠底”操作，将得到的新图层重命名为“图层2”。按【Ctrl+Alt+G】快捷键，执行“创建剪贴蒙版”操作，设置其图层混合模式为“柔光”，得到如图所示的效果。

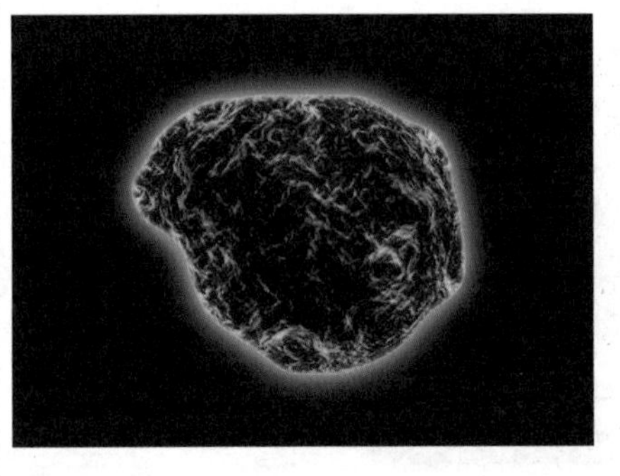

21 执行“滤镜”→“模糊”→“高斯模糊”命令，设置弹出对话框中的参数后，单击“确定”按钮，得到如图所示的效果。

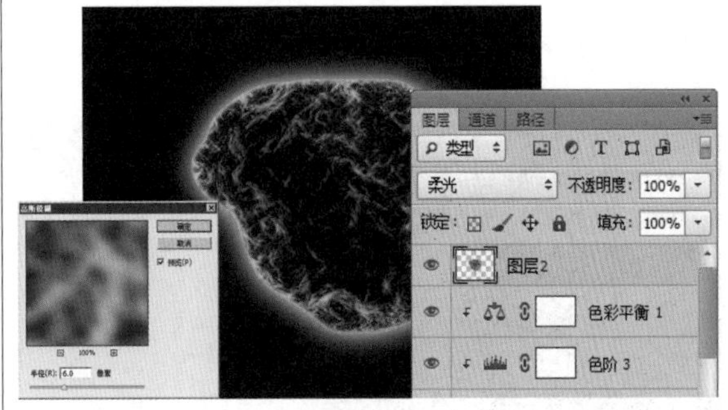

22 选择除“背景”图层以外的所有图层，按【Ctrl+Alt+E】快捷键，执行“盖印”操作，将得到的新图层重命名为“图层 3”。然后只显示“背景”图层和“图层 3”，得到如图所示的效果。

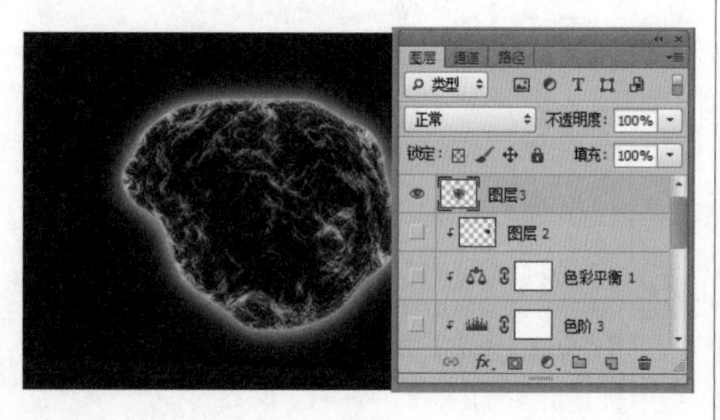

23 按【Ctrl+T】快捷键，调出自由变换控制框，变换图像到如图所示的状态，按【Enter】键确认操作。

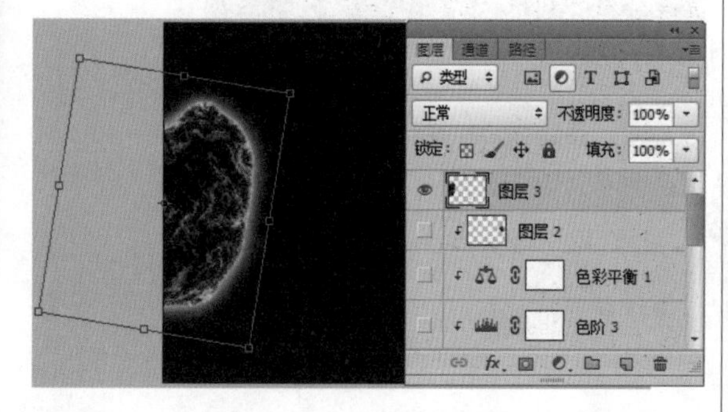

24 选择“图层 3”，按【Ctrl+J】快捷键，复制“图层 3”，得到“图层 3 副本”。按【Ctrl+T】快捷键，调出自由变换控制框，变换图像到如图所示的状态，按【Enter】键确认操作。

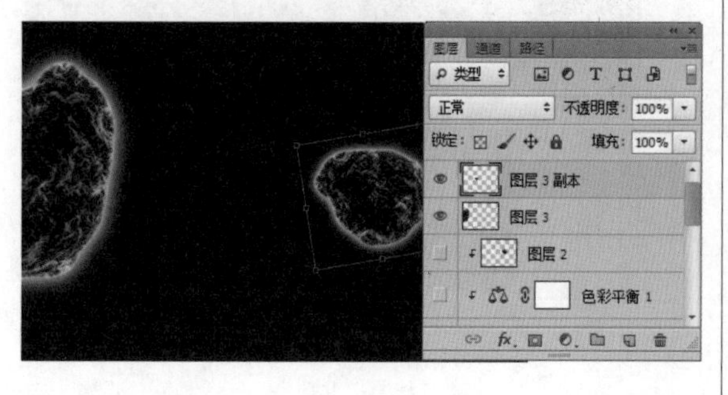

25 选择“图层 3 副本”，按【Ctrl+J】快捷键，复制“图层 3 副本”，得到“图层 3 副本 2”。按【Ctrl+T】快捷键，变换图像到如图所示的状态。设置“图层 3 副本 2”的图层不透明度为“50%”，得到如图所示的效果。

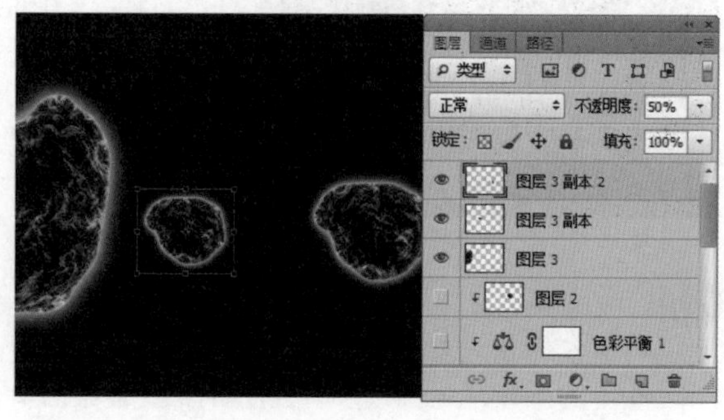

26 按照上面所述的方法，继续复制图像，并对复制的图像进行变换，然后设置不同的图层不透明度，制作出如图所示的效果。

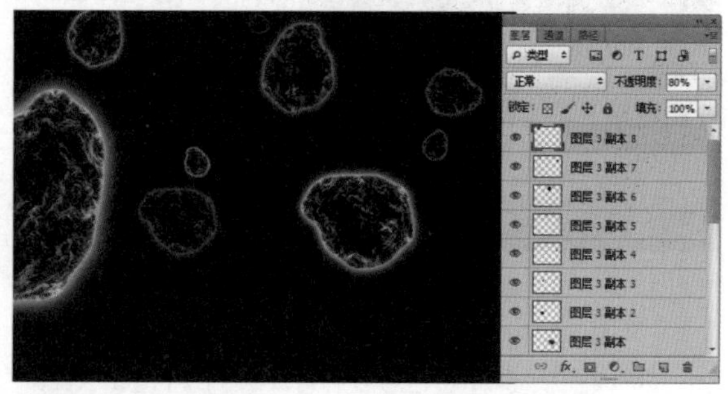

27 选择“画笔工具”，按【F5】键调出“画笔”面板，对“画笔”面板进行参数设置，如图所示。

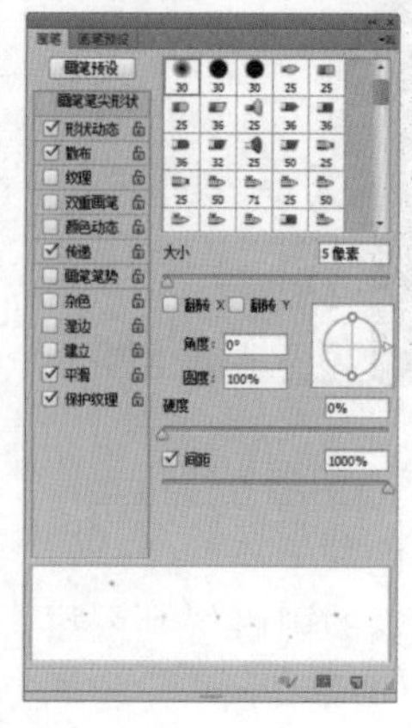

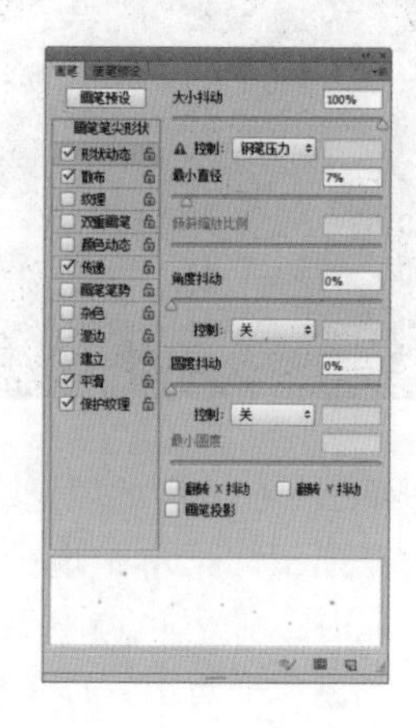

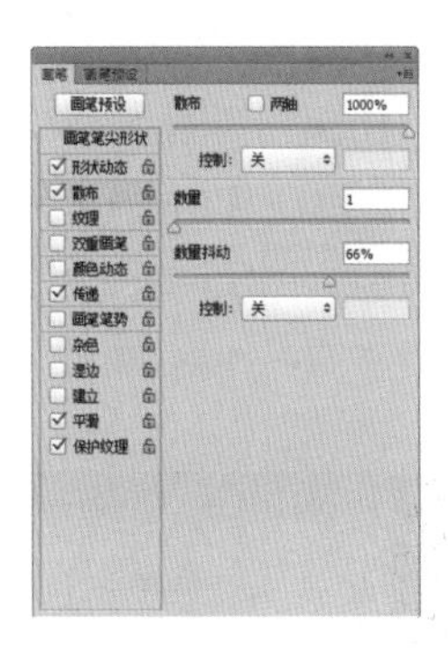

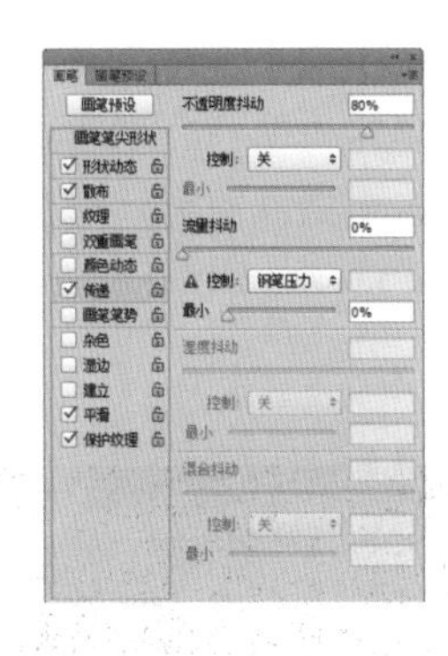

28 设置前景色为白色，新建一个图层，得到“图层4”。使用“画笔工具”绘制星星。单击“添加图层样式”按钮，在弹出的菜单中选择“外发光”命令，设置弹出的“图层样式”对话框的“外发光”选项，如图所示。

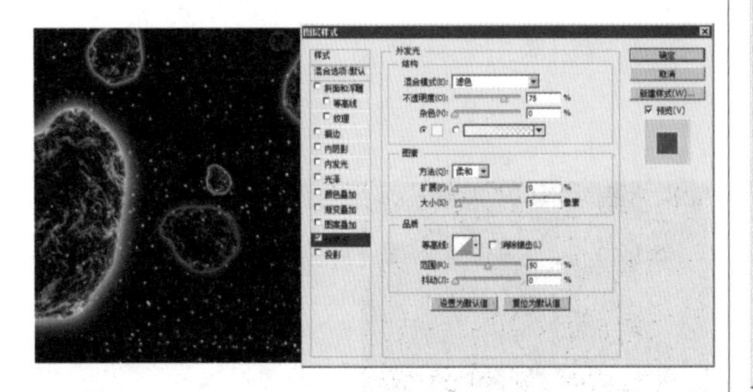

29 选择“图层 4”，单击“添加图层蒙版”按钮，为“图层 4”添加图层蒙版。按住【Alt】键的同时单击“形状 1”的图层蒙版，使图层蒙版处于编辑状态。选择“滤镜”→“渲染”→“云彩”命令，按【Ctrl+F】快捷键多次，重复运用云彩命令，得到类似如图所示的效果。

30 按住【Alt】键单击“图层 4”的图层蒙版缩览图，恢复显示图像效果，如图所示。

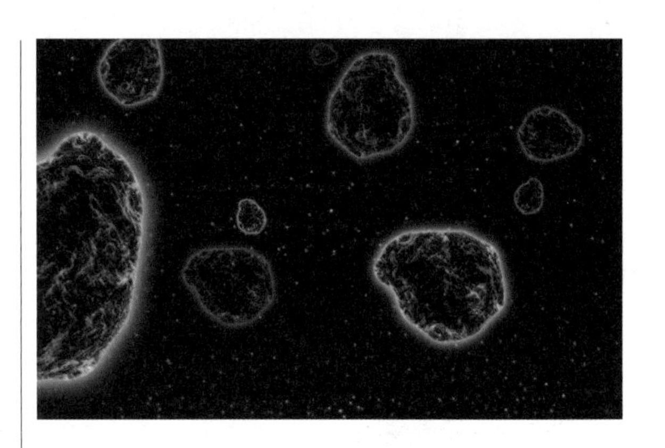

31 单击“图层 4”的图层蒙版缩览图，执行“图像”→“调整”→“色阶”命令或按【Ctrl+L】快捷键，调出“色阶”对话框，在该对话框中进行参数设置，如图所示。

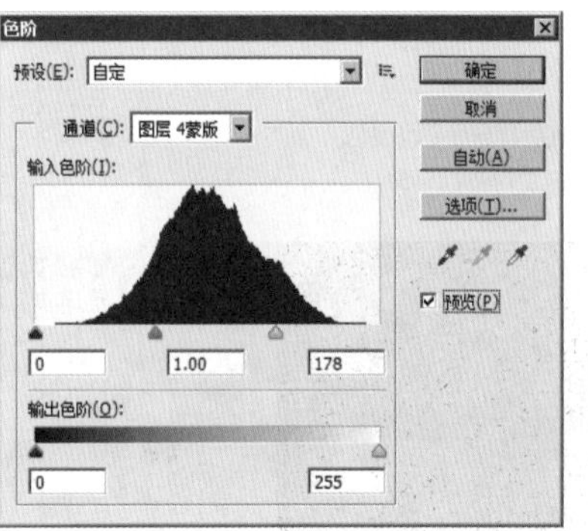

32 单击“图层 4”的图层蒙版缩览图，设置前景色为黑色，选择“画笔工具”，设置适当的画笔大小和透明度后，在图层蒙版中涂抹，得到如图所示的效果。

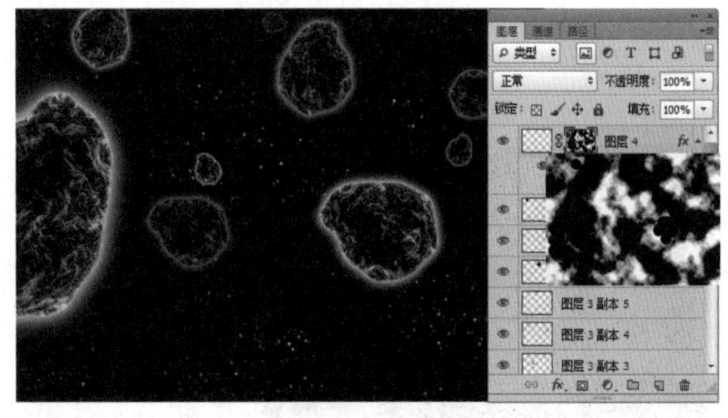

33 设置完画笔参数后，设置前景色为白色，新建一个图层，得到“图层 4”。使用“画笔工具”在“图层 4”中绘制星星，得到如图所示的效果。

34 单击“创建新的填充或调整图层”按钮，在弹出的菜单中选择“渐变”命令，设置弹出的对话框，如图所示。在该对话框的编辑渐变颜色选择框中单击，可以弹出“渐变编辑器”对话框，在此可以编辑渐变的颜色。

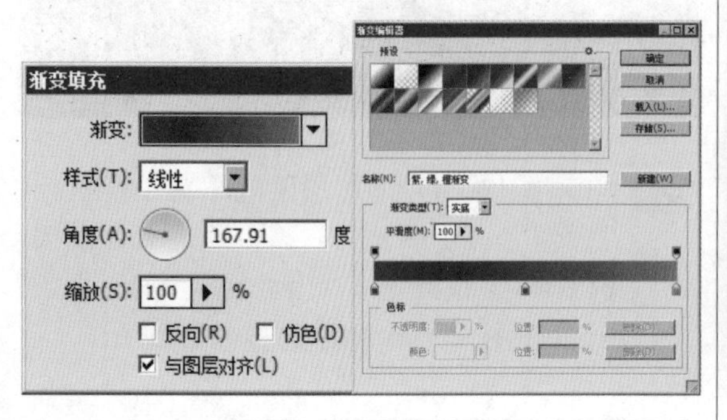

35 设置“渐变填充 1”的图层混合模式为“色相”，得到如图的效果。

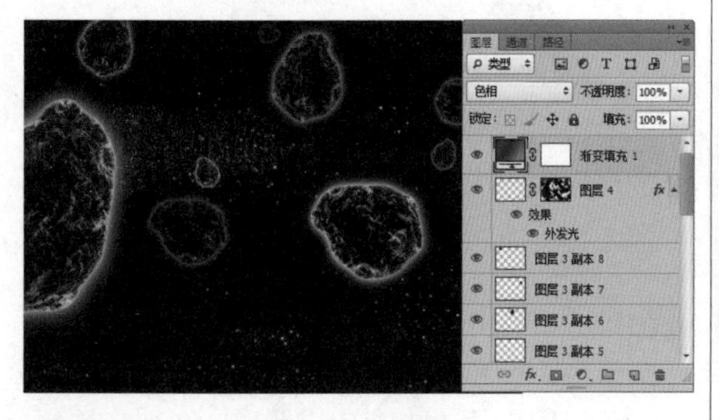

36 设置前景色为白色，选择“横排文字工具”，设置适当的字体和字号，在画面下方输入文字，得到相应的文字图层，如图所示。

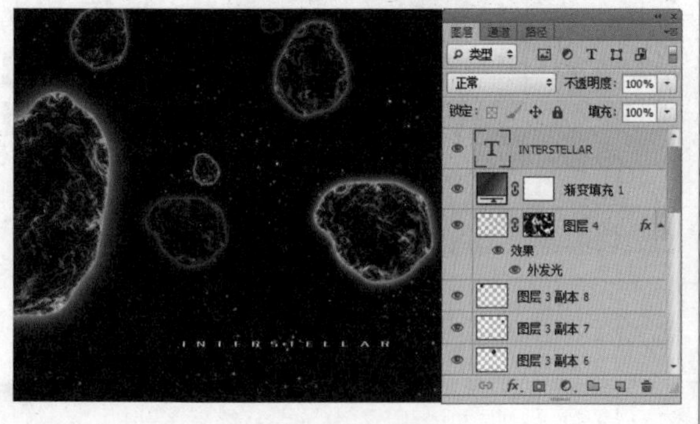

37 新建一个图层，得到“图层 5”，设置前景色为白色。选择铅笔工具，设置适当的画笔大小后，在文字下方按住【Shift】键绘制一条直线，得到如图所示的效果。

执行“滤镜”→“模糊”→“动感模

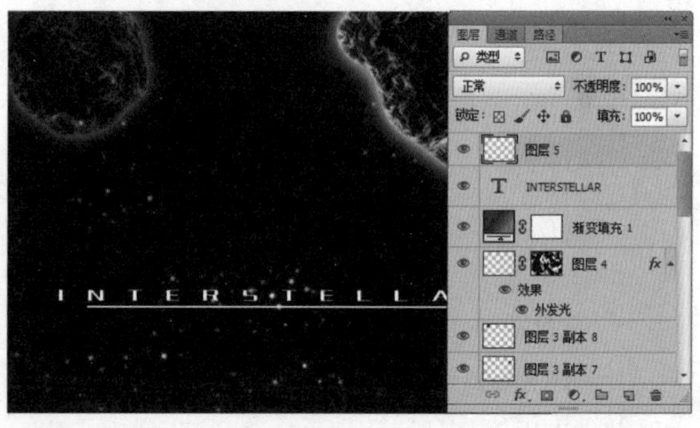

38 糊”命令，设置弹出对话框中的参数，得到如图所示的效果。

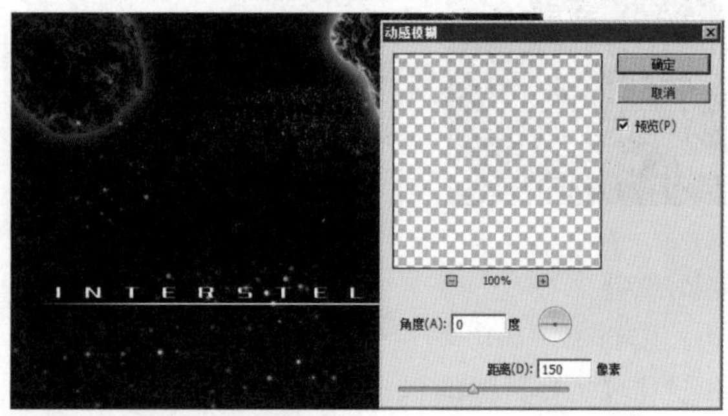

39 设置前景色为白色，选择“横排文字工具”，设置适当的字体和字号，在直线下方输入文字，得到相应的文字图层，最终效果如图所示。

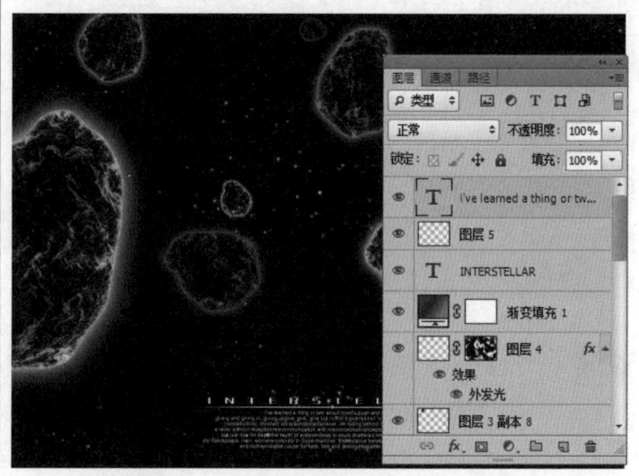